21世纪高等学校工程管理系列教材
一流本科专业一流本科课程建设系列教材

土木工程材料

主　编　汪振双
副主编　韩卫卫
参　编　胡　敏　周焱鑫

机械工业出版社

本书根据现行国家标准和行业规范，以高等学校工程管理和工程造价学科专业指导委员会审定的工程材料课程的知识单元和知识点为基本依据编写。

本书主要内容包括绪论、材料的基本性质、气硬性胶凝材料、水泥、混凝土、砂浆、钢材、墙体材料、木材、合成高分子材料、功能材料、沥青及沥青混合料、土木工程材料试验等。为配合教学，每章章前设置了本章重点和学习目标，章中设置了工程实例分析和课程思政案例，章后设置了本章小结和本章习题，并配有免费教学课件、授课视频、教学大纲、测试试卷和习题答案等教学资源。

本书在满足学生学习土木工程材料知识的同时，有利于培养学生的创新思维，帮助学生开阔思路，提高学生分析问题和解决问题的能力。

本书可作为工程管理及相近专业的本科教学用书，也可供土木工程相关从业人员参考。

图书在版编目（CIP）数据

土木工程材料/汪振双主编. —北京：机械工业出版社，2024.1

21世纪高等学校工程管理系列教材　一流本科专业一流本科课程建设系列教材

ISBN 978-7-111-74034-6

Ⅰ.①土…　Ⅱ.①汪…　Ⅲ.①土木工程-建筑材料-高等学校-教材　Ⅳ.①TU5

中国国家版本馆CIP数据核字（2023）第191308号

机械工业出版社（北京市百万庄大街22号　邮政编码100037）
策划编辑：林　辉　　　　责任编辑：林　辉　刘春晖
责任校对：孙明慧　梁　静　　封面设计：张　静
责任印制：郜　敏
中煤（北京）印务有限公司印刷
2024年1月第1版第1次印刷
184mm×260mm・17.25印张・421千字
标准书号：ISBN 978-7-111-74034-6
定价：58.00元

电话服务　　　　　　　　网络服务
客服电话：010-88361066　　机　工　官　网：www.cmpbook.com
　　　　　010-88379833　　机　工　官　博：weibo.com/cmp1952
　　　　　010-68326294　　金　　书　　网：www.golden-book.com
封底无防伪标均为盗版　　机工教育服务网：www.cmpedu.com

前　言

“土木工程材料”课程是土木工程、工程管理和建筑材料类专业的必修课程，主要介绍不同品种土木工程材料的基本组成、性能、技术要求和应用范围，以及土木工程材料的测试方法和质量控制方法等内容。课程知识点多，内容分散。本书以高等学校工程管理和工程造价学科专业指导委员会制定的工程管理专业培养目标、培养规格和工程管理专业课程设置方案为指导，以该学科专业指导委员会审定的工程材料课程的知识单元和知识点为基本依据编写。本书编写内容汲取了国内外土木工程材料领域的新成就和我国有关现行标准与规范的内容，理论联系实际，介绍了土木工程材料的新技术和发展方向，在满足教学要求的同时，有利于学生开阔新思路，正确合理地选用土木工程材料。

东北财经大学工程管理专业和房地产开发与管理专业先后入选国家级一流本科专业建设点，投资工程管理学院多年来着力改革和创新财经类高校工程管理专业人才培养模式，结合建设行业向智能化升级的发展趋势与对基础设施建设投融资领域人才的迫切需求，形成了独具财经特色的人才培养优势。其中，“土木工程材料”课程作为工程管理专业的基础课，始终是教学改革的重点，“基于模块法教学的高校‘建筑材料’课程体系构建”获2019年第一批教育部高教司产学研合作协同育人项目立项。2022年获批辽宁省线下一流课程。

本书由东北财经大学汪振双担任主编，河南财经政法大学韩卫卫担任副主编，参加编写的还有四川建筑职业技术学院胡敏和东北财经大学周焱鑫。本书编写分工如下：汪振双编写绪论、第1章、第4章、第5章、第7章和第10章，韩卫卫编写第2章、第3章、第6章、第9章和第11章，胡敏编写第12章，周焱鑫编写第8章。本书覆盖了所有常用的材料，结合了财经类高校工程管理专业多年来的教学经验，针对财经类高校本科生的基础和学习特点，由浅入深地进行内容安排，各章均设有本章重点、学习目标和本章小结，同时包含了工程实例，理论联系实际，并融入了课程思政的内容。

由于编者水平有限，本书难免有不足之处，恳请广大读者批评指正。

编　者

目　录

绪　论

本章重点

土木工程材料的分类和有关标准规定。

学习目标

了解土木工程材料在建设工程中的地位和作用；了解土木工程材料的发展趋势；掌握土木工程材料的分类；掌握土木工程材料的有关标准规定。

0.1　土木工程材料在建设中的地位和现状

在我国社会主义现代化建设中，土木工程材料占有极其重要的地位。各项建设都是从土木工程基本建设开始的，而土木工程材料则是一切土木工程的物质基础。土木工程材料在土木工程中应用量大、经济性强，直接影响工程造价。在我国，材料费用通常在工程总造价中占40%~70%，因此，材料质量的优劣和配制是否合理及选用是否适当等，对土木工程的安全、实用、美观、耐久和造价具有重要意义。

土木工程材料与建筑结构、建筑施工之间存在着相互促进、相互依存的密切关系。一种新型材料的出现，必将促进建筑形式的改革与创新，同时结构设计和施工技术也将相应改进和提高。同样，新的建筑形式和新型结构的出现，也会促进土木工程材料的发展。例如，为保护土地、节约资源，采用煤矸石制造矸石多孔砖替代实心黏土砖墙体材料，要求相应的结构构造设计和施工工艺、施工设备的改进；各种高强性能混凝土的推广应用，要求钢筋混凝土结构设计和相关施工技术标准及规程的不断改进；同样，超高层建筑、超大跨度结构的大量应用，要求提供相应的轻质高强材料，以减小构件截面尺寸，减轻建筑物自重。随着人们物质生活水平的提高，对建筑功能的要求也随之提高，这就需要同时具有满足力学及使用等性能的多功能土木工程材料。

土木工程材料的质量直接影响土木工程的安全性和耐久性。土木工程材料的组成、结构决定其性能，而材料的性能在很大程度上又决定了土木工程的功能和使用寿命。例如，如果地下室及卫生间防水材料的防水效果不好，就会出现渗漏，将直接影响建筑物的正常使用；建筑物使用的钢材如果锈蚀严重、混凝土劣化严重，将造成建筑物过早破坏，降低其使用寿命。土木工程的质量在很大程度上取决于材料的质量控制，正确使用土木工程材料是保证工程质量的关键。例如，钢筋混凝土结构的质量主要取决于混凝土强度、密实性和是否会产生裂缝。在材料的选择、生产、储运、使用和检验评定过程中，任何环节的失误都可能导致工程事故的发生。事实上，土木工程出现的质量事故，绝大部分与土木工程材料的质量缺陷有关。

土木工程材料的发展具有明显的时代性。建筑艺术的展现、建筑功能的实现，都需要新技术、新材料的发明和应用，每个时期都有这一时代材料所独有的特点，新型土木工程材料的出现推动了土木工程结构形式的变化、施工技术的进步、建筑物多功能性的实现。近年来，随着科技的不断进步、人们对人居环境的需求不断提升，土木工程材料得以创新发展。为了满足新时代人们高品质居住环境的要求，各种新型土木工程材料不断涌现，使得我国整体建筑环境明显改善。目前，土木工程材料正向着轻质、高性能、多功能的方向发展，低碳绿色和环保的理念也渐入人心。新型复合材料、节能环保材料、利用工农业废料生产的再生材料等在科学的生产工艺、检测手段的促进下，正向着技术创新和可持续发展的方向发展，对我国土木工程行业的发展具有重要作用。

0.2 土木工程材料的分类

广义的土木工程材料是指土木工程中各种材料的总称。土木工程材料种类繁多，传统的土木工程材料既包括烧土制品（砖、瓦等）、砂石、胶凝材料（水泥、石灰和石膏）、混凝土、钢材、木材、沥青等，又包括卫生洁具、暖风及冷风设备等器材和施工过程中的暂设工程所用材料。狭义的土木工程材料是指构成建筑物或构筑物本身的土木工程材料，如结构材料、装饰材料等。

土木工程材料可按不同的原则进行分类。根据材料的来源，可分为天然材料和人工材料；根据材料在土木工程中的功能，可分为结构材料、装饰材料、绝热材料、防水材料等；根据材料在土木工程中的使用部位，可分为承重构件材料、墙体材料、屋面材料、地面材料等。最常用的分类方法是根据材料的化学成分来分类（见表 0-1），分为无机材料、有机材料和复合材料。

1）无机材料，是由无机矿物单独或混合物制成的材料，通常是指由硅酸盐、铝酸盐、硼酸盐、磷酸盐等原料和（或）氧化物、氮化物、碳化物、硼化物、硫化物、硅化物、卤化物等原料经一定的工艺制备而成的材料。无机材料包括非金属材料和金属材料，其中非金属材料有天然石材、砖、瓦、石灰、水泥及制品、玻璃、陶瓷等，金属材料有钢、铁、铝、铜及合金制品等。

2）有机材料，一般是由碳、氢、氧等元素组成，普遍具有溶解性、热塑性和热固性、强度特性、电绝缘性，不过有机材料更容易老化，如木材、沥青、塑料、涂料、油漆等。

3）复合材料，是指无机材料与有机材料的复合、金属材料与非金属材料的复合或金属材料与有机材料复合而形成的材料等，如钢筋混凝土、沥青混合料、树脂混凝土、铝塑板、塑钢门窗等。

表 0-1 土木工程材料按化学成分分类

分类			实例
无机材料	金属材料	黑色金属	钢、合金钢、不锈钢、铁等
		有色金属	铜、铝及合金等
	非金属材料	天然石材	砂、石及各类石材制品等
		烧土制品	黏土砖瓦、陶瓷、玻璃等
		胶凝材料及制品	石灰、石膏、水玻璃、水泥及其制品、硅酸盐制品等
		无机纤维材料	玻璃纤维、矿棉纤维等

（续）

分类		实例
有机材料	植物类材料	木材、竹材、植物纤维及制品等
	沥青类材料	石油沥青、煤沥青、沥青制品等
	合成高分子材料	塑料、涂料、胶黏剂、合成橡胶等
复合材料	有机材料与非金属材料复合	聚合混凝土、沥青混凝土、玻璃纤维增强塑料等
	金属材料与非金属材料复合	钢筋混凝土（包括预应力钢筋混凝土）、钢纤维增强混凝土等
	金属材料与有机材料复合	PVC钢板、塑钢门窗等

0.3 土木工程材料的有关标准规定

土木工程材料的有关标准规定

在过去，选用材料主要凭经验，就近取材，能用即可。随着技术及经济的发展，建筑业得到迅速发展，在现代社会中形成了行业分工协作的格局。为确保工程质量，建材及相关行业需要建立完善的质量保证体系。土木工程材料的有关标准，是土木工程材料的生产、销售、采购、验收和质量检验的法律依据，是企业生产的产品质量是否合格的技术依据和供需双方对产品质量进行验收的依据。标准根据属性分为国家标准、行业标准、地方标准、企业标准等。标准的一般表示方法是由标准名称、代号、编号和批准年份等组成。标准的内容主要包括产品规格、分类、技术要求、检验方法、验收规则、标准、运输和储存等方面内容。

1. 国家标准

国家标准是指在全国范围内统一实施的标准，包括强制性标准和推荐性标准。

（1）强制性标准　强制性标准的代号为GB，是指在一定范围内通过法律、行政法规等强制性手段加以实施的标准，具有法律属性。强制性标准主要是指涉及安全、卫生方面，保障人体健康、人身财产安全的标准和法律，行政法规规定强制执行的标准。强制性标准一经颁布，必须贯彻执行，否则造成恶劣后果和重大损失的单位和个人，要受到经济制裁或承担法律责任。工程建设领域的质量、安全、卫生、环境保护及国家需要控制的其他工程建设标准。例如，国家标准《通用硅酸盐水泥》（GB 175—2007）。

（2）推荐性标准　推荐性标准又称非强制性标准或自愿性标准，其代号为GB/T，是指在生产、交换和使用等方面，通过经济手段或市场调节而自愿采用的一类标准。例如，《建设用卵石、碎石》（GB/T 14685—2022）。

2. 行业标准

行业标准是指由我国各主管部、委（局）批准发布，并报国务院标准化行政主管部门备案，在该行业范围内统一使用的标准，包括部级标准和专业标准。建材行业技术标准的代号为JC，铁道行业建筑工程技术标准的代号为TB，交通行业建筑工程技术标准的代号为JTG，城市建设标准的代号为CJJ，中国工程建设标准化协会标准的代号为CECS。

3. 地方标准

地方标准是指由省、自治区、直辖市标准化行政主管部门制定，并报国务院标准化行政主管部门和国务院有关行政主管部门备案的有关技术指导性文件，适宜本地区使用，其技术标准不得低于国家有关标准的要求，代号为DB。例如，《水污染物排放标准》DB 44/26—2001（广东省地方标准）。

4. 企业标准

企业标准是指由企业制定，由企业法人代表或法人代表授权的主管领导批准、发布，并报当地政府标准化行政主管部门和有关行政主管部门备案，适应本企业内部生产的有关指导性技术文件。企业标准不得低于国家有关标准的要求，代号为QB。

此外，还有一些与土木工程材料关系密切的国际通用标准或国外专用标准，其中主要有国际标准（ISO）、英国标准（BS）、美国材料试验协会标准（ASTM）、日本工业标准（JIS）、德国工业标准（DIN）、法国标准（NF）等。熟悉有关的技术标准，并了解制定标准的科学依据，对更好地掌握土木工程材料知识，合理、正确地使用材料，确保建筑工程质量是非常必要的。

国家标准属于最低要求。一般来说，行业标准、企业标准等标准的技术要求通常高于国家标准，因此，在选用标准时，除国家强制性标准外，应根据行业的不同选用该行业的有关标准，无行业标准的选用国家推荐性标准或指定的其他标准。

0.4 土木工程材料课程的学习目的和要求

土木工程材料课程具有涉及面广、知识点多、综合性强、章节独立性强、实践性要求较高等特点。本课程的学习目的主要是使学生掌握常用土木工程材料的组成与构造、性质与应用、技术标准、检验方法及保管知识等，掌握土木工程材料所涉及的物理学（密度、变形、热及水分传输等）、化学（酸、碱、盐侵蚀等）、力学（强度、硬度、刚度、弹性模量、徐变、韧性和耐疲劳特性等）、生物学（虫蛀等）等学科的诸多性质。通过学习，使学生能按照使用目的与使用条件，安全合理地选择和使用材料，甚至创造新材料。为了更好地选择材料，必须确切地掌握土木工程本身的性质以及使用环境对材料性能的要求；掌握土木工程材料的检验方法、运输保管知识和基本试验技能；了解土木工程材料的成分、组分、构造及矿物形成机理。由此更深入地理解土木工程材料的基本性质，以便选择适宜的工艺条件和研究方法，进一步改进材料或开发新材料，为今后从事土木工程结构与材料等方向的科学研究准备必要的基础知识。

0.5 土木工程材料的发展趋势

社会的发展进步，特别是环境保护和节能降耗的迫切需要，对土木工程材料提出了更高的要求，也促进了土木工程材料向以下几个方向健康可持续发展。

1. 低碳化

低碳是时代提出的迫切要求。土木工程材料的低碳包括生产过程的低碳和使用过程的低碳，即以低的能耗和物耗生产优质的土木工程材料，并具有良好的使用性能及耐久性，以利于节能。

2. 绿色生态化

绿色生态化的土木工程材料需符合3R原则，即减量化（reducing）、再利用（reusing）和再循环（recycling），具体是采用清洁生产技术，减少使用天然资源和能源，使土木工程材料尽可能重复利用，实现方便拆卸易地再装配使用，达到使用寿命后可回收再利用。

3. 高性能、多功能与智能化

土木工程材料的高性能是指需满足材料其一些主要功能具有高性能，如结构材料的轻质、高强。土木工程材料的多功能是指在满足某一主要功能的基础上，附加了其他使用功能，使其具有更高的价值。土木工程材料的智能化包括多方面，特别是材料本身的自我诊断、自我修复功能，具有十分重要的意义。

4. 装配式建筑与土木工程材料的融合发展

装配式建筑是指运用现代工业手段和现代工业组织，对住宅工业化生产的各个阶段的各个生产要素进行集成和系统地整合，以建筑施工的标准化（在工厂里预先生产好梁、柱、墙板、阳台、楼梯等部件部品，运到工地后做简单地组合、连接、安装，类似于“搭积木”）建造的建筑物。此种建筑方式有利于降低损耗、改善施工环境、缩短工期和提高工程质量。装配式建筑与土木工程材料的融合过程中，也必将促进土木工程材料向标准化、绿色化和部品化的方向发展。

【素质拓展】

在建筑工程中，材料费占总造价的60%~70%，在金属结构中占比更大，是直接费用的主要组成部分。因此，合理确定材料的预算价格构成，正确计算材料的预算单价，有利于合理确定和有效控制工程造价。

材料（包括原材料、辅助材料、构配件、零件、半成品及成品）单价，是材料由来源地（供应者仓库或提货地点）运到工地仓库或施工现场存放地点后的出库价格。根据现行制度的规定，材料的单价由材料的基价（包括材料的原价、包装费、运杂费、采购及保管费等）和单独列项计算的检验试验费用等组成。

本章小结

土木工程材料可按不同的原则进行分类。根据材料的来源，可分为天然材料和人工材料；根据材料在土木工程中的功能，可分为结构材料、装饰材料、绝热材料、防水材料等；根据材料在土木工程中使用部位，可分为承重构件材料、墙体材料、屋面材料、地面材料等。最常用的分类方法是根据材料的化学成分来分类，分为无机材料、有机材料和复合材料。土木工程材料的有关标准，是土木工程材料的生产、销售、采购、验收和质量检验的法律依据，是企业生产的产品质量是否合格的技术依据和供需双方对产品质量进行验收的依据。标准根据属性分为国家标准、行业标准、地方标准、企业标准等。标准的一般表示方法是由标准名称、代号、编号和批准年份等组成。

本章习题

1. 判断题（正确的打√，错误的打×）

1）我国加入 WTO 后，国际标准 ISO 也成为我国的一级技术标准。（　　）

2）企业标准只适用于本企业。（　　）

2. 单项选择题

材料按其化学组成可以分为哪几种？（　　）

A. 无机材料、有机材料

B. 金属材料、非金属材料

C. 植物质材料、高分子材料、沥青材料、金属材料

D. 无机材料、有机材料、复合材料

3. 简答题

为什么许多土木工程材料为复合材料？

第1章

材料的基本性质

本章重点

材料的组成及其对材料性质的影响。

学习目标

了解土木工程材料的基本组成、结构和构造，以及其与材料基本性质的关系；熟练掌握土木工程材料的基本力学性质；掌握土木工程材料的基本物理性质；掌握土木工程材料耐久性的基本概念。

土木工程材料是土木工程的物质基础，材料的性质与质量很大程度上决定了工程性质与质量。土木工程材料的基本性质是指材料处于不同使用条件和使用环境时必须考虑的最基本的、共有的性质。在工程实践中，选择、使用、分析和评价材料时，通常是以其性质为基本依据的。例如，受力构件需要承受各种外力作用，所用材料必须具有所需的力学性质；墙体材料应具有隔热、隔声的性能；屋面材料应具有抗渗防水的性能。由于结构在长期的使用过程中，经常受到风吹、雨淋、日晒、冰冻和周围各种有害介质的侵蚀，还要求材料具有很好的耐久性。此外，为了确保工程项目安全、经济、美观、经用耐久，并有利于节约资源和生态环境保护，实现建筑与环境和谐共存，创造健康、舒适的生活环境，要求生产和选用的土木工程材料是绿色和生态的。因此，我们需要掌握土木工程材料的性质，并了解它们与材料的组成、结构的关系，从而合理地选用材料。

万里长城所用的建筑材料

万里长城飞越崇山峻岭，是我国古代劳动人民的杰作，也是建筑史上的丰碑。万里长城因地制宜选用材料，堪称典范。

居庸关、八达岭一段，采用砖石结构。墙身用条石砌筑，中间填充碎石黄土，顶部再用三四层砖铺砌，以石灰作为砖缝材料，坚固耐用。平原黄土地区因缺乏石料，则用泥土垒筑长城，将泥土夯打结实，并以锥刺夯打土检查是否合格。在西北玉门关一带，因既无石料又无黄土，则以当地芦苇或柳条与砂石间隔铺筑，共铺20层。

万里长城因地制宜使用建筑材料，展现了我国劳动人民的勤劳、智慧和创造力。

土木工程材料的性质，可分为基本性质和特殊性质两部分。材料的基本性质是指土木工程中通常必须考虑的最基本的、共有的性质，主要包括物理性质、力学性质和耐久性等；材料的特殊性质是指材料本身的不同于其他材料的性质，是材料的具体使用特点的体现。

1.1 材料的物理性质

材料的物理性质包括表示材料物理状态特征的性质和各种与物理过程有关的性质。

1.1.1 材料的密度、表观密度和堆积密度

材料的密度

1. 密度

密度（又称真密度）是材料在绝对密实状态下单位体积的质量，通常以 ρ 表示，其计算公式为

$$\rho=\frac{m}{V} \tag{1-1}$$

式中 ρ——材料的密度（g/cm^3 或 kg/m^3）；

m——材料的质量（g 或 kg）；

V——材料在绝对密实状态下的体积（cm^3 或 m^3）。

材料在绝对密实状态下的体积是指不含有任何孔隙的固体体积。土木工程材料中除了钢材、玻璃等少数材料外，绝大多数材料都含有一定的孔隙，如砖、石材等常见的块状材料。对于这些有孔隙的材料，测定其密度时，应先把材料磨成细粉（排除孔隙），经干燥至恒重后用李氏瓶测定其体积，然后按式（1-1）计算得到密度值。材料磨得越细，测得的数值就越准确。

工程上还经常用到相对密度，相对密度用材料质量与同体积水（4℃）质量的比值表示。工程中也可通过查表了解材料的密度值，常用土木工程材料的密度见表 1-1。

2. 表观密度

表观密度（体积密度）是材料在自然状态下，不含开口孔时单位体积的质量，通常以 ρ_0 表示，其计算公式为

$$\rho_0=\frac{m}{V_0} \tag{1-2}$$

式中 ρ_0——材料的表观密度（g/cm^3 或 kg/m^3）；

m——材料的质量（g 或 kg）；

V_0——材料的表观体积（cm^3 或 m^3）。

材料中的孔隙可分为闭口孔和开口孔（见图 1-1a），整体材料的外观体积称为材料的表观体积。规则外形材料的表观体积，可通过测量体积尺度或蜡封法用静水天平置换法得到；不规则外形材料的表观体积，如砂石类散粒材料，可用排水法测得，它实际上扣除了材料内部开口孔隙体积，故称用排水法测得材料的体积为近似表观体积，也称为视体积，按式（1-2）计算得到的表观密度也称为视密度。

表观密度是反映整体材料在自然状态下的物理参数，材料在不同的含水状态下（干燥状态、气干状态、饱和面干状态、湿润状态），表观密度也会不同，干燥状态下测得的值称为干表观密度，如未注明，通常是指气干状态的表观密度。由于表观体积中包含了材料内部

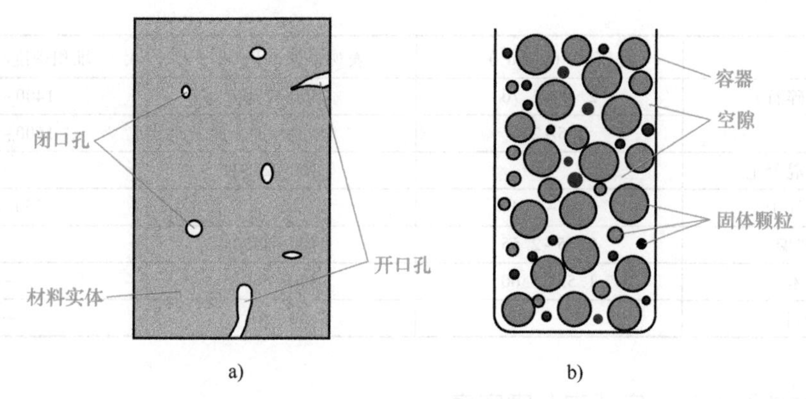

图 1-1　材料的孔隙与空隙结构

a）材料孔隙结构　b）材料的堆积体积构成

孔隙的体积，因此材料干表观密度值通常小于其密度值。常见土木工程材料的表观密度见表 1-1。

土木工程中所用的粉状材料，如水泥、粉煤灰、磨细生石灰粉等，其颗粒很小，与一般块体材料测定密度时所研碎制作的试样粒径相近似，因此它们的表观密度，特别是干表观密度值与密度值可视为相等。

3. 堆积密度

堆积密度是指粉状或散粒材料在自然堆积状态下单位堆积体积的质量，通常以 ρ_0'表示，其计算公式为

$$\rho_0' = \frac{m}{V_0'} \tag{1-3}$$

式中　ρ_0'——材料的堆积密度（g/cm^3 或 kg/m^3）；

m——材料的质量（g 或 kg）；

V_0'——材料的堆积体积（cm^3 或 m^3）。

材料的堆积体积是指在自然、松散状态下，按一定方法装入一定容器的容积，包括材料实体体积、内部所有孔体积和颗粒间的空隙体积（见图 1-1b）。堆积体积可以通过测量其所占有容器的容积，或通过测量其规则堆积形状的集合尺寸计算求得。同一种材料堆积状态不同，堆积体积大小也不一样，松散堆积下的体积较大，密实堆积状态下的体积较小。按自然堆积体积计算的密度为松堆积密度，以振实体积计算的则为紧堆积密度。对于同一种材料，由于材料内部存在的孔隙和空隙，故一般密度>表观密度>堆积密度。常用土木工程材料的堆积密度见表 1-1。

表 1-1　常用土木工程材料的密度、表观密度、堆积密度

材　料	密度/(g/cm^3)	表观密度/(kg/m^3)	堆积密度/(kg/m^3)
钢材	7.85	7800~7850	—
铝合金	2.7~2.9	2700~2900	—
水泥	2.8~3.1	—	1600~1800
烧结普通砖	2.6~2.7	1600~1900	—

（续）

材　料	密度/(g/cm³)	表观密度/(kg/m³)	堆积密度/(kg/m³)
石灰石(碎石)	2.48~2.76	2300~2700	1400~1700
砂	2.5~2.6	—	1500~1700
普通水泥混凝土	—	2000~2800	—
粉煤灰(气干)	1.95~2.40	—	550~800
普通玻璃	2.45~2.55	2450~2550	—
红松木	1.55~1.60	400~600	—
泡沫塑料	—	20~50	—

1.1.2　材料的孔隙率、空隙率与密实度

孔结构对材料性能的影响

孔是大多数材料中一个重要的组成部分。它的存在不会影响材料的物理、化学性质，但它会影响大多数材料的功能特性。土木工程材料中，常以规定条件下水能否进入孔中来区分开口孔和闭口孔（见图 1-1a）。绝对的闭口孔是不存在的，孔对材料的力学性质、热工性质、声学性质、耐久性等有很大的影响。

1. 孔隙率与密实度

孔隙率是指材料所含孔隙的体积占材料自然状态下总体积的百分率，以 P 表示，其计算公式为

$$P=\frac{V_0-V}{V_0}\times100\%=\left(1-\frac{\rho_0}{\rho}\right)\times100\% \tag{1-4}$$

式中　P——材料的孔隙率（%）；

V_0——材料的表观体积（cm^3 或 m^3）；

V——材料的绝对密实体积（cm^3 或 m^3）；

ρ_0——材料的表观密度（g/cm^3 或 kg/m^3）；

ρ——材料的密度（g/cm^3 或 kg/m^3）。

材料孔隙率的大小反映了材料的密实程度，孔隙率大，则密实度小。

密实度是与孔隙率相对应的概念，是指材料的体积内被固体物质充实的程度，用 D 表示，其计算公式为

$$D=\frac{V}{V_0}\times100\%=\frac{\rho_0}{\rho}\times100\% \tag{1-5}$$

式中　D——材料的密实度（%）。

显然，$P+D=1$，材料的孔隙率与密实度成对应关系。对于非常密实的材料，如钢材、玻璃等，其孔隙率近似为 0，则密实度近似为 100%。

材料的许多性质也都与其孔隙率有关，如强度、热工性质、声学性质、吸水性、吸湿性、抗冻性及抗渗性等。开口孔隙是指材料内部孔隙不仅彼此互相贯通，并且与外界相通，如常见的毛细孔。闭口孔隙是指材料内部孔隙彼此不连通，而且与外界隔绝。开口孔隙能提高材料的吸水性、透水性、吸声性，并降低材料的抗冻性。闭口孔隙能提高材料的保温隔热性能和材料的耐久性。材料的孔隙率也分为开口孔隙率和闭口孔隙率。因此，当孔隙率相同

时，材料的开口孔越多，材料具有较好的吸水性、透水性、吸声性，但材料的抗渗性、抗冻性变差；材料的闭口孔越多，可增强其保温隔热能力和材料的耐久性。一般情况下，闭口孔越细小、分布越均匀，对材料越有利。

材料中孔隙的种类、孔径大小、孔的分布状态也是影响其性质的重要因素，通常称为孔隙特征。

2. 空隙率与填充率

材料的空隙率与填充率仅适用于粉状或散粒材料。散粒材料在堆积状态下颗粒间空隙体积占总堆积体积 V'的百分率称为空隙率，以 P'表示，其计算公式为

$$P'=\frac{V_0'-V}{V_0'}\times 100\%=\left(1-\frac{\rho_0'}{\rho_0}\right)\times 100\% \tag{1-6}$$

式中　P'——材料的空隙率（%）；

V_0'——材料的堆积体积（cm^3 或 m^3）；

V——材料的绝对密实体积（cm^3 或 m^3）；

ρ_0'——材料的堆积密度（g/cm^3 或 kg/m^3）；

ρ_0——材料的表观密度（g/cm^3 或 kg/m^3）。

空隙率反映了堆积材料中颗粒间空隙的多少，它对于研究堆积材料的结构稳定性、填充程度及颗粒间相互接触连接的状态具有实际意义。工程实践表明，堆积材料的空隙率较小时，颗粒间相互填充的程度较高或接触连接的状态较好，其堆积体的结构稳定性也较好。

在配制混凝土、砂浆时，空隙率可作为控制集料的级配、计算配合比的依据，其基本思路是粗集料空隙被细集料填充，细集料空隙被细粉填充，细粉空隙被胶凝材料填充，从而达到节约胶凝材料的效果。

与空隙率对应的概念是填充率。填充率是指散粒材料在堆积状态下颗粒的填充程度，即颗粒体积占总堆积体积 V'的百分率，以 D'表示，可用下式计算，显然 $P'+D'=1$。

$$D'=\frac{V_0}{V_0'}\times 100\%=\frac{\rho_0'}{\rho_0}\times 100\% \tag{1-7}$$

式中　D'——材料的填充率（%）。

1.1.3　材料与水有关的性质

1. 亲水性与憎水性

材料在使用过程中，常与水或大气中的水蒸气接触，但不同材料和水的亲和情况是不同的。材料与水接触时，有些材料能被水润湿，而有些材料则不能被水润湿。对于这两种现象来说，前者称为亲水性，后者称为憎水性。材料具有亲水性或憎水性是由材料的分子结构（极性分子或非极性分子）决定的，亲水性材料与水分子之间的亲和力大于水本身分子间的内聚力；反之，憎水性材料与水分子之间的亲和力小于水本身分子间的内聚力。

工程实际中，材料通常以润湿角的大小将材料划分为亲水性材料或憎水性材料。润湿角是水与材料接触时，在材料、水和空气三相交点处，沿水表面的切线与水和固体接触面所成的夹角，其值越小，材料浸润性越好，越易被水润湿。如果润湿角 $\theta=0°$，表示材料完全被水润湿。当材料的润湿角 $0°<\theta\leqslant 90°$时，为亲水性材料，此时材料被部分润湿（见图 1-2a）；

当材料的润湿角 $\theta>90°$时，为憎水性材料，此时材料不被润湿（见图 1-2b）。

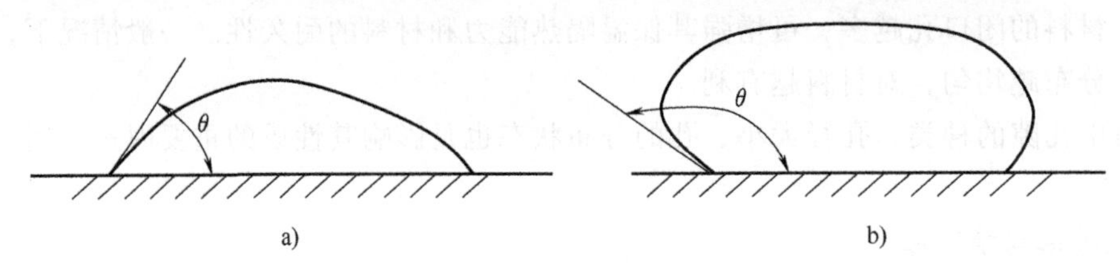

图 1-2 材料润湿示意图

a）亲水性材料 b）憎水性材料

材料的润湿角

亲水性材料可以被水润湿，即水可以在材料表面铺展开，而且当材料存在孔隙时，水分能通过孔隙的毛细作用自动渗入材料内部；而憎水性材料则不能被水润湿，水分不易渗入材料毛细管中。常见土木工程材料中，水泥制品、玻璃、陶瓷、金属材料、石材等无机材料和部分木材等为亲水性材料；塑料、沥青、油漆、防水油膏等为憎水性材料。憎水性材料表面不易被水润湿，适宜用作防水材料和防潮材料，还可以将其涂覆于亲水性材料表面，使外界水分难以渗入材料的毛细管中，从而降低亲水性材料的吸水性和渗透性，改善亲水性材料的耐水性能。

2. 吸水性

材料与水接触时吸收水分的性质，称为材料的吸水性。材料的吸水性以吸水率表示，有质量吸水率和体积吸水率两种表示方式。

（1）质量吸水率 质量吸水率是指材料在吸水饱和时所吸水的质量占材料干燥质量的百分比，以 W_m 表示，其计算公式为

$$W_m=\frac{m_b-m}{m}\times100\% \tag{1-8}$$

式中 W_m——材料的质量吸水率（%）；

m_b——材料吸水饱和状态下的质量（g 或 kg）；

m——材料在干燥状态下的质量（g 或 kg）。

（2）体积吸水率 体积吸水率是指材料在吸水饱和时所吸水的体积占干燥材料表观体积的百分率，以 W_V 表示，其计算公式为

$$W_V=\frac{m_b-m}{V_0\rho_w}\times100\% \tag{1-9}$$

式中 W_V——材料的体积吸水率（%）；

m_b——材料吸水饱和状态下的质量（g 或 kg）；

m——材料在干燥状态下的质量（g 或 kg）；

V_0——材料在干燥状态下的表观体积（cm^3 或 m^3）；

ρ_w——水的密度（g/cm^3），常温下取 $\rho_w=1.0g/cm^3$。

材料的质量吸水率与体积吸水率之间的关系为

$$W_V=W_m\rho_0 \tag{1-10}$$

式中 ρ_0——材料在干燥状态下的表观密度（g/cm^3）。

材料的吸水率主要取决于材料的亲水性、孔隙率及孔隙特征。亲水性材料吸水率高；孔

隙率大、孔隙小且连通的材料吸水率较大；具有粗大孔隙的材料，虽然水分容易渗入，但是仅能润湿孔壁表面而不易在孔内存留，其吸水率反而不高；密实材料及仅有闭口孔的材料基本上不吸水。因此，不同材料或同种材料的内部构造不同，其吸水率也会有很大的差别。

材料吸水会使材料的强度降低，表观密度和导热系数增大，体积膨胀。因此，材料吸水会对其性质产生不利影响。

3. 吸湿性

材料的吸湿性是指材料吸收潮湿空气中水分的性质，用含水率表示。当较干燥的材料处于较潮湿的空气中时，便会吸收空气中的水分；而当较潮湿的材料处于较干燥的空气中时，便会向空气中释放水分。前者是材料的吸湿过程，后者是材料的干燥过程（此性质也称为材料的还湿性）。在任一条件下材料内部所含水的质量占干燥材料质量的百分率称为材料的含水率，以 W_h 表示，其计算公式为

$$W_h = \frac{m_s - m}{m} \times 100\% \tag{1-11}$$

式中　W_h——材料的含水率（%）；

m_s——材料吸湿后的质量（g 或 kg）；

m——材料在干燥状态下的质量（g 或 kg）。

显然，材料的含水率不仅与材料本身的孔隙有关，还受所处环境中空气温度和湿度的影响。在一定的温度和湿度条件下，材料与空气湿度达到平衡时的含水率称为材料的平衡含水率。处于平衡含水率的材料，如果环境的温度和湿度发生变化，平衡将会被破坏。一般情况下，环境的温度上升或湿度下降，材料的平衡含水率会相应降低。当材料处于某一湿度稳定的环境中时，材料的平衡含水率只与其本身的性质有关。一般亲水性较强或含有开口孔隙较多的材料，其平衡含水率就较高，它在空气中的质量变化也较大。材料吸水或吸湿后，除了本身的质量增加外，还会降低其绝热性、强度及耐久性，造成体积的增加和变形，这些多会对工程带来不利的影响。当然，在特殊的情况下，也可以利用材料的吸水或吸湿特性实现除湿效果，保持环境的干燥。

1.1.4　材料的热工性质

材料的导热性

1. 导热性

导热性是指材料两侧有温差时材料将热量由温度高的一侧向温度低的一侧传递的能力，即传导热的能力。材料的导热性以导热系数（又称热导率）λ 表示，其含义是当材料两侧的温差为 1K（开尔文，热力学温度的单位[⊖]）时，在单位时间（1s 或 1h）内，通过单位面积（$1m^2$）并透过单位厚度（1m）的材料所传导的热量，其计算公式为

$$\lambda = \frac{Qa}{(T_1 - T_2)AZ} \tag{1-12}$$

式中　λ——材料的导热系数［W/(m·K)］；

Q——传导的热量（J）；

a——材料的厚度（m）；

⊖ 摄氏温度的单位℃，摄氏温度 t 等于两热力学温度之差，$t = T - T_0$，$T_0 = 273.15K$。

A——材料的传热面积（m^2）；

Z——传热时间（s 或 h）；

T_1-T_2——材料两侧的温度差（K）。

材料的导热系数是建筑物围护结构（墙体、屋盖）热工计算时的重要参数之一，是评价材料保温隔热性能的参数。材料的导热系数越大，则其导热性越强，绝热性越差；土木工程材料的导热性差别很大，通常把 $\lambda<0.23W/(m \cdot K)$ 的材料称为绝热材料。

材料的导热性与其结构和组成、含水率、孔隙率及孔隙特征等有关，且与材料的表观密度有很好的相关性。固体的导热系数最大，液体次之，气体最小。一般非金属材料的绝热性优于金属材料。材料的表观密度小、孔隙率大、闭口孔多、孔分布均匀、孔尺寸小、含水率小时，其导热性差，绝热性好。材料的导热系数一般是指干燥状态下的导热系数，材料一旦吸水或受潮时，导热系数会显著增大，绝热性变差。

单位时间内通过单位面积的热量，称为热流强度，以 q 表示。则式（1-12）可改写成

$$q=\frac{T_1-T_2}{a/\lambda}=\frac{T_1-T_2}{R} \tag{1-13}$$

在热工设计中，将 a/λ 称为材料层的热阻，用 R 表示，其单位为（$m^2 \cdot K$）/W。热阻可用来表明材料层抵抗热流通过的能力，在同样温差条件下，热阻越大，通过材料层的热量越少。热阻或导热系数是评定材料绝热性能的主要指标。

2. 热容量和比热容

热容量是指材料受热时吸收热量或冷却时放出热量的能力，可表示为

$$Q=mc(T_1-T_2) \tag{1-14}$$

式中 Q——材料的热容量（kJ）；

m——材料的质量（kg）；

T_1-T_2——材料受热或冷却前后的温度差（K）；

c——材料的比热容［kJ/(kg · K)］。

比热容是真正反映不同材料间热容性差别的参数，其大小反映了质量为 1kg 的材料，在温度改变 1K 时所吸收或放出热量的多少。

材料的热容量是建筑物围护结构（墙体、屋盖）热工计算时的另一重要参数。建筑物围护结构应选用热容量较大而导热系数较小的建筑材料，以提高建筑物室内温度的保温稳定性。材料的热容量对保持室内温度的稳定、减少能耗、冬期施工等有很重要的作用。

热导率表示热容量通过材料传递的速度，热容量或比热容表示材料内部储存热量的能力。对于建筑围护结构所用的材料，设计时应选择热导率较小而热容量较大的材料，来达到冬季保暖、夏季隔热的目的。

3. 导温系数

在工程结构温度变形及温度场研究时，还会用到另外一个材料热物理参数——导温系数，表示材料被加热或冷却时，其内部温度趋于一致的能力，是材料传播温度变化能力大小的指标。导温系数的定义式为

$$\alpha=\frac{\lambda}{\rho c} \tag{1-15}$$

式中 α——材料的导温系数，又称热扩散系数，（m^2/s 或 m^2/h）；

λ——材料的导热系数［W/(m·K)］；

c——材料的比热容［kJ/(kg·K)］；

ρ——材料的密度（kg/m^3）。

导温系数越大，表明材料内部的温度分布趋于均匀越快。导温系数也可作为选用保温隔热材料的指标，导温系数越小，绝热性能越好，越容易保持室内温度的稳定性。泡沫塑料一类轻质保温材料的热物理性能的特点就是导热系数很小，静态空气的导温系数非常大，结合两者特点可以使房间温度快速变冷或变热。空调制冷或制热就是利用这项原理。

4. 材料的温度变形性

材料的温度变形是指温度升高或降低时材料体积变化的特性。除个别材料（如 277K 以下的水）以外，多数材料在温度升高时体积膨胀，温度下降时体积收缩。这种变化表现在单向尺寸时，为线膨胀或线收缩，相应的表征参数为线膨胀系数 α。材料温度变化时的单向线膨胀量或线收缩量为

$$\Delta L=(T_2-T_1)\alpha L \tag{1-16}$$

式中　ΔL——单向线膨胀量或线收缩量（mm 或 cm）；

T_2-T_1——材料升（降）温前后的温度差（K）；

α——材料在常温下的平均线膨胀系数（1/K）；

L——材料原来的长度（mm 或 cm）。

在土木工程中，往往关注材料的温度变形中某一单向尺寸的变化，因此，研究其平均线膨胀系数具有实际意义。材料的线膨胀系数与材料的组成和结构有关，通常会通过选择合适的材料来满足工程对温度变形的要求。

5. 耐热性、耐燃性与耐火性

（1）耐热性　耐热性是指材料长期在高温作用下，不失去使用功能的性质。材料在高温作用下发生性质的变化会影响材料的正常使用，包括材料受热质变和受热变形，如 α 石英温度上升至 573℃时会转变为 β 石英，同时体积增大约 2%，可导致建筑物破坏；普通钢材的最高允许使用温度为 350℃，超过该温度时，钢材强度显著降低，建筑结构可能因钢材产生过大的变形而失去稳定。

（2）耐燃性　耐燃性是指在发生火灾时，材料抵抗和延缓燃烧的性质，又称为防火性。根据耐燃性，可将材料分为非燃烧材料（如混凝土、钢材、石材）、难燃材料（如沥青混凝土、水泥刨花板）和可燃材料（如木材、竹材）。在建筑物的不同部位，应根据其使用特点和重要性选择耐燃性不同的材料。

（3）耐火性　耐火性是指建筑构件、配件或结构，在一定时间内满足标准耐火试验中规定的稳定性、完整性、隔热性和其他预期功能的能力；是材料在火焰和高温作用下，保持其不被破坏、性能不明显下降的能力，用其耐受时间（h）来表示，称为耐火极限。

工程中应注意耐燃性和耐火性概念的区别。材料有良好的耐燃性不一定有良好的耐火性，但材料有良好的耐火性一般都具有良好的耐燃性。例如，钢材是非燃烧材料，但其耐火极限仅有 0.25h，因此钢材虽为重要的建筑结构材料，但其耐火性却较差，使用时必须进行特殊的耐火处理。

【工程实例分析 1-1】 加气混凝土砌块吸水分析

现象：某施工队将原本使用的普通烧结黏土砖改为表观密度为 $700kg/m^3$ 的加气混凝土砌块砌筑墙体，在抹灰前采用与普通烧结黏土砖相同的方式往墙上浇水，以润湿抹灰基底。施工队发现原使用的普通烧结黏土砖易吸足水量，但加气混凝土砌块表面看来浇水不少，实则吸水不多，请分析原因。

原因分析：加气混凝土砌块虽然多孔，但是其气孔大多数为“墨水瓶”结构，肚大口小，毛细管作用差，只有少数孔是由水分蒸发形成的毛细孔，因此吸水及导湿均缓慢。材料的吸水性不仅要看孔的数量多少，还要看孔的结构。

1.1.5 材料与声有关的性质

1. 吸声性能

当声波遇到材料表面时，一部分被反射，另一部分穿透材料，其余的声能则转化为热能而被吸收，声能穿透材料和被材料消耗的性质称为材料的吸声性，评定材料吸声性能的主要指标是吸声系数 α_s。吸声系数是指声波遇到材料表面时，被吸收的声能与入射能之比，即

$$\alpha_s = \frac{E}{E_0} \tag{1-17}$$

式中 α_s——吸声系数；

E——材料吸收的声能；

E_0——入射到材料表面的全部声能。

假如入射声能的70%被吸收，30%被反射，则该材料的吸声系数就等于 0.7。一般材料的吸声系数为 0~1，当入射声能 100%被吸收而无反射时，吸声系数为 1。

吸声材料的基本特征是多孔、疏松、透气。声波进入多孔材料内相互连通的孔隙中后，受到空气分子的摩擦阻滞，声能便会转化为热能；声波进入纤维材料后，会引起细小纤维的机械振动从而将声能转变为热能。

任何材料都具有一定的吸声能力，只是吸收的程度有所不同，材料的吸声特性与声波的方向、频率，以及材料的表观密度、孔隙构造、厚度等有关。通常取 125Hz、250Hz、500Hz、1000Hz、2000Hz、4000Hz 六个频率的吸声系数来表示材料的吸声频率特性。声波从不同方向入射，测得六个频率的平均吸声系数大于 0.2 的材料，称为吸声材料。

2. 隔声性能

材料隔绝声音的性质，称为隔声性。对于要隔绝的声音按声波的传播途径可分为空气声（由于空气的振动）和固体声（由于固体撞击或振动）两种。对于空气声，根据声学中的质量定律，墙或板传声的大小，主要取决于其单位面积的质量，质量越大，越不易振动，则隔声效果越好，因此应选择密实、沉重的材料作为隔声材料，如黏土砖、钢板、钢筋混凝土等。

对于隔空气声，常以隔声量 R 表示，即

$$R = 10\lg \frac{E_0}{E'} \tag{1-18}$$

式中　R——隔声量（dB）；

E_0——入射到材料表面的全部声能；

E'——透过材料的声能。

对于固体声，隔声最有效的措施是采用不连续的结构处理，即在墙壁和承重梁之间，房屋的框架和墙板之间加弹性衬垫（如毛毡、软木、橡皮等材料），或在楼板上加弹性地毯、木地板等柔软材料。

目前噪声已成为一种严重的环境污染，建筑物的声环境问题越来越受到人们的关注和重视。选用适当的材料对建筑物进行吸声和隔声处理是建筑物噪声控制过程中最常用也是最基本的技术措施之一。材料吸声和材料隔声的区别：材料的吸声着眼于声源一侧反射声能的大小，目标是反射声能要小；材料隔声着眼于声源另一侧的透射声能的大小，目标是透射声要小。吸声材料对入射声能的衰减吸收，一般只有十分之几，因此，其吸声能力即吸声系数可以用小数来表示；而隔声材料是透射声能衰减到入射声能的比例，为方便表达，其隔声量用分贝的计量方法表示。

1.2　材料的基本力学性质

材料的力学性质是指材料受外力作用时的变形行为及抵抗变形和破坏的能力，是选用土木工程材料时优先考虑的基本性质，通常包括强度、弹性、塑性、脆性、韧性、硬度、耐磨性等。土木工程材料的力学性质可以采用相应的试验设备和仪器，按照相关标准规定的方法和程序测出。材料力学性质的表征指数与材料的化学组成、晶体排列、晶粒大小、结构构成、外力特性、温度、加工方式等一系列内外因素有关。

1.2.1　材料的强度与强度等级

材料的强度

1. 强度

强度是指材料在外力作用下抵抗破坏的能力。当一个物体受到拉或压作用时，就认为该物体受到力的作用。如果力是来自于物体的外部，则称为荷载。当材料受荷载作用时，内部就会产生抵抗荷载作用的内力，称为应力，在数值上等于荷载除以受力面积，单位是 N/mm^2 或 MPa。荷载增大时，应力也相应增加，当该应力值达到材料内部质点间结合力的最大值时，材料破坏。因此，材料的强度即为材料内部抵抗破坏的极限荷载。

不同材料在力的作用下破坏时表现出不同的特征，一般情况下可能出现下列两种情况：一种是应力达到一定值时出现较大的不可恢复的变形，则认为该材料被破坏，如低碳钢的屈服；另一种是应力达到极限值而出现材料断裂，几乎所有脆性材料的破坏都属于这种情况。

材料强度与材料组成、结构及构造有很大关系，决定固体材料强度的内在因素是材料结构质点（原子、离子或分子）之间的相互作用力，如以共价键或离子键结合的晶体，其质点间结合力很强，具有较高的强度；以分子键结合的晶体，其结合力较弱，强度较低。材料的最高理论抗拉强度表示为

$$f_{max}=\sqrt{\frac{E\gamma}{d}} \tag{1-19}$$

式中　f_{max}——最高理论抗拉强度（MPa）；

E——纵向弹性模量（MPa）；

γ——材料的表面能（J/m^2）；

d——原子间的距离（m）。

对于土木工程材料而言，其实际强度总是远小于理论强度。这是由于材料实际结构都存在着许多缺陷，如晶格的位错、杂质、孔隙、微裂缝等。当材料受外力作用时，在裂缝尖端周围产生应力集中，局部应力将大大超过平均应力，导致裂缝扩展而引起材料破坏，进而导致工程处于不安全状态。因此，在土木工程材料设计中必须有一个与材料有关的安全系数。

根据外力作用方式的不同，材料强度有抗压强度、抗拉强度、抗弯强度及抗剪强度等（见图 1-3）。材料的抗压、抗拉及抗剪强度按下式计算

$$f=\frac{F}{A} \tag{1-20}$$

式中　f——材料的抗压、抗拉或抗剪强度（MPa）；

F——材料能承受的最大荷载（N）；

A——材料的受力面积（mm^2）。

材料的抗弯强度与受力情况有关，对于矩形截面，当外力是作用于构件中间一点的集中荷载，且构件有两个支点时（见图 1-3d），材料的抗弯强度为

$$f_m=\frac{3FL}{2bh^2} \tag{1-21}$$

式中　f_m——材料的抗弯（抗折）强度（MPa）；

F——材料能承受的最大荷载（N）；

L——两支点间的距离（mm）；

b——试件的截面宽度（mm）；

h——试件的截面高度（mm）。

抗弯强度试验的方法是在跨度的三分点处作用两个相等的集中荷载（见图 1-3e），这时材料的抗弯强度为

$$f_m=\frac{FL}{bh^2} \tag{1-22}$$

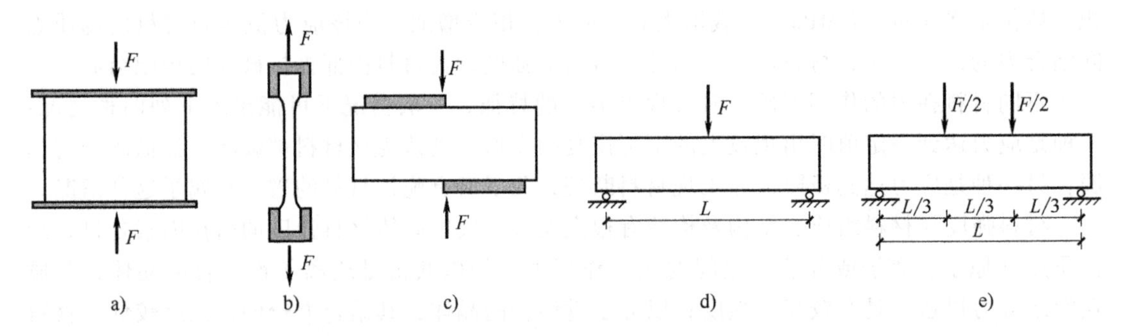

图 1-3　材料的受力示意图

结构类型与状态不同的材料，对不同受力形式的抵抗能力可能不同，特别是材料的宏观构造不同时，其强度差别可能很大。对于内部构造非匀质的材料，其不同方向的强度，或不

同外力作用形式下的强度表现会有明显的差别。例如，水泥混凝土、砂浆、砖、石材等非匀质材料的抗压强度较高，而抗拉、抗折强度却很低。土木工程常用结构材料的强度值范围见表 1-2。

表 1-2　土木工程常用结构材料的强度值范围　（单位：MPa）

材料	抗压强度	抗拉强度	抗弯（折）强度	抗剪强度
钢材	215~1600	215~1600	—	200~355
普通混凝土	10~60	1~4	1~10	2.0~4.0
烧结普通砖	7.5~30	—	1.8~4.0	1.8~4.0
花岗岩	100~250	7~25	10~40	13~19
石灰岩	30~250	5~25	2~20	7~14
玄武岩	150~300	10~30	—	20~60
松木（顺纹）	30~50	80~120	60~100	6.3~6.9

材料的强度本质上是其内部质点间结合力的表现。不同的宏观或细观结构，往往对材料内质点间结合力的特性具有决定性的作用，从而使材料表现出大小不同的宏观强度或变形特性。影响材料强度的内在因素有很多，首先，材料的组成决定了材料的力学性质，不同化学组成或矿物组成的材料，具有不同的力学性质。其次，材料结构的差异，如结晶体材料中质点的晶型结构、晶粒的排列方式、晶格中存在的缺陷情况等；非结晶体材料中的质点分布情况、存在的缺陷或内应力等；凝胶结构材料中凝胶粒子的物理化学性质、粒子间黏结的紧密程度、凝胶结构内部的缺陷等；宏观状态下材料的结构类型，颗粒间的接触程度，黏结性质、孔隙等缺陷的多少及分布情况等。通常，材料内质点间的结合力越强，孔隙率越小、孔分布越均匀或内部缺陷越少时，材料的强度可能越高。此外，有很多测试条件会对强度结果产生影响，主要包括：

1）含水状态。大多数材料被水浸湿后或吸水饱和状态下的强度低于干燥状态下的强度。这是由于水分被组成材料的微粒表面吸附，形成水膜，增大材料内部质点间距离，材料体积膨胀，削弱微粒间的结合力。

2）温度。温度升高，材料内部质点的振动加强，质点间的距离增大，质点间的作用力减弱，材料的强度降低。

3）试件的形状和尺寸。相同的材料及形状，小尺寸试件的强度高于大尺寸试件的强度；相同的材料及受压面积，立方体试件的强度要高于棱柱体试件的强度。

4）加荷速度。加荷速度快时，由于变形速度落后于荷载增长速度，故测得的强度值偏高；反之，因材料有充分的变形时间，测得的强度值偏低。

5）受力面状态。试件受力表面不平整或表面润滑时，强度值偏低。

由此可知，材料的强度是在特定条件下测定的数值。为了使试验结果准确，且具有可比性，各国均制定了统一的材料试验标准。在测定材料强度时，必须严格按照规定的试验方法进行。强度是大多数材料划分等级的依据。

2. 强度等级

土木工程材料常按其强度值的大小划分为若干个等级，即材料的强度等级。强度等级的划分，对掌握材料性质、合理选用材料、正确进行设计和控制工程质量都非常重要。同时，可以根据各种材料的特点，组成复合材料，以扬长避短，提高产品质量和经济效益。混凝土、砌筑砂浆、普通砖、石材等脆性材料，主要用于抗压，因此以抗压强度来划分等级；建筑钢材主要用于抗拉，以表示抗拉能力的屈服强度作为划分等级的依据。

强度是材料的实测极限应力值，是唯一的，而每一个强度等级则包含一系列实测强度。例如，烧结普通砖按抗压强度分为MU10、MU15、MU20、MU25、MU30共五个强度等级；硅酸盐水泥分别按3d、28d的抗压强度和抗折强度分为42.5、42.5R、52.5、52.5R、62.5、62.5R六个强度等级；混凝土一般按立方体抗压强度标准值抗划分混凝土强度等级。通过标准规定将土木工程材料划分强度等级，对生产者和使用者均有重要意义，它可使生产者在控制质量时有据可依，从而保证产品质量；对使用者则有利于掌握材料的性能指标，以便于合理选用材料，正确地进行设计和便于控制工程施工质量。

3. 比强度

比强度是指按单位体积质量计算的材料强度，即材料强度与其表观密度之比 f/ρ_0，它是评价材料是否轻质高强的指标，比强度越高，表明材料越轻质高强。应注意的是，不同材料主要承受外力作用的方式不同，所采用的强度也不同，如钢材比强度采用了屈服强度，而混凝土、砂浆等采用抗压强度。用比强度评价材料时应特别注意所采用的强度类型。

结构材料在土木工程中的主要作用就是承受结构荷载。对多数结构物来说，相当一部分的承载能力用于抵抗本身或其上部结构材料的自重荷载，只有剩余部分的承载能力才能用于抵抗外荷载。因此，提高材料承受外荷载的能力，不仅应提高其强度，还应减轻其本身的自重。材料必须具有较高的比强度值，才能满足高层建筑及大跨度结构工程的要求。常见土木工程结构材料的比强度值见表1-3。

表1-3 常见土木工程结构材料的比强度值

材料(受力状态)	强度/MPa	表观密度/(kg/m^3)	比强度/(N·m/kg)
玻璃钢(抗弯)	450	2000	0.225
低碳钢	420	7850	0.054
铝合金	450	2800	0.160
铝材	170	2700	0.063
花岗岩(抗压)	175	2550	0.069
石灰岩(抗压)	140	2500	0.056
松木(顺纹抗拉)	100	500	0.200
普通混凝土(抗压)	40	2400	0.017
烧结普通砖(抗压)	10	1700	0.006

1.2.2 弹性与塑性

材料的弹性与塑形

在土木工程中，外力作用下材料的断裂意味着工程结构的破坏，此时材料的极限强度就是确定工程结构承载能力的依据。但是，有些工程中即使材料本身并未断开，但在外力作用下，由于质点间的相对位移或滑动过大，也可能使工程结构丧失承载能力或正常使用状态，这种质点间相对位移或滑动的宏观表现就是材料的变形。

微观或细观结构类型不同的材料在外力作用下所产生的变形特性不同，相同材料在承受外力的大小不同时所表现出的变形也可能不同。弹性变形和塑性变形通常是材料的两种最基本的力学变形。

1. 弹性与弹性变形

材料在外力作用下产生变形，外力去除后能恢复为原来形状和大小的性质称为弹性，这种可恢复的变形称为弹性变形（见图1-4a）。弹性变形的大小与其所受外力的大小成正比，其比例系数对某些弹性材料来说在一定范围内为一常数，这个常数被称为该材料的弹性模量，并以E表示，其计算公式为

$$E=\frac{\sigma}{\varepsilon} \tag{1-23}$$

式中 σ——材料所承受的应力（MPa）；

ε——材料在应力σ作用下的应变。

弹性模量是反映材料抵抗变形能力的指标，其值越大，表明材料抵抗变形的能力越强，相同外力作用下的变形就越小，即刚性越好。有些材料受力时应力与应变不成比例关系，但去除外力后变形也能完全恢复，这种物体叫作非胡克体，非胡克体的弹性模量不是一个定值。材料的弹性模量是土木工程结构设计和变形验算所依据的主要参数之一，常用土木工程材料的弹性模量见表1-4。

表1-4 常用土木工程材料的弹性模量

材料	低碳钢	普通混凝土	烧结普通砖	木材	花岗岩	石灰岩	玄武岩
弹性模量 $/\times10^4$MPa	21	1.45~3.60	0.3~0.5	0.6~1.2	200~600	60~100	100~800

2. 塑性与塑性变形

材料在外力作用下产生变形，在其内部质点间不断开的情况下，外力去除后仍保持变形后形状和大小的性质称为塑性，这种不可恢复的变形称为塑性变形（见图1-4b）。

一般认为，材料的塑性变形是因为内部的剪应力作用致使某些质点间相对滑移的结果。当所受外力很小时，材料几乎不产生塑性变形，只有当外力的大小足以使材料内质点间的剪应力超过其相对滑移所需要的应力时，才会产生明显的塑性变形。而且当外力超过一定值时，外力不再增加时变形继续增加。在土木工程中，当材料所产生的塑性变形过大时，就可能导致其丧失承载能力。

许多材料的塑性往往受温度的影响较明显，通常较高温度下更容易产生塑性变形。有时，工程实际中也可利用材料的这一特性来获得某种塑性变形。例如，在土木工程材料的加工或施工过程中，经常利用塑性变形而使材料获得所需要的形状或使用性能。

理想的弹性材料或塑性材料很少见，大多数材料在受力时的变形既有弹性变形，又有塑性变形。有的材料在受力一开始，弹性变形和塑性变形便同时发生，如图1-4c所示，除去外力后，弹性变形可以恢复（ab），而塑性变形（Ob）不会消失，这类材料称为弹塑性材料。弹塑性变形发生在不同的材料或同一材料的不同受力阶段，可能以弹性变形为主或以塑性变形为主。

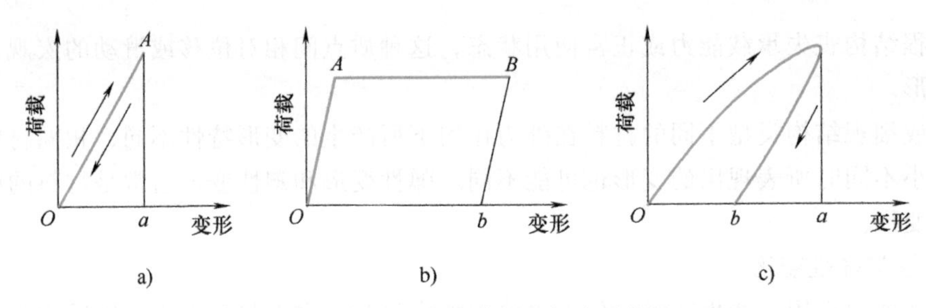

图 1-4 材料在荷载作用下的变形曲线

a）弹性变形曲线 b）塑性变形曲线 c）弹塑性变形曲线

1.2.3 脆性与韧性

材料的脆性与韧性

1. 脆性

外力作用下，材料未产生明显的变形而发生突然破坏的性质称为脆性（见图 1-5），具有这种性质的材料称为脆性材料。一般脆性材料的抗压强度较高，但抗冲击能力、抗振动能力、抗拉及抗折（弯）强度很差。土木工程中常用的无机非金属材料多为脆性材料，如天然石材、普通混凝土、砂浆、普通砖、玻璃及陶瓷等。

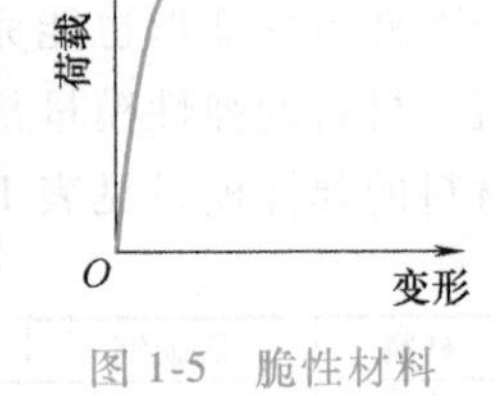

图 1-5 脆性材料的变形

脆性材料有以下三个特征：具有很高的弹性模量，在外力作用下变形较小；塑性变形很小；会发生低应力破坏，即破坏时应力明显低于材料强度。有很多表示材料脆性的方法，如抗拉强度与抗压强度之比、极限应变与弹性应变之比，以及材料破坏时单位面积所需要的断裂能等。

脆性是很多材料都会出现的问题，如钢铁材料在强度不断提高的同时，脆性越来越大，混凝土材料在强度提高时也表现出更为明显的脆性。在很多情况下，不仅要求材料弹性模量高、强度高，还要求破坏时不是立即失效而是保持有一定的承载能力，这对于比较重要的结构体系是非常重要的。

2. 韧性

材料在振动或冲击等荷载作用下，能吸收较多的能量，并产生较大的变形而不突然破坏的性质称为韧性。材料韧性的主要特征表现是在荷载作用下能产生较明显的变形，破坏过程中能够吸收较多的能量。衡量材料韧性的指标是材料的冲击韧性值，即破坏时单位断面所吸收的能量，以 α_k 表示，其计算公式为

$$\alpha_k = \frac{A_k}{A} \tag{1-24}$$

式中 α_k——材料的冲击韧性值（J/mm^2）；

A_k——材料破坏时所吸收的能量（J）；

A——材料受力的截面面积（mm^2）。

对于韧性材料，在外力的作用下会产生明显的变形，并且变形随着外力的增加而增大，在材料完全破坏之前，施加外力产生的功被转化为变形能而被材料所吸收。显然，材料在破坏之前所产生的变形越大，所能承受的应力越大时，它所吸收的能量就越多，表现为材料的韧性就越强。

桥梁、路面、工业厂房等土木工程的受振结构部位，应选用韧性较好的材料。常用的韧性材料有低碳钢、低合金钢、铝材、橡胶、塑料、木材、竹材等，玻璃钢等复合材料也具有优良的韧性。

1.2.4　硬度与耐磨性

1. 硬度

硬度是指材料表面抵抗硬物压入或刻划的能力。土木工程中为保持建筑物的使用性能和外观，常要求材料具有一定的硬度，如部分装饰材料、预应力混凝土钢筋锚具等。

工程中用于表示材料硬度的指标有多种，对金属、木材等材料常以压入法检测其硬度，其方法分别有洛氏硬度（HR，它是以金刚石圆锥或圆球的压痕深度计算求得的硬度值）、布氏硬度（HB，它是以压痕直径计算求得的硬度值）等。天然矿物材料常用莫氏硬度表示，它是以两种矿物相互对刻的方法确定矿物的相对硬度，并非材料绝对硬度的等级，其硬度的对比标准分为十级，由软到硬依次分别为滑石、石膏、方解石、萤石、磷灰石、正长石、石英、黄玉、刚玉、金刚石，磨光天然石材的硬度常用肖氏硬度计检测。

2. 耐磨性

材料的耐磨性是指材料表面抵抗磨损的能力，材料的耐磨性常以磨损率 G 表示，其计算公式为

$$G=\frac{m_1-m_2}{A} \tag{1-25}$$

式中　G——材料的磨损率（g/cm^2）；

m_1、m_2——材料磨损前、后的质量损失（g）；

A——材料试件受磨面积（cm^2）。

材料的磨损率越低，表明该材料的耐磨性越好，一般硬度较高的材料，耐磨性也较好。土木工程中有些部位经常受到磨损的作用，如路面、地面等，对这些部位进行材料选择时，其耐磨性应满足工程的使用寿命要求。

材料的硬度和耐磨性均与其内部结构、组成、孔隙率、孔特征、表面缺陷等有关。

1.3　材料的耐久性

材料在使用过程中，除受到各种外力作用外，还要受到环境中各种自然因素的破坏作用。材料在使用过程中抵抗各种环境因素的长期作用，并保持其原有性能不被破坏的性质称为耐久性。耐久性是土木工程材料的一种综合性质。随着社会的发展，人们对土木工程材料的耐久性越加重视，提高土木工程材料耐久性就是延长工程结构的使用寿命。工程实践中，要根据材料所处的结构部位和使用环境等因素，综合考虑其耐久性，并根据各种材料的耐久性特点，合理地进行选用。

1.3.1　环境对材料的作用

土木工程材料处在自然环境中，环境对材料具有一定的破坏作用，这些破坏作用主要分为物理作用，化学作用、生物作用和机械作用。

1）物理作用，主要有干湿交替、温度变化、冻融循环等，这些变化会使材料体积产生膨胀或收缩，以及导致内部裂缝的扩展，长期反复作用将使材料产生破坏。

2）化学作用，是指酸、碱、盐等物质的水溶液或有害气体对材料产生的侵蚀作用，化学作用可使材料的组成成分发生质的变化，从而引起材料的破坏，如钢材锈蚀等。

3）生物作用，是指材料受到虫蛀或菌类的腐朽作用而产生的破坏，如木材等有机质材料。

4）机械作用，是指材料在使用过程中受到各种冲击、磨损等作用，机械作用的本质是力的作用。

土木工程中材料耐久性与破坏因素的关系见表1-5。

表1-5 土木工程中材料耐久性与破坏因素的关系

破坏因素分类	破坏原理	破坏因素	评定指标
渗透	物理	压力水、静水	渗透系数、抗渗等级
冻融	物理、化学	水、冻融作用	抗冻等级、耐久性系数
冲磨气蚀	物理	流水、泥沙	磨蚀率
碳化	化学	CO_2、H_2O	碳化深度
化学侵蚀	化学	酸、碱、盐及其溶液	*
老化	化学	阳光、空气、水、温度交替	*
钢筋锈蚀	物理、化学	H_2O、O_2、氯离子、电流	电位锈蚀率
碱-集料反应	物理、化学	R_2O、H_2O、活性集料	膨胀率
腐朽	生物	H_2O、O_2、菌	*
虫蛀	生物	昆虫	*
热环境	物理、化学	冷热交替、晶型转变	*
火焰	物理	高温、火焰	*

注：*表示可参考强度变化率、开裂情况、变形情况、破坏情况等进行评定。

从上述导致材料耐久性不良的作用来看，影响材料耐久性的因素主要有外因与内因两个方面。影响材料耐久性的内在因素主要有材料的组成与结构、强度、孔隙率、孔特征、表面状态等，当材料的组成和结构特点不能适应环境要求时便容易过早地产生破坏。

在进行土木工程结构设计中，必须充分考虑材料的耐久性，根据实际情况和材料特点采取相应的措施来延长工程结构的使用寿命。工程中改善材料耐久性的主要措施包括：根据使用环境选择材料的品种；采取各种方法控制材料的孔隙率与孔特征；改善材料的表面状态，增强抵抗环境作用的能力。

1.3.2 耐水性

材料的耐水性

材料的耐水性是指材料长期在水的作用下不破坏，强度也不显著降低的性质。衡量材料耐水性的指标是材料的软化系数，通常用下式计算

$$K_R = \frac{f_b}{f_g} \tag{1-26}$$

式中 K_R——材料的软化系数；

f_b——材料吸水饱和状态下的强度（MPa）；

f_g——材料干燥状态下的强度（MPa）。

软化系数可以反映材料吸水饱和后强度降低的程度，它是材料吸水后性质变化的重要特征之一。与此同时，材料吸水还会对材料的力学性质、光学性质、装饰性等产生影响。许多

材料吸水（或吸湿）后，即使未达到饱和状态，其强度也会下降，原因在于材料吸水后，水分会分散在材料内微粒的表面，削弱了微粒间的结合力。当材料内含有可溶性物质时（石膏、石灰等），吸入的水还可能使其内部的部分物质被溶解，造成内部结构的解体及强度的严重降低。耐水性与材料的亲水性、可溶性、孔隙率、孔特征等均有关，工程中常从这几个方面来改善材料的耐水性。

软化系数值一般为 0~1，软化系数越小，表示材料的耐水性越差，工程中通常把 $K_R \geqslant 0.85$ 的材料作为耐水性材料。根据建筑物所处的环境，软化系数成为选择材料的重要依据。长期受水浸泡或处于潮湿环境的重要建筑物，必须选择软化系数不小于 0.85 的材料建造，用于受潮较轻或次要结构时，材料的 K_R 值也不得小于 0.75。

1.3.3　抗渗性

材料的抗渗性

材料的抗渗性通常是指材料抵抗压力水渗透的能力。长期处于有压水中时，材料的抗渗性就是决定其工程使用寿命的重要因素，表示材料抗渗性的指标有两个，即渗透系数和抗渗等级。

对于防潮、防水材料，如油毡、瓦、沥青、沥青混凝土等材料，常用渗透系数表示其抗渗性，渗透系数是指在一定的时间 t 内透过的水量 Q，其计算公式为

$$K_s = \frac{Qd}{AtH} \tag{1-27}$$

式中　K_s——材料的渗透系数（cm/h）；

Q——时间 t 内的渗水总量（cm^3）；

A——材料垂直于渗水方向的渗水面积（cm^2）；

H——材料两侧的水压差（cm）；

t——渗水时间（h）；

d——材料的厚度（cm）。

材料的 K_s 值越小，则说明其抗渗能力越强。

土木工程中，对一些常用材料（如混凝土、砂浆等）的抗渗（防水）能力常以抗渗等级表示。材料的抗渗等级是指材料用标准方法进行透水试验时，规定试件在透水前所能承受的最大水压力，并以符号 P 及可承受的水压力值（以 0.1MPa 为单位）表示抗渗等级。例如，防水混凝土的抗渗等级为 P6、P8、P12、P16、P20，分别表示其能够承受 0.6MPa、0.8MPa、1.2MPa、1.6MPa、2.0MPa 的水压而不渗水。因此，材料的抗渗等级越高，其抗渗性越强。

材料的抗渗性与其亲水性、孔隙率、孔特征、裂缝等缺陷有关，在其内部孔隙中，开口孔、连通孔是材料渗水的主要通道。良好的抗渗性是材料满足使用性质和耐久性的重要因素。工程中一般采用降低孔隙率、改善孔特征（减少开口孔和连通孔）、减少裂缝及其他缺陷或对材料进行憎水处理等方法来提高其抗渗性。

1.3.4　抗冻性

材料的抗冻性是指材料在吸水饱和状态下，能经受多次冻融循环作用而不破坏，强度也不严重降低的性质。材料的抗冻性用抗冻等级来表示，材料的抗冻等级是由材料在吸水饱和状态下，经一定次数的冻融循环作用，其强度损失率不超过 25%且质量损失率不超过 5%，

并无明显损坏和剥落时所能抵抗的最多冻融循环次数来确定。材料的抗冻等级，以符号 F 及材料可承受的最大冻融循环次数表示，如 F25、F50、F100，分别表示此材料可承受 25 次、50 次、100 次的冻融循环。抗冻等级越高，材料的抗冻性越好。通常根据工程的使用环境和要求，确定对材料抗冻等级的要求。

材料在冻融循环作用下产生破坏力主要是由于材料内部孔隙中的水分结冰引起的。水结冰时体积膨胀约 9%，对材料孔壁产生巨大的压力而使孔壁开裂，使材料内部产生裂纹，强度下降。因此，材料的抗冻性主要与其孔隙率、孔特征、吸水性、抵抗胀裂的强度以及内部对局部变形的缓冲能力等有关，工程中常从这些方面改善材料的抗冻性。

1.3.5 耐候性

暴露于大气中的材料，经常受阳光、风、雨、露、温度变化和腐蚀气体（如二氧化硫、二氧化碳、臭氧）等的侵蚀。材料对这些自然侵蚀的耐受能力称为耐候性。如在土木工程中经常使用的各种防水材料、外墙涂料等要求具有良好的耐候性。根据材料的使用环境和要求，其他的耐候性指标还有很多，如耐化学腐蚀性、防锈性、防霉性等。

谈到建筑的安全性，人们首先想到的是结构物的承载能力和整体牢固性，即强度。因此，长期以来人们主要依据结构物将要承受的各种荷载，包括静荷载、动荷载进行结构设计。但结构物是较长时间使用的产品，环境作用下的材料性能的劣化最终会影响结构物的安全性，耐久性可以衡量材料乃至结构在长期使用条件下的安全性能，只有采用了耐久性良好的土木工程材料，才能保证工程的使用寿命。耐久性好可以延长结构物的使用寿命，减少维修费用。另外，由于土木工程所消耗材料的用量巨大，生产这些材料不但破坏生态、污染环境，而且有的资源已经枯竭，随着可持续发展观念的日益强化，土木工程的耐久性也日益受到重视，提高材料的耐久性对结构物的安全性和经济性均有重要的意义。

提高材料的耐久性，要根据使用情况和材料特点采取相应的措施，如减轻环境的破坏作用、提高材料本身的密实性等以增强抵抗性，或对材料表面采取保护措施等，这对控制工程造价、保证工程长期正常使用、减少维修费用、延长使用寿命等，均具有十分重要的意义。

【工程实例分析 1-2】 水池壁崩塌

现象：某市自来水公司一号水池建在山上，交付使用九年半后的一天，池壁突然崩塌，发生特大事故，造成 39 人死亡，6 人受伤。该水池使用的是冷却水，输入池内水的温度达 41℃，该水池为预应力装配式钢筋混凝土圆形结构、池壁由 132 块预制钢筋混凝土板拼装、接口外部分有泥土，板块间接缝处先用细石混凝土二次浇筑，外绕钢丝，再喷射砂浆保温层，池内壁设计未做防渗层，只要求在接缝处向两侧各延伸 5cm 范围内刷两道素水泥浆。

原因分析：

1）池内水温高，增强了水对池壁的腐蚀能力，导致池壁结构过早破损。

2）预制板接缝面未打毛，清洗不彻底，故部分留有泥土。且接缝混凝土振捣不实，部分有蜂窝麻面，其抗渗能力大大降低，使水分浸入池壁，并对钢丝产生电化学反应。事实上所有钢丝已严重锈蚀，有效截面减少，抗拉强度下降，以致断裂，使池壁倒塌。

3）设计方面存在考虑不周，且存在对钢丝严重锈蚀未能及时发现等问题。

1.4　材料的组成、结构和构造

材料的组成、结构和构造是决定材料性质的内在因素。要了解材料的性质，必须先了解材料的组成、结构与材料性质之间的关系。

1.4.1　材料的组成

材料的组成包括材料的化学组成、矿物组成和相组成，它是决定材料的化学性质、物理力学性质和耐久性的最基本因素。

1. 化学组成

化学组成是指构成材料的化学元素及化合物的种类与数量。金属材料的化学组成以主要元素的含量[㊀]表示，无机非金属材料以各种氧化物的含量表示，有机高分子材料以基元（由一种或几种简单的低分子化合物重复连接而成，如聚氯乙烯由氯乙烯单体聚合而成）来表示。

当材料处于某种环境中，材料与环境中的物质必然按化学变化规律发生作用，这些作用是由材料的化学组成决定的。例如，钢材在空气中放置，空气中的水分和氧在时间的作用下与钢材中的铁元素发生反应形成氧化物造成钢材锈蚀破坏，但在钢材中加入铬和镍的合金元素改变其化学元素组成就可以增加钢材的抗锈蚀能力。土木工程中可根据材料的化学组成来选用材料，或根据工程对材料的要求，调整或改变材料的化学组成。

2. 矿物组成

通常将无机非金属材料具有一定化学成分、特定的晶体结构及物理力学性能的单质或化合物称为矿物。矿物组成是指构成材料的矿物种类和数量。材料的矿物组成是决定材料性质的主要因素。无机非金属材料通常是以各种矿物的形式存在，而非以元素或化合物的形式存在。化学组成相同时，若矿物组成不同，材料的性质也会不同。例如，化学成分组成为二氧化硅、氧化钙的原料，经加水搅拌混合后，在常温下会硬化成石灰砂浆，而在高温高湿下会硬化成灰砂砖，由于二者的矿物组成不同，其物理性质和力学性质也截然不同。又如水泥，即使化学组成相同，如果其熟料矿物组成不同或含量不同，水泥的硬化速度、水化热、强度、耐腐蚀性等硬质也会产生很大的差异。

3. 相组成

材料中结构相近、性质相同的均匀部分称为相。自然界中的物质可分为气相、液相和固相三种形态。同种物质在不同的温度、压力等环境条件下，也常常会转变其存在的状态，一般称为相变。土木工程材料中，同种化学物质由于加工工艺的不同，温度、压力等环境条件的不同，可形成不同的相，如气相转变为液相或固相，铁碳合金中就有铁素体、渗碳体、珠光体。土木工程材料大多数是多相固体材料，这种有两相或两相以上的物质组成的材料称为复合材料。例如，混凝土可认为是由集料颗粒（集料相）分散在水泥浆体（基相）中所组成的两相复合材料。

复合材料的性质与构成材料的相组成和界面特性有密切关系。所谓界面，是指多相材料

㊀　含量，如书中无特殊说明，均为质量分数。

中相与相之间的分界面。在实际材料中，界面是一个各种性能尤其是强度性能较为薄弱的区域，它的成分和结构与相内的部分是不一样的，可作为相界面来处理。因此，对于土木工程材料，可通过改变和控制其相组成和界面特性来改善和提高材料的技术性能。

1.4.2 材料的结构

材料的性质除与材料的组成有关外，还与其结构有密切的关系。材料的结构泛指材料各组成部分之间的结合方式排列分布的规律。结构是材料在宏观存在的状态，材料的宏观结构是可用肉眼或一般显微镜就能观察到的外部和内部的结构。通常，按材料结构的尺寸范围，可分为宏观结构、细观结构和微观结构。

1. 宏观结构

材料的宏观结构是指用肉眼或放大镜可直接观察到的结构和构造情况，其尺度范围在10^{-3}m级以上。材料的性质与其宏观结构有着密切的关系，材料结构可以影响材料的体积密度、强度、导热系数等物理力学性能。材料的宏观结构不同，即使材料的组成或微观结构相同或相似，材料的性质与用途也不同。例如，玻璃和泡沫玻璃的组成相同，但宏观结构不同，其性质截然不同，玻璃用作采光材料，泡沫玻璃用作绝热材料。

孔是材料中较为奇特的组成部分，它的存在并不会影响材料的化学组成和矿物组成，但明显影响材料的使用性能。按材料宏观孔特征的不同，可将材料划分为如下宏观结构类型：

1）致密结构，是指基本上无宏观层次空隙存在的结构。建筑工程中所用材料属于致密结构的主要有金属材料、玻璃、沥青等，部分致密的石材也可认为是致密结构。这类材料强度和硬度高、吸水性小、抗冻性和抗渗性好。

2）多孔结构，是指孔隙较为粗大且数量众多的结构，如加气混凝土砌块、泡沫混凝土、泡沫塑料及其他人造轻质多孔材料等。这类材料质量轻、保温隔热、吸声隔声性能好。

3）微孔结构，是指具有微细孔隙的结构，如石膏制品、蒸压灰砂砖等。

按材料存在状态和构造特征的不同，可将材料划分为如下宏观结构类型：

1）纤维结构，是指由木纤维、玻璃纤维、矿物纤维等纤维状物质构成的材料结构，其特点在于主要组成部分为纤维状。如果纤维呈规则排列则具有各向异性，即平行纤维方向与垂直纤维方向的强度、导热系数等性质都具有明显的方向性。平行纤维方向的抗拉强度和导热系数均高于垂直纤维方向。木材、玻璃钢、岩棉、钢纤维增强水泥混凝土、纤维增强水泥制品等都属于纤维结构。

2）层状结构，是指天然形成或采用黏结等方法将材料叠合成层状的材料结构。它既具有聚集结构黏结的特点，又具有纤维结构各向异性的特点。这类结构能够提高材料的强度、硬度、保温及装饰等性能，扩大材料的使用范围。胶合板、纸面石膏板、蜂窝夹芯板、各种新型节能复合墙板等都属于层状结构。

3）散粒结构，是指松散颗粒状的材料结构，其特点是松散的各部分不需要采用黏结或其他方式连接，而是自然堆积在一起。例如，用于路基的黏土、砂、石，用于绝缘材料的粉状或粒状填充料等。

4）聚集结构，是指散、粒状材料通过胶凝材料黏结而成的材料结构，其特点在于包含胶凝材料和散粒状材料两部分，胶凝材料的黏结能力对其性能有较大影响。水泥混凝土、砂浆、沥青混凝土、木纤维水泥板、蒸压灰砂砖等均可视为聚集结构。

2. 细观结构

材料的细观结构（亚微观结构）是指用光学显微镜所能观察到的结构，是介于宏观和微观之间的结构。其尺度范围是 10^{-6} ~ 10^{-3}m。土木工程材料的细观结构，应针对具体材料进行分类研究。对于水泥混凝土，通常是研究水泥石的孔隙结构及界面特性等；对于金属材料，通常是研究其金相组织、晶界及晶粒尺寸等；对于木材，通常是研究木纤维、导管和髓线组织等。

材料细观结构层次上各种组织的特征、数量、分布和界面性质对材料的性能有重要影响。例如，钢材的晶粒尺寸越小，钢材的强度越高；混凝土中毛细孔的数量减少、孔径减小，将使混凝土的强度和抗渗性等提高。因此，对于土木工程材料而言，从显微结构层次上研究并改善材料的性能十分重要。

3. 微观结构

材料的微观构造是指原子或分子层次的结构。在微观结构层次上的观察和研究，需借助电子显微镜、X 射线、震动光谱和光电子能谱等来分析研究该层次上的结构特征。一般认为，微观结构尺度范围是 10^{-10} ~ 10^{-6}m。在微观结构层次上，固体材料可分为晶体、玻璃体和胶体等。

（1）晶体　晶体是指材料的内部质点（离子、原子、分子）呈现规则排列的、具有一定结晶形状的固体。因其各个方向的质点排列情况和数量不同，晶体具有各向异性，如结晶完好的石英晶体各方向上的导热性能不同。然而，许多晶体材料是由大量排列不规则的晶粒组成，因此，所形成的材料在宏观上又具有各向同性的性质，如钢材。

按晶体质点及结合键的特性，可将晶体分为原子晶体、离子晶体、分子晶体和金属晶体四种类型，不同类型的晶体所组成的材料表现出不同的性质。

1）原子晶体是由中性原子构成的晶体，其原子间由共价键来联系。原子之间靠数个共用电子结合，具有很大的结合能，故结合比较牢固。这种晶体的强度、硬度与熔点都是比较高的，且密度较小。石英、金刚石、碳化硅等属于原子晶体。

2）离子晶体是由正、负离子所构成的晶体。离子是带电荷的，它们之间靠静电吸引力（库仑引力）所形成的离子键来结合。离子晶体一般比较稳定，其强度、硬度、熔点较高，但在溶液中会离解成离子，密度中等，不耐水。NaCl、KCl、CaO、$CaSO_4$ 等属于离子晶体。

3）分子晶体是依靠范德华力进行结合的晶体。范德华力是中性的分子由于电荷的非对称分布而产生的分子极化，或是由于电子运动而发生的短暂极化所形成的一种结合力。因范德华力较弱，故分子晶体硬度小、熔点低、密度小。大部分有机化合物属于分子晶体。

4）金属晶体是由金属阳离子排列成一定形式的晶格，如体心立方晶格、面心立方晶格和紧密六方晶格。金属晶体质点间的作用力是金属键。金属键是晶格间隙中可自由运动的电子（自由电子）与金属正离子的相互作用（库仑引力）。自由电子使金属具有良好的导热性及导电性，其强度、硬度变化大，密度大。钢材、铸铁、铝合金等金属材料均属于金属晶体。金属晶体在外力作用下具有弹性变形的特点，但当外力达到一定程度时，由于某一晶面上的剪应力超过一定限度，沿该晶面将会发生相对的滑动，因此会使材料产生塑性形变。低碳钢、铜、铝、金、银等有色金属都是具有较好塑性的材料。

晶体内质点的相对密集程度、质点间的结合力和晶粒的大小、对晶体材料的性质有着重要的影响。以碳素钢材为例，因为晶体内的质点相对密集程度高，质点间又以金属键连接，其结合力强，所以钢材具有较高的强度和较大的塑性变形能力。如再经热处理使晶粒更细小、均匀，则钢材的强度还可以提高。又因为其晶格间隙中存在有自由运动的电子，所以使钢材具有良好的导电性和导热性。

硅酸盐在土木工程材料中占有重要地位，它的结构主要是由硅氧四面体单元 SiO_4 和其他金属离子结合而成，其中既有共价键，也有离子键。在这些复杂的晶体结构中，化学键结合的情况也是相当复杂的。SiO_4 四面体可以形成链状结构，如石棉，其纤维与纤维之间的作用力要比链状结构方向上的共价键弱得多，容易分散成纤维状；云母、滑石等则是由 SiO_4 四面体单元互相联结成片状结构，许多片状结构再叠合成层状结构，层与层之间是通过范德华力结合的，故其层间作用力很弱（范德华力比其他化学键力弱），此种结构容易剥成薄片；石英是由 SiO_4 四面体形成的立体网状结构，因此具有坚硬的质地。

（2）玻璃体　玻璃体是熔融的物质经急冷而形成的无定形体。如果熔融物冷却速度慢，内部质点可以进行有规则地排列而形成晶体；如果冷却速度较快，降到凝固温度时，它具有很大的黏度，致使质点来不及按一定规律进行排列，就已经凝固成固体，此时得到的就是玻璃体结构。玻璃体是非晶体，质点排列无规律，因此具有各向同性。玻璃体没有固定的熔点，加热时会出现软化。

在急冷过程中，质点间的能量以内能的形式储存起来。因此，玻璃体具有化学不稳定性，即具有潜在的化学活性，在一定条件下容易与其他物质发生化学反应。粉煤灰、火山灰粒化高炉矿渣等都含有大量玻璃体成分，这些成分赋予它们潜在的活性。

（3）胶体　胶体是指以粒径为 $10^{-9} \sim 10^{-7}$m 的固体颗粒作为分散相（称为胶粒），分散在连续相介质中所形成的分散体系。

胶体根据其分散相和介质的相对含量不同，分为溶胶结构和凝胶结构。若胶粒较少，连续相介质性质对胶体结构的强度及变形性质影响较大，这种胶体结构称为溶胶结构。若胶粒数量较多，胶粒在表面能的作用下发生凝聚作用，或由于物理、化学作用使胶粒产生彼此相连，形成空间网络结构，从而使胶体结构的强度增大，变形性减小，形成固体或半固体状态，这种胶体结构称为凝胶结构。

胶体的分散相（胶粒）很小，比表面积很大，因此，胶体表面能大，吸附能力很强，质点间具有很强的黏结力。凝胶结构具有固体性质，但在长期应力作用下会具有黏性液体的流动性质。这是由于胶粒表面有一层吸附膜，膜层越厚，流动性越大，如混凝土中含有大量水泥水化时形成的凝胶体，混凝土在应力作用下具有类似液体的流动性质，会产生不可恢复的塑性变形。

与晶体及玻璃体结构相比，胶体结构强度较低、变形能力较大。

近十几年来，纳米结构开始成为技术人员关注的焦点。纳米（nanometer）是一种几何尺寸的度量单位，简写为 nm，$1\text{nm}=10^{-9}\text{m}$，相当于 10 个氢原子排列起来的长度。纳米结构是指至少在一个维度上尺寸介于 1~100nm 之间的结构，属于微观结构范畴。纳米结构的基本结构单元有团簇、纳米微粒、人造原子等。由于纳米微粒和纳米固体有小尺寸效应、表面界面效应等基本特性，纳米微粒组成的纳米材料具有许多独特的物理和化学性能，因此得到了迅速发展，在土木工程中也得到了应用，如纳米涂料。

1.4.3　材料的构造

材料的构造是指组成物质的质点是以何种形式连接在一起的，物质内部的这种微观构造，与材料的强度、硬度、弹塑性、熔点、导电性、导热性等重要性质有着密切的联系。

本章小结

土木工程材料的基本物理性质包括材料的密度、表观密度和堆积密度，材料的孔隙率与密实度，材料的空隙率与填充率等。对于同种材料而言，密度>表观密度>堆积密度。土木工程材料的基本力学性质指标主要有材料的强度和比强度、弹性与塑性、脆性与韧性、硬度和耐磨性等。土木工程材料与水有关的性质主要有材料的亲水性与憎水性、材料的含水状态、材料的吸水性与吸湿性、材料的耐水性、材料的抗渗性及材料的抗冻性等。土木工程材料的热性质参数主要包括导热性、热阻、热容量和比热容、热变形性及耐燃性等。土木工程结构物的工程特性与土木工程材料的基本性质直接相关，且用于建筑物的材料在长期使用过程中，需具有良好的耐久性。在建筑物的设计及材料的选用中，必须根据材料所处的结构部位和使用环境等因素，并根据各种材料的耐久性特点合理地选用，以利于节约材料、减少维修费用，延长建筑物的使用寿命。

本章习题

1. 判断题（正确的打√，错误的打×）

1）材料的构造所描述的是相同材料或不同材料间的搭配与组合关系。(　　)

2）材料的绝对密实体积是指固体材料的体积。(　　)

3）所有建筑材料均要求孔隙率越低越好。(　　)

4）材料吸湿达到饱和状态时的含水率即为吸水率。(　　)

5）若材料的强度高、变形能力大、软化系数小，则其抗冻性较高。(　　)

6）建筑物的围护结构（墙体、屋盖）应选用导热性和热容量都小的材料。(　　)

7）高强建筑钢材受外力作用产生的变形是弹性变形。(　　)

8）同类材料，其孔隙率越大，保温隔热性能越好。(　　)

9）温暖地区常采用抗冻性指标衡量材料的抗风化能力。(　　)

2. 单项选择题

1）亲水性材料的润湿边角 $\theta \leqslant$ (　　)。

A. 45°　　B. 75°　　C. 90°　　D. 115°

2）受水浸泡或处于潮湿环境中的重要建筑物所选用的材料，其软化系数应（　　）。

A. >0.5　　B. >0.75　　C. >0.85　　D. >1

3）对于同一材料，各种密度参数的大小排列为（　　）。

A. 密度>堆积密度>体积密度　　B. 密度>体积密度>堆积密度

C. 堆积密度>密度>体积密度　　D. 体积密度>堆积密度>密度

4）下列有关材料强度和硬度的内容，哪一项是错误的？(　　)

A. 材料的抗弯强度与试件的受力情况、截面形态及支承条件等有关

B. 比强度是衡量材料轻质高强的性能指标

C. 石料可用刻痕法或磨耗来测定其硬度

D. 金属、木材、混凝土及石英矿物可用压痕法测其硬度

5）材料在空气中能吸收空气中水分的能力称为（　　）。

A. 吸水性　　B. 吸湿性　　C. 耐水性　　D. 渗透性

6）选择承受动荷载作用的结构材料时，要选择下述哪一类材料？(　　)

A. 具有良好塑性的材料　　B. 具有良好韧性的材料

C. 具有良好弹性的材料 D. 具有良好硬度的材料

7）对于某一种材料来说，无论环境怎样变化，其（ ）都是一定值。

A. 密度 B. 体积密度 C. 导热系数 D. 堆积密度

8）材料的弹性模量是衡量材料在弹性范围内抵抗变形能力的指标。E 越小，材料受力变形（ ）。

A. 越小 B. 越大 C. 不变 D. E 和变形无关

9）材料的实际强度（ ）材料的理论强度。

A. 大于 B. 小于 C. 等于 D. 无法确定

10）材料的抗渗性是指材料抵抗（ ）渗透的能力。

A. 水 B. 潮气 C. 压力水 D. 饱和水

11）关于比强度说法正确的是（ ）。

A. 比强度反映了在外力作用下材料抵抗破坏的能力

B. 比强度反映了在外力作用下材料抵抗变形的能力

C. 比强度是强度与其体积密度之比

D. 比强度是强度与其质量之比

3. 多项选择题

1）下列材料属于致密结构的是（ ）。

A. 玻璃 B. 钢铁 C. 玻璃钢 D. 黏土砖瓦

2）材料的体积密度与下列（ ）因素有关。

A. 微观结构与组成 B. 含水状态 C. 内部构成状态 D. 抗冻性

3）按常压下水能否进入材料中，可将材料的孔隙分为（ ）。

A. 开口孔 B. 球形孔 C. 闭口孔 D. 非球形孔

4）影响材料吸湿性的因素有（ ）。

A. 材料的组成 B. 微细孔隙的含量 C. 耐水性 D. 材料的微观结构

5）影响材料冻害的因素有（ ）。

A. 孔隙率 B. 开口孔隙率 C. 导热系数 D. 孔的充水程度

6）土木工程材料与水有关的性质有（ ）。

A. 耐水性 B. 抗剪性 C. 抗冻性 D. 抗渗性

4. 简答题

1）哪些因素会对材料的强度产生影响？

2）针对我国出现的大量“短寿”建筑，说明提高材料耐久性的主要措施和意义。

5. 计算题

一块烧结普通砖的外形尺寸为 240mm×115mm×53mm，吸水饱和后重为 2940g，烘干至恒重为 2580g。将该砖磨细并烘干后取 50g，用李氏瓶测得其体积为 18.58cm^3，试求该砖的密度、体积密度、孔隙率、质量吸水率、开口孔隙率及闭口孔隙率。

气硬性胶凝材料

本章重点

无机气硬性胶凝材料的基本知识，几种典型的无机气硬性胶凝材料的硬化机理、特性及用途。

学习目标

了解石灰、石膏、水玻璃和镁质胶凝材料这四种常用气硬性胶凝材料的原料和生产；掌握石膏、石灰的水化（熟化）、凝结、硬化规律；掌握石灰、石膏的技术性质和用途。

凡能在物理、化学作用下，从具有可塑性的浆体逐渐变成坚固石状体的过程，能将其他物料胶结为整体并具有一定机械强度的物质，统称为胶凝材料，又称胶结料。依据化学组成，可将胶凝材料分为有机胶凝材料和无机胶凝材料两大类。依据硬化条件，又可将胶凝材料分为水硬性胶凝材料和气硬性胶凝材料两大类（见图 2-1）。

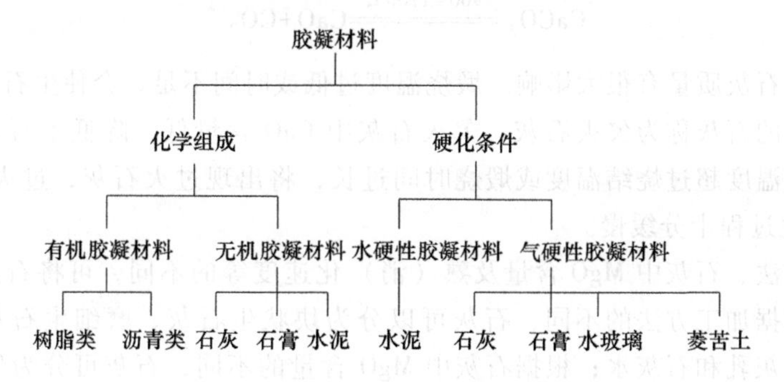

图 2-1　建筑工程常用胶凝材料分类

气硬性胶凝材料是指只能在空气中凝结硬化，保持并发展其强度的胶凝材料。气硬性胶凝材料在水中不能发生硬化，因此不具有强度。同时，由气硬性胶凝材料制备的试样或制品在水的长期作用下还会发生“腐蚀”（主要是指水化产物的缓慢溶解），造成其强度显著降低，甚至发生破坏。因此，在气硬性胶凝材料的使用过程中应尽量保持周围环境干燥。

水硬性胶凝材料是指既能在空气中硬化，同时也能在水中硬化，且能保持并发展其强度的胶凝材料。

2.1 石灰

石灰一般是对包含不同化学组成和物理形态的生石灰、熟（消）石灰和水硬性石灰的统称。作为建筑史上最早使用的气硬性胶凝材料之一，石灰的原料来源丰富、生产工艺简单、成本低廉且使用方便，因此得到了广泛应用。

水硬性石灰是以泥灰质石灰石（含 50%~70%碳酸钙，25%~50%黏土矿物）为原料，经较高温度（约 1100℃）煅烧后所得的产品。生石灰是以碳酸钙为主要成分的石灰石在低于烧结温度下煅烧所得的产物，主要成分为氧化钙（CaO）。除含有氧化钙（CaO）外，生石灰还含有一定量的氧化镁（MgO）、硅酸二钙（$2CaO \cdot SiO_2$）、铝酸一钙（$CaO \cdot Al_2O_3$）等。

熟石灰是生石灰与水作用后的产物，主要成分为氢氧化钙［$Ca(OH)_2$］。

2.1.1 石灰的原材料

生产生石灰的主要原料有天然石灰岩、白垩、白云质石灰岩等，以及一些化学工业副产品，这些原料主要含碳酸钙（$CaCO_3$），以及少量碳酸镁（$MgCO_3$）、二氧化硅（SiO_2）和氧化铝（Al_2O_3）等杂质。

2.1.2 石灰的制备

在一定温度下对天然石灰岩等生石灰原料进行加热煅烧，使碳酸钙分解，可得到以氧化钙为主要成分的产品，即为生石灰，反应式为

$$CaCO_3 \xlongequal{900\sim1100℃} CaO+CO_2\uparrow \tag{2-1}$$

煅烧过程对石灰质量有很大影响。煅烧温度过低或时间不足，会使生石灰中残留未分解的 $CaCO_3$，此时的石灰称为欠火石灰，欠火石灰中 CaO 含量低，降低了石灰的质量等级和利用率；若煅烧温度超过烧结温度或煅烧时间过长，将出现过火石灰，过火石灰质地密实，因此熟（消）化过程十分缓慢。

依据加工方法、石灰中 MgO 含量及熟（消）化速度等的不同，可将石灰划分成不同的类型。其中，根据加工方法的不同，石灰可以分为块状生石灰、磨细生石灰、熟（消）石灰、石灰浆、石灰乳和石灰水；根据石灰中 MgO 含量的不同，石灰可分为低镁（钙质）石灰（MgO 含量小于 5%）、镁质石灰（MgO 含量 5%~20%）和白云质石灰（高镁石灰，MgO 含量 20%~40%）；根据熟（消）化速度的不同，石灰可分为快速熟（消）化石灰（10min 以内）、中速熟（消）化石灰（10~30min）和低速熟（消）化石灰（大于 30min）三种。其中，熟（消）化速度是指一定量的生石灰粉在标准条件下与一定量的水混合时，达到最高温度所需的时间。此外，根据石灰熟（消）化时达到的温度指标，可分为高热石灰（高于 70℃）和低热石灰（低于 70℃）两种。

石灰的另一来源是化学工业副产品，如将水作用于碳化钙（即电石）以制取乙炔时所产生的电石渣，其主要成分是氢氧化钙，即消石灰（或称熟石灰）。

2.1.3　石灰的熟化和硬化

石灰的陈伏

生石灰的熟化又称生石灰的消化或消解，是指生石灰与水作用生成氢氧化钙［$Ca(OH)_2$］的化学反应过程，即

$$CaO+H_2O = Ca(OH)_2+64.9kJ \tag{2-2}$$

生石灰具有强烈的水化能力，水化时反应强烈，放出大量的热，同时体积膨胀为原来的1~2.5倍。一般煅烧良好、氧化钙含量高、杂质少的生石灰，不但熟化速度快，放热量大，而且体积膨胀也大。

过火石灰熟化速度极慢，当石灰抹灰层中含有这种颗粒时，由于它吸收空气中的水分继续熟化，体积膨胀，致使墙面隆起、开裂，严重影响施工质量。为了消除过火石灰的危害，一般在工地上将生石灰进行一周以上的熟化处理，也称陈伏。陈伏期间，为防止石灰碳化，应在其表面保存一定厚度的水层，使之与空气隔绝。

石灰浆体的硬化包含结晶和碳化两个过程。

干燥时，石灰浆体中多余水分蒸发或被砌体吸收而使石灰粒子紧密接触，获得一定强度。随着游离水的减少，氢氧化钙逐渐从饱和溶液中结晶出来，形成结晶结构网，使强度继续增加。

由于空气中有 CO_2 存在，$Ca(OH)_2$ 在有水的条件下与之反应生成 $CaCO_3$，即

$$Ca(OH)_2+CO_2+nH_2O = CaCO_3+(n+1)H_2O \tag{2-3}$$

新生成的碳酸钙晶体相互交叉连生或与氢氧化钙共生，构成较紧密的结晶网，使硬化浆体的强度进一步提高。显然，碳化对于强度的提高和稳定是十分有利的。但是，由于空气中的 CO_2 含量很低，且表面形成碳化层后，CO_2 不易深入内部，还阻碍了内部水分的蒸发，因此，自然状态下的碳化干燥是很缓慢的。

2.1.4　石灰的主要技术性质

（1）可塑性和保水性好　生石灰消化为石灰浆时，能自动形成极微细的呈胶体状态的氢氧化钙，表面吸附一层厚的水膜，因此，具有良好的可塑性。在水泥砂浆中掺入石灰膏，能使其可塑性和保水性（即保持浆体结构中的游离水不离析的性质）显著提高。

（2）吸湿性强　生石灰吸湿性强，保水性好，是传统的干燥剂。

（3）凝结硬化慢，强度低　因石灰浆在空气中的碳化过程很缓慢，导致强氧化钙和碳酸钙结晶的量少，最终的强度也不高。通常，1∶3 石灰浆 28d 的抗压强度只有 0.20~0.50MPa。

（4）体积收缩大　石灰浆在硬化过程中，水分大量蒸发，引起体积收缩，使其开裂，因此除调成石灰乳进行薄层涂刷外，不宜单独使用。工程上应用时，常在石灰中掺入砂、麻刀、纸筋等，以抵抗收缩引起的开裂和增加抗拉强度。

（5）耐水性差　石灰水化后成分——氢氧化钙能溶于水，若长期受潮或被水浸泡，会使已硬化的石灰溃散，所以石灰不宜在潮湿的环境中使用，也不宜单独用于承重砌体的砌筑。

2.1.5　石灰的应用

1. 配制石灰砂浆和石灰乳涂料

用石灰膏和砂或麻刀、纸筋配制成的石灰砂浆、麻刀灰、纸筋灰等广泛用作内墙、顶棚

的抹面工程。用石灰膏和水泥、砂配制成的混合砂浆通常用作墙体砌筑或抹灰。将消石灰粉或熟化好的石灰膏加入多量的水搅拌稀释，制成石灰乳，是一种廉价的涂料，主要用于内墙和顶棚刷白，增加室内美观和亮度。石灰膏加入各种耐碱颜料、少量水，配以粒化高炉矿渣或粉煤灰，可提高其耐水性，加入氯化钙或明矾，可减少涂层粉化现象。

2. 配制灰土和三合土

在我国，灰土（石灰+黏土）、三合土（石灰+黏土+砂、石或炉渣等填料）的应用有很长的历史。经夯实后的灰土或三合土广泛用在建筑物的基础、路面或地面的垫层中，其强度和耐水性比石灰或黏土都高，使黏土颗粒表面的少量活性氧化硅、氧化铝与石灰反应，生成水化硅酸钙和水化铝酸钙等不溶于水的水化矿物。另外，石灰改善了黏土的可塑性，在强力夯打下密实度提高，也是其强度和耐水性改善的原因之一。在灰土和三合土中，石灰的用量为灰土总质量的6%~12%。

3. 制作碳化石灰板

碳化石灰板是先将磨细生石灰、纤维状填料（如玻璃纤维）或轻质集料（如矿渣）搅拌、成型，再经人工碳化而成的一种轻质板材。为了减小表观密度和提高碳化效果，多制成空心板。这种板材能锯、刨、钉，适宜用作非承重内墙板、顶棚等。

4. 制作硅酸盐制品

磨细生石灰或消石灰粉与砂或粒化高炉矿渣、矿渣、粉煤灰等硅质材料先经配料、混合、成型，再经常压或高压蒸汽养护，就可制得密实或多孔的硅酸盐制品，如灰砂砖、粉煤灰砖及砌块、加气混凝土砌块等。

5. 配制无熟料水泥

将具有一定活性的材料（如粒化高炉矿渣、粉煤灰、煤矸石灰渣等工业废渣），按适当比例与石灰配合，经共同磨细，可得到具有水硬性的胶凝材料，即为无熟料水泥。

【工程实例分析 2-1】 石灰砂浆层拱起开裂

现象：某住宅使用石灰厂处理的下脚石灰进行粉刷，数月后粉刷层多处向外拱起，还看见一些裂缝，请分析原因。

原因分析：石灰厂处理的下脚石灰往往含有过火的CaO或较高的MgO，其水化速度慢于正常的石灰。这些过火的CaO或MgO在已经水化硬化的石灰砂浆中缓慢水化，体积膨胀，就会导致砂浆层拱起和开裂。

【工程实例分析 2-2】 石灰的选用

现象：某工地急需配制石灰砂浆，在消石灰粉、生石灰粉及生石灰材料中选择了价格相对较便宜的生石灰，并马上加水配制石灰膏，再配制石灰砂浆。使用数日后，石灰砂浆出现众多凸出的膨胀性裂缝，请分析原因。

原因分析：该石灰的陈伏时间不够。数日后部分过火石灰在已硬化的石灰砂浆中熟化，体积膨胀，以致产生膨胀性裂纹。因工期紧，若无现成合格的石灰膏，可选用消石灰粉。消石灰粉在磨细过程中，把过火石灰磨成细粉，便于避免过火石灰在熟化时造成体积安定性不良的危害。

2.2　石膏

石膏是一种以硫酸钙为主要成分的气硬性胶凝材料，其应用有着悠久的历史。石膏与石灰、水泥并列为胶凝材料中的三大支柱。作为建筑材料，石膏不仅原料来源丰富，生产工艺简单，同时其制品还具有质轻、耐火、隔声、绝热等突出优势，因此，石膏材料与制品有利于节约建筑资源，提高建筑技术水平。

2.2.1　石膏的原材料

生产石膏的原材料有天然二水石膏、天然硬石膏及化工生产中的副产品（化学石膏）。

天然二水石膏（$CaSO_4 \cdot 2H_2O$）又称生石膏或软石膏，是生产建筑石膏最主要的原材料。

天然硬石膏（$CaSO_4$）又称硬石膏，它结晶紧密、质地坚硬，是生产硬石膏水泥的原材料。

化学石膏，是含有二水硫酸钙（$CaSO_4 \cdot 2H_2O$）和硫酸钙（$CaSO_4$）的化工副产品。

2.2.2　建筑石膏的生产

天然二水石膏或化学石膏经过一定的温度加热煅烧后，二水石膏脱水分解，得到以半水石膏为主要成分的产品，即为建筑石膏（$CaSO_4 \cdot 0.5H_2O$），又称熟石膏或半水石膏。生产建筑石膏的主要设备有回转窑、连续式或间断式炒锅等。根据脱水分解时采用的温度和压力等条件不同，所制备的产品又可分为 α 型建筑石膏和 β 型建筑石膏（见图 2-2）。

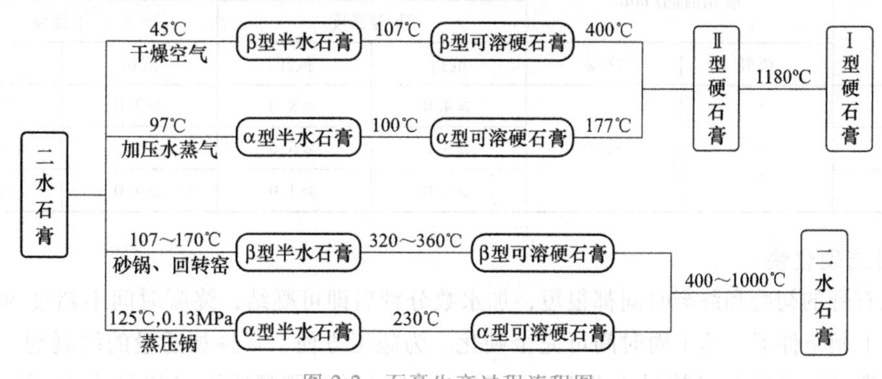

图 2-2　石膏生产过程流程图

β 型建筑石膏是建筑石膏的主要形式。β 型建筑石膏晶体较细，调制成一定量浆体时需水量大，因此在硬化后孔隙多，强度低。α 型建筑石膏晶体较粗，因此需水量小，在硬化后孔隙少，强度高。

2.2.3　建筑石膏的凝结硬化过程

建筑石膏与适量的水混合，最初形成可塑性浆体，但浆体很快失去塑性，这一过程称为石膏的凝结，之后产生强度而发展成为坚硬的固体，这个过程实为 β 型半水石膏重新水化放热生产二水石膏的化合反应过程，即

$$CaSO_4 \cdot \frac{1}{2}H_2O + \frac{3}{2}H_2O = CaSO_4 \cdot 2H_2O + 15.4kJ \quad (2\text{-}4)$$

凝结过程中，在失去可塑性的同时，随着二水石膏沉淀的不断增加，二水石膏胶体微粒逐渐变为晶体，结晶体的不断生成和长大，晶体颗粒之间便产生摩擦力和黏结力，造成浆体的塑性开始下降，这一现象称为石膏的初凝。随着晶体颗粒间摩擦力和黏结力的逐渐增大，浆体的塑性很快下降，直至消失，这种现象为石膏的终凝。石膏终凝后，其晶体颗粒仍在不断长大和连生，随着晶体颗粒间相互搭接、交错、共生，形成相互交错且孔隙率逐渐减小的结构，其强度也会不断增大，直至水分完全蒸发，形成硬化后的石膏结构，这一过程称为石膏的硬化。石膏浆体的凝结和硬化是交叉进行的，实质上是一个连续进行的过程，在整个进行过程中既有物理变化又有化学变化。

2.2.4 建筑石膏主要的技术性质

石膏的技术性质

建筑石膏呈洁白粉末状，密度为 2600～2750kg/m³，堆积密度为 800～1100kg/m³，属轻质材料。基于工程特点及建筑要求，依据凝结时间、2h 湿强度和干强度对建筑等级进行了划分（见表 2-1）。按原材料种类不同，建筑石膏可分为天然建筑石膏（N）、脱硫建筑石膏（S）和磷建筑石膏（P）三大类。建筑石膏易受潮吸湿，凝结硬化快，因此在运输、储存的过程中，应注意避免受潮。石膏长期存放，强度也会降低。一般储存 3 个月后，强度会下降 30%左右。因此，建筑石膏的储存时间不得超过 3 个月，若超过，需要对其重新进行检测以确定其等级。

表 2-1 建筑石膏等级标准（GB/T 9776—2022）

等级	凝结时间/min		强度/MPa			
			2h 湿强度		干强度	
	初凝	终凝	抗折	抗压	抗折	抗压
4.0	≥3	≤30	≥4.0	≥8.0	≥7.0	≥15.0
3.0			≥3.0	≥6.0	≥5.0	≥12.0
2.0			≥2.0	≥4.0	≥4.0	≥8.0

1. 凝结硬化快

建筑石膏的初凝和终凝时间都很短，加水数分钟后即可凝结，终凝时间不超过 30min，在室温自然干燥条件下，约 1 周时间可完全硬化。为施工方便，常掺加适量的缓凝剂，如硼砂、经石灰处理过的动物胶（掺量为 0.1%～0.2%）、亚硫酸盐酒精废液（掺量为 1%石膏质量）、聚乙烯醇等。缓凝剂的作用在于降低半水石膏的溶解度，但会使制品的强度有所下降。

2. 硬化制品的孔隙率大，表观密度小，保温、吸声性能好

建筑石膏水化反应的理论需水量仅为其质量的 18.6%。但施工过程中为了保证浆体有必要的流动性，其加水量常达 60%～80%，多余水分蒸发后，将形成大量孔隙，硬化体的孔隙率可达 50%～60%。由于硬化体为多孔结构，而使建筑石膏制品具有较小的表观密度（800～1000kg/m³）、质轻、保温隔热性能好和吸声性强等优点。

3. 具有一定的调温调湿性

由于建筑石膏为多孔结构，吸湿性强，使得石膏制品的热容量大，在室内温度、湿度变

化时，由于制品的“呼吸”作用，使环境温度、湿度能得到一定的调节。

4. 凝固时体积微膨胀

建筑石膏在凝结硬化时具有微膨胀性，其体积膨胀率约为0.1%。这种特性可使成型的石膏制品表面光滑、轮廓清晰，线、角、花纹图案饱满，尺寸准确，干燥时不产生收缩裂缝，特别适用于刷面和制作建筑装饰饰品。

5. 防火性好

石膏制品在受到高温或者遇火后，会脱出其中约21%的结晶水，在制品表面形成水蒸气幕，可阻止火势蔓延。同时，脱水后的石膏制品因孔隙率增加，导热系数变小，传热慢，进一步提高了临时防火效果。但建筑石膏不宜长期在65℃以上的高温部位使用，以免二水石膏缓慢脱水分解而强度降低。

6. 耐水性、抗冻性差

石膏硬化体孔隙率高，具有很强的吸湿性和吸水性，并且二水石膏微溶于水，长期浸水会使其强度降低。若吸水后受冻，则空隙内的水分结冰，体积膨胀，石膏体破坏，可通过添加矿粉、粉煤灰等活性混合材，或者掺加防水剂、表面防水处理等来提高石膏的耐水性。

2.2.5 建筑石膏的应用

在建筑工程中，建筑石膏应用广泛，如室内粉刷或做各种石膏板材、装饰制品、空心砌块、人造大理石等。

1. 室内抹灰及粉刷

石膏洁白细腻，用于室内抹灰、粉刷，具有良好的装饰效果。经石膏抹灰后的墙面、顶棚，还可直接涂刷涂料、粘贴壁纸等。因建筑石膏凝结快，用于抹灰、粉刷时，需加入适量缓凝剂及附加材料（硬石膏或煅烧黏土质石膏、石灰膏等）配制成粉刷石膏，其凝结时间可控制为略大于1h，抗压和抗折强度及硬度应满足设计需要。

2. 制作石膏制品

由于石膏制品质轻，且可锯、可刨、可钉，加工性能好，同时石膏凝结硬化快，制品可连续生产，工艺简单、能耗低、生产效率高，施工时制品拼装快，可加快施工进度等。因此，在我国石膏制品有着良好的发展前途，是当前重点发展的新型轻质材料之一。目前，我国生产的石膏制品主要有纸面石膏板、纤维石膏板、石膏空心条板、石膏装饰板、石膏吸声板，以及各种石膏砌块等。建筑石膏配以纤维增强材料、黏结剂等，还可以制作各种石膏角线、线板、角花、雕塑艺术装饰制品等。

2.2.6 其他品种石膏简介

1. 模型石膏

煅烧二水石膏生成的熟石膏，若其中杂质含量少，SKI较白粉磨较细的称为模型石膏。它比建筑石膏凝结快、强度高，主要用于制作模型、雕塑、装饰花饰等。

2. 高强度石膏

将二水石膏放在压蒸锅内，在1.3个大气压（124℃）下蒸炼生成α型半水石膏，磨细后即为高强度石膏。这种石膏硬化后具有较高的密实度和强度。高强度石膏适用于强度要求高的抹灰工程、装饰制品和石膏板。掺入防水剂后，其制品可用于湿度较高的环境中，也可加入有机溶液中配成黏结剂使用。

3. 无水石膏水泥

将天然二水石膏加热至400~750℃时，石膏将完全失去水分，成为不溶性硬石膏，将其与适量激发剂混合磨细后即为无水石膏水泥。无水石膏水泥适宜室内使用，主要用以制作石膏板或其他制品，也可用作室内抹灰。

4. 地板石膏

如果将天然二水石膏在800℃以上煅烧，使部分硫酸钙分解出氧化钙，磨细后的产品称为高温煅烧石膏，又称地板石膏。地板石膏硬化后有较高的强度和耐磨性，抗水性也好，因此主要用作石膏地板，用于室内地面装饰。

【工程实例分析2-3】 石膏饰条粘贴失效

现象：石膏粉拌水生成一桶石膏浆，用以在光滑的天花板上直接粘贴，石膏饰条前后半小时完工。几天后，最后粘贴的两条石膏饰条突然坠落，请分析原因。

原因分析：其原因有两个方面，可有针对性地解决。

建筑石膏拌水后一般于数分钟至半小时左右凝结，后来粘贴石膏饰条的石膏浆已初凝，凝结性能差。可掺入缓凝剂，延长凝结时间，或者分多次配制石膏浆，即配即用。

在光滑的天花板上难以直接牢固粘贴石膏条，宜对表面予以打刮，以利粘贴，或在黏结的石膏浆中掺入部分黏结性强的黏结剂。

2.3 水玻璃

2.3.1 水玻璃的组成

水玻璃模数

水玻璃俗称泡花碱，是由不同比例的碱金属氧化物和二氧化硅结合而成的可溶于水的一种硅酸盐类物质，其化学式为 $R_2O \cdot nSiO_2$，其中 R_2O 为碱金属氧化物，n 为 SiO_2 和 R_2O 的物质的量之比，称为水玻璃的模数。n 小于或等于3的水玻璃为碱性水玻璃，n 大于3的水玻璃为中性水玻璃。常用的水玻璃的模数为1.5~3.7。

根据碱金属氧化物种类的不同，水玻璃的主要品种有硅酸钠水玻璃（简称钠水玻璃，$Na_2O \cdot nSiO_2$）、硅酸钾水玻璃（$K_2O \cdot nSiO_2$）等。在土建工程中，最常用的是硅酸钠水玻璃。质量好的水玻璃溶液无色透明，若在制备过程中混入不同的杂质，则会呈淡黄色到灰黑色之间各种色泽。

市场销售的水玻璃模数通常为1.5~3.5，建筑上常用的水玻璃的模数一般为2.5~2.8。固体水玻璃在水中溶解的难易程度随模数 n 变化而变化。当 n 为1时，能溶于常温水中，n 增大则只能在热水中溶解，当 n 大于3时，要在0.4MPa以上的蒸汽中才能溶解，液体水玻璃可以以任何比例加水混合成不同浓度或密度的溶液。

2.3.2 水玻璃的生产

生产水玻璃的主要方法有干法生产和湿法生产两种。干法生产硅酸钠水玻璃是将石英砂和碳酸钠磨细拌匀，在熔炉中于1300~1400℃温度下熔化，见式（2-5）。湿法生产硅酸钠水玻璃是将石英砂和苛性钠溶液在压蒸锅内用蒸汽加热，直接反应生成液体水玻璃，见式（2-6）。

$$Na_2CO_3+nSiO_2 \xlongequal{1300\sim1400℃} Na_2 \cdot nSiO_2+CO_2\uparrow \tag{2-5}$$

$$SiO_2+2NaOH \xlongequal{蒸汽加热} Na_2SiO_3+H_2O \tag{2-6}$$

2.3.3　水玻璃的硬化

液体水玻璃吸收空气中的 CO_2，形成无定形硅酸凝胶，并逐渐干燥、硬化而形成氧化硅，并在表面上覆盖一层致密的碳酸钠薄膜。

$$Na_2O \cdot nSiO_2+CO_2+mH_2O = nSiO_2 \cdot mH_2O+Na_2CO_3 \tag{2-7}$$

$$SiO_2 \cdot H_2O = SiO_2+H_2O \tag{2-8}$$

由于空气中 CO_2 浓度较低，此反应的过程进行得很慢，为加速硬化，可加热或掺入促硬剂氟硅酸钠（Na_2SiF_6），促使硅酸凝胶加速析出，见式（2-9）。氟硅酸钠的适宜掺量为12%~15%。如掺量太少，不但硬化慢、强度低，而且未经反应得水玻璃易溶于水，从而使耐水性变差；如掺量太多，又会引起凝结过速，使施工困难，而且渗透性大，强度也低。

$$2(Na_2O \cdot nSiO_2)+mH_2O+Na_2SiF_6 = (2n+1)SiO_2 \cdot mH_2O+6NaF \tag{2-9}$$

除通过添加促硬剂硬化外，水玻璃的硬化还有加热、气体、微波、醇和脂、有机高分子、金属或金属氧化物及无机酸等多种硬化方式。

2.3.4　水玻璃的性质

（1）黏结力强　水玻璃硬化后具有较高的黏结强度、抗拉强度和抗压强度。另外，水玻璃硬化析出的硅酸凝胶还有堵塞毛细孔隙而防止水分渗透的作用。当水玻璃的模数相同时，浓度越高，黏度越大，比重越大，黏结力越强。浓度可以通过调节用水量来改变。水玻璃的黏结力随模数、黏度的增大而增强。加入添加剂可以改变水玻璃的黏结力。

（2）耐酸能力强　硬化后的水玻璃，因起胶凝作用的主要成分是含水硅酸凝胶（$nSiO_2 \cdot mH_2O$），具有高度的耐酸性能，能抵抗大多数无机酸和有机酸的作用。但水玻璃类材料不耐碱性介质侵蚀。

（3）耐热性好　水玻璃不燃烧，在高温作用下脱水、干燥，并逐渐形成 SiO_2 空间网状骨架，强度并不降低，甚至有所增加，其整体耐热性能良好。

（4）易脆性　随着水玻璃的总固体含量增多，则其冰点降低，性能变脆。

2.3.5　水玻璃的应用

1. 涂刷或浸渍材料

将液体水玻璃直接涂刷在建筑物表面，可提高建筑物的抗风化能力和耐久性；将水玻璃浸渍多孔材料，可使多孔材料的密实度、强度、抗渗性均得到提高。这是因为水玻璃在硬化过程中所形成的凝胶物质可以封堵和填充材料表面及内部孔隙。但是不能用水玻璃涂刷或浸渍石膏制品，因为水玻璃与硫酸钙反应生成体积膨胀的硫酸钠晶体会导致石膏制品的开裂甚至破坏。

2. 修补裂缝、堵漏

将液体水玻璃、粒化矿渣粉、砂和氟硅酸钠按一定比例配制成砂浆，直接压入砖墙裂缝内，可起到黏结和增强的作用。在水玻璃中加入各种矾类的溶液，可配制防水剂，能快速凝结硬化，适用于堵漏填缝等局部抢修工程。

水玻璃不耐氢氟酸、热磷酸及碱的腐蚀。而水玻璃的凝胶体在大孔隙中会有脱水干燥收缩现象，降低使用效果。水玻璃的包装容器应注意密封，以免水玻璃和空气中的 CO_2 反应而分解，并避免落进灰尘、杂质。

3. 加固地基

将模数为 2.5~3 的液体水玻璃和氯化钙溶液通过金属管交替压入地层，两种溶液发生化学反应，可析出吸水膨胀的硅酸胶体，包裹土壤颗粒并填充其空隙，阻止水分渗透并使土壤固结，从而提高地基的承载力。用这种方法加固的砂土，抗压强度可达到 3~6MPa。

4. 防腐工程应用

水玻璃具有很高的耐酸性。以水玻璃为胶结材料，加入促硬剂和耐酸粗细集料，可配制用于耐腐蚀工程的耐酸砂浆或耐酸混凝土，如用耐酸砂浆铺砌耐酸块材，用耐酸混凝土浇筑有耐酸要求的地面、整体面层、设备基础等。

水玻璃耐热性能好，能长期承受一定的高温作用。用水玻璃与促硬剂及耐热集料等配制的耐热砂浆或耐热混凝土，可用于制作高温环境中的非承重结构及构件。

改性水玻璃耐酸胶泥是耐酸腐蚀的重要材料，具有耐酸、耐高温、密实抗渗、价格低廉、使用方便等特点，可拌和成耐酸胶泥、耐酸砂浆和耐酸混凝土，适用于化工、冶金、电力、煤炭、纺织等部门各种结构的防腐蚀工程，是建筑结构中储酸池和耐酸地坪的理想材料。

5. 其他

水玻璃还可以用来制备速凝防水剂、水质软化剂和助沉剂以及用于纺织工业中的助染、漂白和浆纱。例如，四矾防水剂是以蓝矾（硫酸铜）、明矾（钾铝矾）、红矾（重铬酸钾）和紫矾（铬矾）各 1 份，溶于 60 份的沸水中，降温至 50℃，投入 400 份水玻璃溶液中，搅拌均匀而成的。这种防水剂可以在 1min 内凝结，适用于堵塞漏洞、缝隙等局部抢修。

2.4 镁质胶凝材料

镁质胶凝材料又称菱苦土或氯氧镁水泥，是由菱镁矿经轻烧、粉磨制成的轻烧氧化镁与一定浓度的氯化镁溶液调和而制成。硬化后的镁质胶凝材料吸湿性大，耐水性差，遇水或吸湿后易产生翘曲变形，表面泛霜，且强度大大降低。因此，镁质胶凝材料制品一般不宜用于潮湿环境。目前也有不少增强镁质胶凝材料制品耐水性的研究成果，如加入磷酸盐可提高镁质胶凝材料的耐水性等。

使用玻璃纤维增强的氯氧镁水泥制品具有很高的抗折强度和抗冲击能力，其主要产品为玻璃纤维增强氯氧镁水泥板和波瓦。

【工程实例分析2-4】　水玻璃与铝合金窗表面的斑迹

现象：我们可以在某些建筑物的室内墙面装修过程中观察到，使用以水玻璃为成膜物质的腻子作为底层涂料，施工过程往往散落到铝合金窗上，造成了铝合金窗外表形成有损美观的斑迹。试分析原因。

原因分析：铝合金制品不耐酸碱，而水玻璃呈强碱性。当含碱涂料与铝合金接触时，引起铝合金窗表面发生腐蚀反应，从而使铝合金表面锈蚀而形成斑迹。

本章小结

气硬性胶凝材料只能在空气中凝结硬化并保持及发展其强度，如石灰、石膏、水玻璃等胶凝材料。

石灰的熟（消）化是石灰加水后生产氢氧化钙，石灰的硬化是指石灰浆体在空气中同时进行着物理和化学变化过程而逐渐硬化的过程。石灰可以用来制作石灰乳涂料、配制砂浆等。

石膏是一种以硅酸钙为主要成分的气硬性胶凝材料。建筑石膏凝结硬化快、硬化时体积略微膨胀、硬化后孔隙率较高，但其耐水性较差。石膏可以用于制备粉刷石膏和建筑石膏制品等。

水玻璃是一种碱金属硅酸盐，水玻璃模数决定水玻璃的品质和特性。水玻璃具有很好的黏结性和耐酸腐蚀性。水玻璃可用于土壤加固、涂刷建筑物表面防水等。

硬化后的镁质胶凝材料具有吸湿性大、耐水性差等特点，因此其一般不宜用于潮湿环境。使用玻璃纤维增强的氯氧镁水泥制品具有很高的抗折强度和抗冲击能力，其主要产品为玻璃纤维增强氯氧镁水泥板和波瓦。

本章习题

1. 单项选择题

1）下列关于石灰技术性质的说法中，正确的是（　　）。

A. 硬化时体积收缩大　　B. 耐水性好　　C. 硬化较快、强度高　　D. 保水性差

2）下列关于石膏技术性质的说法中，不正确的是（　　）。

A. 成型性好　　B. 轻质　　C. 耐水性差　　D. 抗冻性好

3）为保持石灰的质量，应使石灰储存在（　　）。

A. 潮湿的空气中　　B. 干燥的环境中　　C. 水中　　D. 蒸汽的环境中

2. 多项选择题

1）下列关于石膏用途的说法中，正确的是（　　）。

A. 室内抹灰或粉刷　　B. 装饰制品　　C. 多孔石膏制品　　D. 复合石膏制品

2）水玻璃的特性是（　　）。

A. 黏结力强　　B. 耐酸性好　　C. 耐热性高　　D. 耐热性低

3. 判断题（正确的打√，错误的打×）

1）石灰的水化热小，硬化时体积收缩小。(　　)

2）气硬性胶凝材料只能在空气中硬化，水硬性胶凝材料仅能在水中硬化。(　　)

3）建筑石膏硬化后孔隙率高，故耐水性和抗冻性高。(　　)

4）模数越大，硅酸钠水玻璃越难溶于常温水中且黏结能力越弱。(　　)

4. 简答题

1）水玻璃硬化后为什么具有很高的耐酸性？

2）什么是陈伏？石灰在使用前为何需要进行陈伏？

3）石膏为什么不宜用于室外？

第3章

水　泥

本章重点

水泥的技术性质和应用。

学习目标

了解硅酸盐水泥的原料组成、生产工艺、储存及其他类型水泥的技术性质和应用；掌握硅酸盐水泥的技术性质和应用；熟悉镁质胶凝材料特性水泥的应用。

水泥的发明是一个渐进的过程。

1756年，英国英吉利海峡的一座灯塔突然毁坏，英国政府命令工程师史密顿（J. Smeaton）用最快的速度重建这座灯塔。由于时间紧迫，便将混有许多土质的石灰石原料用于烧制石灰，使用后发现这种石灰更能耐海水的冲刷。

1796年，英国人派克（J. Parker）先将黏土质石灰岩磨细后制成料球，并将料球在高于烧石灰的温度下烧，然后再磨细制成罗马水泥（roman cement），并取得了该水泥的专利权。罗马水泥在英国曾得到广泛应用。在罗马水泥生产、应用的同时，法国人及美国人采用接近现代水泥成分的泥灰岩制造出了天然水泥。

1824年10月21日，英国的泥水匠阿斯谱丁（J. Aspdin）获得英国第5022号的波特兰水泥专利证书，从而成为流芳百世的波特兰水泥发明人。因为该水泥硬化后的颜色类似英国波特兰地区建筑用石料的颜色，所以被称为波特兰水泥。

1845年，英国的强生（I. C. Johnson）在试验中偶然发现，烧到含有一定数量玻璃体的水泥烧块，经磨细后具有非常好的水硬性，此外，在烧成物中含有石灰会使水泥硬化后开裂。强生据此确定了水泥制造的两个基本条件：一是，烧密的温度必须高到足以使烧块含一定量玻璃体并呈墨绿色；二是，原料比例必须正确且固定，烧成物内部不能含过量石灰，水泥硬化后不能开裂。这些条件确保了波特兰水泥的质量，解决了阿斯谱丁未解决的质量不稳定的问题。从此，现代水泥生产的基本参数形成。1909年，强生在98岁高龄时，向英国政府提出申诉，但英国政府没有同意强生的申诉，仍旧维持阿斯谱丁具有波特兰水泥专利权的决定。但同行们对强生的工作仍有很高评价，认为他对波特兰水泥做出了不可磨灭的重要贡献。

水泥是土木建筑工程中使用较为广泛的无机粉末状材料，与适量水拌和后能形成具有流动性、可塑性的浆体（水泥浆），随着时间的延长，水泥浆体由可塑性浆体变成坚硬固体，具有一定的强度，并能将块状或颗粒状材料胶结为整体。水泥不仅能够在空气中凝结硬化，也能在水中硬化并保持和发展其强度，是典型的水硬性胶凝材料。

水泥是最主要的建筑材料之一，按其用途和性能不同，可分为通用水泥、专用水泥和特性水泥三类，用于一般土木建筑工程中的水泥为通用水泥，如硅酸盐水泥、普通硅酸盐水泥、矿渣硅酸盐水泥、火山灰硅酸盐水泥、粉煤灰硅酸盐水泥和复合硅酸盐水泥；具有专门用途的水泥为专用水泥，如油井水泥、大坝水泥、砌筑水泥、道路水泥等；具有某种特性比较突出的水泥为特种水泥，如快硬水泥、低热矿渣硅酸盐水泥、膨胀硫铝酸盐水泥等。此外，水泥按矿物组成的不同，又可分为硅酸盐系列水泥、铝酸盐系列水泥、硫铝酸盐系列水泥、铁铝酸盐系列水泥等。

水泥的种类、品种繁多，从生产量和工程实际使用量来看，硅酸盐系列水泥是使用最普遍、掺量最多的水泥品种。本章主要介绍硅酸盐系列水泥的技术特性和应用。

水泥基建材的绿色、可持续发展之路

2021年，我国水泥产量为23.6281亿t，位居世界第一，商品混凝土产量为32.933亿m^3，同样位居世界第一。然而，2021年，我国城市建筑垃圾产量为35.5亿t，资源化利用（建筑垃圾回收再利用）率却不足5%，远低于发达国家的80%，巨大的建筑垃圾给环境和资源带来了极大的浪费。同时，生产1t水泥需要670~750kg石灰石，100~150kg黏土、5~15kg铁矿和85~110kg煤，其中石灰石、煤等均为不可再生资源。我国混凝土建筑结构的设计使用年限一般为50年，甚至更长，但大多数混凝土建筑结构平均使用年限仅为25~30年，这大大加剧了资源、能源的浪费，严重阻碍了资源、能源的可持续发展。

“绿水青山就是金山银山”，作为消耗资源、能源的建筑行业，尤其是水泥、混凝土生产企业，必须充分认识经济发展与生态环保的相互关系，时刻坚持绿色、可持续发展的理念，将绿色融入水泥、混凝土的设计、生产、使用和维护的全生命周期中。只有这样，才能在传统的水泥、混凝土建筑行业发展道路上走出一条绿色、高效、可持续发展的“康庄大道”。

3.1 硅酸盐水泥

硅酸盐水泥

硅酸盐水泥（又称波特兰水泥）主要分为P·Ⅰ型硅酸盐水泥（不掺加混合材料）和P·Ⅱ型硅酸盐水泥（掺加小于5%水泥熟料质量的石灰石或粒化高炉矿渣）。硅酸盐水泥是硅酸盐系列水泥的一个基本品种。其他品种的硅酸盐系列水泥，都是在此基础上加入一定量的混合材料，或者适当改变水泥熟料的成分而成的。

3.1.1 硅酸盐水泥的生产

硅酸盐水泥的生产工艺

硅酸盐水泥的主要原料是石灰质原料（如石灰石、白垩等）和黏土质原料（如黏土、黄土和页岩等）两类，生产时常配以辅助原料（如铁矿石、砂岩等）。石灰质原料主要提供CaO，黏土质原料主要提供SiO_2、Al_2O_3及少量的Fe_2O_3，辅助原料常用以校正Fe_2O_3或SiO_2的不足。

硅酸盐水泥的生产可概括为“两磨一烧”：先以适当比例的石灰质原料、黏土质原料和少量如铁矿粉等校正原料配料，共同磨制成生料；再将生料送入水泥窑中进行约1450℃高温煅烧至部分熔融，获得以硅酸钙为主要成分的硅酸盐水泥熟料；最后把熟料加入石膏粉磨，可制得Ⅰ型硅酸盐水泥，熟料加入石膏和不同种类的混合材料粉磨，可制得不同品种的其他通用硅酸盐水泥。其生产工艺流程如图3-1所示。

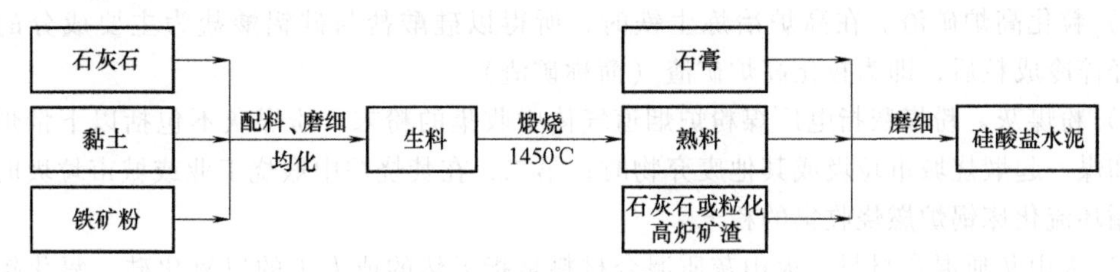

图3-1 硅酸盐水泥生产工艺流程

3.1.2 硅酸盐水泥的组分

硅酸盐水泥由水泥熟料、石膏和混合材料三大部分组成。

1. 水泥熟料

硅酸盐水泥熟料矿物组成和含量范围见表3-1。

表3-1 硅酸盐水泥熟料矿物组成和含量范围

矿物名称	化学成分	分子式缩写	含量
硅酸三钙	$3CaO \cdot SiO_2$	C_3S	36%~60%
硅酸二钙	$2CaO \cdot SiO_2$	C_2S	15%~36%
铝酸三钙	$3CaO \cdot Al_2O_3$	C_3A	7%~15%
铁铝酸四钙	$4CaO \cdot Al_2O_3 \cdot Fe_2O_3$	C_4AF	10%~18%

水泥熟料中除了含有表3-1中熟料矿物外，还含有少量游离的氧化钙（*f*-CaO）、方镁石、碱性氧化物和玻璃体等。

2. 石膏

生产中掺入的石膏主要是无水石膏，主要目的是调节水泥中C_3A的水化，进而调节硅酸盐水泥的凝结时间。若水泥中不掺入石膏或石膏的掺量不足，则易发生急凝现象。

水泥中适量的石膏能与C_3A作用生成难溶性的水化硫铝酸钙，覆盖在未水化的C_3A周围，阻止其与水分大面积接触或直接接触，从而延缓了水泥的凝结时间。但石膏掺量过多时，则会在后期造成体积安定性不良。一般生产水泥时，石膏掺量占水泥质量的3%~5%，实际掺量应通过试验确定。

3. 混合材料

在生产水泥时，为改善水泥性能、调节水泥强度等级而加到水泥中的人工的和天然的矿物材料，称为水泥混合材料。水泥混合材料包括活性混合材料、非活性混合材料和窑灰。

（1）活性混合材料　符合《用于水泥中的粒化高炉矿渣》（GB/T 203—2008）、《用于水泥、砂浆和混凝土中的粒化高炉矿渣粉》（GB/T 18046—2017）、《用于水泥和混凝土中的粉煤灰》（GB/T 1596—2017）、《用于水泥中的火山灰质混合材料》（GB/T 2847—2022）等标准要求的粒化高炉矿渣、粒化高炉矿渣粉、粉煤灰、火山灰质混合材料都属于活性混合材料。活性混合材料是具有火山灰性或潜在水硬性，以及兼有火山灰性和水硬性的矿物质材料，都含有大量活性氧化硅与活性氧化铝。与水调和后，它们本身不会硬化或硬化极为缓慢，强度很低。但在氢氧化钙溶液中，它们就会发生显著的水化，特别是在饱和的氢氧化钙溶液中和有石膏存在的条件下水化更快。

1）粒化高炉矿渣。在高炉冶炼生铁时，所得以硅酸盐与硅铝酸盐为主要成分的熔融物，经淬冷成粒后，即为粒化高炉矿渣（简称矿渣）。

2）粉煤灰。粉煤灰指电厂煤粉炉烟道气体中收集的粉末。粉煤灰不包括以下情形：第一，和煤一起煅烧城市垃圾或其他废弃物时；第二，在焚烧炉中煅烧工业或城市垃圾时；第三，循环流化床锅炉燃烧收集的粉末。

3）火山灰质混合材料。火山灰质混合材料是指天然的或人工的以氧化硅、氧化铝为主要成分的矿物质材料，它本身磨细加水拌和并不硬化，但与气硬性的石灰混合后再加水拌和，则不仅能在空气中硬化，而且能在水中继续硬化。

（2）非活性混合材料　活性指标分别低于《用于水泥中的粒化高炉矿渣》《用于水泥、砂浆和混凝土中的粒化高炉矿渣粉》《用于水泥和混凝土中的粉煤灰》《用于水泥中的火山灰质混合材料》标准要求的粒化高炉矿渣、粒化高炉矿渣粉、粉煤灰、火山灰质混合材料称为非活性混合材料，如石灰石和砂岩，其中石灰石中的 Al_2O_3 含量不应超过 2.5%。

（3）窑灰　窑灰是从水泥回转窑窑尾废气中收集的粉尘，需符合《掺入水泥中的回转窑窑灰》（JC/T 742—2009）的规定。

3.1.3 硅酸盐水泥的水化和凝结硬化

硅酸盐水泥熟料的水化

水泥加水拌和初期会形成具有流动性、可塑性的浆体，随着水泥颗粒表面与水发生水化反应，自由水逐渐减少，高度分散的凝胶体及晶体不断增多，这一过程称为水泥的水化；随着水化反应的进行，水泥浆不断稠化，并逐渐失去流动性、可塑性（但尚不具有强度）这一过程称为凝结；凝结的水泥浆体逐渐发展强度，最终成为坚硬水泥石的过程称为硬化。

1. 硅酸盐水泥的水化

硅酸盐水泥与水拌和后，四种熟料矿物立即与水发生水化反应，生成水化产物，并放出一定的热量。因此，下面介绍硅酸盐水泥的水泥熟料单矿物的水化反应。

（1）硅酸三钙（C_3S）的水化　硅酸三钙在常温下的水化反应如下

$$2(3CaO \cdot SiO_2)+6H_2O = 3CaO \cdot 2SiO_2 \cdot 3H_2O+3Ca(OH)_2 \tag{3-1}$$

硅酸三钙与水作用时的反应速度较快，生成了水化硅酸钙胶体（C-S-H 凝胶），并以凝胶的形态析出，构成具有很高强度的空间网状结构，生成的氢氧化钙以晶体形态析出。在最初四个星期内，硅酸三钙水化反应完成 70%左右，强度发展迅速，它实际上决定着硅酸盐水泥在这一阶段的强度。硅酸三钙的水化热较多，故它放出的热量多，但其耐腐蚀性较差。

（2）硅酸二钙（C_2S）的水化　硅酸二钙的水化反应如下

$$2(2CaO \cdot SiO_2)+4H_2O = 3CaO \cdot 2SiO_2 \cdot 3H_2O+Ca(OH)_2 \tag{3-2}$$

硅酸二钙所形成的水化硅酸钙在钙硅比（C/S）和形貌方面与硅酸三钙水化生成物没有较大的区别，但硅酸二钙的硬化速度慢，在大约四个星期后才发挥其强度作用，约一年达到硅酸三钙四个星期的发挥程度。同时硅酸二钙的水化热少，但水化产物的耐腐蚀性好。

（3）铝酸三钙（C_3A）的水化　铝酸三钙的水化迅速，放热快，其水化产物组成和结构受液相 CaO 浓度和温度的影响很大，先生成介稳状态的水化铝酸钙，再转化为水石榴石（$3CaO \cdot Al_2O_3 \cdot 6H_2O$），即

$$3CaO \cdot Al_2O_3+6H_2O = 3CaO \cdot Al_2O_3 \cdot 6H_2O \tag{3-3}$$

在有石膏的情况下，铝酸三钙水化的最终产物与石膏掺入量有关。最初形成的三硫型水化硫铝酸钙简称钙矾石（AFt），见式（3-4）。若石膏在完全水化前耗尽，则钙矾石与铝酸三钙作用转化为单硫型水化硫铝酸钙（AFm），见式（3-5）。如不掺入石膏或石膏掺量不足时，水泥会发生假凝现象。

$$3CaO \cdot Al_2O_3 \cdot 6H_2O+3(CaSO_4 \cdot 2H_2O)+19H_2O = 3CaO \cdot Al_2O_3 \cdot 3CaSO_4 \cdot 31H_2O \tag{3-4}$$

$$3CaO \cdot Al_2O_3 \cdot 6H_2O+CaSO_4 \cdot 12H_2O+4H_2O = 3CaO \cdot Al_2O_3 \cdot CaSO_4 \cdot 22H_2O \tag{3-5}$$

（4）铁铝酸四钙（C_4AF）的水化　铁铝酸四钙是水泥熟料中铁相固溶体的代表。它的水化速率比略慢，水化热较低，即使单独水化也不会引起快凝。其水化反应及其产物与铝酸三钙很相似。铁铝酸四钙的水化产物的强度问题比较复杂，组成的变化对其强度的影响较大，纯的铁铝酸四钙强度较低，但固溶了其他组分后则可以有较大幅度的提高。提高铁铝酸四钙的含量，有助于提高水泥的抗折强度。

硅酸盐水泥熟料矿物水化的基本特性见表 3-2。

表 3-2　硅酸盐水泥熟料矿物水化的基本特性

名称	水化反应速率	水化放热量	强度	耐化学侵蚀性	干缩
硅酸三钙(C_3S)	快	大	高	中	中
硅酸二钙(C_2S)	慢	小	早期低、后期高	良	中
铝酸三钙(C_3A)	最快	最大	早期高、后期低	差	大
铁铝酸四钙(C_4AF)	快	中	中	良	小

2. 硅酸盐水泥的凝结硬化

水泥的凝结和硬化实际上是一个连续复杂的物理化学变化过程，如图 3-2 所示。

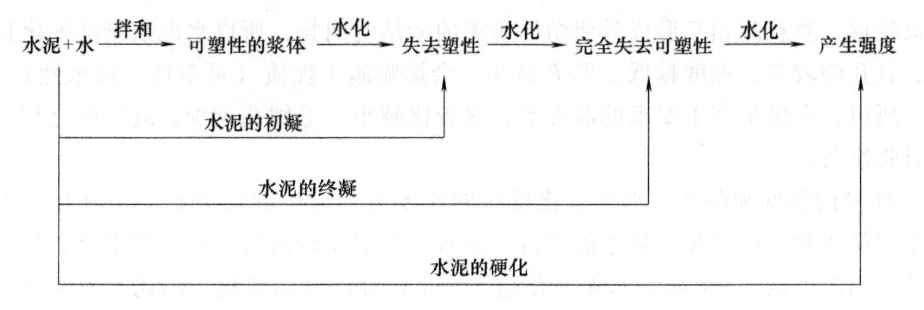

图 3-2　水泥凝结硬化过程

水泥加水拌和后，水泥颗粒分散在水中，成为水泥浆体（图 3-3a）。水和水泥一接触，水泥颗粒表面的水泥熟料最先与水反应，形成相应的水化物。一般在几分钟内，先后析出水化硅酸钙凝胶、水化硫铝酸钙、氢氧化钙和水化铝酸钙晶体等水化产物，并包裹在水泥颗粒表面（图 3-3b）。在水化初期，水化物不多，包有水化物膜层的水泥颗粒是分离着的，水泥

浆还具有可塑性。水泥浆水化作用不断进行，自由水仍不断减少，水化产物仍不断增加（图 3-3c）。形成的水化凝胶及晶体不断填充、加固水泥浆体结构内部孔隙，使其形成具有一定强度的坚硬的石状固体（水泥石）（图 3-3d）。

水泥浆凝结硬化后成为坚硬的水泥石，但如果水泥颗粒较粗，其内部将长期不能完全水化。因此，硬化后的水泥石是由晶体、胶体、未完全水化的颗粒、游离水分及气孔等组成的非均质的结构体。在硬化过程的不同龄期，水泥石中晶体、胶体、未完全水化的颗粒等所占的比例，将直接影响水泥石的强度和其他性质。

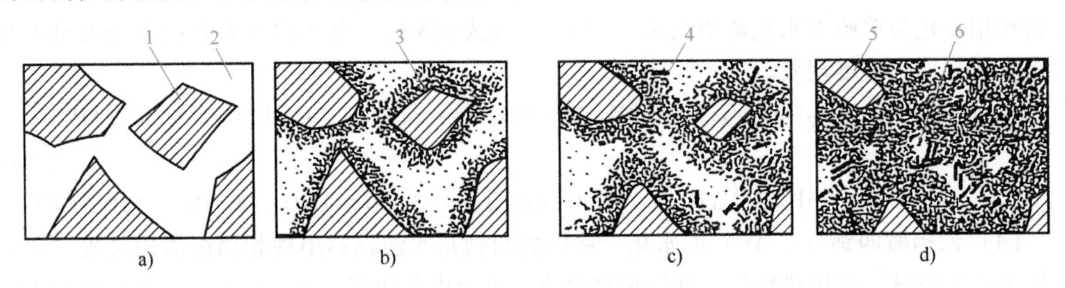

图 3-3 水泥凝结硬化过程示意图

a）分散在水中未水化的水泥颗粒 b）在水泥颗粒表面形成水化物膜层

c）膜层增长并互相连接（凝结） d）水化物进一步发展，填充毛细孔（硬化）

1—水泥颗粒 2—水分 3—凝胶 4—晶体 5—水泥颗粒的未水化内核 6—毛细孔

3. 影响硅酸盐水泥凝结硬化的因素

（1）矿物组成和细度 水泥熟料中各种矿物的凝结硬化特点不同，当水泥中各个矿物的相对含量不同时，水泥的凝结硬化特点就会不同。

一般来说，水泥细度越细，其比表面积就越大，能与水分接触的面积就越大，从而其溶解和反应的速度就会越快，进而水泥的水化就越激烈，水化热越大，早期强度就越高。但水泥细度过细，则会发生团聚，同时也会造成水泥需水量的增大，不利于水泥的整体水化。

（2）水胶比（W/B） 水胶比是指拌和水泥浆时，水的质量与水泥及胶凝材料质量的比值。W/B 越大，水泥浆越稀，水泥的初期水化反应得以充分进行；但是水泥颗粒间被水隔开的距离较远，颗粒间相互形成骨架结构所需的凝结时间长，所以水泥浆凝结硬化和强度发展较慢，且孔隙较多，强度越低。W/B 越小，会影响施工性质（可塑性、保水性），造成施工困难。所以，在满足施工要求的前提下，水胶比越小，毛细孔越少，凝结硬化和强度发展较快，且强度较高。

（3）环境的温度和湿度 水泥水化反应的速度与环境中的温度有关，只有处于适当温度下，水泥的水化、凝结和硬化才能进行。通常，当温度较高时，水泥的水化、凝结和硬化速度较快；当温度低于 0℃时，水泥水化趋于停止，难以凝结硬化。因此，冬期施工需要采取保温措施，以保证凝结硬化的不断发展。

此外，只有保证水泥颗粒表面有足够的水分，水泥的水化、凝结硬化才能充分进行。保持水泥浆温度和湿度的措施称为水泥的养护。

（4）龄期 龄期是指水泥在正常养护条件下所经历的时间，也称水化时间。水泥石的强度随龄期而增长，一般在 28d 内增长较快，以后渐慢，3 个月后则更为缓慢。但此种强度的增长，只有在温暖和潮湿的环境中才能继续。若水泥石处于干燥的环境中，当水分蒸发完毕后，水化作用将无法继续，硬化即停止。

3.1.4 硅酸盐水泥的技术要求

《通用硅酸盐水泥》（GB 175—2007）对硅酸盐水泥的主要技术性质要求如下：

1. 细度

细度是指水泥颗粒的粗细程度，它是影响水泥性能的重要指标，也是鉴定水泥品种的主要项目之一。一般情况下，水泥颗粒越细，与水接触的面积越大，水化反应速度就越快，凝结硬化也越快，早期强度越高。但生产中能耗大、成本高，且在空气中凝结硬化时收缩增大，在储存和运输过程中易受潮降低活性。因此，硅酸盐水泥的比表面积应不小于 $300m^2/kg$。

2. 凝结时间

水泥的凝结时间对于施工有重大影响。硅酸盐水泥的初凝时间不宜小于 45min，终凝时间不大于 390min。凝结时间不合格的水泥则会被认为是不合格品。

3. 标准稠度及其用水量

在测定水泥凝结时间、体积安定性等性能时，为使所测结果有准确的可比性，规定在试验时所用的水泥净浆必须以标准方法测定，并达到一定的浆体可塑性程度，即标准稠度。

水泥净浆的标准稠度用水量，是指拌制水泥净浆时为达到标准稠度所需的加水量，它以水与水泥质量之比的百分数表示。

4. 体积安定性

体积安定性是指水泥在凝结硬化过程中体积变化的均匀性程度。若水泥硬化后体积变化均匀，则视为安定性合格，否则为不合格。水泥安定性不合格主要是水泥中游离氧化钙、游离氧化镁和石膏掺量过多所致，前两者主要是其与水发生反应生成氢氧化钙、氢氧化镁膨胀物导致体积安定性变差，后者主要是石膏作用下生成钙矾石（AFt）或单硫型水化硫铝酸钙（AFm）。

5. 强度与强度等级

水泥强度是表征水泥力学性能的重要指标之一，它与水泥的矿物组成、水泥细度、水胶比大小、水化龄期和环境温度、湿度等密切相关。水泥的强度不仅反映硬化后水泥凝胶体自身的强度，还能反映出水泥的胶结能力。为了统一试验结果的可比性，水泥强度必须按照《水泥胶砂强度检验方法（ISO 法）》（GB/T 17671—2021）的规定制作试块，养护并测定其抗压和抗折强度，该值是评定水泥等级的依据。

水泥的强度等级

根据所测的强度值可将硅酸盐水泥分为 42.5、42.5R、52.5、52.5R、62.5、62.5R 六个强度等级，其中 R 代表早强型，各龄期的强度值不得低于国家标准的规定，见表 3-3。

6. 碱含量

当水泥中碱含量高，配制混凝土的集料中含有活性的 SiO_2 时，就会产生碱-集料反应，使混凝土产生不均匀的体积变化，甚至导致混凝土产生膨胀破坏。因此，在水泥生产和使用过程中，必须对其碱含量进行确定，以确保其含量满足工程要求。

7. 水化热

水泥与水发生水化反应所释放的热量称为水化热，通常以 J/kg 表示。

水泥水化放出的热量和放热速度，主要取决于水泥的矿物组成和细度。熟料矿物中铝酸

表 3-3 硅酸盐水泥各强度等级和各龄期的强度值

强度等级	抗压强度/MPa		抗折强度/MPa	
	3d	28d	3d	28d
42.5	17.0	42.5	3.5	6.5
42.5R	22.0		4.0	
52.5	23.0	52.5	4.0	7.0
52.5R	27.0		5.0	
62.5	28.0	62.5	5.0	8.0
62.5R	32.0		5.5	

三钙、硅酸三钙的含量越高，颗粒越细，则水化热越大，这对一般建筑的冬期施工是有利的，但对于大体积混凝土工程是有害的。为了避免由于温度应力引起的水泥石开裂，在大体积混凝土施工中不宜采用硅酸盐水泥，宜采用水化热低的水泥，如中热水泥、低热矿渣水泥等。

8. 烧失量

烧失量是指水泥在一定灼烧温度和时间下，烧失的质量占原质量的百分数。烧失量主要用来限制石膏和混合材料中的杂质，以保证水泥质量。

3.1.5 水泥石的腐蚀与防止措施

1. 硅酸盐水泥石的腐蚀

在通常使用条件下，硅酸盐水泥硬化后形成的水泥石有较好的耐久性。但在某些液体或气体作用下，会发生腐蚀，导致强度降低，甚至破坏。引起水泥石腐蚀的原因很多，作用机理也很复杂，但主要有如下几种典型的腐蚀。

（1）软水的侵蚀　水泥石中的绝大部分成分是不溶于水的，其中的氢氧化钙溶解度也很低，在一般的水中，水泥石表面的氢氧化钙和水中的碳酸氢盐反应，生成碳酸钙，填充在毛细孔中，并覆盖在水泥石的表面，会对水泥石起保护作用。因此，水泥石在一般水中是难以腐蚀的。但水泥石长期与雨水、雪水、蒸馏水、工厂冷凝水等含碳酸氢盐少的软水相接触，会溶出氢氧化钙。在静水及无水的情况下，溶出的氢氧化钙在水中很快饱和，溶解作用会中止，只限于表层的溶出对水泥石影响不大。如果有流水及压力水作用，氢氧化钙会不断溶解流失，而且由于水泥石中碱度的降低，还会引起其他水化物的分解溶蚀，使水泥石进一步破坏，此为软水侵蚀，又称溶出性侵蚀。

（2）硫酸盐的腐蚀　含硫酸盐的海水、湖水、地下水及某些工业污水，长期与水泥石接触时，其中的硫酸盐会与水泥石中的氢氧化钙发生反应，生成硫酸钙。

硫酸钙与水泥石中的水化铝酸钙作用会生成高硫型水化硫铝酸钙（AFt）。

$$3CaO \cdot Al_2O_3 \cdot 6H_2O + 3(CaSO_4 \cdot 2H_2O) + 19H_2O = 3CaO \cdot Al_2O_3 \cdot 3CaSO_4 \cdot 31H_2O \quad (3\text{-}6)$$

所生成的高硫型水化硫铝酸钙体积增加 1.5 倍以上，会引起膨胀应力，造成开裂，对水泥石产生极大的破坏作用。高硫型水化硫铝酸钙呈针状晶体，故称“水泥杆菌”。

当水中硫酸盐浓度较高时，硫酸钙还会在孔隙中直接结晶成二水石膏，体积膨胀，引起膨胀应力，导致水泥石破坏。

（3）镁盐的腐蚀　在海水及地下水中，常含有大量的镁盐，主要是硫酸镁和氯化镁，它们与水泥石中的氢氧化钙发生反应，反应式如下

$$MgSO_4+Ca(OH)_2 = CaSO_4 \cdot 2H_2O+Mg(OH)_2 \quad (3\text{-}7)$$

$$MgCl_2+Ca(OH)_2 = CaCl_2+Mg(OH)_2 \quad (3\text{-}8)$$

反应所生成的氢氧化镁松软且无胶凝能力，氯化钙易溶于水，二水石膏则会引起硫酸盐腐蚀作用。因此，硫酸镁对水泥石起镁盐和硫酸盐的双重腐蚀作用。

（4）一般酸的腐蚀　无机酸中的盐酸、氢氟酸、硝酸、硫酸和有机酸中的醋酸等对水泥石都有不同程度的腐蚀作用。它们与水泥石中的氢氧化钙反应生成化合物，或者易溶于水，或体积膨胀，在水泥石内部造成内应力而导致破坏。例如，盐酸与水泥石中的氢氧化钙作用生成氯化钙，反应产物易溶于水，导致水泥石破坏。

（5）碳酸的腐蚀　在工业污水、地下水中常溶解有较多的二氧化碳。起初二氧化碳与水泥石中的氢氧化钙作用生成碳酸钙，再与含碳酸的水作用转变成易溶于水的碳酸氢钙。这会导致水泥石碱度降低，其他水化物也会分解，使腐蚀作用进一步加剧。

（6）强碱的腐蚀　碱类溶液在浓度不大时，对水泥石一般是无害的。但铝酸盐含量较高的硅酸盐水泥遇到强碱（如氢氧化钠）作用后也会发生腐蚀。氢氧化钠与水泥熟料中未水化的铝酸盐反应，会生成易溶的铝酸钠。此外，水泥石被氢氧化钠浸透后又在空气中干燥，氢氧化钠会与空气中的二氧化碳反应生成碳酸钠，碳酸钠在水泥石毛细孔中结晶沉积，会使水泥石胀裂。

除上述腐蚀类型外，还有一些其他物质对水泥石有腐蚀作用，如糖、氨盐、动物脂肪、含环烷酸的石油产品等。在实际工程中，水泥石的腐蚀是一个极为复杂的物理化学作用过程，它在遭受腐蚀时，很少为单一的腐蚀作用，往往是几种腐蚀同时存在，互相影响。

2. 防止水泥石腐蚀的措施

根据以上对腐蚀原因的分析，可采用下列措施，减少或防止水泥石的腐蚀。

1）根据侵蚀环境特点，合理选用水泥及熟料矿物组成。例如，为了防止软水的侵蚀，可采用掺入活性混合材料的水泥，这些水泥的水化产物中氢氧化钙含量较少，耐软水侵蚀性强。对于抗硫酸盐的腐蚀，则可采用铝酸三钙含量低的水泥。

2）提高水泥石的密实度，改善孔结构。硬化水泥石是多孔体系，腐蚀性介质通常是靠渗透进入水泥石内部，从而使水泥石腐蚀。因此，提高水泥石的密实度是阻止腐蚀性介质进入水泥石内部、提高水泥耐腐蚀性的有效措施。在减少孔隙率、提高密实度的同时，要尽量减少毛细孔，减少连通孔，以提高抗蚀性。

3）加做保护层。当腐蚀作用较强时，可用耐酸石料和耐酸陶瓷、玻璃、塑料、沥青等耐腐蚀性好的材料，在混凝土及砂浆表面做不透水的保护层，防止腐蚀性介质与水泥石接触。

3.1.6　硅酸盐水泥的储存和应用

水泥在运输和保管期间，不得受潮和混入杂质，不同品种和等级的水泥应分别储存、运输，不得混杂。散装水泥应有专用运输车，直接卸入现场特制的储仓，分别存放。袋装水泥堆放高度一般不应超过 10 袋。水泥存放期一般不超过 3 个月，超过 6 个月的水泥必须经过

试验后方能使用。

硅酸盐水泥强度较高，常用于重要结构的高等级混凝土和预应力混凝土工程中。由于硅酸盐水泥凝结硬化较快，抗冻和耐磨性好，因此也适用于要求凝结快、早期强度高、冬期施工及严寒地区遭受反复冻融的工程。

硅酸盐水泥水化后含有较多的氢氧化钙，因此其水泥石抵抗软水侵蚀和抗化学腐蚀的能力差，不宜用于受流动的软水作用和有水压作用的工程，也不宜用于受海水和其他侵蚀性介质作用的工程。由于硅酸盐水泥水化时放出的热量大，因此不宜用于大体积混凝土工程中。不能用硅酸盐水泥配制耐热混凝土，也不宜用于耐热要求高的工程中。

3.2 掺混合材料的硅酸盐水泥

在制备普通混凝土拌合物时，为了节约水泥用量、改善混凝土性能、调节混凝土强度等级而掺入的天然或人工的磨细混合材料，称为混合材料。

凡是在硅酸盐水泥熟料中掺入一定量的混合材料和适量石膏，共同磨细制成的水硬性胶凝材料，均属于掺混合材料的硅酸盐水泥。在硅酸盐水泥中掺加一定量的混合材料，能改善原水泥的性能、增加品种、提高掺量、节约熟料、降低成本、扩大水泥的使用范围。按掺加混合材料的种类和数量不同，掺混合材料的硅酸盐水泥可分为普通硅酸盐水泥、矿渣硅酸盐水泥、火山灰硅酸盐水泥、粉煤灰硅酸盐水泥、复合硅酸盐水泥等。上述掺混合材料的硅酸盐水泥也是土建工程中常采用的水泥，属于通用水泥。

3.2.1 水泥混合材料

水泥混合材料

水泥混合材料是指在水泥粉末制作过程中掺加的物质材料，它能改善水泥性能，调节水泥强度等级。根据所加矿物质材料的性质，可将水泥混合材料划分为活性混合材料和非活性混合材料。混合材料有天然的，也有人为加工的（或工业废渣）。

1. 活性混合材料

活性混合材料是具有火山灰性或潜在水硬性，以及兼有火山灰性和水硬性的矿物质材料。它们中都含有大量活性氧化硅与活性氧化铝。与水调和后，它们本身不会硬化或硬化极为缓慢，强度很低。但在氢氧化钙溶液中，就会发生显著的水化，特别是在饱和的氢氧化钙溶液中及有石膏存在的条件下水化更快。

水泥中常用的活性混合材料如下。

（1）粒化高炉矿渣　凡在高炉冶炼生铁时，所得以硅酸盐与硅铝酸盐为主要成分的熔融物，经淬冷成粒后，即为粒化高炉矿渣，简称矿渣。

（2）粉煤灰　电厂煤粉炉烟道气体中收集的粉末。粉煤灰不包括以下情形：①和煤一起煅烧城市垃圾或其他废弃物时收集的粉末；②在焚烧炉中煅烧工业或城市垃圾时收集的粉末；③循环流化床锅炉燃烧收集的粉末。

（3）火山灰质混合材料　凡天然的或人工的以氧化硅、氧化铝为主要成分的矿物质材料，本身磨细加水拌和并不硬化，但与气硬性的石灰混合后，再加水拌和，则不仅能在空气中硬化，而且能在水中继续硬化的，称为火山灰质混合材料。

2. 非活性混合材料

非活性混合材料是指在水泥中主要起填充作用，而又不损坏水泥性能的矿物质材料。非活性混合材料掺入水泥中主要起到调节水泥强度、增加水泥产量和降低水泥水化热等作用。常用的有磨细的石英砂、石灰石粉及磨细的块状高炉矿渣、高炉硅质炉灰等。

3.2.2　普通硅酸盐水泥

由硅酸盐水泥熟料、5%~20%混合材料和适量石膏磨细制成的水硬性胶凝材料，统称为普通硅酸盐水泥（简称普通水泥，P·O）。其中，掺活性混合材料时，最大掺量不超过20%，允许用不超过水泥质量5%的窑灰或不超过水泥质量8%的非活性混合材料来替代。

普通硅酸盐水泥分为42.5、42.5R、52.5、52.5R四个强度等级，各龄期的强度要求列于表3-4中，初凝时间不得早于45min，终凝时间不得晚于10h，其比表面积不得小于300m^2/kg。普通硅酸盐水泥的烧失量不得超过5.0%，其他如氧化镁、氧化钙和碱含量等均与硅酸盐水泥的规定相同，安定性用沸煮法检验必须合格。由于混合材料掺量少，因此，其性能与同强度等级的硅酸盐水泥相近。这种水泥被广泛应用于各种混凝土或钢筋混凝土工程，是我国主要的水泥品种之一。

表3-4　普通硅酸盐水泥各龄期的强度要求

强度等级	抗压强度/MPa		抗折强度/MPa	
	3d	28d	3d	28d
42.5	17.0	42.5	3.5	6.5
42.5R	22.0		4.0	
52.5	23.0	52.5	4.0	7.0
52.5R	27.0		5.0	

3.2.3　矿渣硅酸盐水泥

矿渣硅酸盐水泥（简称矿渣水泥，P·S），是由硅酸盐水泥熟料、20%~70%的粒化高炉矿渣，以及适量的石膏磨细所得的水硬性胶凝材料。其中，允许用石灰石、窑灰、粉煤灰和火山灰质混合材料中的一种材料替代粒化高炉矿渣，代替总量不得超过水泥质量的8.0%，替代后粒化高炉矿渣总量不得低于20.0%。

与普通硅酸盐水泥相比，矿渣硅酸盐水泥在应用上的主要特点及适用范围如下。

1）与普通硅酸盐水泥一样，矿渣硅酸盐水泥能应用于任何地上工程，配制各种混凝土及钢筋混凝土。但在施工时，应严格控制混凝土用水量，并尽量排出混凝土表面泌水，加强养护工作，否则，不但强度会过早停止发展，而且容易产生较大干缩，导致开裂。拆模时间应适当延长。

2）适用于地下或水中工程，以及经常受较高水压的工程，对于要求耐淡水侵蚀和耐硫酸盐侵蚀的水工或海工建筑尤其适宜。

3）水化热较低，适用于大体积混凝土工程。

4）最适用于蒸汽养护的预制构件。矿渣水泥经蒸汽养护后，不但能获得较好的力学性能，而且浆体结构的微孔变细，能改善制品和构件的抗裂性和抗冻性。

5）适用于受热（200℃以下）的混凝土工程，还可掺加耐火砖粉等耐热掺料，配制成耐热混凝土。

但矿渣水泥不适用于早期强度要求较高的混凝土工程，不适用于受冻融或干湿循环的混凝土。同时，对于低温（10℃以下）环境中需要强度发展迅速的工程，如不能采取加热保温或加速硬化等措施时，也不宜采用。

3.2.4 火山灰硅酸盐水泥

火山灰硅酸盐水泥（简称火山灰质水泥，P·P），是由硅酸盐水泥熟料、20%~40%火山灰质混合材料，以及适量的石膏磨细制成的水硬性胶凝材料。

火山灰质水泥保水性好，干缩特别大，在干燥、高温的环境中，与空气中的二氧化碳反应，使水化硅酸钙分解成碳酸钙和氧化硅，易产生“起粉”现象。其抗冻性和耐磨性比矿渣水泥还要差，由于火山灰质水泥水化生成的水化硅酸钙凝胶多，因此水泥石致密，从而提高了火山灰质水泥的抗渗性，适用于有抗渗要求的混凝土工程，特别适用于水中混凝土工程，不宜用于干燥环境中的工程，也不宜用于有抗冻和耐磨要求的混凝土工程。

火山灰硅酸盐水泥的主要使用范围如下：

1）最适宜用在地下或水中工程，尤其是需要抗渗性、抗淡水及抗硫酸盐侵蚀的环境中。

2）可用于地面工程，但如果使用软质混合材料的火山灰质水泥干缩变形较大，则不宜用于干燥环境或高温车间。

3）适宜用蒸汽养护生产混凝土预制构件。

4）水化热较低，适宜用于大体积混凝土工程。

火山灰硅酸盐水泥不适用于早期强度要求较高、耐磨性要求较高的混凝土工程，且抗冻性较差，不宜用于受冻部位。

3.2.5 粉煤灰硅酸盐水泥

凡是由硅酸盐水泥熟料、20%~40%粉煤灰，以及适量石膏磨细制备成的水硬性胶凝材料，均称为粉煤灰硅酸盐水泥，简称粉煤灰水泥，代号为P·F。

对于粉煤灰水泥要求三氧化硫的质量分数不能超过3.5%，氧化镁含量不得超过6.0%（若超过，则需要对水泥进行压蒸安定性检测，且合格才能使用），氯离子含量不能超过0.06%，凝结时间与普通硅酸盐水泥一致。

粉煤灰水泥与火山灰质水泥有许多相同的特点，但由于掺加的混合材料不同，相互间还存在一些不同的特点。粉煤灰水泥主要用于以下情况：

1）除适用于地面工程外，还非常适用于大体积混凝土及水工混凝土工程等。

2）粉煤灰水泥的缺点是泌水较快，易引起失水裂缝，因此在混凝土凝结期间宜适当增加抹面次数，在硬化期应加强养护。

3.2.6 复合硅酸盐水泥

复合硅酸盐水泥（简称复合水泥，P·C），是指由硅酸盐水泥熟料、两种或两种以上规定的混合材料、适量的石膏磨细制成。水泥中混合材料总掺量按照质量分数计应在20%~40%范围内，水泥中窑灰代替混合材料的质量不应超过8.0%，掺矿渣时混合材料掺量不得与矿渣水泥重复。

复合硅酸盐水泥中氧化镁的含量不应大于6.0%。若水泥经压蒸试验后合格，水泥中三氧化硫的含量不得超过3.5%。安定性用沸煮法检验必须合格，经0.08mm方孔筛的筛余量不得超过10.0%，初凝和终凝时间与普通硅酸盐水泥一致。

复合硅酸盐水泥的综合性质较好、耐腐蚀性好、水化热小、抗渗性好。由于使用了复合混合材料，复合水泥的水泥石的微观结构发生改变，促进了水泥熟料的水化，其早期强度大于同标号的矿渣水泥、粉煤灰水泥、火山灰质水泥，因此，复合水泥的用途较硅酸盐水泥、矿渣水泥等更为广泛，是一种大力发展的新型水泥。

3.3 硅酸盐水泥的选用与储备

通用硅酸盐水泥在土建工程中应用最广、用量最大。现将通用硅酸盐水泥的主要特性列于表3-5中，在混凝土结构工程中水泥的选用可参考表3-6。

表3-5 通用硅酸盐水泥的主要特性

名称	硅酸盐水泥	普通硅酸盐水泥	矿渣硅酸盐水泥	火山灰硅酸盐水泥	粉煤灰硅酸盐水泥	复合硅酸盐水泥
密度/(g/cm^3)	3.00~3.15	3.00~3.15	2.80~3.10	2.80~3.10	2.80~3.10	2.80~3.10
硬化	快	较快	慢	慢	慢	慢
早期强度	高	较高	低	低	低	低
水化热	高	高	低	低	低	低
抗冻性	好	较好	差	差	差	差
耐热性	差	较差	好	较差	较差	好
干缩性	较小	较小	较大	较大	较小	较大
抗渗性	较好	较好	差	较好	较好	差
耐腐蚀性	差	较差	较强	较强	较强	较强
泌水性	较小	较小	明显	小	小	较大

表3-6 通用硅酸盐水泥的选用

混凝土工程特点或所处环境条件		优先选用	可以选用	不宜选用
普通混凝土	普通气候环境	普通硅酸盐水泥	矿渣硅酸盐水泥 火山灰硅酸盐水泥 粉煤灰硅酸盐水泥 复合硅酸盐水泥	—
	干燥环境	普通硅酸盐水泥	矿渣硅酸盐水泥	火山灰硅酸盐水泥 粉煤灰硅酸盐水泥
	高湿度环境或永久水下	矿渣硅酸盐水泥	普通硅酸盐水泥 火山灰硅酸盐水泥 粉煤灰硅酸盐水泥 复合硅酸盐水泥	—
	厚大体积混凝土	矿渣硅酸盐水泥 火山灰硅酸盐水泥 粉煤灰硅酸盐水泥 复合硅酸盐水泥	—	普通硅酸盐水泥

（续）

混凝土工程特点或所处环境条件		优先选用	可以选用	不宜选用
有特殊要求的混凝土	要求快硬的混凝土	硅酸盐水泥	普通硅酸盐水泥	矿渣硅酸盐水泥 火山灰硅酸盐水泥 粉煤灰硅酸盐水泥 复合硅酸盐水泥
	高强（大于C40）的混凝土	硅酸盐水泥	普通硅酸盐水泥 矿渣硅酸盐水泥	—
	严寒地区的露天混凝土，寒冷地区处于水位升降范围内的混凝土	普通硅酸盐水泥	矿渣硅酸盐水泥	—
	严寒地区处于水位升降范围内的混凝土	普通硅酸盐水泥	—	—
	有抗渗要求的混凝土	—	—	—
	有耐磨要求的混凝土	普通硅酸盐水泥 硅酸盐水泥	矿渣硅酸盐水泥	—

需要说明的是，通用硅酸盐水泥的使用范围并非是绝对的，如使用硅酸盐水泥的同时可以掺入一定量的粉煤灰和磨细的矿渣粉等掺合料，目前已大量应用于厚大体积混凝土、受化学及海水侵蚀的工程中。

此外，复合硅酸盐水泥除具有与其他混合材料掺量大于20%的通用硅酸盐水泥的共同特点外，其他特性取决于主要掺入的混合材料类别，如以粉煤灰为主要混合材料，则性能接近于粉煤灰硅酸盐水泥。

由于通用硅酸盐水泥自身特点，在对其进行储存时，首先应该避免受潮，其次坚持现存现用，不可储存过久，严格按照不同水泥品种储存时间要求进行使用。水泥等级越高，细度越细，吸湿受潮越严重。在正常储存条件下，经3个月后，水泥强度降低10%～25%；储存6个月，水泥强度降低25%～40%。

3.4 镁质胶凝材料特性水泥

人们最早将镁质胶凝材料称为菱苦土，是由菱镁石（镁矿石）煅烧而成，后来改称菱镁材料。近几十年来，人们对镁质胶凝材料的认知和理解在不断提高，逐渐将菱镁材料改称镁质胶凝材料或镁水泥。

用氯化镁（$MgCl_2$）溶液替代水作为氧化镁（MgO）的调和剂，可以加速其水化速度，并且能与之作用形成新的水化物相。这种新的水化物相的平衡溶解度比氢氧化镁[$Mg(OH)_2$]高，因此其过饱和度也相应降低。用氯化镁（$MgCl_2$）溶液调制的镁质胶凝材料，即为氯氧镁水泥，也称镁水泥。

氯化镁溶液的掺量一般为菱苦土的55%～60%。若掺量太大，则会造成镁水泥的凝结速度过快，且硬化后体积收缩大、强度低；若掺量过少，则镁水泥的凝结硬化太慢，最后形成的结构体强度较低。此外，温度对镁水泥的凝结硬化影响很敏感，氯化镁掺量可进行适当调整。

目前为止，镁水泥的水化物相被公认的主要是“相 3”和“相 5”，其中“相 3”是指 $3Mg(OH)_2 \cdot MgCl_2 \cdot 8H_2O$，简称 3·1·8；“相 5”是指 $5Mg(OH)_2 \cdot MgCl_2 \cdot 8H_2O$，简称 5·1·8。镁水泥的硬化体是由水化物 3·1·8 相和 5·1·8 相为主的晶体交叉连生而成的晶体网状结构。

镁质胶凝材料制品以轻烧氧化镁（MgO）、氯化镁（$MgCl_2$）或硫酸镁（$MgSO_4$）、水（H_2O）为基本化合材料。根据制品使用用途和形状要求，在制品中加入填充改性材料（锯末、有机或无机纤维材料、粉煤灰、矿渣粉末等），经配方确定、搅拌、成型、养护等工艺，可用镁水泥制作地坪，具有一定弹性，且防火、防爆、导热性小、表面光洁、不起灰，主要用于室内车间地坪。此外，还可在镁水泥中加入刨花、木丝、玻璃纤维、聚酯纤维等来制作各种板材，如防火装饰板、防火风管、刨花板、木屑板等。

相比通用硅酸盐水泥制品，镁质胶凝材料制品具有以下优势：

1）相同规格下，镁质胶凝材料制品自重小，可较大减轻建筑的基础承重，扩大 5%~10% 的建筑使用面积，大大提高施工速度，促进了建筑的预制化、装配化和现代化发展。

2）抗压、抗拉强度可提高 1~2 倍，抗冲击性能可提高 1~5 倍，抗冻性可提高 2~4 倍，耐磨性可提高 3 倍，是理想的墙体材料。

3）加入发泡剂，用镁水泥制作的保温板具有优于木材的蓄热系数、较低的体积密度和导热系数，有极好的抵抗温度变化的性能（保温、隔热性能好），能够较大程度上提升人居舒适性。

然而，相比通用硅酸盐水泥制品，氯盐的吸湿性大，结晶接触点的溶解度高，水化物具有较高的溶解度，因此镁水泥制品的耐水性和耐久性较差，易出现泛霜现象（即返卤）。在实际生产中，为了克服镁水泥的抗水性差、吸潮返卤及变形等缺点，往往需要再加入改性剂及其他功能性材料。例如，掺加外加剂、少量磷酸或磷酸盐或水溶性树脂，虽会在一定程度上增加成本，但降低了其强度；也可用硫酸镁（$MgSO_4 \cdot 7H_2O$）和铁矾（$FeSO_4$）做调和剂，能够在一定程度上降低镁水泥吸湿性，从而提高其抗水性，但硬化后结构体强度低于氯化镁；也可通过添加矿渣、粉煤灰等活性混合材料改善其耐水性。

此外，由于用镁质胶凝材料特性水泥原材料和水化物相中存在氯离子，且含量较高，对铁、钢筋的锈蚀作用很强，应尽量避免用钢钉等固定镁质胶凝材料特性水泥制品或直接与其接触。

【工程实例分析 3-1】 挡墙开裂与水泥的选用

现象：某大体积的混凝土工程，浇筑两周后拆模，发现挡墙有多道贯穿型的纵向裂缝。该工程使用某水泥厂生产 42.5R 级硅酸盐水泥，其熟料矿物组成中硅酸三钙（C_3S）为 61%，硅酸二钙（C_2S）为 14%，铝酸三钙（C_3A）为 14%，铁铝酸四钙（C_4AF）为 11%。

原因分析：由于该工程所使用的水泥铝酸三钙（C_3A）和硅酸三钙（C_3S）含量高，导致该水泥的水化热高，且在浇筑混凝土中，混凝土的整体温度高，而后混凝土温度随环境温度下降，混凝土产生冷缩，造成贯穿型的纵向裂缝。

【工程实例分析 3-2】 膨胀水泥与水泥膨胀剂

概况：通用硅酸盐水泥水化硬化后，体积会产生收缩。针对此问题通常有两种方法：一是使用膨胀水泥，如低热微膨胀水泥等；二是使用水泥膨胀剂，如我国较著名的U型膨胀剂（UEA）。

我国驻孟加拉国大使馆于1991年2月正式开工，1992年6月竣工，被评为使馆建设“优质样板”工程。孟加拉国是世界暴风雨灾害中心区，年降雨量2000～3000mm，雨期长达6个月，使馆区地势低洼，暴雨后地面积水深达500mm。该使馆工程的楼板、公寓、地下室、室外游泳池、观赏池的混凝土中采用UEA膨胀剂防水混凝土，抗渗标号S8。采用内掺法，U型膨胀剂的用量为水泥用量的12%，经长时间使用未发现混凝土收缩裂缝，使用效果好。膨胀剂的应用除了需正确选用品种、配比外，还需合理养护等一系列技术措施。

本章小结

水泥是混凝土最主要的也是最重要的组成材料之一。本章内容侧重于介绍硅酸盐水泥，对其生产进行了简单介绍，对其熟料矿物组成、水泥水化硬化过程、水泥石的结构及水泥的质量要求等进行了较深入的阐述。通过学习可以了解硅酸盐水泥熟料的矿物组成及其水化产物对水泥石结构和性能的影响，水泥石产生腐蚀的原因及防止措施，常用水泥的主要技术性能与特点及适用范围。

最后，本章对镁质胶凝材料特性水泥——镁水泥进行了介绍，主要包括其定义、组成、水化影响因素及应用。用 $MgCl_2$ 溶液调制的镁质胶凝材料，即为氯氧镁水泥（镁水泥）。目前为止，镁水泥的水化物相被公认的主要是“相3”和“相5”，其硬化体是由水化物3·1·8相和5·1·8相为主的晶体交叉连生而成的晶体网状结构。相比通用硅酸盐水泥制品，镁水泥制品具有轻质、高强、保温等突出优势，但其耐水性较差，不宜在潮湿环境下使用。

通过本章的学习，要求熟悉并掌握硅酸盐水泥的水化和硬化特性，重点理解影响硅酸盐水泥凝结硬化因素基础上的水泥石的腐蚀和防止措施，掌握不同品种水泥与硅酸盐水泥的共性及特征，以及特殊的用途。同时，了解并熟悉镁质胶凝材料特性水泥——镁水泥的性质及用途。

本章习题

1. 单项选择题

1）水泥熟料中水化速度最快，28d水化热最大的是（　　）。

A. C_3S　　B. C_2S　　C. C_3A　　D. C_4AF

2）以下水泥熟料矿物中早期强度及后期强度都比较高的是（　　）。

A. C_3S　　B. C_2S　　C. C_3A　　D. C_4AF

3）硅酸盐水泥硬化后的水泥石体系呈（　　）。

A. 强酸性　　　B. 强碱性　　　C. 弱酸性　　　D. 弱碱性

4）通用水泥的贮存期一般不应超过（　　）月。

A. 2　　　B. 3　　　C. 4　　　D. 6

2. 多项选择题

1）水泥使用前，必须检查其技术性能，（　　）不合格，即为废品。

A. 强度　　　B. 细度　　　C. 凝结时间　　　D. 安定性

2）水泥体积安定性不良的主要原因有（　　）。

A. 过量的游离氧化钙　　　B. 过量的游离氧化镁

C. 过量的石膏　　　D. 过量的水

3）水泥的验收包括（　　）方面。

A. 质量验收　　　B. 数量验收　　　C. 品种验收　　　D. 产地验收

3. 判断题（正确的打√，错误的打×）

1）用水泥拌制的砂浆或混凝土，浇灌后应注意保持整体结构呈现出干燥状态，这样有利于增加结构硬化后的强度。（　　）

2）一般而言，可将不同生产厂家生产的同品种、同强度等级的水泥进行混放、混用。（　　）

3）水泥颗粒越小，水化反应越快，水泥石的早期强度越高，性能越好。（　　）

4）水泥胶砂强度试验除24h龄期或延迟48h脱模的试件外，任何到龄期的试件都应在试验前15min从水中取出，抹去表面沉淀物和水分，并用湿抹布对其侧面进行覆盖。（　　）

4. 简答题

1）某住宅工程工期较短，现有强度等级同为42.5级的硅酸盐水泥和矿渣水泥可选用。从有利于完成工期的角度来看，选用哪种水泥更合适？

2）为什么大体积混凝土工程不宜只把硅酸盐水泥作为全部胶凝材料使用？对硅酸盐水泥熟料的矿物组成提出哪些要求会更有利？

第4章

混 凝 土

本章重点

普通混凝土组成材料的技术要求及选用，混凝土拌合物的性质及其测定方法，硬化混凝土的力学性质、变形性质和耐久性，普通混凝土的配合比设计方法。

学习目标

熟悉水泥混凝土的基本组成材料、分类和性能要求，了解普通混凝土组成材料的品种、技术要求及选用，掌握混凝土拌合物的性质及其测定和调整方法，掌握硬化混凝土的力学性质、变形性质和耐久性及其影响因素，了解混凝土质量控制与强度评定，掌握普通混凝土的配合比设计方法，熟悉水泥混凝土的外加剂和矿物掺合料，了解特种混凝土的性能及组成材料。

4.1 概述

“混凝土”一词源于拉丁语“concretus”，原意是共同生长的意思。现代混凝土，从广义上讲，是指无机胶凝材料（如石灰、石膏、水泥等）和水，或有机胶凝材料（如沥青、树脂等）的胶状物，与粗细集料（骨料）按一定比例配合、搅拌，并在一定温湿条件下养护一定时间硬化而成的坚硬固体。最常见的混凝土是以水泥为主要胶凝材料的普通混凝土，即以水泥、砂、石子和水为基本组成材料，根据需要掺入化学外加剂或矿物掺合料，经拌和制成具有可塑性、流动性的浆体，浇筑到模具中去，经过一定时间硬化后形成的具有固定形状和较高强度的人造石材。

混凝土是现代土木工程中应用最广、用量最大的工程材料，房屋建筑、道路、桥梁、地铁、水利和港口等工程都离不开混凝土材料，它几乎覆盖了土木工程所有的领域。

我国混凝土材料科学的一代尊师、中国工程院首批院士吴中伟先生

吴中伟院士作为我国水泥与混凝土材料科学的开拓者、奠基人，从大学毕业后，他一步步推动着我国水泥混凝土行业向世界先进水平不断发展。

1940年6月，吴中伟在重庆中央大学毕业，赴四川綦江导淮委员会任职，负责綦江水道闸坝设计和小水电站的设计与建造工作。其间，参与研制石灰烧黏土水泥，开创了我国无熟料水泥研制应用的先河。

1945年5月，吴中伟公派赴美国进修，先后在美国垦务局丹佛材料研究所、陆军工程师团和加州大学重点学习混凝土技术，并在公路研究所、国家标准局等单位考察。他满怀深情地说："我此去非为个人名利，志在学习国外的先进技术，以期改变祖国落后的工业面貌。"

1946年10月，吴中伟学成回国，任职于南京淮河水利总局。1947年2月起，吴中伟在南京中央大学土木系执教，并建立了我国第一个混凝土研究室，首次提出"混凝土科学技术"的概念，组织起第一支混凝土科研队伍，开创了我国的混凝土科技事业。这期间，科学论断当时国内最大的混凝土工程——塘沽新港工程30t大块混凝土崩溃的原因在于海水冻融循环，并提出了采用引气混凝土的有效解决方案。

在新中国成立后，他欣喜万分，看到了祖国光辉的前景，深感自己报国有门，决心献身于大规模经济建设热潮中。1949年8月，吴中伟欣然接受重工业部的邀请，赴京任职，参加新中国最早的建材科研机构、总院前身——重工业部华北窑业公司研究所的筹建工作，相继担任研究组组长和混凝土室主任。1954年，建材工业部在北京管庄建立了水泥工业研究院，吴中伟任混凝土室主任。

20世纪50年代初，他结合国内迅速展开的基本建设，引进国外先进技术，在全国工业、交通、水电、城建、房建等大中型混凝土工程中大力推介科学配合比设计、质量控制、冬期施工技术等，取得巨大效益。同时，与他人合作研制国内最早的混凝土外加剂——引气剂，成功应用于塘沽新港、治淮工程等，获国家发明奖。另外，他在国内首先提出大坝混凝土工程碱-集料反应问题，引起了主管部门的高度重视；协助长江科学院建立研究试验队伍，为预防我国水工混凝土病害做出了重要贡献。20世纪50年代中叶起，为满足经济建设中"代钢代木"的急迫要求，他组织开展了混凝土与水泥制品的研究开发与推广工作，使混凝土与水泥制品工业在我国得到了发展，其中，自应力混凝土输水管、水泥农船等产量已居世界之首，成为极具中国特色的水泥制品产业标志。

1978年，他被清华大学聘任为土木系兼职教授、博士生导师，1979年被聘任为建材研究院副院长兼总工程师。他面对发达国家科技的突飞猛进与人才辈出，深感自己责任重大，应加紧组建科研力量，培养大量优秀人才，奋起直追，迎头赶上。他在一首自勉诗中写道"赤心报国苦时短，老骥奋蹄趁夕晖"，充分表述了自己立志报国的急切心情。

在20世纪80~90年代，吴中伟以百倍的热忱投身于科教事业，以弥补我国科技滞后、人才断层的现状。他殚精竭智、夜以继日、呕心沥血地忘我工作，将毕生奉行的"爱祖国、惜寸阴"发挥到极致。1994年他当选首届中国工程院院士，1998年任中国工程院资深院士，1999年荣获何梁何利基金科学与技术进步奖。

2000年2月，吴中伟院士因过于劳累，经医生多方抢救无效而与世长辞。吴中伟院士将其所获得的何梁何利基金科学与技术进步奖奖金全部捐赠给中国建材总院用于科学研究事业。

2013年，中国建材总院设立吴中伟青年科技奖，授予能够传承吴中伟院士爱国、奉献、科学、严谨、谦虚的崇高精神，在科技创新、团队建设方面有突出表现，为国家、行业发展做出突出贡献，在行业中有一定影响力的青年科技领军人物。该奖项是总院深入传承吴中伟院士"爱祖国、惜寸阴"精神，建立矢志科研，鼓励创新、公平竞争的创新人才激励机制的重要举措。

吴中伟院士用他的一生诠释了"水泥"，他致力于水泥混凝土行业的科技研究、创新和发展，为水泥混凝土行业培养了一大批人才，为我国水泥混凝土行业发展奠定了基础。

4.1.1 混凝土的分类

混凝土的种类很多，从不同的角度有以下几种分类方法。

1. 按表观密度分类

1）轻混凝土，表观密度小于1950kg/m^3 的混凝土，采用陶粒、页岩等多孔集料或掺加引气剂、泡沫剂形成多孔结构的混凝土，具有保温、隔热性能好、质量轻等优点，多用于保温材料或高层、大跨度建筑的结构材料。

2）普通混凝土，表观密度为1950~2600kg/m^3 的混凝土，是土木工程中应用最为普遍的混凝土，主要用作各种土木工程的承重结构材料。

3）重混凝土，表观密度大于2600kg/m^3 的混凝土，常采用重晶石、铁矿石、钢屑等作为集料和锶水泥、钡水泥共同配制防辐射混凝土，作为核工程的屏蔽结构材料。

2. 按所用胶凝材料分类

按所用胶凝材料的种类，混凝土可分为水泥混凝土、硅酸盐混凝土、石膏混凝土、水玻璃混凝土、沥青混凝土、聚合物混凝土、树脂混凝土等。

3. 按流动性分类

按混凝土拌合物流动性的大小，混凝土可分为干硬性混凝土（坍落度小于10mm，且需要维勃稠度来表示）、塑性混凝土（坍落度为10~90mm）、流动性混凝土（坍落度为100~150mm）及大流动性混凝土（坍落度大于或等于160mm）。

4. 按用途分类

按用途不同，混凝土可分为结构混凝土、防水混凝土、道路混凝土、膨胀混凝土、防辐射混凝土、耐酸混凝土、耐热混凝土、耐火混凝土、装饰混凝土等。

5. 按生产和施工方法分类

按生产方式不同，混凝土可分为预拌混凝土和现场搅拌混凝土；按施工方法不同，又可分为泵送混凝土、喷射混凝土、碾压混凝土、挤压混凝土、离心混凝土、压力灌浆混凝土等。

6. 按强度等级分类

按混凝土抗压强度，可分为低强混凝土（抗压强度小于20MPa）、中强混凝土（抗压强度为20~60MPa）、高强混凝土（抗压强度大于60MPa）及超高强混凝土（抗压强度大于或等于100MPa），而中强混凝土（即普通混凝土）被广泛应用于混凝土建筑结构中。

混凝土的品种繁多，但在实际工程中还是以普通水泥混凝土应用最为广泛，若没有特殊说明，通常将水泥混凝土称为混凝土，本章会对其进行重点介绍。

4.1.2 混凝土的特点

1. 混凝土的优点

混凝土材料的优点

1）原材料来源丰富，造价低廉。砂、石等地方性材料占80%左右，可以就地取材。

2）可塑性好，混凝土材料利用模板可以浇铸成任意形状、尺寸的构件或整体结构。

3）抗压强度较高，并可根据需要配制不同强度的混凝土。

4）与钢材的黏结力强，可复合制成钢筋混凝土，利用钢材抗拉强度高的优势弥补混凝土脆弱性的弱点，利用混凝土的碱性保护钢筋不生锈。

5）具有良好的耐久性，木材容易腐朽、钢材易生锈，而混凝土在自然环境下使用，其耐久性比木材和钢材优越得多。

6）耐火性能好，混凝土在高温下几小时仍然保持强度。

2. 混凝土的缺点

1）自重大。这是超高层建筑的顶部结构多采用钢结构而非混凝土结构的重要原因之一。

2）抗拉能力差、易开裂。通常混凝土的抗拉强度约为其抗压强度的 1/20~1/10，极限拉伸应变约为 200$\mu\varepsilon$，由最大拉应力理论和最大伸长线应变理论可知，混凝土是极易出现开裂现象和拉伸脆性断裂行为的。

3）收缩变形大，即体积稳定性较差。水泥水化产物凝结硬化引起的自收缩和干燥收缩可达每米 500×10^{-6}m 以上，极易引起混凝土的收缩裂缝。

4）保温隔热性能差，生产周期长。

4.1.3　现代混凝土的发展方向

进入 21 世纪后，混凝土的研究和实践主要围绕着以下两个焦点展开：一是尽可能提高混凝土的耐久性，以延长其使用寿命，降低混凝土工程的重建率和拆除率；二是混凝土工业走可持续发展的道路。

1. 实现混凝土性能的优化

在长期的实际工程应用中，传统的水泥混凝土的缺陷越来越明显，集中体现在耐久性方面。过分地依赖水泥是导致混凝土耐久性不良的首要因素。因此，给水泥重新进行定位，合理控制混凝土中的水泥用量势在必行。主要的技术措施如下：

1）减少水泥用量，由水泥、粉煤灰或磨细矿渣共同组成合理的胶凝材料体系。

2）使用高效减水剂实现混凝土的减水、增强效应，以减少水泥用量。

3）使用引气剂减少混凝土内部的应力集中现象，使其结构更加均匀。

4）通过改变加工工艺，提高砂石集料的质量，尽可能减少水泥用量。

5）改进施工工艺，减少混凝土拌合物的单方用水量和水泥浆用量。

2. 混凝土工业走可持续发展道路

由于多年来的大规模工程建设，混凝土优质集料资源的消耗量惊人，生产水泥排放了大量的二氧化碳。因此，使混凝土工业走可持续发展（绿色低碳）之路也是今后发展的主要方向。主要的技术措施如下：

1）大量使用工业废弃资源，如利用尾矿资源作为集料，使用磨细矿渣和粉煤灰替代水泥。

2）节约天然砂石资源，加强代用集料的研究开发，发展人工砂、海砂的应用技术。

3）扶植再生混凝土产业，使越来越多的建筑垃圾作为集料循环使用。

4）不要只追求高等级混凝土，应重视发展中、低等级耐久性好的混凝土。

5）大力推广预拌混凝土，减少施工中的环境污染。

6）开发生态型混凝土，使混凝土成为可调节生态平衡、美化环境景观、实现人类与自然协调发展的绿色工程材料。

4.2 普通混凝土的组成材料

普通混凝土由水泥、水、天然（人工）砂和石子所组成，另外还常加入适量的掺合料和外加剂。混凝土各组成材料在混凝土中起着不同的作用。砂、石对混凝土起到骨架作用，水泥和水促成水泥浆，包裹在集料的表面并填充在集料的空隙中。在混凝土拌合物中，水泥浆起润滑作用，赋予混凝土拌合物流动性，便于施工。水泥浆在混凝土硬化后起胶结作用，把砂、石集料胶结成整体，使混凝土产生强度，成为坚硬的人造石材。混凝土的结构如图 4-1 所示。

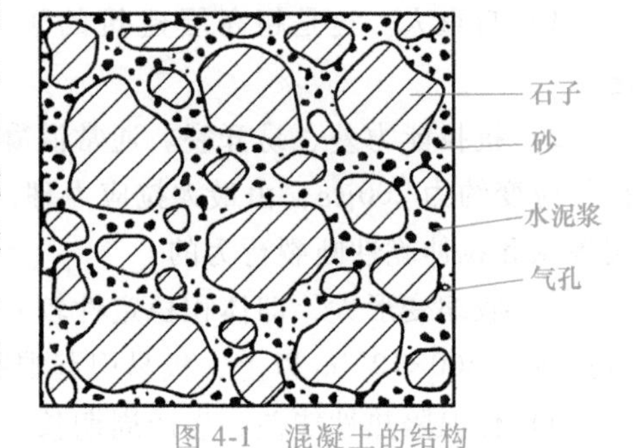

图 4-1 混凝土的结构

4.2.1 水泥

水泥是混凝土胶凝材料，是混凝土中的活性组分，其强度直接影响混凝土的强度。配制混凝土时，水泥的品种及强度等级将直接关系到混凝土的强度、耐久性和经济性。

1. 水泥品种的选择

配制混凝土时，应根据工程性质、部位、施工条件、环境状况等，按各品种水泥的特性做出合理的选择。配制混凝土一般可采用通用硅酸盐水泥，必要时也可采用专用水泥或特性水泥。在满足工程需求的前提下，应选择价格较低的水泥品种，以节约造价。

混凝土材料中水泥品种的选择

2. 水泥强度等级的选择

水泥强度等级应与混凝土的设计强度等级相适应。原则上，配制高强度等级的混凝土，应选用高强度等级水泥；配制低强度等级的混凝土，应选用低强度等级水泥。一般水泥强度等级标准值（以 MPa 为单位）宜为混凝土强度等级标准值的 1.5~2.0 倍。水泥强度过高或过低，会导致混凝土内水泥用量相应过少或过多，对混凝土的技术性能及经济效果产生不利影响。

4.2.2 细集料

集料也称骨料。普通混凝土所用集料按粒径大小分为两种：公称粒径大于 5.00mm 的为粗集料（按国家标准规定，砂的公称粒径为 5.00mm 时对应的砂筛筛孔的公称直径也是 5.00mm，对应的方孔筛筛孔边长是 4.75mm）；公称粒径小于 5.00mm 的为细集料。

1. 细集料的种类及来源

普通混凝土中所用的细集料，一般分为由天然岩石长期风化等自然条件形成的天然砂和由机械破碎形成的人工砂两大类。

按产源分为天然砂、机制砂和混合砂。

天然砂（natural sand）是指在自然条件作用下岩石产生破碎、风化、分选、运移、堆/沉积，形成的粒径小于 4.75mm 的岩石颗粒。天然砂包括河砂、湖砂、山砂、净化处理的海砂，但不包括软质、风化的颗粒。

机制砂（manufactured sand）是指以岩石、卵石、矿山废石和尾矿等为原料，经除土处理，由机械破碎、整形、筛分、粉控等工艺制成的，级配、粒形和石粉含量满足要求且粒径小于 4.75mm 的颗粒。机制砂不包括软质、风化的颗粒。

混合砂（mixed sand）是指由机制砂和天然砂按一定比例混合而成的砂。

2. 混凝土用砂的质量要求

我国现行标准《建设用砂》（GB/T 14684—2022）规定，建设用砂按技术要求分为Ⅰ类、Ⅱ类、Ⅲ类。Ⅰ类用于强度等级大于 C60 的混凝土，Ⅱ类宜用于强度等级大于 C30~C60 及有抗冻、抗渗或其他要求的混凝土，Ⅲ类宜用于强度等级小于 C30 的混凝土。普通混凝土粗细集料的质量标准和检验方法依据《普通混凝土用砂、石质量及检验方法标准》（JGJ 52—2006）进行。

（1）砂的粗细程度与颗粒级配　砂的粗细程度是指不同粒径的砂粒混合在一起后的总体粗细程度，通常有粗砂、中砂与细砂之分。在相同的条件下，细砂的总表面积最大，而粗砂的总表面积较小。在混凝土中，砂的表面需要有水泥浆包裹，砂的总表面积越大，则包裹砂粒表面所需要的水泥浆就越多。

砂子的粗细程度

砂的颗粒级配，即表示砂中大小颗粒的搭配情况。在混凝土中，砂粒之间的空隙由水泥浆所填充，为达到节省水泥和提高强度的目的，应尽量减小砂粒之间的空隙，则必须有大小不同的颗粒搭配。

砂子的颗粒级配

因此，在拌制混凝土时，应同时考虑砂的颗粒级配和粗细程度。砂的颗粒级配和粗细程度，通常用筛分法进行测定。砂的颗粒级配用级配区表示，砂的粗细用细度模数表示。砂的筛分法是将一套方筛孔尺寸为 4.75mm、2.36mm、1.18mm、0.60mm、0.30mm、0.15mm 的标准筛，先将质量为 500g 的干砂试样由粗到细依次过筛，再称得余留在各筛上的细集料质量，并计算出各筛上的分计筛余百分率（各筛上的筛余量占细集料总重的百分率）α_1、α_2、α_3、α_4、α_5 和 α_6，以及累计筛余百分率（各筛和比该筛粗的所有分计筛余百分率相加在一起）β_1、β_2、β_3、β_4、β_5 和 β_6。

细度模数 μ_m 按下式计算

$$\mu_m = \frac{(\beta_2+\beta_3+\beta_4+\beta_5+\beta_6)-5\beta_1}{100-\beta_1} \tag{4-1}$$

细度模数 μ_m 越大，表示细集料越粗。普通混凝土用细集料的 μ_m 范围一般为 3.7~0.7。其中，μ_m 在 3.7~3.1 时，为粗砂；μ_m 在 3.0~2.3 时，为中砂；μ_m 在 2.2~1.6 时，为细砂；μ_m 在 1.5~0.7 时，为特细砂。

除特细砂外，Ⅰ类砂的累计筛余应符合表 4-1 中 2 区的规定，分计筛余应符合表 4-2 的规定；Ⅱ类和Ⅲ类砂的累计筛余应符合表 4-1 的规定。砂的实际颗粒级配除 4.75mm 和 0.60mm 筛挡外，可以超出，但各级累计筛余超出值总和不应大于 5%。

由图 4-2 看出，筛分曲线超过 1 区往右下偏时，表示细集料过粗；筛分曲线超过 3 区往左上偏时，表示细集料过细。拌制混凝土用砂一般选用级配符合要求的粗砂和中砂较为理想。一般来说，粗砂拌制混凝土比用细砂所需的水泥浆少。

表 4-1 累计筛余

砂的分类	天然砂			机制砂、混合砂		
级配区	1 区	2 区	3 区	1 区	2 区	3 区
方筛孔尺寸/mm	累计筛余(%)					
4.75	10~0	10~0	10~0	5~0	5~0	5~0
2.36	35~5	25~0	15~0	35~5	25~0	15~0
1.18	65~35	50~10	25~0	65~35	50~10	25~0
0.60	85~71	70~41	40~16	85~71	70~41	40~16
0.30	95~80	92~70	85~55	95~80	92~70	85~55
0.15	100~90	100~90	100~90	97~85	94~80	94~75

表 4-2 分计筛余

方筛孔尺寸/mm	4.75①	2.36	1.18	0.60	0.30	0.15②	筛底③
分计筛余(%)	0~10	10~15	10~25	20~31	20~30	5~15	0~20

① 对于机制砂，4.75mm 筛的分计筛余不应大于 5%。

② 对于亚甲蓝值 MB>1.4 的机制砂，0.15mm 筛和筛底的分计筛余之和不应大于 25%。

③ 对于天然砂，筛底的分计筛余不应大于 10%。

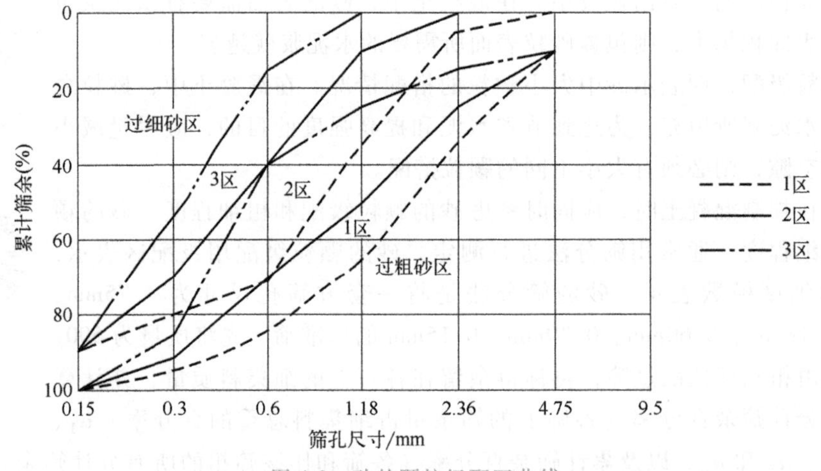

图 4-2 砂的颗粒级配区曲线

过粗的砂（细度模数大于 3.7）配成的混凝土，其拌合物的和易性不易控制，且内摩擦大，不易振捣成型；过细的砂（细度模数小于 0.7）配成的混凝土，由于砂的比表面积增大，将导致混凝土配制过程中不仅要增加较多的水泥，而且强度显著降低。因此这两种砂未包括在级配区内。

如果砂的自然级配不合适，不符合级配区的要求，就要采用人工级配的方法来改善，最简单的措施是将粗、细砂按适当比例进行试配，掺和使用。配制混凝土时，宜优先选 2 区砂；若采用 1 区砂，应提高砂率，并保持足够的水泥用量，以满足混凝土的和易性；若采用 3 区砂，宜适当降低砂率，以保证混凝土的强度。

对于泵送混凝土，细集料对混凝土的可泵性影响很大。混凝土拌合物之所以能在输送管中顺利流动，主要是因为粗集料被包裹在砂浆中，且粗集料是悬浮于砂浆中的，由砂浆直接与管壁接触，起到润滑作用。因此，细集料宜采用中砂，细度模数为 3.2~2.5、通过 0.30mm 方筛孔的砂不应少于 15%，通过 0.15mm 方筛孔的砂不应少于 5%。如砂的含量过低，输送管容易堵塞，使拌合物难以泵送，但细砂过多，黏土、粉尘含量太大也是有害的，因为细砂含量过大则需要较多的水，并形成黏稠的拌合物，这种黏稠的拌合物沿管道的运动阻力大大增加，从而需要较高的泵送压力，增加泵送施工的难度。

（2）有害杂质含量　混凝土用砂要求洁净、有害杂质少。砂中含有的云母、泥块、轻物质、有机物、硫化物及硫酸盐等，都对混凝土的性能有不利影响。砂中的泥土包裹在颗粒表面，会阻碍水泥凝胶体与砂粒之间的黏结，降低界面强度，从而影响混凝土强度，并增加混凝土的开裂，进而影响混凝土的质量。

天然砂的含泥量和泥块含量应符合表4-3的要求。

表4-3　天然砂的含泥量和泥块含量

项　目	指标要求		
	Ⅰ类	Ⅱ类	Ⅲ类
含泥量(按质量计)(%)	≤1.0	≤3.0	≤5.0
泥块含量(按质量计)(%)	≤0.2	≤1.0	≤2.0

机制砂的石粉含量应符合表4-4的规定。

表4-4　机制砂的石粉含量

类别	亚甲蓝值(MB)	石粉含量(质量分数)(%)
Ⅰ类	MB≤0.5	≤15.0
	0.5<MB≤1.0	≤10.0
	1.0<MB≤1.4或快速试验合格	≤5.0
	MB>1.4或快速试验不合格	≤1.0①
Ⅱ类	MB≤1.0	≤15.0
	1.0<MB≤1.4或快速试验合格	≤10.0
	MB>1.4或快速法不合格	≤3.0①
Ⅲ类	MB≤1.4或快速试验合格	≤15.0
	MB>1.4或快速法不合格	≤5.0①

注：砂浆用砂的石粉含量不做限制。

① 根据使用环境和用途，经试验验证，由供需双方协商确定，Ⅰ类砂石粉含量可放宽至不大于3.0%，Ⅱ类砂石粉含量可放宽至不大于5.0%，Ⅲ类砂石粉含量可放宽至不大于7.0%。

砂中不应混有草根、树叶、树枝、塑料、煤块、炉渣等杂质。砂中如含有云母、轻物质、有机物、硫化物及硫酸盐、氯化物等有害物质，其含量应符合表4-5要求。

表4-5　砂中的有害物质含量的要求

项　目	指标要求		
	Ⅰ类	Ⅱ类	Ⅲ类
云母含量(按质量计)(%)	≤1.0	≤2.0	≤2.0
轻物质含量(按质量计)①(%)	≤1.0	≤1.0	≤1.0
有机物(用比色法试验)	合格	合格	合格
硫化物及硫酸盐含量[按质量计(折算成SO_3)](%)	≤0.5	≤0.5	≤0.5
氯化物(按氯离子质量计)(%)	≤0.01	≤0.02	≤0.06②

① 天然砂中如含有浮石、火山渣等天然轻骨料，经试验验证后，该指标可不做要求。

② 对于钢筋混凝土用净化处理的海砂，其氯化物含量应小于等于0.02%。

（3）坚固性　砂的坚固性是指在自然风化和其他外界物理化学因素作用下，集料抵抗破坏的能力，规定采用饱和硫酸钠溶液进行浸泡、烘干试样，经5次循环后试样的质量损失应符合表4-6的规定。有抗疲劳、耐磨、抗冲击要求的混凝土用砂，以及有腐蚀介质作用或经常处于水位变化的地下结构混凝土用砂，其坚固性质量损失率应小于8%。

表4-6 砂的坚固性指标

项 目	指标要求		
	Ⅰ类	Ⅱ类	Ⅲ类
质量损失(%)	≤8		≤10

(4) 砂的含水状态 砂的含水状态有四种，如图4-3所示。

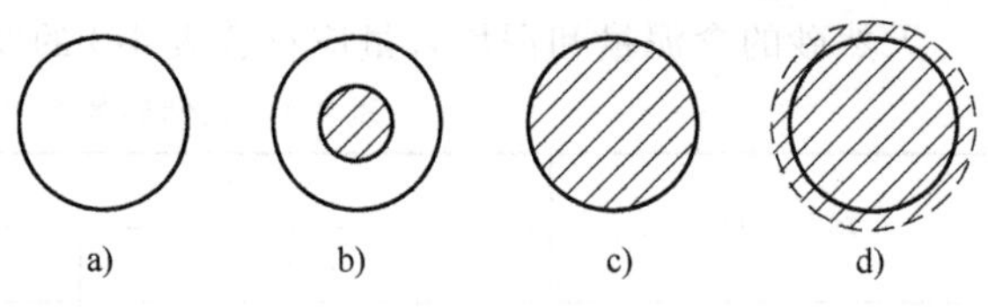

图4-3 砂的含水状态示意图

a) 绝干状态 b) 气干状态 c) 饱和面干状态 d) 湿润状态

1) 绝干状态。砂的颗粒内外不含任何水，通常在(105±5)℃条件下烘干而得。

2) 气干状态。气干状态是指室内或室外（天晴）空气平衡含水状态。砂粒表面干燥，内部孔隙中部分含水，其含水率的大小与空气相对湿度和温度密切相关。

3) 饱和面干状态。砂粒表面干燥，内部孔隙全部吸水饱和。

4) 湿润状态。砂粒内部吸水饱和，表面还有部分水。施工现场，特别是雨后常出现此种状况，搅拌混凝土中计算砂用量时，要扣除砂中的含水量；计算用水量时，要扣除砂中带入的水量。

4.2.3 粗集料

混凝土中常用的粗集料有碎石和卵石两大类。卵石是指在自然条件下岩石产生破碎、风化、分选、运移、堆（沉积），而形成的粒径大于4.75mm的岩石颗粒。碎石是指天然岩石、卵石和矿山废石经破碎、筛分等机械加工而成的，粒径大于4.75mm的岩石颗粒。

混凝土用石的质量标准如下：

(1) 最大粒径 粗集料以最大粒径 D_M（即粗集料公称粒级的上限）作为粗细程度的衡量指标。D_M越大，集料的总表面积越小，混凝土的用水量越小，则水泥用量也越小，但最大粒径过大，混凝土的和易性变差，易产生离析。因此，在一定范围内，石子最大粒径越大，可因用水量的减少而提高混凝土的强度。

在普通混凝土中，集料粒径大于40mm有可能造成混凝土的强度下降。另外，混凝土粗集料的最大粒径不得超过结构截面最小尺寸的1/4，同时不得大于钢筋间最小净距的3/4；对于混凝土实心板，集料的最大粒径不宜超过板厚的1/3，且不得超过40 mm；对于泵送混凝土，集料的最大粒径与输送管内径之比，碎石不宜大于1∶3，卵石不宜大于1∶2.5。石子粒径过大不利于运输和搅拌。

粗集料的最大粒径

(2) 颗粒级配 粗集料的颗粒级配原理和要求与细集料基本相同。级配试验采用筛分法测定，12个标准方孔筛的尺寸分别为2.36mm、4.75mm、9.50mm、16.0mm、19.0mm、26.5mm、31.5mm、37.5mm、53.0mm、63.0mm、75.0mm、90.0mm。卵石和碎石的颗粒级配见表4-7。

石子的颗粒级配可分为连续级配和间断级配。

表 4-7　卵石和碎石的颗粒级配

公称粒级/mm		累计筛余(%)											
		方筛孔尺寸/mm											
		2.36	4.75	9.50	16.0	19.0	26.5	31.5	37.5	53.0	63.0	75.0	90.0
连续粒级	5～16	95～100	85～100	30～60	0～10	0	—	—	—	—	—	—	—
	5～20	95～100	90～100	40～80	—	0～10	0	—	—	—	—	—	—
	5～25	95～100	90～100	—	30～70	—	0～5	0	—	—	—	—	—
	5～31.5	95～100	90～100	70～90	—	15～45	—	0～5	0	—	—	—	—
	5～40	—	95～100	70～90	—	30～65	—	—	0～5	0	—	—	—
单粒粒级	5～10	95～100	80～100	0～15	0	—	—	—	—	—	—	—	—
	10～16	—	95～100	80～100	0～15	0	—	—	—	—	—	—	—
	10～20	—	95～100	85～100	—	0～15	0	—	—	—	—	—	—
	16～25	—	—	95～100	55～70	25～40	0～10	0	—	—	—	—	—
	16～31.5	—	95～100	—	85～100	—	—	0～10	0	—	—	—	—
	20～40	—	—	95～100	—	80～100	—	—	0～10	0	—	—	—
	25～31.5	—	—	—	95～100	—	80～100	0～10	0	—	—	—	—
	40～80	—	—	—	—	95～100	—	—	70～100	—	30～60	0～10	0

注：“—”表示该孔径累计筛余不做要求；“0”表示该孔径累计筛余为 0。

连续级配的石子粒级呈连续性，即颗粒由小到大，每级石子占一定比例。用连续级配的集料配制的混凝土混合料，和易性较好，不易发生离析现象。连续级配是工程上最常见的级配。

间断级配也称单粒粒级级配。间断级配是人为地剔除集料中某些粒级颗粒，从而使集料级配不连续，大集料空隙由小几倍的小粒径颗粒填充，以降低石子的空隙率。由间断级配配制成的混凝土，可以节约水泥。由于颗粒粒径相差较大，混凝土混合物容易产生离析现象，导致施工困难。

(3) 颗粒形状与表面特征　粗集料的颗粒形状与表面特征同样会影响其与水泥石的黏结及混凝土拌合物的流动性。碎石具有棱角，表面粗糙，水泥石与其表面黏结强度较大；而卵石多为圆形，表面光滑，黏结力小。因此，在水泥强度和水胶比（水与胶凝材料的质量比）相同条件下，碎石混凝土的强度往往高于卵石混凝土的强度，而卵石配制混凝土的流动性较好，但强度较低。

为了形成坚固、稳定的骨架，粗集料的颗粒形状以其三维尺寸尽量相近为宜，但用岩石破碎生产碎石的过程中往往会产生一定的针、片状颗粒。集料颗粒长度大于该颗粒平均粒径的 2.4 倍者为针状颗粒，颗粒的厚度小于平均粒径的 0.4 倍者为片状颗粒。针、片状颗粒使集料的空隙率增大，且在外力作用下容易折断，若其含量过多，既会降低混凝土的和易性和强度，又会影响混凝土的耐久性。对于粗集料中针、片状颗粒质量分数的规定为：Ⅰ类集料≤5%，Ⅱ类集料≤8%，Ⅲ类集料≤15%。

(4) 坚固性　混凝土中粗集料要起到骨架作用，则必须有足够的坚固性和强度。粗集料的坚固性检验方法与细集料相同，其质量损失率应满足表 4-8 中规定。

表 4-8　碎石或卵石的坚固性指标

类别	Ⅰ类	Ⅱ类	Ⅲ类
质量损失率(%)	≤5	≤8	≤12

（5）强度　集料的强度一般是指粗集料的强度。为了保证混凝土的强度，粗集料必须致密，且具有足够的强度，碎石的强度可用抗压强度和压碎指标来表示，卵石的强度只用压碎指标表示。

粗集料强度

1）抗压强度。碎石的抗压强度测定，是将母岩制成5cm×5cm×5cm立方体（或ϕ5cm×5cm圆柱体）试件，在水饱和状态下测得的极限抗压强度值。在水饱和状态下，碎石所用母岩的岩石抗压强度要求如下：岩浆岩不小于80MPa，变质岩不小于60MPa，沉积岩不小于45MPa。

2）压碎指标。将一定质量气干状态下10~20mm的石子装入一定规格的圆筒内，在压力机上施加荷载到200kN，卸荷后称取试样的质量G，用尺寸为2.36mm的方孔筛筛除被压碎的细粒，称取试样的筛余量G_1，则压碎指标为

$$Q=\frac{G-G_1}{G}\times 100\% \tag{4-2}$$

式中　Q——压碎指标值（%）；

G——试样的质量（g）；

G_1——压碎试验后试样的筛余量（g）。

压碎指标值越小，集料的强度越高。压碎指标值应符合表4-9的规定。

表4-9　卵石、碎石的压碎指标值

类别		Ⅰ类	Ⅱ类	Ⅲ类
压碎指标（%）	碎石	≤10	≤20	≤30
	卵石	≤12	≤14	≤16

（6）卵石含泥量、碎石泥粉含量和泥块含量　卵石含泥量、碎石泥粉含量和泥块含量都不应超出国家标准的规定，其含量限制值见表4-10。

表4-10　卵石含泥量、碎石泥粉含量和泥块含量

类别	Ⅰ类	Ⅱ类	Ⅲ类
卵石含泥量(质量分数)(%)	≤0.5	≤1.0	≤1.5
碎石泥粉含量(质量分数)(%)	≤0.5	≤1.5	≤2.0
泥块含量(质量分数)(%)	≤0.1	≤0.2	≤0.7

（7）表观密度、连续级配松散堆积空隙率　粗集料的表观密度应大于2600kg/m^3，粗集料的松散的堆积空隙率应满足表4-11的要求。

表4-11　连续级配松散堆积空隙率

类别	Ⅰ类	Ⅱ类	Ⅲ类
空隙率(%)	≤43	≤45	≤47

（8）碱活性物质　集料中若含有活性氧化硅、活性硅酸盐或活性碳酸盐类物质，在一定条件下会与水泥胶凝体中的碱性物质发生化学反应，吸水即膨胀，导致混凝土开裂，这种反应称为碱-集料反应。集料的碱活性是否在允许的范围之内，是否存在潜在的碱-集料反应的危害，可通过相应的试验方法进行检验，以判定其合格性。

4.2.4 水

与水泥、集料一样，水也是生产混凝土的主要成分之一，水是水泥水化和硬化的必备条件。然而，过多的水又势必会影响混凝土的强度和耐久性等性能。多余的拌合用水还有以下两个特点：

1）与水泥和集料不同，水的成本很低，可以忽略不计，因此用水量过多并不会增加混凝土的造价。

2）用水量越多，混凝土的工作性越好，更适用于工人现场浇筑新混凝土拌合物。

实际上，影响强度和耐久性的并不是高用水量本身，而是由此带来的高水胶比。即只要按比例增加水泥用量以保证水胶比不变，为了提高浇筑期间混凝土的工作性，混凝土的用水量也可以增大。

混凝土拌合用水的基本质量要求：不能含影响水泥正常凝结与硬化的有害物质，要无损于混凝土强度发展及耐久性，不能加快钢筋锈蚀，不引起预应力钢筋脆断，保证混凝土表面不受污染。

混凝土拌合用水按水源可分为饮用水、地表水、地下水、海水及经适当处理或处置后的工业废水。混凝土拌合用水的质量要求应符合表4-12规定。

表4-12 混凝土拌合用水的质量要求

项目	预应力混凝土	钢筋混凝土	素混凝土
pH	≥5	≥4.5	≥4.5
不溶物/(mg/L)	≤2000	≤2000	≤5000
可溶物/(mg/L)	≤2000	≤5000	≤10000
氯化物(以 Cl^- 计)/(mg/L)	≤500	≤1000	≤3500
硫酸盐(以 SO_4^{2-} 计)/(mg/L)	≤600	≤2000	≤2700
碱含量/(mg/L)	≤1500	≤1500	≤1500

在无法获得水源的情况下，海水可用于素混凝土，但不宜用于装饰混凝土。

对于设计使用年限为100年的结构混凝土，氯离子的含量不得超过500mg/L；对于使用钢丝或经热处理钢筋的预应力混凝土，氯离子的含量不得超过350mg/L。

4.2.5 混凝土外加剂

混凝土外加剂是指在拌制混凝土过程中，根据不同的要求，为改善混凝土性能而掺入的物质，其掺量一般不大于水泥质量的5%（特殊情况除外）。外加剂能显著改善混凝土的工作性、强度、耐久性，调节凝结时间，以及节约水泥。目前，外加剂已成为除水泥、水、砂、石以外的第五组分，应用越来越广泛。

1. 混凝土外加剂的分类

混凝土外加剂的种类很多，按其主要功能可分为四类：能改善混凝土拌合物流变性能的外加剂（如减水剂、引气剂和泵送剂等）；能调节混凝土凝结时间、硬化性能的外加剂（如缓凝剂、早强剂和速凝剂等）；能改善混凝土耐久性的外加剂（如引气剂、防水剂和阻锈剂等）；以及能改善混凝土其他性能的外加剂（如引气剂、膨胀剂、防冻剂、着色剂、防水剂等)。外加剂的种类及适用范围见表4-13。

表4-13 混凝土外加剂的种类及适用范围

外加剂类型	主要功能	适用范围
普通减水剂	1. 在保证混凝土工作性及强度不变的条件下,可节约水泥用量 2. 在保证混凝土工作性及水泥用量不变的条件下,可减少用水量,提高混凝土强度 3. 在保证混凝土用水量及水泥用量不变的条件下,可增大混凝土流动性	1. 用于日最低气温+5℃以上的混凝土施工 2. 各种预制及现浇混凝土、钢筋混凝土及预应力混凝土 3. 大模板施工、滑模施工、大体积混凝土、泵送混凝土及流动性混凝土
高效减水剂	1. 在保证混凝土工作性及水泥用量不变的条件下,可大幅度减少用水量(减水率不小于14%),制备早强、高强混凝土 2. 在保证混凝土用水量及水泥用量不变的条件下,可增大混凝土拌合物流动性,制备大流动性混凝土	1. 用于日最低气温0℃以上的混凝土施工 2. 用于钢筋密集、截面复杂、空间窄小及混凝土不易振捣的部位 3. 凡普通减水剂适用的范围高效减水剂也适用 4. 制备早强、高强混凝土及流动性混凝土
引气剂及引气减水剂	1. 改善混凝土拌合物的工作性,减少混凝土泌水、离析现象 2. 增加硬化混凝土的抗冻融性	1. 有抗冻融要求的混凝土,如公路路面、飞机路道等大面积易受冻部位 2. 集料质量差及轻集料混凝土 3. 提高混凝土的抗渗性,用于防水混凝土 4. 改善混凝土的抹光性 5. 泵送混凝土
早强剂及早强减水剂	1. 缩短混凝土的蒸汽养护时间 2. 加速自然养护混凝土的硬化	1. 用于日最低温度-3℃以上时,自然气温正负交替的严寒地区的混凝土施工 2. 用于蒸汽养护混凝土、早强混凝土
缓凝剂及缓凝减水剂	降低热峰值及推迟热峰出现的时间	1. 大体积混凝土 2. 夏期和炎热地区的混凝土施工 3. 用于日最低气温5℃以上的混凝土施工 4. 预拌混凝土、泵送混凝土及滑模施工
防冻剂	混凝土在负温条件下,使拌合物中仍有液相的自由水,以保证水泥水化,混凝土达到预期强度	冬期负温(0℃以下)混凝土施工
膨胀剂	使混凝土体积在水化、硬化过程中产生一定膨胀,以减少混凝土干缩裂缝,提高抗裂性和抗渗性能	1. 补偿收缩混凝土,用于自防水屋面、地下防水及基础后浇缝、防水堵漏等 2. 填充用膨胀混凝土,用于设备底座灌浆,地脚螺栓固定等 3. 自应力混凝土,用于自应力混凝土压力管
速凝剂	速凝、早强	用于喷射混凝土
泵送剂	改善混凝土拌合物泵送性能	泵送混凝土

2. 常用混凝土外加剂

(1) 减水剂 减水剂是指在混凝土坍落度基本相同的条件下,用来减少拌合用水量的外加剂。混凝土拌合物掺入减水剂后,可提高拌合物的流动性,减少拌合物的泌水、离析现象,延缓拌合物的凝结时间,减缓水泥水化热的放热速度,显著提高混凝土的强度、抗渗性和抗冻性。

1) 普通减水剂的作用机理。水泥加水后,水泥颗粒在水中的热运动使其在分子凝聚力作用下形成絮凝结构，如图 4-4a 所示，此结构中含有部分拌合用水，使混凝土拌合物的流动性降低。当水泥浆中加入减水剂后，由于减水剂属表面活性剂，受水分子作用，表面活性剂由憎水基团和亲水基团组成，如图 4-4b 所示，憎水基团指向水泥颗粒，而亲水基团背向水泥颗粒，使水泥颗粒表面做定向排列而带有相同电荷（见图 4-4c），这种电斥力作用远大于颗粒间分子引力而使水泥颗粒形成的絮凝结构被分散（见图 4-4d），半絮凝结构中包裹的那部分水释放出来，明显地起到减水作用，增加拌合物的流动性。同时减水剂加入后，在水泥颗粒表面形成溶剂化水膜，在颗粒间起润滑作用，也改善了拌合物的工作性。此外，由于水泥颗粒被分散，增大了水泥颗粒的水化表面而使其水化比较充分，使混凝土的强度显著提高。但减水剂对水泥颗粒的包裹作用也会使水泥初期的水化速度减缓。

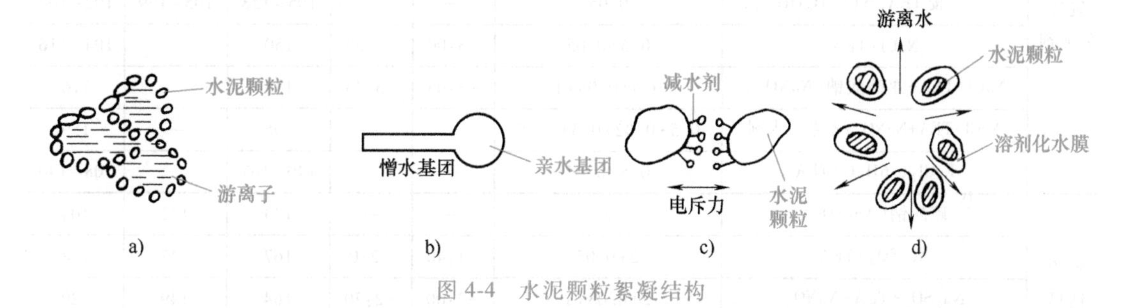

图 4-4　水泥颗粒絮凝结构

2）常用减水剂。减水剂是使用最广泛和效果最显著的一种混凝土外加剂。减水剂种类很多，按功能可分为普通减水剂、高效减水剂、早强减水剂、缓凝减水剂、缓凝高效减水剂和引气减水剂。目前使用较为广泛的减水剂为木质素系减水剂、萘系高效减水剂、三聚氰胺系高效减水剂及聚羧酸系高效减水剂，见表 4-14。其中聚羧酸系高效减水剂目前应用前景较好。它是由甲醛丙烯酸、丙烯酸或无水马来酸酐制造的减水剂，减水率高，一般为 30%以上，1～2h 基本无坍落度损失，后期强度提高 20%。

混凝土
减水剂

表 4-14　常用减水剂的品种

种类	木质素系	萘系	三聚氰胺系	聚羧酸系
类别	普通减水剂	高效减水剂	高效减水剂	引气型高效减水剂
主要品种	木质素磺酸钙（木钙粉、M 型减水剂）木钠、木镁	NNO、NF、FDN、UNF、JN、HN、MF、建 I 型等	粉剂、液体	标准型 缓凝型
适宜掺量（占水泥质量）	0.2%～0.3%	0.2%～1%	粉剂 0.5%～1.5% 液体 1.5%～3%	0.4%～1.5%
减水率	10%左右	15%以上	15%以上	25%～45%
早强效果	—	显著	显著	显著
缓凝效果	1～3h	—	—	1.5h 以上
引气效果	1%～2%	部分品种<2%	—	2%～5%
适用范围	一般混凝土工程及大模、滑模、泵送大体积及夏期施工的混凝土工程	适用于所有混凝土工程，更适用于配制高强混凝土及流态混凝土	对胶凝材料适应性强，特别是对氯酸钙水泥及硫酸钙水泥适应性极强	早强、高强、流态、防水、蒸汽养护、泵送混凝土、清水混凝土

（2）早强剂　能加速混凝土早期强度发展的外加剂称为早强剂。早强剂主要有氯盐类、硫酸盐类、有机胺类三类及它们组成的复合早强剂。常用的早强剂及增强效果见表 4-15。

表 4-15　常用早强剂的凝结时间差及增强效果（与未掺相比）

早强剂		掺量(%)	凝结时间差 /h:min		相对强度百分率 (%)		
			初凝	终凝	3d	7d	28d
氯盐早强剂	氯化钙($CaCl_2$)	0.5~1	-3:35	-3:57	130	115	100
	氯化钠(NaCl)	0.5~1	—	—	134	—	110
	氯化亚铁($FeCl_2 \cdot 6H_2O$)	1.5	—	—	130	—	100~125
	三乙醇胺 TEA[$N(C_2H_6OH)_3$]	0.05	—	—	105~128	105~129	102~108
	NaCl+TEA	0.5+0.05	-3:00	-3:50	150	—	104~116
	NaCl+TEA+亚硝酸钠($NaNO_2$)	0.5+0.05+1	-3:03	-3:43	175	—	116
	NaCl+TEA+$NaNO_2$+萘系减水剂	0.5+0.02+0.5+0.75	—	—	205	—	159
	$FeCl_2 \cdot 6H_2O$+TEA	0.5+0.05	—	—	140~167	—	108~140
硫酸钠早强剂	硫酸钠(Na_2SO_4)	2	—	—	143	132	104
	Na_2SO_4+TEA	2+0.05	-1:40	-2:0	167	147	118
	Na_2SO_4+TEA+$NaNO_2$	2+0.03+1	-2:00	-2:20	164	149	120
	Na_2SO_4+NaCl	2+0.5	-1:40	-1:40	168	152	123
	Na_2SO_4+NaCl+TEA	3+1+0.05	-1:30	-1:15	168	156	134
早强减水剂	MSF	5	+3:05	-0:36	177	148	120
	MZS	3	+1:15	+0:30	160	155	130
	NC	3	+1:55	+1:55	168	150	134
	NSZ	1.5	—	—	173	160	142
	UNF-4	2	—	—	237	187	144

注："-"表示提前，"+"表示延缓。

氯化物系主要有 NaCl、$CaCl_2$、$AlCl_3 \cdot 6H_2O$。氯盐属强电解质，溶解于水后会全部电离成离子，氯离子吸附于水泥熟料硅酸三钙（C_3S）和硅酸二钙（C_2S）表面，增加水泥颗粒的分散度，有利于水泥初期水化反应，其钙离子和氯离子的存在加速了水化物晶核的形成和生长。氯化钙与铝酸三钙（C_3A）作用生成不溶性水化氯铝酸钙和固溶体（$C_3A \cdot CaCl_2 \cdot 10H_2O$），与氢氧化钙作用生成氧氯化钙（$3CaO \cdot CaCl_2 \cdot 12H_2O$），使得水泥浆中固相比例增大，促进水泥凝结硬化，早期强度提高。氯化钠与硅酸钙水化物［$Ca(OH)_2$］作用生成氯化钠加速铝酸三钙（C_3A）与石膏（$CaSO_4$）作用，生成钙矾石。当无石膏存在时，铝酸三钙（C_3A）与氯化钠形成氯铝酸钙，这种复盐发生体积膨胀，促使水泥石密实，加速凝结硬化，提高早期强度。但注意氯盐会锈蚀钢筋，因而阻锈剂多采用亚硝酸钠。

硫酸盐系主要是指硫酸钠（又称元明粉、芒硝，Na_2SO_4）、硫代硫酸钠（$Na_2S_2O_3$）、石膏（$CaSO_4$）、十二水硫酸铝钾［又称明矾，$KAl(SO_4)_2 12H_2O$］。硫酸钠溶于水后与水化物［$Ca(OH)_2$］作用生成氢氧化钠（NaOH）和颗粒很细的石膏（$CaSO_4$），这种石膏（$CaSO_4$）比外加石膏活性要高，再与铝酸三钙（C_3A）反应生成水化硫铝酸钙的速度要快得多，而氢氧化钠（NaOH）又是一种活性剂，能提高铝酸三钙（C_3A）和硫酸钙（$CaSO_4$）溶解度，加速硫铝酸钙的形成，导致水泥凝结硬化和早期强度的提高。

三乙醇胺不改变水泥水化物，能促进铝酸三钙（C_3A）与石膏之间形成硫铝酸钙反应，当与其他无机盐复合使用时能催化水泥水化，从而提高早期凝结硬化速度。

（3）引气剂　在搅拌混凝土过程中能引入大量均匀分布的、稳定而封闭的微小气泡（直径在 10~100μm）的外加剂，称为引气剂。其主要品种有松香热聚物、松脂皂和烷基苯碳酸盐等。其中，松香热聚物的效果较好，最常使用。松香热聚物是由松香与硫酸、石炭酸起聚合反应，再经氢氧化钠中和而得到的憎水性表面活性剂。

1）引气剂具有引气作用的机理。引气剂一般是阴离子表面活性剂，加入后，在水泥与水界面上，水泥与其水化粒子与亲水基相吸附，而憎水基背离粒子，形成憎水吸附层，并靠近空气表面。

这种粒子向空气表面靠近和引气剂分子在空气与水界面上的吸附作用，将显著降低表面张力，使拌合物拌和过程中形成大量微小气泡，同时吸附层相排斥且分布均匀，因此在钙溶液中能更加稳定存在。引气剂能使混凝土含气量增加至 3%~6%，气泡直径约为 0.025~0.25mm，能显著改善混凝土拌合物工作性和混凝土的抗冻性。但掺入引气剂能使混凝土强度降低，对普通混凝土可降低 5%~10%，对高强混凝土可降低 20%以上。

2）常用引气剂的品种。常用的引气剂为憎水性的脂肪酸皂类表面活性剂，见表 4-16。

表 4-16　国产引气剂品种、成分及掺量

序号	名称	主要成分	一般掺量(占水泥质量)
1	PC-2Y	松香热聚物	0.005%~0.01%
2	CON-A	松香皂	0.005%~0.01%
3	SJ-2	天然皂甙	0.005%~0.01%
砂浆微沫剂			
4	KF 砂浆微沫剂	松香酸钠复合外加剂	0.005%~0.01%

（4）缓凝剂　缓凝剂是指能延缓混凝土凝结时间，并对其后期强度无不良影响的外加剂。缓凝剂能延缓混凝土的凝结时间，使拌合物能较长时间内保持塑性，有利于浇筑成型，提高施工质量。同时缓凝剂还具有减水、增强和降低水化热等多种功能，且对钢筋无锈蚀作用，因此，缓凝剂多用于高温季节施工、大体积混凝土工程、泵送与滑模方法施工及商品混凝土等。

（5）速凝剂　能使混凝土迅速凝结硬化的外加剂称为速凝剂，其主要种类有无机盐类和有机物类，常用的是无机盐类。速凝剂加入混凝土后，其主要成分中的铝酸钠、碳酸钠在碱性溶液中迅速与水泥中的石膏反应生成硫酸钠，使石膏丧失其原有的缓凝作用，从而导致铝酸钙矿物铝酸三钙迅速水化，并在溶液中析出其水化产物晶体，致使水泥混凝土迅速凝结。

（6）防冻剂　防冻剂是指在一定负温条件下，能显著降低冰点，使混凝土液相不冻结或部分冻结，保证混凝土不遭受冻害，同时保证水与水泥能进行水化，并在一定时间内获得预期强度的外加剂。实际上，防冻剂是混凝土多种外加剂的复合，主要有早强剂、引气剂、减水剂、阻锈剂、亚硝酸钠等。

（7）膨胀剂　膨胀剂是能使混凝土产生一定体积膨胀的外加剂。混凝土工程中采用的膨胀剂种类有硫铝酸钙类、硫铝酸钙-氧化钙类、氧化钙类等。

（8）泵送剂　泵送剂是指能改善混凝土拌合物泵送性能的外加剂。泵送剂一般分为非引气剂型（主要组分为木质素磺酸钙、高效减水剂等）和引气剂型（主要组分为减水剂、引气剂等）两类。个别情况下，如对大体积混凝土，为防止收缩裂缝，可以掺入适量的膨胀剂。木钙减水剂除了可使拌合物的流动性显著增大外，还能减少泌水，延缓水泥的凝结，使水泥水化热的释放速度明显延缓，这对泵送的大体积混凝土十分重要。引气剂不仅能使拌合物的流动性显著增加，而且能降低拌合物的泌水性，以及减少水泥浆的离析现象，这对泵送混凝土的和易性和可泵性很有利。

（9）阻锈剂　阻锈剂是指能减缓混凝土中钢筋或其他预埋金属锈蚀的外加剂，也称缓蚀剂，常用的是亚硝酸钠。有的外加剂中含有氯盐，氯盐对钢筋有锈蚀作用，在使用这种外加剂的同时应掺入阻锈剂，可以减缓对钢筋的锈蚀，从而达到保护钢筋的目的。

3. 常用混凝土外加剂的适用范围

常用混凝土外加剂的适用范围见表4-17。

表4-17　常用混凝土外加剂的适用范围

外加剂类别		使用目的或要求	适宜的混凝土工程	备注
减水剂	木质素磺酸盐	改善混凝土拌合物的流变性能	一般混凝土、大模板、大体积浇筑、滑模施工、泵送混凝土、夏期施工	不宜单独用于冬期施工，蒸汽养护、预应力混凝土
	萘系	显著改善混凝土拌合物的流变性能	早强、高强、流态、防水、蒸汽养护、泵送混凝土	
	水溶性树脂系	显著改善混凝土拌合物的流变性能	早强、高强、流态、蒸汽养护混凝土	
	聚羧酸系高效减水剂	显著改善混凝土拌合物的流变性能，提高早期强度，减小坍落度损失	早强、高强、流态、防水、蒸汽养护、泵送混凝土，清水混凝土	
	糖类	改善混凝土拌合物的流变性能	大体积、夏期施工等有缓凝要求的混凝土	不宜单独用于有早强要求、蒸汽养护混凝土
早强剂	氯盐类	要求显著提高混凝土的早期强度；冬期施工时为防止混凝土早期受冻破坏	冬期施工、紧急抢修工程、有早强要求或防冻要求的混凝土；硫酸盐类适用于不允许掺氯盐的混凝土	是否能使用氯盐类早强剂，以及氯盐类早强剂的掺量限制，均应符合《混凝土结构工程施工质量验收规范》（GB 50204—2015）的规定
	硫酸盐类			
	有机胺类			
引气剂	松香热聚物	改善混凝土拌合物的和易性；提高混凝土抗冻、抗渗等耐久性	抗冻、抗渗、抗硫酸盐的混凝土、水工大体积混凝土、泵送混凝土	不宜用于蒸汽养护、预应力混凝土
缓凝剂	木质素磺酸盐	要求缓凝的混凝土，降低水化热，分层浇筑混凝土过程中为防止出现冷缝等	夏期施工、大体积混凝土、泵送及滑模施工、远距离输送的混凝土	掺量过大，会使混凝土长期不硬化、强度严重下降；不宜单独用于蒸汽养护混凝土；不宜用于低于5℃下施工的混凝土
	糖类			

（续）

外加剂类别		使用目的或要求	适宜的混凝土工程	备注
速凝剂	红星Ⅰ型	施工中要求快凝、快硬的混凝土，迅速提高早期强度	矿山井巷、铁路隧道、引水涵洞、地下工程及喷锚支护时的喷射混凝土或喷射砂浆；抢修、堵漏工程	常与减水剂复合使用，以防混凝土后期强度降低
	711型			
	782型			
泵送剂	非引气型	混凝土泵送施工中为保证混凝土拌合物的可泵性，防止堵塞管道	泵送施工的混凝土	掺引气型外加剂的，泵送混凝土的含气量不宜大于4%
	引气型			
防冻剂	氯盐类	要求混凝土在负温下能连续水化、硬化、增长强度，防止冰冻破坏	负温下施工的无筋混凝土	
	氯盐阻锈类		负温下施工的钢筋混凝土	如含强电解质的早强剂的，应符合《混凝土外加剂应用技术规范》（GB 50119—2013）中的有关规定
	无氯盐类		负温下施工的钢筋混凝土和预应力钢筋混凝土	如含硝酸盐、亚硝酸盐、磺酸盐不得用于预应力混凝土；如含六价铬盐、亚硝酸盐等有毒的防冻剂，严禁用于饮水工程及与食品接触部位
膨胀剂	①硫铝酸钙类	减少混凝土干缩裂缝，提高抗裂性和抗渗性，提高机械设备和构件的安装质量	补偿收缩混凝土；填充用膨胀混凝土；自应力混凝土（仅用于常温下使用的自应力钢筋混凝土压力管）	①、③不得用于长期处于80℃以上的工程中，②不得用于海水和有侵蚀性水的工程；掺膨胀剂的混凝土只适用于有约束条件的钢筋混凝土工程和填充性混凝土工程；掺膨胀剂的混凝土不得用硫铝酸盐水泥、铁铝酸盐水泥和高铝水泥
	②氧化钙类			
	③硫铝酸钙-氧化钙类			

4. 混凝土外加剂与水泥相容性

随着预拌混凝土的飞速发展，混凝土配合比设计除了考虑混凝土的强度、耐久性之外，还要注重其工作性能，水泥与减水剂的相容性是影响混凝土工作性的重要因素。有时虽然所用的水泥与高效减水剂的质量都符合国家标准，但配制出的拌合物并不理想。而拌合物的工作性不佳，极有可能影响混凝土的强度，从而导致出现严重的工程质量事故和重大经济损失，这时需要考虑水泥与减水剂的相容性。水泥与外加剂相容性不好，可能是外加剂、水泥品质、混凝土配合比的原因，也可能是使用方法的原因，或者是由几种因素共同作用引起的。在实际工程中，必须通过试验，逐个排除，找出其原因。

混凝土中掺入适量的外加剂，可改变混凝土的多种性能，可采用先掺法、后掺法、同掺法和滞水法等方法。在混凝土中掺入外加剂，应根据工程设计和施工要求，选择适宜的水泥品种，并应对工程原材料进行试验和技术经济比较，满足各项要求后，方可使用。

4.2.6 矿物掺合料

混凝土矿物掺合料是指在混凝土搅拌前或在搅拌过程中，与混凝土其他组分一起，直接加入的人造或天然的矿物材料及工业废料，通常掺量应超过水泥质量的5%。常用的矿物掺合料有粉煤灰、硅粉、磨细矿渣粉、烧黏土、天然火山灰质材料（如凝灰岩粉、沸石岩粉等）及磨细自燃煤矸石，其目的是改善混凝土的性能、调节混凝土的强度等级和节约水泥用量等。

1. 粉煤灰

粉煤灰是从煤粉炉排出的烟气中收集到的细粉末。按其排放方式的不同，分为干排灰与湿排灰两种，湿排灰含水率大，活性降低较多，质量不如干排灰；按收集方法的不同，分为静电收尘灰和机械收尘灰两种。静电收尘灰颗粒细、质量好，机械收尘灰颗粒较粗、质量较差。经磨细处理的称为磨细灰、未经加工的称为原状灰。

（1）粉煤灰的质量要求　粉煤灰有高钙灰（一般 CaO 含量>10%）和低钙灰（CaO 含量≤10%）之分，由褐煤燃烧形成的粉煤灰呈褐黄色，为高钙灰，具有一定的水硬性；由烟煤和无烟煤燃烧形成的粉煤灰呈灰色或深灰色，为低钙灰，具有火山灰活性。

细度是评定粉煤灰品质的重要指标之一。粉煤灰中实心微珠颗粒最细、表面光滑，是粉煤灰中需水量最小、活性最高的成分，如果粉煤灰中实心微珠含量较多、未燃尽碳及不规则的粗粒含量较少时，粉煤灰就较细、品质较好。未燃尽的碳粒，颗粒较粗，可降低粉煤灰的活性，增大需水量，是有害成分，可用烧失量来评定。多孔玻璃体等非球形颗粒，表面粗糙、粒径较大，将增大需水量，当其含量较多时，粉煤灰品质下降。SO_3 是有害成分，应限制其含量。

我国粉煤灰质量控制、应用技术有关的技术标准、规范有《用于水泥和混凝土中的粉煤灰》（GB/T 1596—2017），《硅酸盐建筑制品用粉煤灰》（JC/T 409—2016）和《粉煤灰混凝土应用技术规范》（GB/T 50146—2014）等。《用于水泥和混凝土中的粉煤灰》规定，粉煤灰按煤种分为 F 类（由无烟煤或烟煤煅烧收集的粉煤灰）和 C 类（由褐煤或次烟煤煅烧收集的粉煤灰，其 CaO 含量一般大于 10%），分为Ⅰ、Ⅱ、Ⅲ三个等级，相应的技术要求见表 4-18。

表 4-18　用于水泥和混凝土中的粉煤灰技术要求

项目		技术要求		
		Ⅰ级	Ⅱ级	Ⅲ级
细度(0.045mm 方孔筛筛余,%),≤	F 类粉煤灰 C 类粉煤灰	12.0	30.0	45.0
烧失量(%),≤		5.0	8.0	10.0
需水量比(%),≤		95.0	105.0	115.0
三氧化硫(%),≤		3		
含水率(%),≤		1		
游离氧化钙(%)		F 类粉煤灰≤1.0;C 类粉煤灰≤4.0		
安定性(雷氏夹沸煮后增加距离)/mm		C 类粉煤灰≤5.0		

《粉煤灰混凝土应用技术规范》(GB/T 50146—2014) 规定：Ⅰ级粉煤灰适用于钢筋混凝土和跨度小于6m的预应力钢筋混凝土，Ⅱ级粉煤灰适用于钢筋混凝土和无筋混凝土；Ⅲ级粉煤灰主要用于无筋混凝土。对强度等级不小于C30的无筋粉煤灰混凝土，宜采用Ⅰ、Ⅱ级粉煤灰。

(2) 粉煤灰掺入混凝土中的作用与效果

1) 活性效应。粉煤灰在混凝土中，具有火山灰活性作用，它的活性成分二氧化硅(SiO_2)和氧化铝(Al_2O_3)与水泥水化产物氢氧化钙[$Ca(OH)_2$]反应，生成水化硅酸钙和水化铝酸钙，成为胶凝材料的一部分。

2) 形态效应。微珠球状颗粒，具有增大混凝土(砂浆)的流动性、减少泌水、改善和易性的作用。若保持流动性不变，则可起到减水作用。

3) 微集料效应。粉煤灰微细颗粒均匀分布在水泥浆中，填充孔隙，改善混凝土孔结构，提高混凝土的密实度，从而使混凝土的耐久性得到提高，同时还可降低水化热，抑制碱-集料反应。

以往人们只注意到粉煤灰的火山灰活性，其实按照现代混凝土技术理念来衡量，粉煤灰致密作用的重要意义不亚于火山灰活性。另外，粉煤灰填充效应可减少混凝土中的空隙体积和较粗大的孔隙，特别是填塞浆体的毛细孔道的通道，对提高混凝土的强度和耐久性十分有利，是提高混凝土性能的一项重要技术措施。

混凝土中掺入粉煤灰时，常与减水剂或引气剂等外加剂同时掺用，称为双掺技术。减水剂的掺入可以克服某些粉煤灰增大混凝土需水量的缺点；引气剂的掺用，可以解决粉煤灰混凝土抗冻性较差的问题。此外，在低温条件下施工时，宜掺入早强剂或防冻剂。混凝土中掺入粉煤灰后，会使混凝土抗碳化性能降低，不利于防止钢筋锈蚀。为改善混凝土抗碳化性能，也应采取双掺措施，或在混凝土中掺入阻锈剂。

2. 硅粉

硅粉又称硅灰，是从生产硅铁合金或硅钢等所排放的烟气中收集的颗粒较细的烟尘，呈浅灰色。硅粉的颗粒是微细的玻璃球体，粒径为0.1~1.0μm，是水泥颗粒的1/100~1/50，比表面积为18.5~20m^2/g，密度为2.1~2.2g/cm^3，堆积密度为250~300kg/cm^3。硅粉中无定形二氧化硅含量一般为85%~96%，具有很高的活性。

因为硅粉具有高比表面积，所以其需水量很大，将其作为混凝土掺合料时必须配以高效减水剂方可保证混凝土的工作性。

硅粉掺入混凝土中，可取得以下几个方面的效果：

1) 改善混凝土拌合物的黏聚性和保水性。在混凝土中掺入硅粉的同时又掺入高效减水剂，在保证了混凝土拌合物必须具有的流动性的情况下，会显著改善混凝土拌合物的黏聚性和保水性，因此，硅粉适宜配制高流态混凝土、泵送混凝土及水下灌注混凝土。

2) 提高混凝土的强度。当硅粉与高效减水剂配合使用时，硅粉与水化产物氢氧化钙[$Ca(OH)_2$]反应生成水化硅酸钙凝胶，填充水泥颗粒间的空隙，改善界面结构及黏结力，形成密实结构，从而显著提高混凝土强度。一般硅粉掺量为5%~10%，便可配出抗压强度达100MPa的超高强混凝土。

3) 改善混凝土的孔结构，提高耐久性。掺入硅粉的混凝土，虽然其总孔隙率与不掺时基本相同，但是其大毛细孔减少，超细孔隙增加，改善了水泥石的孔结构。因此，混凝土的抗渗性、抗冻性及抗硫酸盐腐蚀性等耐久性显著提高。此外，混凝土的抗冲磨性随硅粉掺量的增加而提高，故适用于水工建筑物的抗冲刷部位及高速公路路面。硅粉还同样有抑制碱-集料反应的作用。

3. 磨细矿渣粉

磨细矿渣粉是将粒化高炉矿渣经干燥、磨细达到一定细度且符合相应活性指数的粉状材料，细度大于350m^2/kg，一般为400~600m^2/kg。矿渣粉的主要化学成分为二氧化硅、氧化钙和三氧化二铝，这三种氧化物的质量分数约为90%，故其活性比粉煤灰高。用作混凝土掺合料的粒化高炉矿渣粉，按其细度（比表面积）、活性指数，分为S105、S95和S75三个级别，其技术性能指标应符合表4-19的要求。

表 4-19 粒化高炉矿渣粉的技术性能指标

项目		级别		
		S105	S95	S75
密度/(g/cm^3)		≥2.8		
比表面积/(m^2/kg)		≥500	≥400	≥300
活性指数(%)	7d	≥95	≥75	≥55
	28d	≥105	≥95	≥75
流动度比(%)		≥95		
含水率(%)		≤1.0		
三氧化硫(%)		≤4.0		
氯离子(%)		≤0.06		
烧失量(%)		≤3.0		
玻璃体含量(%)		≥85		
放射性		合格		

粒化高炉矿渣粉是混凝土的优质掺料，因其活性较高，可以等量取代水泥，以降低水泥的水化热，并大幅度提高混凝土的长期强度。粒化高炉矿渣粉还具有提高混凝土的抗渗性和耐腐蚀性，抑制碱-集料反应等作用。

4. 沸石粉

沸石粉由天然的沸石岩磨细而成，颜色为白色。沸石岩是一种经天然燃烧后的火山灰质铝硅酸盐矿物，含有一定量的活性二氧化硅和三氧化二铝，能与水泥水化产物氢氧化钙[$Ca(OH)_2$]作用，生成胶凝物质。沸石粉具有很大的内表面积和开放性结构，细度为0.08mm筛的筛余量小于5%，平均粒径为5.0~6.5μm。

沸石粉掺入混凝土后有以下几个方面的效果：

1）改善混凝土拌合物的和易性。沸石粉与其他矿物掺合料一样，具有改善混凝土和易性及可泵性的功能，因此适宜于配制流态混凝土和泵送混凝土。

2）提高混凝土强度。沸石粉与高效减水剂配合使用，可显著提高混凝土强度，因此适用于配制高强混凝土。

【工程实例分析4-1】 三峡大坝混凝土掺合料应用分析

现象：2006年5月20日14时，三峡坝顶上激动的建设者们见证了大坝最后一方混凝土浇筑完毕的历史性时刻。至此世界上规模最大的混凝土大坝终于在我国长江西陵峡全线建成。三峡大坝是三峡水利枢纽工程的核心，最后海拔高程为185m，总浇筑时间为3080d。建设者在施工中综合运用了世界上最先进的施工技术。高峰期创下日均浇筑$20000m^3$混凝土的世界纪录。如此巨型的混凝土工程在浇筑过程中控制内部温度，必须加入适量的掺合料，掺合料的合理选择直接影响了混凝土的多方面性能和工程质量。

原因分析：在大坝混凝土中掺加适量的掺合料，可以增加混凝土胶凝组分含量，提高混凝土后期强度增长率，降低水化放热和控制温升、有利于降低大坝混凝土的温差，在一定程度上减轻开裂。当前最常用的掺合料是矿渣和粉煤灰，其中矿渣往往以混合材料的形式掺入水泥中，磨细矿渣也可在混凝土搅拌时掺入。粉煤灰则往往在现场混凝土搅拌时掺入。粉煤灰的品质对大坝混凝土性能的影响很大。Ⅰ级粉煤灰在混凝土中可以引起形态效应、活性效应和微集料效应，它的需水量较小，具有减水作用，三峡大坝所用的Ⅰ级粉煤灰减水率达到10%~15%。研究发现，Ⅰ级粉煤灰有改善集料与浆体界面的作用，并降低水化热。用优质粉煤灰等量取代水泥后，混凝土的收缩值减小，可以显著降低混凝土的透水性。掺加粉煤灰可以使混凝土的抗冻性能降低，但是引入适量气泡，可以使其抗冻性提高到与不掺粉煤灰的混凝土相同；而如果掺加量过高，有可能造成混凝土贫钙，即混凝土中胶凝材料水化产物内氢氧化钙［$Ca(OH)_2$］数量不足甚至没有，C-S-H凝胶的Ca与Si的比值下降，从而造成混凝土抵抗风化和水溶蚀的能力减弱。试验测试，用中热水泥掺Ⅰ级粉煤灰配制的三峡大坝混凝土中，氢氧化钙［$Ca(OH)_2$］数量随粉煤灰掺加量（50℃养护半年）的变化规律是：粉煤灰取代中热水泥数量每增加10%单位体积中氢氧化钙［$Ca(OH)_2$］数量减少1/3。因此，当粉煤灰取代50%以上中热水泥时，混凝土中的氢氧化钙［$Ca(OH)_2$］数量将非常少。考虑部分氢氧化钙［$Ca(OH)_2$］会与拌合用水中的CO_2反应，实际存在的氢氧化钙［$Ca(OH)_2$］数量将更少。因此，粉煤灰掺量在45%以下为宜。

4.3 普通混凝土的技术性质

4.3.1 新拌混凝土的性能

由混凝土的组成材料拌和而成的尚未凝固的混合物，称为混凝土的拌合物。混凝土拌合物的性能不仅影响混凝土的制备、运输、浇筑、振捣等施工质量，而且会影响硬化后混凝土的性能。

混凝土的和易性

1. 和易性

在土木工程建设过程中，为获得密实而均匀的混凝土结构，方便施工操作（拌和、运输、浇筑、振捣等过程），要求新拌混凝土必须具有良好的施工性能，如保持新拌混凝土不发生分层、离析、泌水等现象。这种新拌混凝土施工性能被称为新拌混凝土的和易性，又称工作性。

混凝土拌合物的和易性是一项综合技术性能，包括流动性、黏聚性和保水性三个方面的含义。

1）流动性是指混凝土拌合物在本身自重或施工机械振捣的作用下能产生流动，并均匀密实地填满模板的性能。

2）黏聚性是指混凝土拌合物在施工中，其各组分之间有一定的黏聚力，不致产生分层离析的现象。

3）保水性是指混凝土拌合物在施工中具有一定的保水能力，不产生严重的泌水现象。

黏聚性好的新拌混凝土，往往保水性也好，但其流动性可能较差；流动性很大的新拌混凝土，往往黏聚性和保水性有变差的趋势。混凝土拌合物的流动性、黏聚性和保水性具有各自的含义，它们之间相互联系，直接影响混凝土的密实性等性能。随着现代混凝土技术的发展，混凝土目前往往采用泵送施工的方法，对新拌混凝土的和易性要求很高，三个方面性能必须协调统一，才能既满足施工操作要求，又确保后期工程质量良好。

2. 和易性指标

目前，尚无能全面评价混凝土拌合物工作性的测定方法。拌合物的流动性可以测定，而黏聚性和保水性则只能靠直观经验评定。国际标准化组织（ISO）把混凝土拌合物的工作性统称为稠度，并以此区分混凝土拌合物。通常采用坍落度试验和维勃稠度试验测试混凝土稠度（见图 4-5）。

1）坍落度试验测定流动性的方法。首先将混凝土拌合物按规定方法装入标准圆锥筒（无底）内，装满后刮平，然后将筒垂直向上提起，移至一旁，混凝土拌合物由于自重将产生坍落现象。量出向下的坍落尺寸（mm）即为该混凝土拌合物的坍落度，作为流动性指标。坍落度越大，表示流动性越大。在测定坍落度时，应观察新拌混凝土的黏聚性和保水性，从而全面评价其和易性。用捣棒轻轻敲击已坍落新拌混凝土拌合物的锥体。若锥体四周逐渐下沉，则黏聚性良好；若锥体倒塌或部分崩裂，或发生离析现象，则表示黏聚性不好。若坍落度筒提起后混凝土拌合物失去浆液而集料外露，或较多稀浆由底部析出，则表明新拌混凝土的保水性良好。图 4-5 表示混凝土拌合物坍落度的测定。混凝土稠度按坍落度分级，见表 4-20。

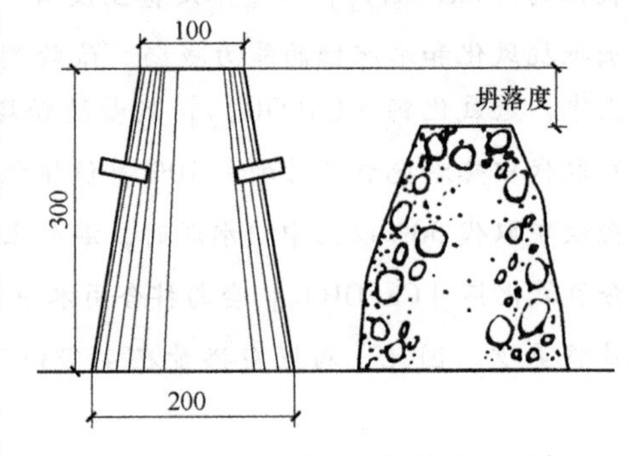

图 4-5 混凝土拌合物坍落度的测定

表 4-20 混凝土稠度按坍落度分级

名称	级别	坍落度值/mm	允许测试偏差/mm
低塑性混凝土	S1	10~40	±10
塑性混凝土	S2	50~90	±20
流动性混凝土	S3	100~150	±30
大流动性混凝土	S4	≥160	±30

当混凝土拌合物的坍落度大于 220mm 时，用钢直尺测量混凝土扩展后最终的最大直径和最小直径，在这两个直径之差小于 50mm 的条件下，用其算数平均值作为坍落扩展度值。坍落扩展度适用于评定泵送高强混凝土和自密实混凝土。

2）维勃稠度测试方法。开始时在坍落度筒（见图 4-6）中按规定方法装满拌合物，提起坍落度筒，在拌合物试体顶面放一透明圆盘，开启振动台，同时用秒表计时，到透明圆盘的底面完全被水泥浆所布满时，停止秒表，关闭振动台。所读秒数（s）称为维勃稠度。此法适用于集料最大粒径不超过 40mm，维勃稠度在 5～30s 的混凝土拌合物稠度测试。维勃稠度（VC 值）超过 31s 的拌合物，称为超干硬性混凝土，混凝土稠度按维勃时间分级见表 4-21。

图 4-6　维勃稠度仪

表 4-21　混凝土稠度按维勃时间分级

名称	级别	维勃稠度/s	允许测试偏差/mm
特干硬性混凝土	V1	30～21	±6
干硬性混凝土	V2	20～11	±4
半干硬性混凝土	V3	10～5	±3

3. 坍落度选择

进行坍落度选择时，要考虑混凝土构件截面大小、钢筋疏密和捣实方法。如果混凝土构件截面尺寸较小，或钢筋间距较密，或采用人工插捣时，坍落度应选择大一些，反之可选择小一些。一般情况下，混凝土浇筑时坍落度可按表 4-22 选用。若混凝土从搅拌机出料口至浇筑地点的运输距离较远，特别是预拌混凝土，应考虑运输途中的坍落度损失，则搅拌时的坍落度宜适当大些。当气温较高、空气相对湿度较小时，因水泥水化速度的加快及水分蒸发加速，坍落度损失较大，搅拌时坍落度也应选大些。

表 4-22　混凝土浇筑时的坍落度

项次	结构种类	坍落度/mm
1	基础或地面等的垫层、无配筋的厚大结构（挡土墙、基础或厚大的块体等）或配筋稀疏的结构	10～30
2	板、梁和大型及中型截面的柱等	30～50
3	配筋密列的结构（薄壁、斗仓、筒仓、细柱等）	50～70
4	配筋特密的结构	70～90

注：1. 本表是指采用机械振捣的坍落度，采用人工捣实时可适当增大。
2. 需要配制大坍落度混凝土时，应掺用外加剂。
3. 曲面或斜面结构的混凝土，其坍落度值应根据实际需要另行选定。
4. 轻集料混凝土的坍落度，宜比本表中数值减少 10～20mm。

对于泵送混凝土，选择坍落度时，除应考虑上述因素外，还要考虑其可泵性。若拌合物的坍落度较小，泵送时的摩擦阻力较大，会造成泵送困难，甚至产生阻塞；若拌合物的坍落度过大，拌合物在管道中滞留时间较长，则泌水较多，集料容易产生离析而形成阻塞。泵送混凝土的坍落度，可根据不同的泵送高度按表 4-23 选用。

表 4-23　不同泵送高度混凝土入泵时的坍落度

泵送高度/m	30 以下	30～60	60～100	100 以上
坍落度/mm	100～140	140～160	160～180	180～200

4. 影响和易性的主要因素

和易性是混凝土拌合物最重要的性能之一，其影响因素很多，主要有单位体积用水量、砂率、集料与集胶比、水泥品种和细度、外加剂与掺合剂、时间与温度、搅拌条件等其他影响因素。

（1）单位体积用水量　单位体积用水量是指在单位体积水泥混凝土中所加入水的质量，它是影响水泥混凝土工作性的最主要因素。混凝土拌合物的水泥浆赋予混凝土拌合物一定的流动性。单位用水量直接影响水与胶凝材料用量的比例关系，即水胶比 W/B。在水胶比不变的情况下，单位体积拌合物内的水泥浆越多，则拌合物的流动性越大。在胶凝材料用量不变的情况下，用水量越大，水泥浆就越稀，混凝土拌合物的流动性就越大；反之，流动性越小，但这样会使施工困难，不能保证混凝土的密实性。用水量过大会造成混凝土拌合物的黏聚性和保水性不良，产生流浆和离析现象，并影响混凝土的强度。

混凝土恒定用水量法则

实践证明，在配制混凝土时，当所用粗细集料的种类及比例一定时，为获得要求的流动性，所需拌合用水量基本是一定的，即使水泥用量有所变动（$1m^3$ 混凝土水泥用量增减 50～100kg）时，也没有较大影响。这一关系被称为恒定用水量法则，它为混凝土配合比设计时确定拌合用水量带来很大方便。

混凝土拌合物用水量应根据所需坍落度和粗集料最大粒径进行选择，见表 4-24。

表 4-24　混凝土拌合物用水量与坍落度和粗集料最大粒径的关系

所需坍落度/mm	卵石最大粒径/mm			碎石最大粒径/mm		
	10	20	40	15	20	40
10～30	190	170	160	205	185	170
30～50	200	180	170	215	195	180
50～70	210	190	180	225	205	190
70～90	215	195	185	235	215	200

（2）砂率　砂率是指混凝土中砂的质量占砂、石总质量的百分率。砂率的变动会使集料的空隙率和集料的总表面积有显著改变，从而对混凝土拌合物的工作性产生影响。

水泥砂浆在混凝土拌合物中起润滑作用，当砂率过大时，集料的总表面积及空隙率都会增大，在水泥砂浆含量不变的情况下，水泥砂浆相对减少，减弱了水泥砂浆的润滑作用，使拌合物流动性减小；当砂率过小时，粗集料之间无法保证有足够的砂浆层，也会降低拌合物的流动性，且影响其黏聚性和保水性，容易产生离析和流浆现象。可见砂率存在一个合理值，即合理砂率或最佳砂率。采用最佳砂率时，在用水量及水泥用量一定的情况下，能使混凝土拌合物获得最大的流动性且能保持良好的黏聚性、保水性（见图 4-7），或者能使拌合物获得所要求的流动性及良好的黏聚性与保水性，而水泥用量（或用水量）为最少（见图 4-8）。混凝土砂

合理砂率

率的选用见表 4-25。

表 4-25 混凝土砂率的选用 (%)

水胶比	碎石最大粒径/mm			卵石最大粒径/mm		
	15	20	40	10	20	40
0.4	30~35	29~34	27~32	26~32	25~31	24~30
0.5	33~38	32~37	30~35	30~35	29~34	28~33
0.6	36~41	35~40	33~38	33~38	32~37	31~36
0.7	39~44	38~43	36~41	36~41	35~40	34~39

注：表中数值是中砂的选用砂率。对细砂或粗砂，可相应减少或增加。

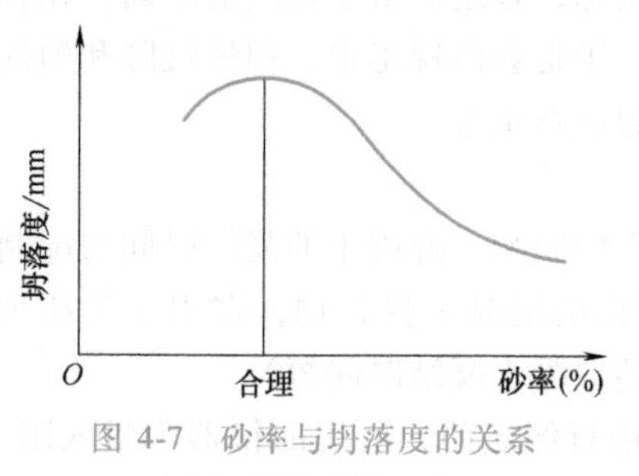

图 4-7 砂率与坍落度的关系（水与水泥用量一定）

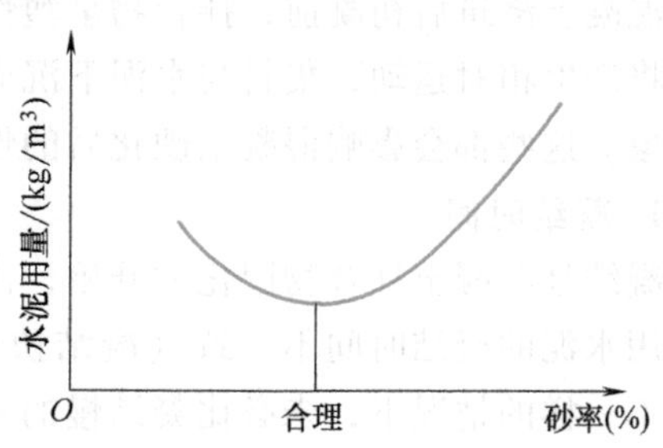

图 4-8 砂率与水泥用量的关系（达到相同坍落度）

（3）集料与集胶比 集料颗粒形状和表面粗糙度直接影响混凝土拌合物的流动性。形状圆整、表面光滑，其流动性就大；反之，由于使拌合物内摩擦力增加，其流动性会降低。因此卵石混凝土比碎石混凝土的流动性好。

级配良好的集料空隙率小。在水泥砂浆相同时，其包裹集料表面的润滑层增加，使拌合物的工作性得到改善。其中集料粒径大于 0.3mm 且小于 10mm 的颗粒对工作性影响最大，含量应适当控制。

当给定水胶比和集料时，集胶比（集料与胶凝材料用量的比值）减少，意味着胶凝材料量相对增加，从而使拌合物的工作性得到改善。

（4）水泥品种和细度 水泥品种对混凝土拌合物和易性的影响，主要表现在不同品种水泥的需水量不同。常用水泥中，普通硅酸盐水泥配制的混凝土拌合物，其流动性和保水性较好；矿渣水泥拌合物流动性较大，但黏聚性差，易泌水；火山灰水泥拌合物，在水泥用量相同时流动性显著降低，但其黏聚性和保水性较好。水泥颗粒越细，用水量越大。

（5）外加剂与掺合剂 外加剂能使混凝土拌合物在不增加水泥用量的条件下获得良好的和易性，即增大流动性、改善黏聚性、降低泌水性，还能提高混凝土的耐久性。

掺入粉煤灰能改善混凝土拌合物的流动性。研究表明，当粉煤灰的密度较大，标准稠度用水量较小和细度较细时，掺入 10%~40%的粉煤灰，可使坍落度平均增大 15%~70%。

（6）时间与温度 拌合物拌制后，随时间增长而逐渐变得干稠，且流动性减小，出现坍落度损失现象（通常称为经时损失）。这是由于水泥水化消耗了一部分水，而另一部分水被集料吸收，还有部分水被蒸发。

拌合物和易性也受温度影响，混凝土拌合物的流动性随温度升高而降低，这也是由于温度升高加速了水泥水化。

（7）搅拌条件 在较短时间内，搅拌得越彻底，混凝土拌合物的和易性越好。

5. 改善和易性的措施

1）采用合理砂率，有利于改善和易性，同时可以节约水泥、提高混凝土的强度。

2）改善砂、石集料的颗粒级配，特别是石子的级配，尽量采用较粗的砂、石。

3）当拌合物坍落度较小时，可保持水胶比不变，适当增加水和水泥的用量；当坍落度较大且黏聚性良好时，可保持砂率不变，适当增加砂、石集料的用量。

4）掺加适宜的外加剂及矿物掺合料，改善拌合物的和易性，以满足施工要求。

4.3.2 混凝土浇筑后的性能

混凝土浇筑后初凝前，拌合物呈塑性和半流动状态，各组分由于密度的不同，在自重作用下将产生相对运动，集料与水泥下沉而水分上浮，于是会出现泌水、塑性沉降和塑性收缩等现象。这些都会影响混凝土硬化后的性能，应引起足够重视。

1. 凝结时间

凝结是混凝土拌合物固化的开始，由于各种因素的影响，混凝土的凝结时间与配制混凝土所用水泥的凝结时间不一致（凝结快的水泥配制出的混凝土拌合物，在用水量和水泥用量比不一样的情况下，未必比凝结慢的水泥配制出的混凝土凝结时间短）。

混凝土拌合物的凝结时间通常是用贯入阻力法进行测定的，所用的仪器为贯入阻力仪。先用 4.75mm 筛孔的筛从拌合物中筛取砂浆，并按一定方法装入规定的容器中；然后每隔一定时间测定砂浆贯入到一定深度时的贯入阻力，并绘制贯入阻力与时间关系的曲线，以贯入阻力 3.5MPa 及 27.6MPa 画两条平行于时间坐标的直线，直线与曲线交点的时间即分别为混凝土的初凝和终凝时间。这是从实用角度人为确定的，用该初凝时间表示施工所用时间，终凝时间表示混凝土力学强度从此时开始发展。了解凝结时间所表示的混凝土特性的变化，有助于制订施工进度计划和比较不同种类外加剂的效果。

影响混凝土凝结时间的主要因素有胶凝材料的组成、水胶比、温度和外加剂。一般情况下，水胶比越大，凝结时间越长。在浇筑大体积混凝土时，为了防止冷缝和温度裂缝，应通过调节外加剂中的缓凝成分延长混凝土的初凝、终凝时间。当混凝土拌合物在 10℃ 拌制和养护时，其初凝时间和终凝时间比 23℃ 的分别延缓约 4h 和 7h。

2. 塑性裂缝

新拌混凝土浇筑在具有相当高度柱或墙体等的模板中后，其顶面会有下沉，并出现水平裂缝。当混凝土还处于塑性状态时，水分既可从混凝土表面向干燥空气中散失，也因为毛细管吸力从干燥混凝土基层散失，从而导致混凝土收缩。这种类型的收缩一般发生在浇筑后的 10~12h 内，而且是混凝土表面暴露在不饱和空气环境（相对湿度小于 95%）中，风速较大、气温较高的条件下更易发生。由于这些因素会引起新拌混凝土水分蒸发、体积减缩的现象，称为硬化前或凝结前收缩，又称塑性收缩。

3. 含气量

任何搅拌好的混凝土都有一定量的空气，它们是在搅拌过程中带进混凝土的，占其体积的 0.5%~2%，称为混凝土的含气量。如果在配料中还掺有一些外加剂，含气量可能会更大。因为含气量对硬化混凝土的性能有重要影响，所以在实验室和施工现场要对它进行测定与控制。测定混凝土含气量的方法有多种，通常采用压力法。影响含气量的因素包括水泥品种、水胶比、砂颗粒级配、砂率、外加剂、气温、搅拌机的大小及搅拌方式等。

4.3.3 混凝土的强度

混凝土的力学性能包括在外力作用下发生变形和抵抗破坏的能力，包括受力变形、强度与韧性。混凝土属于脆性材料，其主要功能是承受压力。因此，混凝土受压破坏过程与抗压强度是应掌握的混凝土基本知识。

1. 混凝土受压破坏过程

通过对混凝土内部微观结构的研究可以发现，在荷载作用前混凝土内部已经存在微裂纹。这种微裂纹一般首先在较大集料颗粒与砂浆或水泥石接触面处形成，通常称为黏结裂缝。微裂纹主要是由混凝土硬化过程中的物理化学反应及混凝土的湿度变化造成的。混凝土收缩产生的变形通常为物理收缩、化学收缩和碳化收缩等的叠加。因为集料有较大刚度，所以混凝土收缩使集料界面上的水泥石产生拉应力和剪应力。如果这些应力超过水泥石与集料的黏结强度，就会出现这种微裂纹。在微裂纹尖端会产生应力集中现象，其最大拉应力远超过水泥石的抗拉强度，导致原始黏结裂缝进一步扩展，并不断延伸、汇合成通缝，最终导致混凝土结构破坏。

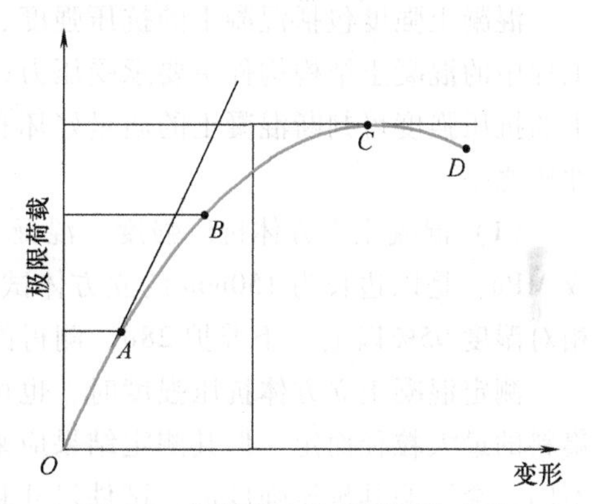

图4-9 混凝土在单轴受压状态下典型的荷载-变形曲线

混凝土受压破坏的本质是，混凝土在纵向压力荷载作用下引发横向拉伸变形，当横向拉伸变形达到混凝土的极限拉应变时，混凝土发生破坏。

混凝土在单轴受压状态下典型的荷载-变形曲线如图4-9所示。混凝土裂缝发展可分为四个阶段，相应裂缝形态如图4-10所示。

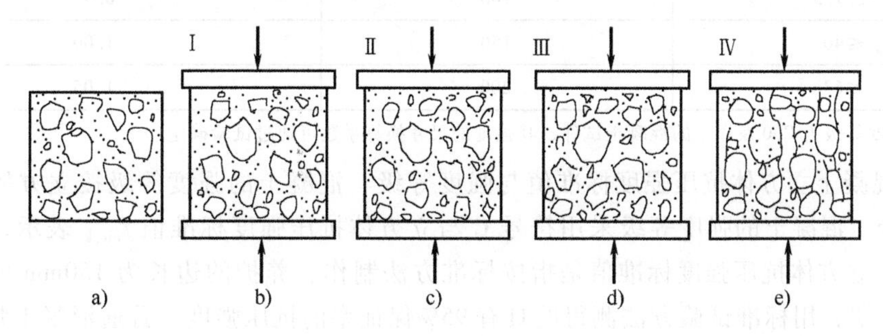

图4-10 混凝土裂缝形态

a）未加荷载 b）第Ⅰ阶段，界面裂缝无明显变化 c）第Ⅱ 阶段，界面裂缝增长 d）第Ⅲ阶段，出现砂浆裂缝和连续裂缝 e）第Ⅳ阶段，连续裂缝迅速发展

第Ⅰ阶段（见图4-9 *OA* 段），该阶段为荷载-变形曲线上的直线变化阶段，荷载大小为破坏荷载30%~50%，特点是当荷载保持不变或卸载时，即不再产生新的裂缝，混凝土基本处于弹性工作阶段，又称局部断裂的稳定裂缝阶段。

第Ⅱ阶段（见图4-9 *AB* 段），该阶段为荷载-变形曲线上的曲线逐渐偏离直线变化阶段，荷载为破坏荷载50%以上，已有裂缝的长度和宽度随之延伸扩展，但只要荷载不超过其破坏荷载的70%，这种裂缝的延伸就会随荷载保持不变甚至卸载时马上停止，属于稳定裂缝传播阶段。

第Ⅲ阶段（见图4-9 *BC*段），荷载加至破坏荷载90%，裂缝急剧发展，并与邻近黏结裂缝连成通缝，成为常值荷载下可以自行继续传播扩展的非稳定裂缝。

第Ⅳ阶段（见图4-9 *CD*段），荷载达到破坏荷载*C*点以后，通缝急速发展，混凝土承载能力下降，变形迅速增大直至破坏。

图4-9中*B*、*A*点可分别作为混凝土破坏准则的上限和下限的依据，分别称为临界点和比例极限点。一般来说，在*B*点水平以下的长期荷载作用，以及在*A*点水平以下的重复荷载作用下，混凝土不会破坏。*C*点为曲线峰值点，*D*点为下降段与收敛段的反弯点。

2. 混凝土强度与强度等级

混凝土强度包括混凝土的抗压强度、抗拉强度、抗弯强度和抗剪强度，抗压强度最大。工程中的混凝土结构构件主要承受压力，所以一般称混凝土的抗压强度为混凝土强度。混凝土的抗压强度可判断混凝土的质量好坏和估计其他强度。因此，抗压强度是混凝土最重要的性质之一。

（1）混凝土立方体抗压强度　混凝土立方体抗压强度用f_{cu}表示，其计量单位为N/mm^2或MPa，是以边长为150mm的立方体试件为标准试件，在标准养护条件［温度（20±2）℃，相对湿度95%以上］下养护28d，测得的混凝土抗压强度值。

测定混凝土立方体抗压强度时，也可采用非标准尺寸的试件，其尺寸应根据混凝土中粗集料的最大粒径而定，但其测定结果应乘以相应系数换算成标准试件，见表4-26。试件尺寸不同，会影响其抗压强度值，试件尺寸越小，测得的抗压强度值越大。

表4-26　混凝土的试件尺寸及强度的尺寸换算系数

集料最大粒径/mm	立方体试件边长/mm	强度的尺寸换算系数
≤31.5	100	0.95
≤40	150	1.00
≤63	200	1.05

注：对强度等级为C60及以上的混凝土试件，其强度的尺寸换算系数可通过试验确定。

（2）混凝土立方体抗压强度标准值与强度等级　混凝土的强度等级按立方体抗压强度标准值划分。混凝土的强度等级采用符号C与立方体抗压强度标准值$f_{cu,k}$表示，计量单位仍为MPa。立方体抗压强度标准值是指按标准方法制作、养护的边长为150mm的立方体试件在28d龄期，用标准试验方法测得的具有95%保证率的抗压强度。普通混凝土强度等级分为C15、C20、C25、C30、C35、C40、C45、C50、C55、C60、C65、C70、C75和C80共14个等级。例如，强度等级C30的混凝土表示立方体抗压强度标准值为30MPa的混凝土。

（3）轴心抗压强度　混凝土的立方体抗压强度只是评定强度等级的一个标志，但它不能直接用来作为设计依据。在结构设计中实际使用的是混凝土轴心抗压强度，即棱柱体抗压强度f_{cp}。此外，在进行弹性模量、徐变等项试验时也需先进行轴心抗压强度试验以定出试验所必需的参数。

测定轴心抗压强度，采用150mm×150mm×300mm的棱柱体试件作为标准试件。当采用非标准尺寸的棱柱体试件时高宽比h/a应为2~3。大量试验表明，立方体抗压强度f_{cu}为10~55MPa时，轴心抗压强度f_{cp}与立方体抗压强度f_{cu}之比为0.7~0.8，一般为$f_{cp}=0.76f_{cu}$。

（4）圆柱体试件抗压强度　国际上有不少国家以圆柱体试件的抗压强度作为混凝土的强度特征值。虽然我国采用立方体强度体系，但是在检验结构物实际强度而钻取芯样时仍然要遇到圆柱体试件的强度问题。圆柱体抗压强度试验一般采用高径比为 2∶1 的试件。钻芯法是直接从材料或构件上钻取试样而测得抗压强度的一种检测方法。常规芯样直径为 ϕ100mm 和 ϕ150mm。

（5）抗拉强度　混凝土在轴向拉力作用下，单位面积所能承受的最大拉应力，称为轴心抗拉强度，用 f_{ts} 表示。

混凝土是一种脆性材料，抗拉强度比抗压强度小得多，仅为 1/20～1/10。混凝土工作时一般不依靠其抗拉强度，但混凝土抗拉强度对抵抗裂缝的产生有重要意义，是混凝土抗裂度的重要指标。

目前，我国仍无测定抗拉强度的标准试验方法。劈裂强度是衡量混凝土抗拉性能的一个相对指标，其测值大小与试验所采用的垫条形状、尺寸、有无垫层、试件尺寸、加荷方向和粗集料最大粒径有关。其强度按下式计算

$$f_{ts}=\frac{2F}{\pi A}=0.637\frac{F}{A} \tag{4-3}$$

式中　f_{ts}——混凝土劈裂强度（MPa）；

F——破坏荷载（N）；

A——试件劈裂面面积（mm^2）。

标准件为边长 150mm 立方体的轴心抗拉强度 f_{ts}，与边长 150mm 立方体的抗压强度关系表示为下式

$$f_{ts}=0.56f_{cu}^{2/3} \tag{4-4}$$

（6）抗折强度　路面、桥面和机场跑道用水泥混凝土以抗弯拉强度（又称抗折强度）作为主要强度设计指标。测定混凝土的抗折强度采用 150mm×150mm×600mm（或 550mm）小长方体作为标准试件，在标准条件下养护 28d 后，按照三分点加荷方式测得其抗折强度，即

$$f_{cf}=\frac{PL}{bh^2} \tag{4-5}$$

式中　f_{cf}——混凝土抗折强度（MPa）；

P——破坏荷载（N）；

L——支座距离（mm），$L=450$mm；

b 和 h——试件的宽度和高度（mm）。

当采用 100mm×100mm×400mm 非标准试件时，测得抗折强度值应乘以尺寸换算系数 0.85。此外，抗折强度是由跨中单点加荷方式得到时，也应乘以折算系数 0.85。

（7）影响混凝土强度的因素　由混凝土破坏过程分析可知，混凝土强度主要取决于集料与水泥石间的黏结强度和水泥石的强度，而水泥石与集料的黏结强度和水泥石的强度又取决于水泥的强度、水胶比及集料等，此外还与外加剂、养护条件、龄期、施工条件，甚至试验测试方法有关。

1）水泥强度。水泥是混凝土胶凝材料，是混凝土中的活性组分，其强度大小直接影响混凝土强度的高低。在配合比相同条件下，所用水泥强度越高，水泥石的强度以及它与集料

间的黏结强度也越大，进而制成的混凝土强度也越高。

2）水胶比。当水泥品种及强度等级一定时，混凝土的强度主要取决于水胶比。根据混凝土结构特征分析可知，多余水在水泥硬化后会在混凝土内部形成各种不同尺寸的孔隙。这些孔隙会大大减少混凝土抵抗荷载作用的有效断面，特别是在孔隙周围易产生应力集中现象。因此，水胶比越小，水泥石强度及其与集料的黏结强度越大，混凝土强度越高。但水胶比过小，混凝土拌合物过于干硬，不易浇筑，反而使混凝土的强度下降。

大量的试验表明，混凝土的强度随着水胶比的增大而降低，呈双曲线变化关系（见图4-11a），而混凝土的强度和胶水比则呈直线关系（见图4-11b）。混凝土抗压强度经验公式为

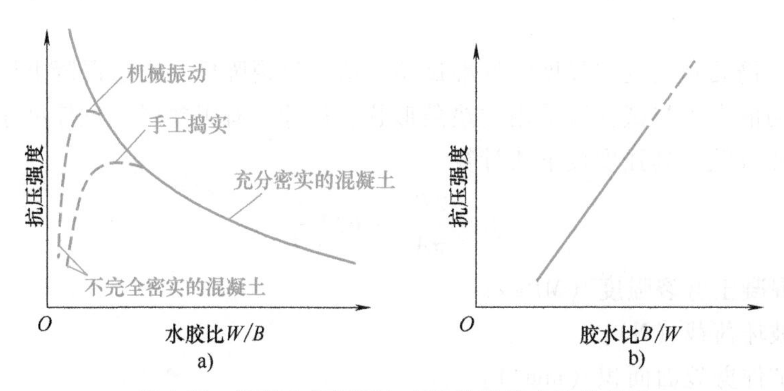

图4-11 混凝土的强度与水胶比及胶水比的关系

a）强度与水胶比的关系 b）强度与胶水比的关系

$$f_{cu}=\alpha_a f_{ce}\left(\frac{B}{W}-\alpha_b\right) \tag{4-6}$$

式中 f_{cu}——混凝土28d龄期的抗压强度（MPa）；

f_{ce}——水泥的实际强度（MPa）；

B/W——胶水比，水胶比的倒数，即每立方米混凝土中胶凝材料的用量与水用量之比；

α_a、α_b——回归系数，与集料种类及水泥品种有关。

当无水泥实测强度数据时，f_{ce} 的值可按下式确定

$$f_{ce}=\gamma_c f_{ce,k} \tag{4-7}$$

式中 $f_{ce,k}$——水泥28d抗压强度标准值（MPa）；

γ_c——水泥强度富余系数，可按实际统计资料确定。

式（4-6）中的回归系数 α_a 和 α_b 应根据工程所使用的水泥、集料，通过试验由建立的水胶比与混凝土强度关系确定。当不具备试验统计资料时，其回归系数可按照《普通混凝土配合比设计规程》（JGJ 55—2011）选用，见表4-27。

表4-27 回归系数 α_a 和 α_b 选用

回归系数	碎石	卵石
α_a	0.53	0.49
α_b	0.20	0.13

3）集料。集料本身的强度一般比水泥石强度高（轻集料除外），因此一般不会直接影响混凝土的强度，但集料的含泥量、有害物质含量、颗粒级配、形状及表面特征等均会影响混凝土的强度。若集料的含泥量过大，将使集料与水泥石的黏结强度大大降低；集料中的有机物会影响水泥的水化反应，从而影响水泥石的强度；颗粒级配影响骨架的强度和集料的空隙率；有棱角且三维尺寸相近的颗粒有利于骨架受力；表面粗糙的集料有利于与水泥石的黏结，因此用碎石配制的混凝土比用卵石配制的混凝土强度高。

4）混凝土工艺。工艺条件是确保混凝土结构均匀密实、正常硬化、达到设计强度的基本条件。只有把拌合物搅拌均匀、浇筑成型后捣固密实，且经过良好的养护才能使混凝土硬化后达到预期强度。

搅拌机的类型和搅拌时间对混凝土强度有影响。干硬性拌合物宜用强制式搅拌机搅拌，塑性拌合物则宜用自落式搅拌机搅拌。采用多次投料、工艺配制的造壳混凝土是近年来新发展的搅拌工艺。造壳即对细集料或粗集料裹上一层低水胶比的薄壳，加强水泥与集料的黏结以达到增强的目的，净浆裹石法就属于这种工艺。

采用振动方法捣实混凝土可使强度提高 20%~30%。如采用真空吸水、离心、辊压、加压振动、重复振动等操作都会使混凝土更加密实，从而提高强度。

混凝土强度的发展取决于养护龄期、养护的湿度和温度等条件。采用自然养护时，对硅酸盐水泥、普通硅酸盐水泥或矿渣水泥制成的混凝土，浇水润湿养护不得小于 7d；对火山灰质硅酸盐水泥或粉煤灰硅酸盐水泥等制成的混凝土，浇水润湿养护不得小于 14d。

养护时，如潮湿状态下持续养护，混凝土强度随龄期增长；如先潮湿而后干燥养护，则强度增长减缓，最后逐渐下降（见图 4-12）；如先在空气干燥养护后又在潮湿状态下持续养护，则强度又继续增长，且与湿养龄期有关（见图 4-13）。

混凝土强度随温度增加而增高，温度高，早期强度增长快，但后期强度增长较小。

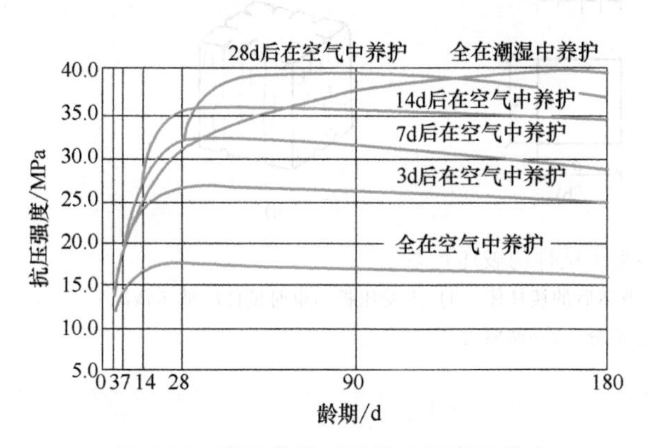

图 4-12　潮湿养护对混凝土强度的影响

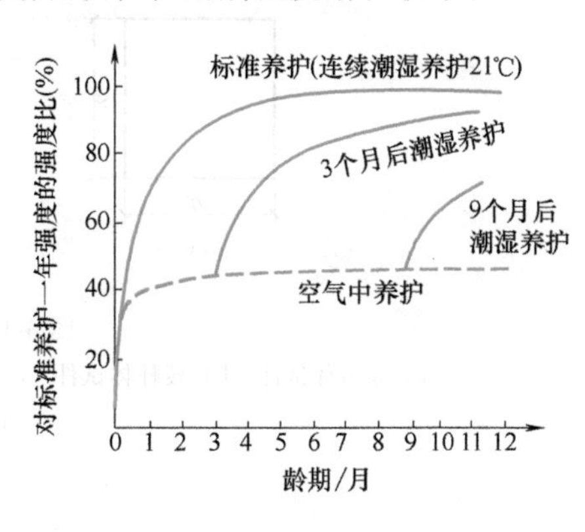

图 4-13　干燥养护后又重新潮湿养护时的抗压强度

普通硅酸盐水泥制成的塑性混凝土，在标准养护条件下，不同龄期强度发展可用下式计算

$$f_{cu,n}=f_{cu,28}\frac{\lg n}{\lg 28} \tag{4-8}$$

式中　$f_{cu,n}$——龄期为 nd 的混凝土抗压强度（MPa）；

$f_{cu,28}$——龄期为 28d 的混凝土抗压强度（MPa）；

lg$n$，lg28——n 和 28 的常用对数（$n \geqslant 3d$）。

根据式（4-8）可由已知龄期的混凝土强度，估算 28d 内任一龄期的混凝土强度。

5）试验条件。试验条件不同，会影响混凝土强度的试验值。试验条件主要是指试件尺寸、形状、表面状态、混凝土含水程度测试方法等。实践证明，即使混凝土的原材料、配合比、工艺条件完全相同，但因试验条件不同，所得的强度试验结果也存在差异。

试件尺寸和形状会影响混凝土抗压强度。试件尺寸越小，测得的抗压强度值越大。这是因为试件在压力机上加压时，在沿加荷方向发展纵向变形的同时，也按泊松比效应产生横向变形。压力机上下两块压板的弹性模量比混凝土大 5~15 倍，而泊松比不大于 2 倍，致使压板的横向应变小于混凝土试件的横向应变，上下压板相对试件的横向膨胀产生约束作用。越接近试件端面，约束作用就越大。试件破坏后，其上下部分呈现出棱锥体就是这种约束作用的结果，通常称为环箍效应。如果在压板与试件表面之间施加润滑剂，使环箍效应大大减小，试件将出现直裂破坏，测得的强度也低。试件尺寸较大时，环箍效应相对较小，测得的抗压强度偏低；反之，试件尺寸较小时，测得的抗压强度偏高。

另外，大尺寸试件中裂缝、孔隙等缺陷存在的概率增大，由于这些缺陷会减少受力面和引起应力集中，则会使测得的抗压强度偏低。试件尺寸对抗压强度值的影响如图 4-14 所示。

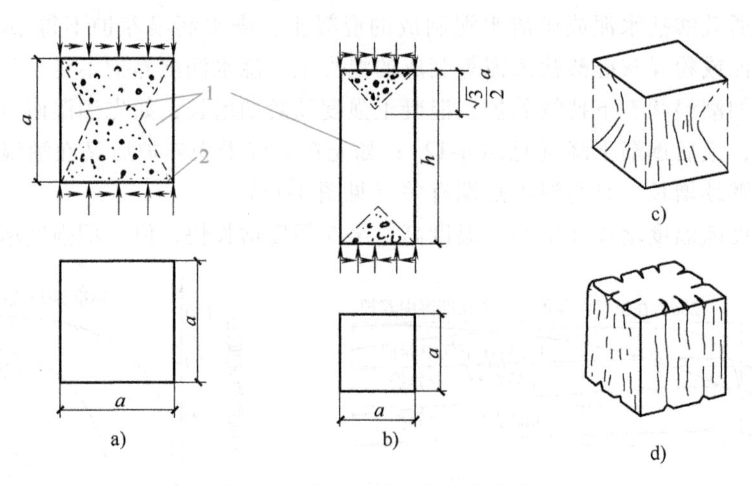

图 4-14　混凝土试件的破坏状态

a）立方体试件　b）棱柱体试件　c）试件破坏后的棱柱体　d）不受压板约束时试件的破坏情况

1—破裂部分　2—摩擦力

【工程实例分析 4-2】　某工程混凝土试块强度差异分析

现象：某工程施工单位试验人员制作了两组不同强度等级的混凝土试块，脱模后发现其中一组试块由于流动性很差而未能密实成型。将两组试块置于水中养护 28d 后，送实验室进行强度检验。一般认为，混凝土密实度较差将导致其强度下降，然而检验发现，该密实度较差的混凝土试块强度反而比其中密实度很好的混凝土试块强度高。

原因分析：这是由于密实度较差的混凝土水胶比很小，硬化水泥石强度很高，而密实度较好的混凝土水胶比较大，其硬化水泥石强度较低。

4.3.4　混凝土的变形性能

混凝土在硬化和使用过程中，会受多种因素影响而产生变形。这些变形或使结构产生裂缝，从而降低其强度和刚度；或使混凝土内部产生微裂缝，破坏混凝土的微观结构，降低其耐久性。

1. 收缩

混凝土材料由于物理化学作用而产生的体积缩小现象称为收缩。收缩按原因进行分类，见表 4-28。混凝土收缩是指从成型后算起，经过 3d 标准养护后在恒温恒湿条件下，不同龄期所测得的收缩值，主要包括物理收缩、化学收缩和碳化收缩。只有在大体积混凝土中，化学收缩才有实际意义。

表 4-28　混凝土收缩的分类

种类	主要特征	可能数值
沉缩	1. 混凝土拌合物刚成型后，固体颗粒下沉，表面产生泌水而形成混凝土体积减小，又称塑性收缩 2. 在沉缩大的混凝土中，有时可能产生沉降裂缝	一般约为 1%
化学收缩	1. 混凝土终凝之后，水泥在密闭条件下水化，水分不蒸发时所引起的体积缩小，又称自生收缩 2. 实际上它发生于大体积混凝土的内部 3. 温度较高、水泥用量较大及水泥细度较细时，其值趋于增大	$(4\sim100)\times10^{-6}$
物理收缩	1. 混凝土置于未饱和空气中，由于失水所引起的体积缩小，又称干燥收缩 2. 空气相对湿度越低，收缩发展得越快 3. 水分损失随时间增加，取决于试件尺寸。因此，尺寸效应非常明显	$(150\sim1000)\times10^{-6}$
碳化收缩	1. 由于空气中二氧化碳的作用而引起体积缩小 2. 空气相对湿度为 55%的情况下，碳化最激烈，碳化收缩也最显著 3. 碳化作用后混凝土质量和收缩同时增加	干燥碳化产生的总收缩比物理收缩大

2. 弹性模量

混凝土是多相复合体系，其加荷和卸荷时表现出明显的弹塑性性质，这种性质常用其应力-应变的全曲线表达。用以描述在荷载作用下的变形、裂缝和破坏全过程的全曲线，必须采用适宜的试验方法，用具有足够刚度的试验机（即试验机回弹变形小于试件的压缩变形），在缓慢平稳的加载过程中，测量测试件的纵向和横向应变，绘制出典型的应力-应变全曲线，如图 4-15 所示。

至今已有不少学者提出多种混凝土受压的应力-应变全曲线方程，其数学函数形式常有多项式、指数式、三角函数式和有理分式等，但通常采用分段式表达。

令

$$\begin{cases} y=\sigma/f_{\mathrm{pr}} \\ x=\varepsilon/\varepsilon_{\mathrm{pr}} \end{cases} \tag{4-9}$$

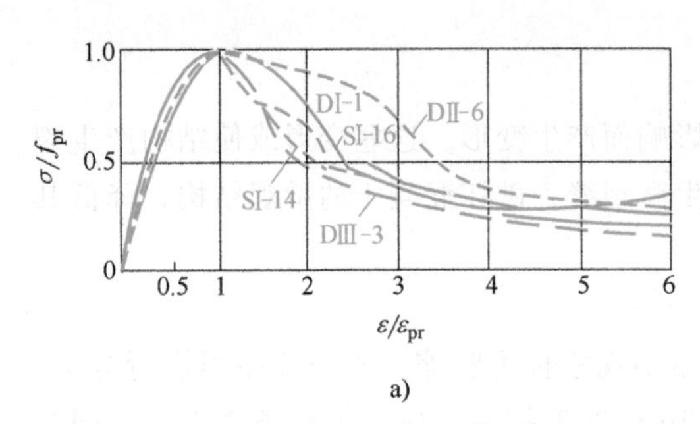

a)

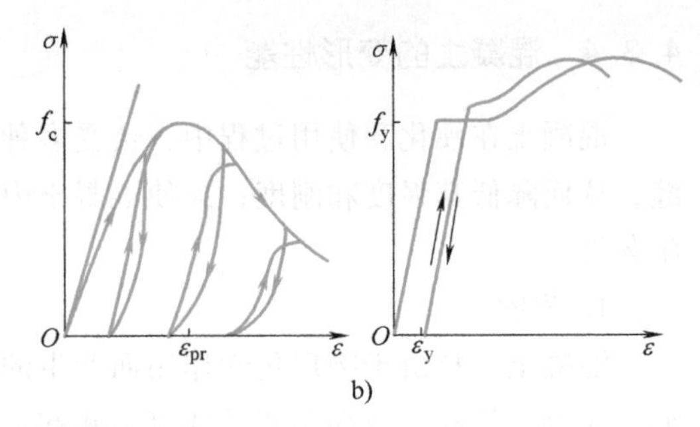

b)

图 4-15 混凝土的应力-应变全曲线

a）多种形式的应力-应变曲线 b）钢材混凝土的应力-应变曲线比较

则

$$\begin{cases} y=ax+(3-2a)x^2 & x\leqslant 1 \\ y=\dfrac{x}{a(x-1)^2+x} & x>1 \end{cases} \tag{4-10}$$

式中 f_{pr}——曲线峰点棱柱强度；

ε_{pr}——与 f_{pr} 相应的峰值应变；

a——初始切线模量和峰值割线模量的比值，$a=\left.\dfrac{\mathrm{d}y}{\mathrm{d}x}\right|_{x=0}=\left|\dfrac{\mathrm{d}\sigma/\mathrm{d}\varepsilon}{f_{pr}\varepsilon_{pr}}\right|=\dfrac{E_0}{E_p}$。对 C20～C40，$a=2.0$。

初始切线模量是应力-应变曲线原点处切线的斜率，不易测准。切线模量是该曲线上任意一点的切线斜率，但它仅适用于很小的荷载变化范围，割线弹性模量是应力-应变曲线上任一点与原点连线的斜率，表示选择点的实际变形，并且较易测准，常被工程采用。根据我国有关标准规定，取 40%轴心抗压强度应力下的割线模量作为混凝土弹性模量值，即

$$E_c=\frac{10^2}{2.2+\dfrac{34.7}{f_{cu}}} \tag{4-11}$$

式中 E_c——混凝土的弹性模量（kN/mm^2）；

f_{cu}——混凝土的强度等级值（N/mm^2）。

混凝土的弹性模量与其强度有关，强度越高，弹性模量越大。通常，C40 以下混凝土的弹性模量为（2.20～3.25）$\times 10^4$MPa，C40 及以上混凝土的弹性模量为（3.25～3.80）$\times 10^4$MPa。

3. 徐变

在持续的恒定荷载作用下，混凝土的变形随时间变化（见图 4-16）。从图中看出，混凝土在加荷后立即产生一个瞬时弹性变形，而后随时间增长，变形逐渐增大。这种在恒定荷载作用下依赖时间而增长的变形，称为徐变，又称蠕变。当卸荷时，混凝土立即产生一反向的瞬时弹性变形，称为瞬时恢复，其后还有一个随时间而减少的变形恢复，称为徐变恢复，也称弹性后效。最后残留不能恢复的变形称为残余变形。

混凝土徐变主要是水泥石的徐变，集料起限制作用。一般认为，混凝土徐变是由于水泥石中凝胶体在长期荷载作用下的黏性流动引起的。加载初期，由于毛细孔较多，凝胶体在荷载作用下移动，初期徐变增长较快，之后由于内部移动和水化的进展，毛细孔逐渐减少，同

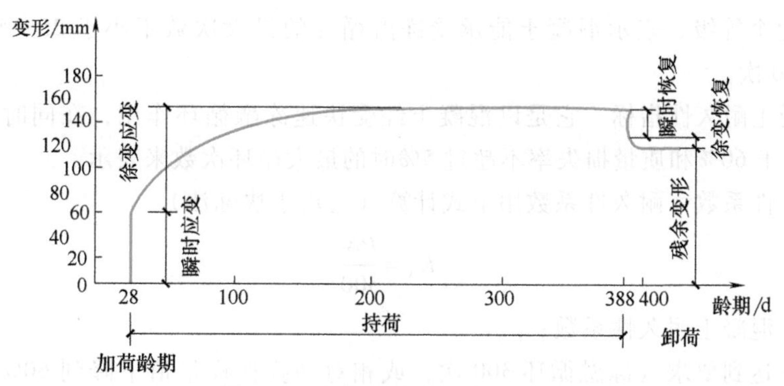

图 4-16　混凝土徐变与徐变恢复

时水化物结晶程度也不断提高，使得黏性流动困难，造成徐变越来越慢。混凝土徐变一般可达数年，其徐变应变值一般为 0.3~1.5mm/m。

对于水泥混凝土结构来说，徐变是一个很重要的性质。徐变可使钢筋混凝土构件截面中应力重新分布，从而消除或减少内部应力集中现象，对于大体积混凝土能消除一部分温度应力；但对于预应力混凝土构件，要求尽可能少的徐变值，这是由于徐变会造成预应力损失。

混凝土的
耐久性

4.3.5　混凝土耐久性

混凝土耐久性是指混凝土在实际使用条件下抵抗各种破坏因素作用，长期保持强度和外观完整性的能力。混凝土的耐久性是一个综合性指标，它包括的内容很多，如抗冻性、抗渗性、抗碳化性及抗碱-集料反应等。这些性能决定着混凝土经久耐用的程度。

1. 抗冻性

混凝土抗冻性是指混凝土在水饱和状态下经受多次冻融循环作用，能保持强度和外观完整性的能力。通常混凝土是多孔材料，毛细孔里的水分结冰时，体积会随之增大，需要空隙扩展冰水体积的 9%，或把多余的水沿试件边界排除，有时二者同时发生，否则冰晶将通过挤压毛细管壁或产生水压力使水泥浆体受损。这个过程所形成的水压力，其大小取决于结冰处至逸出边界的距离、材料的渗透性及结冰速率。经验表明，饱和的水泥浆体试件中，除非浆体里每个毛细孔距最近的逸出边界不超过 75~100μm，否则就会产生破坏压力，而这么小的间距可以通过掺用适当的引气剂来实现。需要注意的是，水泥浆基体引气的混凝土仍可能受到损伤，损伤是否会发生主要取决于集料对冰冻作用的反应，亦即取决于集料颗粒的孔隙大小、数量、连通性和渗透性。一般来说，在一定的孔径分布、渗透性、饱和度与结冰速率条件下，大颗粒集料可能会受冻害，但小颗粒的同种集料则不会。密实的混凝土和具有封闭孔隙的混凝土抗冻性较高。冻融是破坏混凝土最严重的因素之一，因此抗冻性是评定混凝土耐久性的主要指标之一。由于抗冻试验方法不同，试验结果评定指标也不相同。我国常采用的方法是慢冻法和快冻法，慢冻法采用气冻水融的循环制度，每次循环周期 8~12h；快冻法每次冻融循环所需时间只有 2~4h，特别适用于抗冻要求较高的混凝土。试验结果评定指标如下：

（1）抗冻标号（适于慢冻法）　它是以同时满足强度损失率不超过 25%、质量损失率不超过 5%时的最大循环次数来表示。混凝土抗冻标号有 F25、F50、F100、F150、F200、

F250、F300七个等级，表示混凝土能承受冻融循环的最大次数不小于25、50、100、150、200、250、300次。

（2）混凝土耐久性指标　它是以混凝土经受快速冻融循环作用，在同时满足相对动弹性模量值不小于60%和质量损失率不超过5%时的最大循环次数来表示。

（3）耐久性系数　耐久性系数用下式计算（适用于快冻法）

$$K_N = \frac{PN}{300} \tag{4-12}$$

式中　K_N——混凝土耐久性系数；

N——达到要求（冻融循环300次，或相对动弹性模量值下降到60%，或质量损失率达到5%，停止试验）的冻融循环次数；

P——经N次冻融循环的试件的相对动弹性模量值。

抗冻混凝土，应选用硅酸盐水泥或普通硅酸盐水泥，不宜使用火山灰硅酸盐水泥；宜用连续级配的粗集料，其含泥量不得大于1.0%，泥块含量不得大于0.5%；细集料含泥量不得大于3%，泥块含量不得大于1.0%。F100以上混凝土粗细集料应进行坚固性试验，并应掺引气剂。

2. 抗渗性

混凝土抗渗性是指混凝土抵抗压力水渗透的能力。混凝土渗透性主要是由内部孔隙形成连通渗水通道所致，因此，它直接影响混凝土抗冻性和抗侵蚀性。混凝土的渗透能力主要取决于水胶比（该比值决定了毛细孔的尺寸、体积和连通性）和最大集料粒径（影响粗集料和水泥浆体之间界面过渡区的微裂缝）。影响混凝土渗透性的因素与影响混凝土强度的因素有相似之处，这是由于强度和渗透性都是通过毛细管孔隙率而相互建立联系的。减小水泥浆体中大毛细管空隙（如大于100nm）的体积可以降低渗透性；采用低水胶比、充足的胶凝材料用量及正确的振捣和养护也可以降低渗透性。同样，适当地注意集料的粒径和级配、热收缩和干缩应变，过早加载或过载都是减少界面过渡区微裂缝的必要步骤，而界面过渡区的微裂缝正是施工现场的混凝土渗透性大的主要原因之一。最后，还应该注意流体流动途径的曲折程度也决定渗透性的大小，渗透性同时还受混凝土构件厚度的影响。

混凝土抗渗性用抗渗标号表示。它是以28d龄期的标准试件，按规定方法试验，所能承受的最大静水压力表示，有P2、P4、P6、P8、P10、P12六个标号，分别表示能抵抗0.2MPa、0.4MPa、0.6MPa、0.8MPa、1.0MPa、1.2MPa的静水压力而不渗透。抗渗混凝土最大水胶比要求见表4-29。

表4-29　抗渗混凝土最大水胶比要求

抗渗等级	C20~C30	>C30
P6	0.60	0.55
P8~P12	0.55	0.50
>P12	0.50	0.45

影响混凝土抗渗性的根本原因是孔隙率和空隙特征，混凝土孔隙率越低，连通孔越少，抗渗性越好。因此提高混凝土抗渗性的主要措施是降低水胶比，选择好的集料级配，充分振捣和养护，掺入引气剂和优质粉煤灰掺合料。

3. 抗碳化性

空气中的 CO_2 气体渗透到混凝土内，与其碱性物质起化学反应后生成碳酸盐和水，使混凝土碱度降低的过程，称为混凝土碳化，又称中性化。水泥水化生成大量的氢氧化钙，pH 为 12~13。碱性介质对钢筋有良好的保护作用，在钢筋表面生成难溶的 Fe_2O_3，称为钝化膜。碳化后，混凝土碱度降低，pH 为 8.5~10。混凝土失去对钢筋的保护作用，造成钢筋锈蚀。

在正常的大气介质中，混凝土的碳化深度可用下式表示

$$D = a\sqrt{t} \tag{4-13}$$

式中 D——碳化深度（mm）；

a——碳化速度系数，对普通混凝土 $a = \pm 2.32$；

t——碳化龄期（d）。

影响混凝土碳化的因素很多，不仅有材料、施工工艺、养护工艺，还有周围介质因素等，碳化作用只有在适宜的湿度下，才会较快进行。

4. 抗碱-集料反应

混凝土中的碱性氧化物（Na_2O 和 K_2O）与集料中二氧化硅成分发生化学反应时，由于所生成的物质不断膨胀，导致混凝土发生裂纹、崩裂和强度降低，甚至混凝土破坏的现象称为碱-集料反应（简称 AAR），一般分为碱-硅反应、碱-硅酸盐反应和碱-碳酸盐反应三种。

控制碱-集料反应的关键在于控制水泥及外加剂或掺合料的碱含量（一般每立方米混凝土碱含量不大于 0.75kg）和可溶型集料含量。

碱-集料反应引起混凝土膨胀、开裂，其主要特点如下：

1）碱-集料反应引起的混凝土开裂、剥落，在其周围往往聚集较多的白色浸出物，当钢筋锈蚀露出时，其附近有棕色沉淀物。从混凝土芯样看，集料周围有裂缝、反应环与白色胶状泌出物。

2）碱-集料反应产生裂缝的形貌与分布，与结构中钢筋的限制和约束作用有关，其裂缝往往发生在顺筋方向，裂缝呈龟背状或地图形状。

3）碱-集料反应引起的混凝土裂缝，往往发生在断面大的部位，或受雨水或渗水区段、受环境温度与湿度变化大的部位。对同一构件或结构，在潮湿部位出现裂缝且有白色沉淀物，而干燥部位无裂缝，应考虑碱-集料反应破坏。

4）碱-集料反应引起混凝土开裂速度和危害比其他耐久性因素引起的破坏快，且更为严重，一般不到 2 年就有明显裂缝出现。

5. 提高混凝土耐久性的措施

耐久性对混凝土工程具有非常重要的意义，若耐久性不足，将会产生极为严重的后果，甚至会对社会造成极为沉重的负担。影响混凝土耐久性的因素很多，各种因素间相互联系、错综复杂，主要包括前述的抗冻性、抗渗性、抗碳化性和抗碱-集料反应，此外还有温湿度变化、氯离子侵蚀、酸气（SO_2、NO_x）侵蚀、硫酸盐腐蚀、盐类侵蚀及施工质量等因素。

虽然混凝土在不同环境条件下的破坏过程各不相同，但是对于提高其耐久性的措施来说，却有许多共同之处。概括来说，以耐久性为主的混凝土配合比设计应考虑如下基本法则：

1）低用水量法则，是指在满足工作性条件下尽量减少用水量。用水量大时，混凝土的吸水率和渗透性增大，更易出现干缩裂缝，集料与水泥石界面黏结力减小，混凝土干湿体积变化率增大，抗风化能力降低。一般高耐久性混凝土的用水量要求不大于165kg/m^3。

2）低水泥用量法则，是指在满足混凝土工作性和强度的条件下，尽量减小水泥用量，这是提高混凝土体积稳定性和抗裂性的重要措施。

3）最大堆积密度法则，是指优化混凝土中集料的级配，获取最大堆积密度和最小空隙率，尽可能减少水泥浆用量，以达到降低砂率、减少用水量和水泥量的目的。

4）适当的水胶比法则。在一定范围内，混凝土的强度与拌合物的水胶比成正比，但是为了保证混凝土的抗裂性能，其水胶比应适当，不宜过小，否则易导致混凝土自身收缩增大。

5）活性掺合料与高效减水剂双掺法则。高耐久性混凝土的配制必须发挥活性掺合料与高效减水剂的叠加效应，以减少水泥用量和用水量，密实混凝土内部结构，使耐久性得以改善。

【工程实例分析4-3】 挪威海岸混凝土结构调查分析

现象：对挪威海岸有20~50年历史的混凝土结构的调查表明，在潮汛线下限以下及上限以上的混凝土支承桩，全都处于良好状态，而潮汛区只有约50%的桩处于良好状态。

原因分析：在海工混凝土中，在潮汐区，由于毛细管力的作用，海水沿混凝土内毛细管上升，并不断蒸发，导致盐类在混凝土中不断结晶和聚集，使混凝土开裂。干湿循环加剧了这种破坏作用，因此在高低潮位之间（潮汛区）的混凝土破坏特别严重，而完全浸在海水中，特别是在没有水压差情况下的混凝土，侵蚀却很小。

4.4 混凝土的质量控制与评定

混凝土材料是典型的多相复合材料，影响其性能的因素众多，因此，实际工程中的质量控制较为困难。为确保混凝土材料在工程中的质量稳定和性能可靠，应严格控制影响其质量的各种因素，如原材料、计量、搅拌、运输、成型、养护等。因为混凝土的实际性能是确定工程质量的最基本保障，所以对于已经生产或使用的混凝土，准确评定其质量状况则更为重要。评定混凝土质量最常用的指标是强度。

4.4.1 混凝土的质量控制

混凝土的质量控制包括初步控制、生产控制和合格控制。其中，初步控制主要包括组成材料的质量控制和混凝土配合比的确定与控制；生产控制主要包括生产过程中各组分的准确计量，混凝土拌合物的搅拌、运输、浇筑和养护等；合格控制主要包括按照生产批次对浇筑成型的混凝土的强度或其他性能指标进行检验评定和验收。

1. 强度分布规律——正态分布

影响混凝土强度的因素众多，如原材料因素、生产工艺因素、试验因素等，而且许多影响因素是随机的，因此混凝土的强度也呈现出一定幅度内的随机波动性。大量试验结果表明，混凝土强度的概率密度分布接近正态分布，如图 4-17 所示。以混凝土强度的平均值为对称轴，距离对称轴越远的强度值出现的概率越小，曲线与横轴包围的面积为 1。曲线高峰为混凝土强度平均值的概率密度。概率分布曲线窄而高，则说明混凝土的强度测定值比较集中，波动小，混凝土的均匀性好，施工水平较高；反之，如果曲线宽而扁，说明混凝土强度值离散性大，混凝土的质量不稳定，施工水平低。

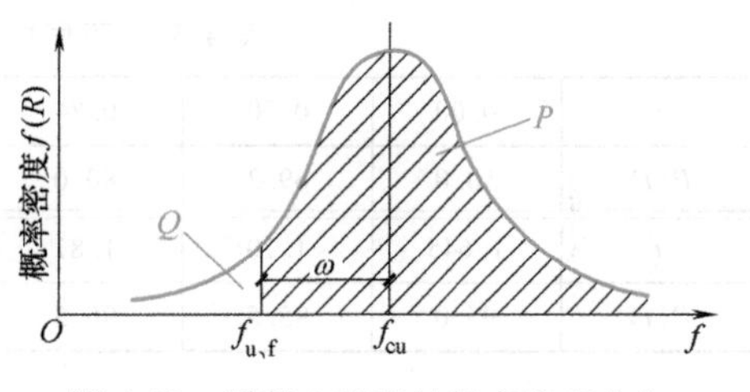

图 4-17　混凝土强度的概率密度分布

2. 强度平均值、标准差、变异系数

在生产中常用强度平均值、标准差、变异系数和强度保证率等参数来评定混凝土的质量。

强度平均值为预留的多组混凝土试块强度的算术平均值，按下式计算

$$\bar{f}_{cu}=\frac{1}{n}\sum_{i=1}^{n}f_{cu,i} \tag{4-14}$$

式中　n——预留混凝土试块组数（每组 3 块）；

$f_{cu,i}$——第 i 组试块的抗压强度（MPa）。

标准差又称均方差，其数值表示正态分布曲线上拐点至强度平均值（即对称轴）的距离，可用下式计算

$$\sigma=\sqrt{\frac{\sum_{i=1}^{n}n\bar{f}_{cu,i}^{2}}{n-1}} \tag{4-15}$$

变异系数又称离散系数，以强度标准差与强度平均值之比来表示，可用下式计算

$$C_v=\frac{\sigma}{\bar{f}_{cu}} \tag{4-16}$$

强度平均值只能反映强度整体的平均水平，而不能反映强度的实际波动情况。通常用标准差反映强度的离散程度，对于强度平均值相同的混凝土，标准差越小，则强度分布越集中，混凝土的质量越稳定，此时标准差的大小能准确地反映出混凝土质量的波动情况；但当强度平均值不等时，适用性较差。变异系数也能反映强度的离散程度，变异系数越小，说明混凝土的质量水平越稳定，对于强度平均值不同的混凝土之间可用该指标判断其质量波动情况。

3. 强度保证率

强度保证率是指混凝土的强度值在总体分布中大于强度设计值的概率，可用图 4-17 中的阴影部分的面积表示。《普通混凝土配合比设计规程》（JGJ 55—2011）规定，工业与民用建筑及一般构筑物所用混凝土的保证率不低于 95%。一般先通过变量 $t=\frac{\bar{f}_{cu}-f_{cu,k}}{\sigma}$ 将混凝土强度的概率分布曲线转化为标准正态分布曲线，再通过标准正态分布方程 $P(t)=\int_{t}^{+\infty}\varphi(t)\mathrm{d}t=\frac{1}{\sqrt{2\pi}}\int_{t}^{+\infty}\mathrm{e}^{-\frac{t^2}{2}}\mathrm{d}t$，求得强度保证率，其中概率度 t 与保证率 $P(t)$ 的关系见表 4-30。

表 4-30　不同概率度 t 对应的强度保证率 $P(t)$

t	0.00	0.50	0.84	1.00	1.20	1.28	1.40	1.60
$P(t)$	50.0	69.2	80.0	84.1	88.5	90.0	91.9	94.5
t	1.645	1.70	1.81	1.88	2.00	2.05	2.33	3.00
$P(t)$	95.0	95.5	96.5	97.0	97.7	99.0	99.4	99.87

在《混凝土强度检验评定标准》（GB/T 50107—2010）中，根据混凝土的强度等级、标准差和保证率，可将混凝土的生产管理水平分为优良、一般和差三个级别，具体指标见表 4-31。

表 4-31　混凝土的生产管理水平

评定标准	生产场所	强度等级					
		优良		一般		差	
		<C20	≥C20	<C20	≥C20	<C20	≥C20
混凝土强度标准差 σ/MPa	商品混凝土公司和预制混凝土构件厂	≤3.0	≤3.5	≤4.0	≤5.0	>4.0	>5.0
	集中搅拌混凝土的施工现场	≤3.5	≤4.0	≤4.5	≤5.5	>4.5	>5.5
强度不低于要求强度等级的百分率 P(%)	商品混凝土公司、预制混凝土构件厂及集中搅拌混凝土的施工现场	≥95		>85		≤85	

4. 设计强度、配制强度、标准差及强度保证率的关系

根据正态分布的相关知识可知，当所配制的混凝土强度平均值等于设计强度时，其强度保证率仅为 50%，显然不能满足要求，会造成极大的工程隐患。因此，为了达到较高的强度保证率，要求混凝土的配制强度 $f_{cu,0}$ 必须高于设计强度等级 $f_{cu,k}$。

由 $t=\dfrac{\bar{f}_{cu}-f_{cu,k}}{\sigma}$ 可得，$\bar{f}_{cu}=f_{cu,k}+t\sigma$。令混凝土的配制强度等于平均强度，即 $f_{cu,0}=\bar{f}_{cu}$，则可得下式

$$f_{cu,0}=f_{cu,k}+t\sigma \tag{4-17}$$

式（4-17）中，概率度 t 的取值与强度保证率 $P(t)$ 一一对应，其值通常根据要求的保证率查表 4-30 获得。强度标准差 σ 一般由混凝土生产单位依据以往积累的资料经统计计算获得，当无历史资料或资料不足时，可根据以下情况参考取值：

1）混凝土设计强度等级低于 C20 时，$\sigma=4.0$。

2）混凝土设计强度等级为 C20～C35 时，$\sigma=5.0$。

3）混凝土设计强度等级高于 C35 时，$\sigma=6.0$。

《普通混凝土配合比设计规程》规定，混凝土配制强度应按下式计算

$$f_{cu,0}\geqslant f_{cu,k}+1.645\sigma \tag{4-18}$$

在混凝土设计强度确定的前提下，保证率和标准差决定了配制强度的高低，保证率越高，强度波动性越大，则配制强度越高。

4.4.2 混凝土的质量评定

混凝土的质量评定主要是指其强度的检测评定，通常是以抗压强度作为主控指标。留置试块用的混凝土应在浇筑地点随机抽取且应具有代表性，取样频率及数量、试件尺寸大小、成型方法、养护条件、强度测试及强度代表值的取定等，均应符合现行国家标准的有关规定。

根据《混凝土强度检验评定标准》的规定，混凝土的强度应按照批次分批检验，同一个批次的混凝土应满足强度等级相同、生产工艺条件相同、龄期相同及混凝土配合比基本相同的要求。目前，常用评定混凝土强度合格性的主要方法有统计方法和非统计方法两种。

（1）统计方法　商品混凝土公司、预制混凝土构件厂家及采用现场集中搅拌混凝土的施工单位所生产的混凝土强度一般采用该种方法来评定。

根据混凝土生产条件不同，利用该方法进行混凝土强度评定时，应视具体情况按下述两种情况分别进行。

1）标准差已知。当一定时期内混凝土的生产条件较为一致，且同一品种的混凝土强度变异性较小时，可以把每批混凝土的强度标准差 σ_0 作为常数来考虑。进行强度评定，一般用连续的三组或三组以上的试块组成一个验收批，且其强度应同时满足下列要求。

$$f_{cu} \geqslant f_{cu,k} + 0.7\sigma_0 \tag{4-19}$$

$$f_{cu,min} \geqslant f_{cu,k} - 0.7\sigma_0 \tag{4-20}$$

$$f_{cu,min} \geqslant 0.85 f_{cu,k}（当混凝土强度等级 \leqslant C20 时） \tag{4-21}$$

$$或 f_{cu,min} \geqslant 0.9 f_{cu,k}（当混凝土强度等级 > C20 时） \tag{4-22}$$

式中　$f_{cu,k}$——同一验收批的混凝土立方体抗压强度的标准值（MPa）；

$f_{cu,min}$——同一验收批的混凝土立方体抗压强度的最小值（MPa）；

σ_0——同一验收批的混凝土立方体抗压强度的标准差（MPa）。

其中，强度标准差 σ_0 应根据前一个检验期（不应超过 3 个月）内同一品种混凝土的强度数据按下式确定

$$\sigma_0 = \frac{0.59}{m} \sum_{i=1}^{m} \Delta f_{cu,i} \tag{4-23}$$

式中　m——前一检验期内用来确定强度标准差的总批数（$m \geqslant 15$）；

$\Delta f_{cu,i}$——统计期内，第 i 验收批混凝土立方体抗压强度代表值中最大值与最小值之差（MPa）。

2）标准差未知。当混凝土的生产条件不稳定，且混凝土强度的变异性较大，或没有能够积累足够的强度数据用来确定验收批混凝土立方体抗压强度的标准差时，应利用不少于 10 组的试块组成一个验收批，进行混凝土强度的评定。其强度代表值必须同时满足式（4-24）与式（4-25）的要求。

$$f_{cu,m} - \lambda_1 S_{f_{cu}} \geqslant 0.9 f_{cu,k} \tag{4-24}$$

$$f_{cu,min} \geqslant \lambda_2 f_{cu,k} \tag{4-25}$$

式中　$f_{cu,m}$——同一验收批的混凝土立方体抗压强度的平均值（MPa）；

λ_1、λ_2——两个合格判定系数，应根据留置的试件组数来确定，具体取值见表 4-32；

$S_{f_{cu}}$——验收批内混凝土立方体抗压强度的标准差（MPa）。

表 4-32 混凝土强度的合格判定系数

试件组数	10~14	15~24	≥25
λ_1	1.70	1.65	1.60
λ_2	0.90	0.85	0.85

(2) 非统计方法　非统计方法主要用于评定现场搅拌批量不大或小批量生产的预制构件所需的混凝土。当同一批次的混凝土留置试块组数少于9时，进行混凝土强度评定，其强度值应同时满足式（4-26）与式（4-27）的要求。

$$f_{cu,m} \geqslant 1.15 f_{cu,k} \tag{4-26}$$

$$f_{cu,min} \geqslant 0.95 f_{cu,k} \tag{4-27}$$

由于缺少相应的统计资料，非统计方法的准确性较差，因此对混凝土强度的要求更为严格，在生产实际中应根据具体情况选用适当的评定方法。对于用判定为不合格的混凝土浇筑的构件或结构应进行工程实体鉴定和处理。

(3) 混凝土的无损检测　混凝土的无损检测技术是指不破坏结构构件，而通过测定与混凝土性能有关的物理量来推定混凝土强度、弹性模量及其他性能的测试技术。最常用到的是回弹法和超声法。回弹法是指用一定冲击动能冲击混凝土表面，利用混凝土表面硬度与回弹值的函数关系来推算混凝土强度的方法，通常采用混凝土回弹仪进行测定。超声法是指通过超声波（纵波）在混凝土中传播的不同波速来反映混凝土的质量，对于混凝土内部缺陷则利用超声波在混凝土中传播的“声时-振幅-波形”三个声学参数综合判断其内部缺陷情况，通常采用混凝土超声仪进行检测。

4.5 普通混凝土的配合比设计

混凝土配合比是指根据工程要求、结构形式和施工条件来确定混凝土各组分的比例关系。它是混凝土工艺中最主要的项目之一，是能生产出优质且经济的混凝土最基本的前提。

4.5.1 混凝土质量的基本要求

混凝土配合比设计，是根据原材料的技术性能及施工条件，合理选择原材料，并确定出能够满足工程所要求的技术经济指标的各项组成材料的用量。

混凝土配
合比设计的
基本要求

混凝土配合比设计要满足工程对混凝土质量的基本要求：

1）使混凝土拌合物具有与施工条件相适应的良好的工作性。

2）硬化后的混凝土应具有工程设计要求的强度等级。

3）混凝土必须具有适合于使用环境条件下的使用性能和耐久性。

4）在满足上述条件下，要最大限度地节约水泥，降低造价。

4.5.2 混凝土配合比设计的基本资料

混凝土配合比一般采用质量比表达，即以1m³混凝土所用水泥 C、掺合料 F、细集料 S、粗集料 G 和水 W 的实际用量（kg）表示，也可将水泥（或胶凝材料）质量设为1来表示其他组分用量的相对关系。

1. 三个基本参数

混凝土配合比设计，实质上就是确定四项材料用量之间的三个比例关系，即水与胶凝材料（水泥与掺合料之和）之间的比例关系（用水胶比 W/B 来表示）、砂与石子之间的比例关系（用砂率 S_p 来表示）及水泥浆与集料之间的比例关系（用 $1m^3$ 混凝土的用水量 W 来反映）。若这三个比例关系已定，混凝土的配合比就确定了。

2. 基本资料

在进行混凝土配合比设计时，事先明确的基本资料如下：

1）混凝土设计要求的强度等级。

2）工程所处环境及耐久性要求（如抗渗等级、抗冻等级等）。

3）混凝土结构类型。

4）施工条件，包括施工质量管理水平及施工方法，如强度标准差的统计资料、混凝土拌合物应采用的坍落度。

5）各项原材料的性质及技术指标，如水泥、掺合料的品种及等级，集料的种类、级配，砂的细度模数，石子的最大粒径，各项材料的密度、表观密度及体积密度等。

4.5.3 混凝土配合比设计的基本原则

混凝土配合比设计应满足混凝土配制强度、拌合物性能、力学性能、长期性能和耐久性能的设计要求。混凝土拌合物性能、力学性能、长期性能和耐久性能的试验方法应分别符合《普通混凝土拌合物性能试验方法标准》（GB/T 50080—2016）、《混凝土物理力学性能试验方法标准》（GB/T 50081—2019）和《普通混凝土长期性能和耐久性能试验方法标准》（GB/T 50082—2009）的规定。

1. 配合比设计基本原则

1）在同时满足强度等级、耐久性条件下，取水胶比较大值。在组成材料一定的情况下，水胶比对混凝土的强度和耐久性起着关键性作用。在满足混凝土强度与耐久性要求的前提下，为了节约胶凝材料，可采用较大的水胶比。

2）在符合坍落度要求的条件下，取单位用水量较小值。在水胶比一定的条件下，单位用水量是影响混凝土拌合物流动性的主要因素，单位用水量可根据施工要求的流动性及粗集料的最大粒径来确定。在满足施工要求的流动性前提下，单位用水量取较小值，如以较小的水泥浆数量就能满足和易性的要求，则具有较好的经济性。

3）在满足黏聚性要求的条件下，取砂率较小值。砂率对混凝土拌合物的和易性，特别是其中的黏聚性和保水性有很大影响，适当提高砂率有利于保证混凝土的黏聚性和保水性。在保证混凝土拌合物和易性的前提下，从降低成本方面考虑，可选用较小的砂率。

2. 配合比耐久性设计基本规定

1）最大水胶比。混凝土的最大水胶比应符合《混凝土结构设计规范》（2015年版）（GB 50010—2010）的规定。控制水胶比是保证耐久性的重要手段，水胶比是配合比设计的首要参数。规范对不同环境条件的混凝土最大水胶比进行了规定，见表4-33。环境类别的划分见表4-34。

表 4-33 不同环境条件下混凝土的最大水胶比

环境类别	一	二 a	二 b	三
最大水胶比	0.65	0.60	0.55	0.50

表 4-34 环境类别的划分

环境类别	条 件
一	室内正常环境
二 a	室内潮湿环境；非严寒和非寒冷地区的露天环境、与无侵蚀性的水或土壤直接接触的环境
二 b	严寒和寒冷地区的露天环境、与无侵蚀性的水或土壤直接接触的环境
三	使用除冰盐的环境；严寒和寒冷地区冬季水位变动的环境；滨海室外环境
四	海水环境
五	受人为或自然的侵蚀性物质影响的环境

2）最小胶凝材料用量。混凝土的最小胶凝材料用量应符合表 4-35 的规定，配制 C15 及其以下强度等级的混凝土，可不受表 4-35 的限制。在满足最大水胶比的条件下，最小胶凝材料用量是满足混凝土施工性能和掺加矿物掺合料后满足混凝土耐久性的胶凝材料用量。

表 4-35 混凝土的最小胶凝材料用量

最大水胶比	最小胶凝材料用量/(kg/m^3)		
	素混凝土	钢筋混凝土	预应力混凝土
0.60	250	280	300
0.55	280	300	300
0.50	320		
≤0.45	330		

3）矿物掺合料最大掺量。矿物掺合料在混凝土中的掺量应通过试验确定。钢筋混凝土中矿物掺合料最大掺量宜符合表 4-36 的规定，预应力混凝土中矿物掺合料最大掺量宜符合表 4-37 的规定。对基础大体积混凝土，粉煤灰、粒化高炉矿渣粉和复合掺合料的最大掺量可增加 5%。采用掺量大于 30%的 C 类粉煤灰的混凝土应以实际使用的水泥和粉煤灰掺量进行安定性检验。

表 4-36 钢筋混凝土中矿物掺合料的最大掺量

矿物掺合料的种类	水胶比	最大掺量(%)	
		硅酸盐水泥	普通硅酸盐水泥
粉煤灰	≤0.40	≤45	≤35
	>0.40	≤40	≤30
粒化高炉矿渣粉	≤0.40	≤65	≤55
	>0.40	≤55	≤45
钢渣粉	—	≤30	≤20
磷渣粉	—	≤30	≤20

（续）

矿物掺合料的种类	水胶比	最大掺量（%）	
		硅酸盐水泥	普通硅酸盐水泥
硅灰	—	≤10	≤10
复合掺合料	≤0.40	≤60	≤50
	>0.40	≤50	≤40

注：1. 采用其他通用硅酸盐水泥时，宜将水泥混合材料掺量20%以上的混合材料量计入矿物掺合料。

2. 复合掺合料各组分的掺量不宜超过单掺时的最大掺量。

3. 在混合使用两种或两种以上矿物掺合料时，矿物掺合料总掺量应符合表中复合掺合料的规定。

表4-37　预应力混凝土中矿物掺合料的最大掺量

矿物掺合料的种类	水胶比	最大掺量（%）	
		硅酸盐水泥	普通硅酸盐水泥
粉煤灰	≤0.40	≤35	≤30
	>0.40	≤25	≤20
粒化高炉矿渣粉	≤0.40	≤55	≤45
	>0.40	≤45	≤35
钢渣粉	—	≤20	≤10
磷渣粉	—	≤20	≤10
硅灰	—	≤10	≤10
复合掺合料	≤0.40	≤50	≤40
	>0.40	≤40	≤30

注：1. 采用其他通用硅酸盐水泥时，宜将水泥混合材料掺量20%以上的混合材料量计入矿物掺合料。

2. 复合掺合料各组分的掺量不宜超过单掺时的最大掺量。

3. 在混合使用两种或两种以上矿物掺合料时，矿物掺合料的总掺量应符合表中复合掺合料的规定。

规定矿物掺合料的最大掺量主要是为了保证混凝土的耐久性。矿物掺合料在混凝土中的实际掺量是通过试验确定的，在本书的配合比调整和确定步骤中规定了耐久性试验验证，以确保满足工程设计提出的混凝土耐久性要求。当采用超出表4-36和表4-37给出的矿物掺合料的最大掺量时，需要对混凝土性能进行全面试验论证，证明结构混凝土安全性和耐久性可以满足设计要求后，才能够采用。

4）水溶性氯离子最大含量。混凝土拌合物中水溶性氯离子最大含量应符合表4-38的要求。混凝土拌合物中水溶性氯离子含量应按照《水运工程混凝土试验规程》（JTJ 270—98）中混凝土拌合物中氯离子含量的快速测定方法进行测定。按环境条件影响氯离子引起钢筋锈蚀的程度简明地分为四类，并规定了各类环境条件下的混凝土中氯离子最大含量。采用测定混凝土拌合物中氯离子的方法，与测试硬化后混凝土中氯离子的方法相比，时间大大缩短，有利于配合比设计和控制。表4-38中的氯离子含量是相对混凝土中水泥用量的百分比，与控制氯离子相对混凝土中胶凝材料用量的百分比相比，偏于安全。

表 4-38 混凝土拌合物中水溶性氯离子最大含量

环境条件	水溶性氯离子最大含量(水泥用量的质量百分比,%)		
	钢筋混凝土	预应力混凝土	素混凝土
干燥环境	0.30	0.06	1.00
潮湿但不含氯离子的环境	0.20		
潮湿而含有氯离子的环境、盐渍土环境	0.10		
除冰盐等侵蚀性物质的腐蚀环境	0.06		

5）最小含气量。长期处于潮湿或水位变动的寒冷和严寒环境、盐冻环境的混凝土应掺用引气剂。引气剂掺量应根据混凝土含气量要求经试验确定。掺用引气剂的混凝土最小含气量应符合表 4-39 的规定，最大不宜超过 7.0%。掺加适量引气剂有利于混凝土的耐久性，尤其对于有较高抗冻要求的混凝土，掺加引气剂可以明显提高混凝土的抗冻性能。引气剂掺量要适当，引气量太少，作用不够；引气量太多，混凝土强度损失较大。

表 4-39 掺用引气剂的混凝土最小含气量

粗集料的最大公称粒径/mm	混凝土的最小含气量(%)	
	潮湿或水位变动的寒冷和严寒环境	盐冻环境
40.0	4.5	5.0
25.0	5.0	5.5
20.0	5.5	6.0

注：含气量为气体占混凝土体积的百分比。

6）最大碱含量。对于有预防混凝土碱-集料反应设计要求的工程，混凝土中最大碱含量不应大于 3.0kg/m^3，并宜掺用适量粉煤灰等矿物掺合料。掺加适量粉煤灰和粒化高炉矿渣粉等矿物掺合料，对预防混凝土碱-集料反应具有重要意义。混凝土中碱含量是测定的混凝土各原材料碱含量计算之和，而实测的粉煤灰和粒化高炉矿渣粉等矿物掺合料碱含量并不是参与碱-集料反应的有效碱含量，对于矿物掺合料中有效碱含量，粉煤灰碱含量取实测值的 1/6，粒化高炉矿渣粉碱含量取实测值的 1/2。

4.5.4 混凝土配合比设计的步骤

混凝土配合比是指 1m^3 混凝土中各组成材料的用量，或各组成材料的质量比。设计应遵循的基本标准是《普通混凝土配合比设计规程》，此外还应该满足国家标准对于混凝土拌合物性能、力学性能、长期性能和耐久性能的相关规定。

1. 混凝土配制强度的确定

1）混凝土配制强度应按下列规定确定：当混凝土的设计强度等级小于 C60 时，配制强度应按式（4-18）计算；当设计强度等级大于或等于 C60 时，配制强度应按式（4-28）计算。

$$f_{cu,0} \geqslant 1.15 f_{cu,k} \tag{4-28}$$

2）混凝土强度标准差应按照下列规定确定：当具有近 1~3 个月的同一品种、同一强度等级混凝土的强度资料时，其混凝土强度标准差 σ 应按下式计算

$$\sigma = \sqrt{\frac{\sum_{i=1}^{n} f_{cu,i}^{2} - n f_{cu,m}^{2}}{n-1}} \tag{4-29}$$

式中　σ——混凝土强度标准差；

$f_{cu,i}$——第 i 组的试件强度（MPa）；

$f_{cu,m}$——n 组试件的强度平均值（MPa）；

n——试件组数，n 值应大于或等于 30。

对于强度等级不大于 C30 的混凝土，当 σ 计算值不小于 3.0MPa 时，应按式（4-29）计算结果取值；当 σ 计算值小于 3.0MPa 时，σ 应取 3.0MPa。对于强度等级大于 C30 且小于 C60 的混凝土：当 σ 计算值不小于 4.0MPa 时，应按式（4-29）计算结果取值；当 σ 计算值小于 4.0MPa 时，σ 应取 4.0MPa。

当没有近期的同一品种、同一强度等级混凝土强度资料时，其强度标准差 σ 可按表 4-40 取值。

表 4-40　强度标准差 σ 值　（单位：MPa）

混凝土强度标准差	≤C20	C25～C45	C50～C55
σ	4.0	5.0	6.0

2. 水胶比的计算

混凝土强度等级不大于 C60 时，配制强度应按式（4-18）计算，混凝土水胶比宜按下式计算

$$W/B = \frac{\alpha_a f_b}{f_{cu,0} + \alpha_a \alpha_b f_b} \tag{4-30}$$

式中　W/B——混凝土水胶比；

α_a、α_b——回归系数，可按表 4-41 取值；

f_b——胶凝材料（水泥与矿物掺合料按使用比例混合）28d 胶砂强度（MPa）。

f_b 的试验方法应按现行国家标准《水泥胶砂强度检验方法（ISO 法）》执行，当无实测值时，可按下式计算

$$f_b = \gamma_f \gamma_s f_{ce} \tag{4-31}$$

式中　γ_f、γ_s——粉煤灰影响系数和粒化高炉矿渣粉影响系数，可按表 4-42 选用；

f_{ce}——水泥 28d 胶砂抗压强度（MPa），可实测，也可计算。

表 4-41　回归系数 α_a、α_b 的选用

回归系数	碎石	卵石
α_a	0.53	0.49
α_b	0.20	0.13

表 4-42　粉煤灰与粒化高炉矿渣粉影响系数

掺量(%)	粉煤灰影响系数 γ_f	粒化高炉矿渣粉影响系数 γ_s
0	1.00	1.00

（续）

掺量(%)	粉煤灰影响系数 γ_f	粒化高炉矿渣粉影响系数 γ_s
10	0.90~0.95	1.00
20	0.80~0.85	0.95~1.00
30	0.70~0.75	0.90~1.00
40	0.60~0.65	0.80~0.90
50	—	0.70~0.85

注：1. 采用Ⅰ级、Ⅱ级粉煤灰宜取上限值。

2. 采用S75级粒化高炉矿渣粉宜取下限值，采用S95级粒化高炉矿渣粉宜取上限值，采用S105级粒化高炉矿渣粉可取上限值加0.05。

3. 当超出表中的掺量时，粉煤灰和粒化高炉矿渣粉影响系数应经试验确定。

当水泥28d胶砂抗压强度（f_{ce}）无实测值时，可按下式计算

$$f_{ce}=\gamma_c f_{ce,g} \tag{4-32}$$

式中 γ_c——水泥强度等级值的富余系数，可按实际统计资料确定，当缺乏实际统计资料时，也可按表4-43选用；

$f_{ce,g}$——水泥强度等级值（MPa）。

表4-43 水泥强度等级值的富余系数 γ_c

水泥强度等级值	32.5	42.5	52.5
富余系数	1.12	1.16	1.10

3. 用水量和外加剂用量的计算

1）混凝土水胶比为0.40~0.80时，每立方米干硬性或塑性混凝土的用水量（m_{w0}）可按表4-44和表4-45选用。当混凝土水胶比小于0.40时，可通过试验确定。

表4-44 干硬性混凝土的用水量 （单位：kg/m³）

拌合物稠度		卵石最大公称粒径/mm			碎石最大公称粒径/mm		
项目	指标	10.0	20.0	40.0	16.0	20.0	40.0
维勃稠度/s	16~20	175	160	145	180	170	155
	11~15	180	165	150	185	175	160
	5~10	185	170	155	190	180	165

表4-45 塑性混凝土的用水量 （单位：kg/m³）

拌合物稠度		卵石最大公称粒径/mm				碎石最大公称粒径/mm			
项目	指标	10.0	20.0	31.5	40.0	16.0	20.0	31.5	40.0
坍落度/mm	10~30	190	170	160	150	200	185	175	165
	35~50	200	180	170	160	210	195	185	175
	55~70	210	190	180	170	220	105	195	185
	75~90	215	195	185	175	230	215	205	195

注：1. 本表用水量是采用中砂时的取值。采用细砂时，每立方米混凝土用水量可增加5~10kg；采用粗砂时，可减少5~10kg。

2. 掺用矿物掺合料和外加剂时，用水量应相应调整。

2）掺外加剂时，每立方米流动性或大流动性混凝土的用水量（m_{w0}）可按下式计算

$$m_{w0}=m'_{w0}(1-\beta) \tag{4-33}$$

式中 m_{w0}——满足实际坍落度要求的每立方米混凝土用水量（kg/m^3）；

m'_{w0}——未掺外加剂时推定的满足实际坍落度要求的每立方米混凝土用水量（kg/m^3）；

β——外加剂的减水率（%），应经混凝土试验确定。

以表 4-45 中 90mm 坍落度的用水量为基础，按每增大 20mm 坍落度相应增加 $5kg/m^3$ 用水量来计算，当坍落度增大到 180mm 以上时，随坍落度相应增加的用水量可减少。

每立方米混凝土中外加剂用量（m_{a0}）应按下式计算

$$m_{a0}=m_{b0}\beta_a \tag{4-34}$$

式中 m_{a0}——每立方米混凝土中外加剂用量（kg/m^3）；

m_{b0}——计算配合比每立方米混凝土中胶凝材料用量（kg/m^3）；

β_a——外加剂掺量（%），应经混凝土试验确定。

4. 胶凝材料、矿物掺合料与水泥用量的计算

每立方米混凝土的胶凝材料用量（m_{b0}）应按下式计算

$$m_{b0}=\frac{m_{w0}}{W/B} \tag{4-35}$$

式中 m_{b0}——计算配合比每立方米混凝土中胶凝材料用量（kg/m^3）；

m_{w0}——计算配合比每立方米混凝土的用水量（kg/m^3）。

每立方米混凝土的矿物掺合料用量（m_{f0}）应按下式计算

$$m_{f0}=m_{b0}\beta_f \tag{4-36}$$

式中 m_{f0}——计算配合比每立方米混凝土中矿物掺合料用量（kg/m^3）；

β_f——矿物掺合料掺量（%），可结合表 4-36 与表 4-37 的规定确定。

每立方米混凝土的水泥用量（m_{c0}）应按下式计算

$$m_{c0}=m_{b0}-m_{f0} \tag{4-37}$$

式中 m_{c0}——计算配合比每立方米混凝土中水泥用量（kg/m^3）。

5. 砂率的计算

砂率 β_s 应根据集料的技术指标、混凝土拌合物性能和施工要求，参考既有历史资料确定。当缺乏砂率的历史资料时，混凝土砂率的确定应符合下列规定：

1）坍落度小于 10mm 的混凝土，其砂率应经试验确定。

2）坍落度为 10~60mm 的混凝土，其砂率可根据粗集料品种、最大公称粒径及水胶比按表 4-46 选取。

3）坍落度大于 60mm 的混凝土，其砂率可经试验确定，也可在表 4-46 的基础上，按坍落度每增大 20mm、砂率增大 1%的幅度予以调整。

表 4-46 混凝土的砂率 （%）

水胶比 W/B	卵石最大公称粒径/mm			碎石最大公称粒径/mm		
	10.0	20.0	40.0	16.0	20.0	40.0
0.40	26~32	25~31	24~30	30~35	29~34	27~32

（续）

水胶比 W/B	卵石最大公称粒径/mm			碎石最大公称粒径/mm		
	10.0	20.0	40.0	16.0	20.0	40.0
0.50	30~35	29~34	28~33	33~38	32~37	30~35
0.60	33~38	32~37	31~36	36~41	35~40	33~38
0.70	36~41	35~40	34~39	39~44	38~43	36~41

注：1. 本表数值是中砂的选用砂率，对细砂或粗砂，可相应地减少或增大砂率。

2. 采用人工砂配制混凝土时，砂率可适当增大；只用一个单粒级粗集料配制混凝土时，砂率应适当增大。

6. 粗、细集料用量的计算

（1）质量法　采用质量法计算粗、细集料用量时，应按式（4-38）与式（4-39）计算。

$$m_{f0}+m_{c0}+m_{g0}+m_{s0}+m_{w0}=m_{cp} \tag{4-38}$$

$$\beta_s=\frac{m_{s0}}{m_{g0}+m_{s0}}\times100\% \tag{4-39}$$

式中　m_{g0}——每立方米混凝土的粗集料用量（kg/m^3）；

m_{s0}——每立方米混凝土的细集料用量（kg/m^3）；

m_{w0}——每立方米混凝土的用水量（kg/m^3）；

β_s——砂率（%）；

m_{cp}——每立方米混凝土拌合物的假定质量（kg/m^3），可取 2350~2450kg/m^3。

（2）体积法　当采用体积法计算混凝土配比时，砂率应按式（4-39）计算，粗、细集料用量应按式（4-40）计算

$$\frac{m_{c0}}{\rho_c}+\frac{m_{f0}}{\rho_f}+\frac{m_{g0}}{\rho_g}+\frac{m_{s0}}{\rho_s}+\frac{m_{w0}}{\rho_w}+0.01\alpha=1 \tag{4-40}$$

式中　ρ_c——水泥密度（kg/m^3），应按《水泥密度测定方法》（GB/T 208—2014）测定，也可取 2900~3100kg/m^3；

ρ_f——矿物掺合料密度（kg/m^3），可按《水泥密度测定方法》测定；

ρ_g——粗集料的表观密度（kg/m^3），应按《普通混凝土用砂、石质量及检验方法标准》（JGJ 52—2006）测定；

ρ_s——细集料的表观密度（kg/m^3），应按《普通混凝土用砂、石质量及检验方法标准》测定；

ρ_w——水的密度（kg/m^3），可取 1000kg/m^3；

α——混凝土的含气量百分数，在不使用引气型外加剂时，α 可取为 1。

4.5.5　混凝土配合比的试配、调整与确定

1. 配合比的试配

混凝土试配应采用强制式搅拌机，搅拌机应符合《混凝土试验用搅拌机》（JG/T 244—2009）的规定，搅拌方法宜与施工采用的方法相同。实验室成型条件应符合《普通混凝土拌合物性能试验方法标准》的规定。每个混凝土配合比的试配最小搅拌量应符合表 4-47 的规定，并不应小于搅拌机公称容量的 1/4 且不应大于搅拌机公称容量。

在计算配合比的基础上进行试拌。计算水胶比宜保持不变，通过调整砂率和外加剂掺量等参数，使混凝土拌合物能符合设计和施工要求。具体地，当坍落度过小时，可以略微增大砂率或者保持水胶比不变的情况下，略微增加用水量和胶凝材料用量；当坍落度过大时，可以减小砂率或者保持水胶比不变的情况下，略微增加砂与石子的量；当坍落度符合要求，但混凝土的黏聚性和保水性不好时，可以适当增大砂率，减小粗集料最大粒径，或使用更细一些的砂，重新称料试配。通过试配，修正计算配合比，提出满足工作性要求的试拌配合比。

表 4-47　混凝土试配的最小搅拌量

粗集料最大公称粒径/mm	最小搅拌的拌合物量/L
31.5	20
40.0	25

在试拌配合比的基础上，进行混凝土强度校核试验，并应符合下列规定：

1）应至少采用三个不同的配合比。当采用三个不同的配合比时，其中一个应为前述的试拌配合比，另外两个配合比的水胶比宜较试拌配合比分别增加和减少 0.05，用水量应与试拌配合比相同，砂率可分别增加和减少 1%。

2）进行混凝土强度试验时，应继续保持拌合物性能符合设计和施工要求。

3）进行混凝土强度试验时，每个配合比至少制作一组试件，标准养护到 28d 或设计规定龄期时试压。

2. 配合比的调整与确定

配合比调整应符合下述规定：

1）根据前述混凝土强度试验结果，绘制强度和胶水比的线性关系图或插值法确定略大于配制强度的强度对应的胶水比，强度与胶水比关系示意图如图 4-18 所示。

2）在试拌配合比的基础上，用水量（m_w）和外加剂用量（m_a）应根据确定的水胶比做调整。

3）胶凝材料用量（m_b）应以用水量乘以确定的胶水比计算得出。

4）粗集料和细集料用量（m_g 和 m_s）应在用水量和胶凝材料用量进行调整。

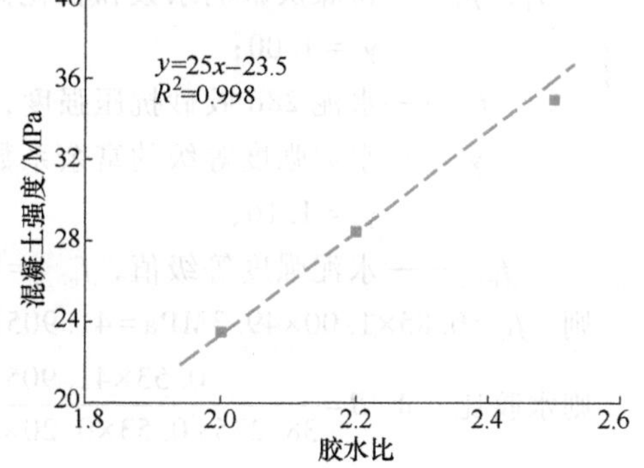

图 4-18　混凝土强度与胶水比关系示意图

混凝土拌合物的表观密度和配合比校正系数的计算应符合下列规定：

1）配合比调整后的混凝土拌合物的表观密度应按下式计算

$$\rho_{c,c}=m_c+m_f+m_g+m_s+m_w \tag{4-41}$$

2）混凝土的配合比校正系数按下式计算

$$\delta=\frac{\rho_{c,t}}{\rho_{c,c}} \tag{4-42}$$

式中　δ——混凝土的配合比校正系数；

$\rho_{c,t}$——混凝土拌合物的表观密度实测值（kg/m^3）；

$\rho_{c,c}$——混凝土拌合物的表观密度计算值（kg/m^3）。

3）当混凝土拌合物的表观密度实测值与计算值之差的绝对值不超过计算值的2%时，按前述调整的配合比可维持不变；当二者之差超过2%时，应将配合比中每项材料用量均乘以校正系数δ。

4.5.6 混凝土配合比设计实例

以C30钢筋混凝土的配合比设计为例：混凝土采用普通42.5级水泥、5~31.5mm碎石、细度模数2.8的天然砂、Ⅰ级粉煤灰掺量20%、S95矿粉掺量10%、外加剂掺量1.8%（减水率为15%），要求达到坍落度150mm。

（1）混凝土配制强度的确定　混凝土的设计强度C30小于C60，则按照式（4-18）计算。

$$f_{cu,0} \geqslant f_{cu,k}+1.645\sigma$$

式中　$f_{cu,k}$——混凝土立方体抗压强度标准值，这里取混凝土的设计强度等级值，$f_{cu,k}=30MPa$；

σ——混凝土强度标准差，没有近期强度资料时按表4-40取值，$\sigma=5.0MPa$。

则$f_{cu,0} \geqslant 30MPa+1.645\times5.0MPa=38.225MPa$

（2）水胶比的确定　当混凝土强度等级小于C60时，按式（4-30）计算水胶比为

$$W/B=\frac{\alpha_a f_b}{f_{cu,0}+\alpha_a \alpha_b f_b}$$

式中　α_a、α_b——回归系数，按表4-41选取，采用碎石时$\alpha_a=0.53$，$\alpha_b=0.20$；

f_b——胶凝材料28d胶砂抗压强度，可实测，无实测值可按$f_b=\gamma_f\gamma_s f_{ce}$计算；

γ_f、γ_s——粉煤灰影响系数和粒化高炉矿渣粉影响系数，按表4-42选取，$\gamma_f=0.85$，$\gamma_s=1.00$；

f_{ce}——水泥28d胶砂抗压强度，可实测，无实测值可按$f_{ce}=\gamma_c f_{ce,g}$计算；

γ_c——水泥强度等级的富余系数，可实际统计，无统计资料时，按表4-43选取，$\gamma_c=1.16$；

$f_{ce,g}$——水泥强度等级值，$f_{ce,g}=42.5MPa$，则$f_{ce}=1.16\times42.5MPa=49.3MPa$。

则　$f_b=0.85\times1.00\times49.3MPa=41.905MPa$

则水胶比　$W/B=\frac{0.53\times41.905}{38.225+0.53\times0.20\times41.905}=0.52$

（3）用水量的确定　混凝土水胶比为0.40~0.80，坍落度要求150mm，掺外加剂1.8%，按式（4-33）计算用水量

$$m_{w0}=m'_{w0}(1-\beta)$$

式中　m_{w0}——计算配合比每立方米混凝土的用水量（kg/m^3）；

m'_{w0}——未掺外加剂时推定的满足实际坍落度要求的每立方米混凝土用水量（kg/m^3），以表4-45中90mm坍落度的用水量为基础，按每增加20mm坍落度相应增加$5kg/m^3$用水量来计算，采用5~31.5mm碎石时，$m'_{w0}=205kg/m^3+\frac{150-90}{20}\times5kg/m^3=220kg/m^3$；

β——外加剂的减水率，$\beta=15\%$。

则 $m_{w0}=220\times(1-0.15)\text{kg/m}^3=187\text{kg/m}^3$

（4）胶凝材料用量的确定 每立方米混凝土的胶凝材料用量 m_{b0} 应根据用水量 m_{w0} 和水胶比 W/B，按式（4-35）计算。

$$m_{b0}=\frac{m_{w0}}{W/B}=\frac{187}{0.52}\text{kg/m}^3=360\text{kg/m}^3$$

（5）矿物掺合料用量和水泥用量的确定 矿物掺合料用量 m_{f0} 按式（4-36）计算。

$$m_{f0}=m_{b0}\beta_f$$

β_f——矿物掺合料掺量，应满足表4-36与表4-37的规定，粉煤灰 $\beta_f=20\%$，矿粉 $\beta_f=10\%$，因此

$$m_{f0}=360\times30\%\text{kg/m}^3=108\text{kg/m}^3$$

水泥用量 m_{c0} 按式（4-37）计算为

$$m_{c0}=m_{b0}-m_{f0}=(360-108)\text{kg/m}^3=252\text{kg/m}^3$$

（6）外加剂用量的确定 外加剂掺量 $\beta_a=1.8\%$，按式（4-34）计算为

$$m_{a0}=m_{b0}\beta_a=360\times1.8\%\text{kg/m}^3=6.48\text{kg/m}^3$$

（7）砂率的确定 砂率应根据砂石材料的质量、混凝土拌合物性能和施工要求，参考已有的资料进行确定；没有资料的情况下，可以按表4-46选取。最终砂率是否合适，都需要经过试验确定，根据已有资料，确定砂率 $\beta_s=42\%$。

（8）粗、细集料用量的确定 采用质量法计算，由式（4-38）和式（4-39）可知

$$m_{f0}+m_{c0}+m_{g0}+m_{s0}+m_{w0}=m_{cp}$$

$$\beta_s=\frac{m_{s0}}{m_{g0}+m_{s0}}\times100\%$$

m_{cp}——每立方米混凝土拌合物的假定质量，可取 $2350\sim2450\text{kg/m}^3$，这里假定 $m_{cp}=2350\text{kg/m}^3$。

经过计算，得出粗、细集料用量 $m_{g0}=1046\text{kg/m}^3$，$m_{s0}=757\text{kg/m}^3$。

采用体积法计算，由式（4-39）和式（4-40）可知

$$\beta_s=\frac{m_{s0}}{m_{g0}+m_{s0}}\times100\%$$

$$\frac{m_{c0}}{\rho_c}+\frac{m_{f0}}{\rho_f}+\frac{m_{g0}}{\rho_g}+\frac{m_{s0}}{\rho_s}+\frac{m_{w0}}{\rho_w}+0.01\alpha=1$$

式中 ρ_c、ρ_f、ρ_g、ρ_s、ρ_w——水泥、矿物掺合料、粗集料、细集料和水的密度，可选取或通过试验确定。$\rho_c=3100\text{kg/m}^3$，粉煤灰 $\rho_f=2200\text{kg/m}^3$，矿粉 $\rho_f=2900\text{kg/m}^3$，$\rho_g=2670\text{kg/m}^3$，$\rho_s=2670\text{kg/m}^3$，$\rho_w=1000\text{kg/m}^3$；

α——混凝土的含气量百分数，不使用引气剂或引气型外加剂时，α 可取1。

将数据代入公式，得出粗、细集料用量 $m_{g0}=1048\text{kg/m}^3$，$m_{s0}=759\text{kg/m}^3$。

4.6 高性能混凝土及其他特殊要求混凝土

4.6.1 高性能混凝土

20 世纪 90 年代前半期是国内高性能混凝土（high performance concrete，HPC）发展的初期，国内学术界认为“三高”混凝土就是高性能混凝土。据此观点，高性能混凝土应该是高强度、高工作性、高耐久的，即高强混凝土才可能是高性能混凝土。高性能混凝土必须是流动性好的、可泵性好的混凝土，以保证施工的密实性。耐久性是高性能混凝土的重要指标，混凝土达到高强后，自然会有较高的耐久性。经过数年的发展，在国内外多种观点逐渐交流融合后，目前对高性能混凝土的定义已有清晰的认识。美国混凝土认证协会（ACI）最初关于 HPC 的定义：HPC 是具备所要求的性能和匀质性的混凝土，这种混凝土按照惯常做法，靠传统的组分，普通的拌和、浇筑与养护方法是不可能获得的。

我国对高性能混凝土的定义：高性能混凝土是一种新型高技术混凝土，是在大幅度提高普通混凝土性能的基础上采用现代混凝土技术制作的混凝土；它以耐久性作为设计的主要指标；针对不同用途要求，高性能混凝土对耐久性、工作性、适用性、强度、体积稳定性、经济性重点地予以保证；高性能混凝土在配制上的特点是低水胶比，选用优质原材料，必须掺加足够数量的矿物细粉和高效减水剂；强调高性能混凝土不一定是高强混凝土。

处于多种劣化因素综合作用下的混凝土结构需采用高性能混凝土，良好的耐久性是高性能混凝土的主要特征之一。

混凝土结构的耐久性，由混凝土的耐久性和钢筋的耐久性两部分组成。其中，混凝土耐久性是指混凝土在所处工作环境下，长期抵抗内、外部劣化因素的作用，仍能维持其应有结构性能的能力。

与普通混凝土一样，高性能混凝土的耐久性也是一个综合性指标，包括抗渗性、抗碳化性、抗冻害性、抗盐害性、抗硫酸盐腐蚀性、碱-集料反应等内容。为保证高性能混凝土的耐久性，需要针对混凝土结构所处环境和预定功能进行专门的耐久性设计。

4.6.2 高强混凝土

高强混凝土是使用水泥、砂、石等传统原材料通过添加一定数量的高效减水剂或同时添加一定数量的活性矿物材料，采用普通成型工艺制成的具有高强性能的一类水泥混凝土。

高强混凝土的定义是个相对的概念，它并没有一个确切的定义，在不同的历史发展阶段，高强混凝土的含义是不同的。由于各国之间的混凝土技术发展不平衡，其高强混凝土的定义也不尽相同。即使在同一个国家，因各个地区的高强混凝土发展程度不同，其定义也随之改变。

在我国，通常将强度等级等于或超过 C60 级的混凝土称为高强混凝土。

4.6.3 轻集料混凝土

集料是混凝土中的主要组成材料，占混凝土总体积的 60%~80%，集料的存在使混凝土比单纯的水泥石具有更高的体积稳定性、更好的耐久性和更低的成本。集料的性能决定着混凝土的性能，是设计混凝土配合比的依据和关键。

轻集料混凝土是指用轻质粗集料、密度小于 1950kg/m^3 的混凝土，主要用作保温隔热材料。一般情况下密度较小的轻集料混凝土强度也较低，但保温隔热性能较好；密度较大的混凝土强度也较高，可以作为结构材料。

与普通混凝土相比，轻集料混凝土在强度几乎没有多大改变的前提下，可使结构自身的质量降低 30%~35%，工程总造价将降低 5%~20%，不仅间接地提高了混凝土的承载能力，降低成本，还能改善保温、隔热、隔声等功能性，满足现代建筑不断发展的要求。

4.6.4 自密实混凝土

密实是对混凝土最基本的要求。混凝土若不能很好地密实，其性能就不能体现。在普通混凝土的施工中，混凝土浇筑后需通过机械振捣，使其密实，但机械振捣需要一定的施工空间，而在建筑物的一些特殊部位，如配筋非常密集的地方，无法进行振捣，这就给混凝土的密实带来了困难。然而，自密实混凝土能够很好地解决这一问题。

自密实混凝土是指混凝土拌合物主要靠自重，不需要振捣即可充满模型和包裹钢筋，属于高性能混凝土的一种。该混凝土流动性好，具有良好的施工性能和填充性能，而且集料不离析，混凝土硬化后具有良好的力学性能和耐久性。

4.6.5 大体积混凝土

大体积混凝土工程在现代工程建设中有着广泛的应用，如各种形式的混凝土大坝、港口建筑物、建筑物地下室底板及大型设备的基础等。但是对于大体积混凝土的概念，一直存在着多种说法。《大体积混凝土施工标准》（GB 50496—2018）规定：混凝土结构物实体最小尺寸不小于 1m 的大体量混凝土，或预计会因混凝土中胶凝材料水化引起的温度变化和收缩而导致有害裂缝产生的混凝土为大体积混凝土。

大体积混凝土的特点除体积较大外，更主要的是由于混凝土的水泥水化热不易散发，在外界环境或混凝土内力的约束下，极易产生温度收缩裂缝。美国混凝土协会认为：任意体积的混凝土，其尺寸大到足以必须采取措施以减小由于体积变形而引起的裂缝，统称为大体积混凝土。

大体积混凝土结构的截面尺寸较大，因此由荷载引起裂缝的可能性很小。但水泥在水化反应过程中释放的水化热产生的温度变化和混凝土收缩的共同作用下，将会产生较大的温度应力和收缩应力，这是大体积混凝土结构出现裂缝的主要因素。这些裂缝往往给工程带来不同程度的危害甚至会造成巨大损失。如何进一步认识温度应力以及防止温度变形裂缝的开展，是大体积混凝土结构施工中的一个重大研究课题。

4.6.6 装饰混凝土

水泥混凝土是当今世界上最主要的土木工程材料之一，但其美中不足的是外观颜色单调、灰暗、呆板，给人以压抑感。于是，人们设法在建筑物的混凝土表面上做适当处理，使其产生一定的装饰效果，这就产生了装饰混凝土。

混凝土的装饰手法很多，通常是通过混凝土建筑的造型，或在混凝土表面做成一定的线型、图案、质感、色彩等获得建筑艺术性，从而满足建筑立面、地面或屋面的不同装饰要求。

目前装饰混凝土主要有以下四种：

1）彩色混凝土。彩色混凝土是采用白水泥或彩色水泥、白色或彩色石子、白色或彩色石屑及水等配制而成。既可以对混凝土整体进行着色，也可以对面层进行着色。

2）清水混凝土。清水混凝土是通过模板，利用普通混凝土结构本身的造型、线型或几何外形而取得简单、大方、明快的立面效果，从而获得装饰性；或利用模板在构件表面浇筑出凹饰纹，使建筑立面更加富有艺术性。由于这类装饰混凝土构件基本保持了普通混凝土原有的外观色质，故称清水混凝土。

3）露石混凝土。露石混凝土是在混凝土硬化前或硬化后，通过一定的工艺手段，使混凝土表层的集料适当外露，由集料的天然色泽和自然排列组合显示装饰效果，一般用于外墙饰面。

4）镜面混凝土。镜面混凝土是一种表面光滑、色泽均匀、明亮如镜的装饰混凝土。它的饰面效果犹如花岗岩，可与大理石媲美。

4.6.7 再生混凝土

城市环境是衡量一个城市管理水平的重要标志，同时也是一个城市市民生活质量和水平的重要体现。据了解，我国城市垃圾年产量达 1 亿 t 以上，而且每年大致以 8%左右的增长率递增。随着城镇化建设进程的发展以及旧城的改造，建筑物拆旧、新建、扩建、房屋装修，都会产生大量建筑垃圾。建筑垃圾造成的“垃圾围城”现象影响了城市的形象和市民的生活质量，造成了严重的环境污染。因此，将建筑垃圾进行资源化利用变得越来越重要。随着我国耕地保护和环境保护的各项法律法规的颁布和实施，如何处理建筑垃圾不仅是建筑施工企业和环境保护部门面临的重要课题，也是全社会无法回避的环境与生态问题。

再生集料混凝土简称再生混凝土，是指将废弃混凝土块经过破碎、清洗、分级后，按一定比例与级配混合，部分或全部代替砂石等天然集料（主要是粗集料）配制而成的混凝土。再生混凝土可以利用建筑垃圾作为粗集料，也可以利用建筑垃圾作为全集料。利用建筑垃圾作为全集料配制生成全级配再生混凝土时，全级配再生集料由于破碎工艺及集料来源的不同，破碎出集料的级配可能存在一定的差异，全集料中的再生细集料的比例有时会比较低，因此在进行配合比设计时，应针对现场集料的级配情况，需要加入建筑垃圾细颗粒调整砂率。但考虑到砂率过大，坍落度降低，坍落度损失增大，调整后的砂率不宜过大，建议控制在 40%以内。此外，粉煤灰的掺入也是必不可少的，粉煤灰的微集料效应和二次水化反应可以增加混凝土的密实性，提高再生混凝土的后期强度，提高混凝土的耐久性。

4.6.8 混凝土 3D 打印技术

混凝土 3D 打印技术是在 3D 打印技术的基础上发展起来的应用于混凝土施工的新技术，其主要工作原理是将配置好的混凝土浆体通过挤出装置，在三维软件的控制下，按照预先设置好的打印程序，由喷嘴挤出进行打印，最终得到设计的混凝土构件。3D 打印混凝土技术在实际施工打印过程中，由于其具有较高的可塑性，在成型过程中的无须支撑，是一种新型的混凝土无模成型技术，它既有自密实混凝土的无须振捣的优点，也有喷射混凝土便于制造复杂构件的优点。

混凝土3D打印建筑相比传统建筑具有强度高、建筑形式自由、建造周期短、环保性、节能性等方面的优势。总体来说，3D打印技术是混凝土行业发展的一大机遇，混凝土3D打印技术也成为混凝土行业发展的一个重要方向，但仍需进一步深入探索。

【扩展阅读】 生态混凝土与海洋环境

海洋富营养化会引发赤潮，赤潮产生的毒素经鱼类及贝类累积，会危害人类健康，赤潮频发也预示海洋生态系统已受到严重干扰。要想解决该问题，一方面需控制污染源，另一方面要修复水体，除大型养殖海藻外，还有其他方法，如利用孔隙率约20%的生态混凝土构筑人工岸边，把大型生态混凝土块放入海洋中作为鱼礁，在满足基本功能要求的前提下，利用生态混凝土的多孔结构，为海洋中的生物、动植物提供附着及生长的空间，可促使海洋生态系统的修复，在一定程度上实现对海水水质的净化，从而改善海洋环境。

本章小结

混凝土是指由胶凝材料、粗细集料、水等材料按适当的比例配合拌和制成的混合物，经一定时间后硬化而成的坚硬固体。最常见的混凝土是以水泥为主要胶凝材料的普通混凝土，即以水泥、砂、石子和水为基本组成材料，根据需要掺入化学外加剂或矿物掺合料。水泥是混凝土中最重要的组分，配制混凝土时，应根据工程性质，部位、施工条件、环境状况等按各品种水泥的特性做出合理的选择。普通混凝土所用集料按粒径大小分为两种，粒径大于5mm的称为粗集料，粒径小于5mm的称为细集料。外加剂是指能有效改善混凝土某项或多项性能的一类材料，其掺量一般只占水泥用量的5%以下，却能显著改善混凝土的和易性、强度、耐久性或调节凝结时间及节约水泥。外加剂已成为除水泥、水、砂、石以外的第五组分材料。混凝土掺合料不同于生产水泥时与熟料一起磨细的混合材料，它是在混凝土搅拌前或在搅拌过程中，与混凝土其他组分一样，直接加入的一种粉体外掺料。用于混凝土的掺合料绝大多数是具有一定活性的工业废渣，主要有粉煤灰、粒化高炉矿渣粉、硅灰等。

新拌混凝土是指由混凝土的组成材料拌和而成的尚未凝固的混合物。新拌混凝土的和易性，也称工作性，是指混凝土拌合物易于施工操作（拌和、运输、浇筑、振捣），并获得质量均匀、成型密实的性能。和易性是一项综合技术性质，它至少包括流动性、黏聚性和保水性三项独立的性能。普通混凝土是主要的建筑结构材料，强度是最主要的技术性质。混凝土的强度包括抗压强度、抗拉强度、抗弯强度和抗剪强度等。混凝土的抗压强度与各种强度及其他性能之间有一定的相关性，是结构设计的主要参数，也是混凝土质量评定的指标。混凝土抵抗环境介质作用并长期保持其良好的使用性能和外观完整性，从而维持混凝土结构安全和正常使用的能力称为耐久性。混凝土耐久性主要包括抗渗性、抗冻性、抗侵蚀能力、抗碳化性、抗碱-集料反应及抵抗混凝土中的钢筋锈蚀等。

混凝土在硬化和使用过程中，由于受物理、化学等因素的作用，会产生各种变形，这些变形是导致混凝土产生裂纹的主要原因之一，进而会影响混凝土的强度和耐久性。按照是否承受荷载，混凝土的变形性可分为在非荷载作用下的变形和在荷载作用下的变形。混凝土的质量和强度保证率直接影响混凝土结构的可靠性和安全性，混凝土强度的波动规律符合正态分布。

混凝土配合比是指单位体积的混凝土中各组成材料的质量比例，确定这种数量比例关系的工作，就称为混凝土配合比设计。普通混凝土的配合比应根据原材料性能及对混凝土的技术要求进行计算，并经实验室试配、调整后确定。除普通混凝土外，根据用途及性能的不同，还有高性能混凝土和再生混凝土等。

本章习题

1. 判断题（正确的打√，错误的打×）

1）提高混凝土拌合物的流动性主要采用多加水的方法。（　　）

2）混凝土拌合物中水泥浆越多，和易性越好。（　　）

3）干硬性混凝土的维勃稠度越大，其流动性越大。（　　）

4）在其他条件相同时，卵石混凝土比碎石混凝土流动性好。（　　）

5）在结构尺寸及施工条件允许下，尽可能选择较大粒径的粗集料，这样可以节约水泥。（　　）

6）两种砂子的细度模数相同，它们的级配也一定相同。（　　）

7）用同样配合比的混凝土拌合物做成的不同尺寸的抗压试件，试验时大尺寸的试件破坏荷载大，故其强度高；小尺寸试件的破坏荷载小，故其强度低。（　　）

8）混凝土中掺减水剂，可减少用水量，或改善和易性，或提高强度，或节约水泥。（　　）

9）粉煤灰用做混凝土掺合料具有形态效应、活性效应和微集料效应。（　　）

10）混凝土施工配合比与实验室配合比的水胶比相同。（　　）

11）确定混凝土水胶比的原则是在满足强度及耐久性的前提下取较小值。（　　）

2. 单项选择题

1）设计混凝土配合比时，确定水胶比的原则是按满足（　　）而定。

A. 混凝土强度　　B. 最大水胶比限值

C. 混凝土强度和最大水胶比的规定　　D. 耐久性

2）《混凝土结构设计规范》中规定了最大水胶比和最小水泥用量，是为了保证（　　）。

A. 强度　　B. 耐久性

C. 和易性　　D. 混凝土与钢材的相近线膨胀系数

3）试拌调整混凝土时，当坍落度太小时，应采用（　　）措施。

A. 保持水胶比不变，增加适量水泥浆　　B. 增加水胶比

C. 增加用水量　　D. 延长拌和时间

4）试拌调整混凝土时，发现拌合物的保水性较差，应采用（　　）措施。

A. 增加砂率　　B. 减少砂率

C. 增加水泥　　D. 增加用水量

5）在混凝土配合比设计中，选用合理砂率的主要目的是（　　）。

A. 提高混凝土的强度　　B. 改善拌合物的和易性

C. 节省水泥　　D. 节省粗集料

6）混凝土配比设计的三个关键参数是（　　）。

A. 水胶比、砂率、石子用量　　B. 水泥用量、砂率、单位用水量

C. 水胶比、砂率、单位用水量　　D. 水胶比、砂用量、单位用水量

7）在混凝土配合比一定的情况下，卵石混凝土与碎石混凝土相比较，其（　　）较好。

A. 流动性　　B. 黏聚性

C. 保水性　　D. 需水性

3. 多项选择题

1）高性能混凝土应满足（　　）方面的主要要求。

A. 高耐久性　　B. 高强度

C. 高工作性　　D. 高体积稳定性

2）属于“绿色”混凝土的是（　　）。

A. 粉煤灰混凝土　　B. 再生集料混凝土

C. 粉煤灰陶粒混凝土　　D. 重混凝土

3）改善混凝土抗裂性的措施包括（　　）。

A. 掺加聚合物　　B. 掺加钢纤维、碳纤维等纤维材料

C. 提高混凝土强度　　D. 增加水泥用量

4）对混凝土用砂的细度模数描述不正确的是（　　）。

A. 细度模数就是砂的平均粒径　　B. 细度模数越大，砂越粗

C. 细度模数能反映颗粒级配的优劣　　D. 细度模数相同，颗粒级配也相同

5）对混凝土用砂的颗粒级配区理解正确的是（　　）。

A. 根据 0.600mm 筛孔的累计筛余百分率，划分成三个级配区

B. Ⅱ区颗粒级配最佳，宜优先选用

C. Ⅰ区砂偏细，使用时应适当降低含砂率

D. Ⅲ区砂偏粗，使用时应适当提高含砂率

6）混凝土粗集料最大粒径的选择应考虑（　　）。

A. 结构的断面尺寸及钢筋间距　　B. 泵送管道内径的限制

C. 满足强度和耐久性对粒径的要求　　D. 搅拌、成型设备的限制

4. 简答题

1）影响混凝土强度的主要因素以及提高强度的主要措施有哪些？

2）提高混凝土耐久性的主要措施有哪些？

3）现场浇筑混凝土时，严禁施工人员随意向新拌混凝土加水，从理论上分析加水对混凝土质量的危害。它与混凝土成型后的洒水养护有无矛盾？试分析其原因。

5. 计算题

1）称取砂样 500g，经筛分析试验称得各号筛的筛余量，见表 4-48。

表 4-48　各号筛的筛余量

筛孔尺寸/mm	5.00	2.50	1.25	0.63	0.315	0.16	<0.16
筛余量/g	35	100	65	50	90	135	25

问：① 此砂是粗砂吗？依据是什么？

② 此砂级配是否合格？依据是什么？

2）采用强度等级 32.5 的普通硅酸盐水泥、碎石和天然砂配制的混凝土，制作尺寸为 100mm×100mm×100mm 试件 3 块，标准养护 7d 测得破坏荷载分别为 140kN、135kN、142kN。试求：该混凝土 7d 的立方体抗压强度标准值；估算该混凝土 28d 的立方体抗压强度标准值，以及该混凝土所用的水胶比。

第5章

砂　浆

本章重点

主要介绍普通砂浆的组成材料、和易性、力学性质、黏结性等方面的内容，并介绍砂浆配合比设计的方法与步骤。简要介绍其他品种砂浆，如特殊用途砂浆、干粉砂浆等。

学习目标

学习和掌握砌筑砂浆的性能特点，以及在工程施工中正确选择原材料，合理确定施工配合比等方面的内容。

砂浆，在土木工程中用量很大、使用范围很广，主要应用于砌筑、抹面、修补和装饰等工程中。建筑砂浆是由胶凝材料、细集料、掺合料和水按照适当比例配制而成。建筑砂浆中不含粗集料，这是它与混凝土在组成上的唯一区别，因此建筑砂浆又称为无粗集料混凝土。

建筑砂浆的定义

按胶凝材料不同，建筑砂浆可分为水泥砂浆、混合砂浆（水泥石灰砂浆、水泥黏土砂浆、石灰黏土砂浆）、石灰砂浆、石膏砂浆和聚合物砂浆等。按用途不同，建筑砂浆可分为砌筑砂浆、抹面砂浆（普通抹面砂浆、装饰砂浆及防水砂浆等）和特种砂浆（保温砂浆、耐酸防腐砂浆、吸声砂浆等），按生产和施工方法不同，建筑砂浆可分为现场拌制砂浆和商品砂浆。本章主要介绍常用的砌筑砂浆和抹面砂浆，也是工程上使用较多的品类。

我国古建筑千年不倒的“秘密原料”——糯米砂浆

我国工匠在商代以前就开始使用黏合剂，最初是黄泥和草的混合泥浆，后来将由石灰、黏土、沙子组合的“三合土”按比例加水混合，用于建筑，干燥后异常坚固。距今约1500年前，建筑工人先将糯米和熟石灰及石灰岩混合，制成浆糊，再将其填补在砖石的空隙中，制成了超强度的糯米砂浆。科学家们在我国长城（明长城）的城墙黏合物中发现了糯米的成分，糯米砂浆被认为是长城的主要黏合材料，而这种强度很大的黏合材料也被认为是万里长城千年不倒的原因。

在我国古代，糯米砂浆一般用于建造陵墓、宝塔、城墙等大型建筑物。有些古建筑物非常坚固，甚至现代推土机都难以推倒，还能承受强度很大的地震，糯米砂浆具有耐久性好、自身强度和黏结强度高、韧性强、防渗性好等特点，是修复现存古代建筑最好的材料。糯米砂浆的成分包括熟石灰、糯米浆和一些沙石。

最新研究发现了一种名为支链淀粉的“秘密原料”，可能是赋予糯米砂浆传奇性强度的主要原因。支链淀粉是发现于稻米和其他含淀粉食物中的一种多糖物或复杂的碳水化合物。分析研究表明，古代砌筑砂浆是一种特殊的有机与无机合成材料，其无机成分是碳酸钙，有机成分则是支链淀粉，支链淀粉来自于添加至砂浆中的糯米汤。此外，研究发现，砂浆中的支链淀粉起到了抑制剂的作用：一方面控制硫酸钙晶体的增长，另一方面生成紧密的微观结构，而后者应该是令这种有机与无机砂浆强度如此大的原因。

为了确定糯米能否有助于建筑物的修复，研究人员准备了掺入了不同数量糯米的石灰砂浆，并对比传统石灰砂浆测试了它们的性能。两种砂浆的测试结果表明，掺入糯米汤的石灰砂浆的物理特性更稳定、机械强度更大、兼容性更强，这些特点令其成为修复古代石造建筑的合适材料。

5.1 建筑砂浆的组成材料

5.1.1 胶凝材料

胶凝材料在砂浆中起着胶凝作用，它是影响砂浆流动性、黏聚性和强度的主要技术组分。胶凝材料应由砂浆的用途和使用环境类别决定，对于干燥环境使用的砂浆，可选用气硬性胶凝材料；对于处于潮湿环境或水中的砂浆，则必须用水硬性胶凝材料。

1. 水泥

配制砂浆的水泥可采用常用的硅酸盐系列水泥常用品种。砂浆中水泥品种的选择与混凝土相同，应根据砂浆的用途和使用环境决定。砂浆对强度要求不高，为合理利用资源、节约材料，在配制砂浆时，应尽量选择低强度等级水泥。水泥强度等级过高，会使砂浆中水泥用量不足而导致其保水性不良，此时应加入掺合料予以调整。在配制特殊用途砂浆时，可采用某些专用和特种水泥。

2. 石灰

在配制石灰砂浆或混合砂浆时，需要使用石灰。为保证砂浆的质量，配制前应预先将石灰熟化成石灰膏，并充分“陈伏”后再使用，以消除过火石灰的膨胀破坏作用。在满足工程要求的前提下，也可使用工业废料替代石灰膏，如电石灰膏等。

5.1.2 细集料

细集料在砂浆中起到骨架和填充的作用，对砂浆的流动性、黏聚性和强度等技术性能影响较大。性能良好的细集料可提高砂浆的工作性和强度，尤其对砂浆的收缩开裂有较好的抑制作用。砂浆中最常用的细集料是河砂。砂中含的泥对砂浆的和易性、强度、变形性和耐久性均有影响。

砂浆中含有少量的泥，可改善砂浆的黏聚性和保水性，因此砂浆中砂的含泥量可比混凝土中略高。砌筑用砂的含泥量应满足《砌体结构工程施工质量验收规范》（GB 50203—2011）的规定：对水泥砂浆和强度等级不小于 M5 的水泥混合砂浆，不应超过 5%；对强度等级小于 M5 的水泥混合砂浆，不应超过 10%。

砂的粗细程度对水泥用量、和易性、强度及收缩性能影响很大。由于砂浆层薄弱，对砂子的最大粒径应有所限制，用于砌筑毛石砌体的砂浆，砂的最大粒径应小于砂浆层厚度的 1/5~1/4，可采用粗砂；用于砌筑砖砌体的砂浆，砂的最大粒径不得大于 2.5mm；用于光滑抹面和勾缝的砂浆，则应采用细砂，最大粒径不得超过 1.25mm；用于装饰的砂浆，还可采用彩砂和石渣等，但应根据经验并经试验后，确定其技术要求。

膨胀珍珠岩主要用于保温砂浆。珍珠岩是一种火山灰玻璃质岩，在快速加热条件下，它可膨胀成一种低密度、多孔状的材料，又称膨胀珍珠岩。因其耐火、隔声性能好，且无毒、价格低廉，常作为保温砂浆的集料。

5.1.3 掺合料和外加剂

在砂浆中，掺合料是为了改善砂浆的工作性而加入的无机材料，如黏土膏、粉煤灰和沸石粉等。为改善砂浆的工作性和其他性能，还可在砂浆中掺入外加剂，如增塑剂、保水剂和减水剂等。砂浆中掺入外加剂时，不但要考虑外加剂对砂浆本身性能的影响，还要根据砂浆的用途，考虑外加剂对砂浆使用功能的影响，并通过试验确定外加剂的品种和数量。

5.1.4 拌合用水

砂浆拌合用水的技术要求与混凝土拌合用水相同。为节约用水，经化验分析或试拌验证合格后的工业废水也可用于拌制砂浆。

此外，为了改善砂浆的性能也可掺入一些其他材料，如掺入纤维可以改善砂浆的抗裂性，掺入防水剂可提高砂浆的防水性和抗渗性等。

【工程实例分析 5-1】 在水泥混合砂浆中掺加石灰膏

现象：在（砌筑用）水泥混合砂浆中，为了提高和易性，掺加了较多的石灰膏，其结果是不仅和易性很好，还节约了大量水泥，但强度大幅度下降。

原因分析：石灰膏能改善砂浆的和易性，只用石灰膏作为胶凝材料的石灰砂浆 28d 抗压强度只有 0.5MPa 左右。石灰膏多而水泥少，会导致砂浆强度大幅度下降，石灰膏不能替代水泥。石灰或石灰膏由石灰石经煅烧且放出二氧化碳后得到，产生大量碳排放。因此，当今预拌砂浆中一般不使用石灰膏。

5.2 建筑砂浆的技术性质

砂浆的工作性

5.2.1 工作性

砂浆的工作性即为和易性，是指砂浆是否便于施工操作并保证质量的性质，包括流动性和保水性两个方面。和易性好的砂浆便于施工操作，可以比较容易地在砖石表面上铺成均匀连续的薄层，且与底面紧密地黏结，保证工程质量。和易性不良的砂浆施工操作困难，灰缝难以填实，水分易被砖石吸收使砂浆很快变得干稠，与砖石材料也难以紧密黏结。

1. 流动性

砂浆的流动性又称稠度，是指砂浆在自重或外力作用下可流动的性质。砂浆的流动性和许多因素有关，胶凝材料的用量、用水量、砂的质量，以及砂浆的搅拌时间、放置时间、环境的温度与湿度等均影响其流动性。无论是采用焊条电弧焊施工，还是机械喷涂施工，都要求砂浆具有一定的流动性。

工程中砂浆的流动性可根据经验来评价、控制。实验室用砂浆稠度仪测定其稠度值（沉入量），即标准圆锥体自砂浆表面贯入的深度来表示，也称沉入度。测定砂浆的流动性时，先将被测砂浆均匀地装入砂浆流动性测定仪的砂浆筒中，置于测定仪圆锥体下，将质量为 300g 的带滑杆的圆锥尖与砂浆表面接触，再突然放松滑杆，在 10s 内圆锥体沉入砂浆中的深度值（cm）为沉入度（稠度）值。沉入度值大，表示砂浆流动性好，但稠度过大的砂浆容易泌水，过少则会使施工操作困难。砌筑砂浆的稠度见表 5-1。

表 5-1 砌筑砂浆的稠度

砌体种类	砂浆稠度/mm
烧结普通砖砌体	70~90
轻集料混凝土小型空心砌块砌体	60~90
烧结多孔砖，空心砖砌体	60~80
烧结普通砖平拱式过梁 空斗墙，筒拱 普通混凝土小型空心砌块砌体 加气混凝土砌块砌体	50~70
石砌体	30~50

砂浆流动性的选择与砌体种类、施工方法及天气情况有关。流动性过大，说明砂浆太稀，过稀的砂浆不仅铺垫困难，而且硬化后强度降低；流动性过小，说明砂浆太稠，难于铺平。一般情况下，多孔吸水的砌体材料或干热的天气，砂浆的流动性应大些；而密实不吸水的材料或湿冷的天气，其流动性应小些。

2. 保水性

保水性是指砂浆保持水分的能力，即搅拌好的砂浆在运输、存放、使用的过程中，水与胶凝材料及集料分离快慢的性质。砂浆的保水性用分层度表示，用砂浆分层度筒测定。保水性好的砂浆分层度以 10~30mm 为宜。分层度小于 10mm 的砂浆，虽保水性良好，无分层现象，但由于胶凝材料用量过多或砂过细，会导致砂浆过于黏稠不易施工或易发生干缩裂缝，尤其不宜做抹面砂浆；分层度大于 30mm 的砂浆，保水性差，易于离析，不宜采用。

5.2.2 强度

硬化后的砂浆应将砖、石、砌块等块状材料黏结成整体，并具有传递荷载和协调变形的能力。因此，砂浆应具有一定的强度和黏结性，一定的强度可保证砌体强度等结构性能，良好的黏结力有利于砌块与砂浆之间的黏结。一般情况下，砂浆的抗压强度越高，它与基层的黏结力越强。同时，在粗糙、洁净、湿润的基面上，砂浆的黏结力比较强，故工程上以抗压强度作为砂浆的主要技术指标。

砂浆的强度等级是以 6 个边长为 70.7cm 的立方体试件，在标准养护条件下，用标准试验方法测得28d龄期的抗压强度平均值（MPa）来确定的，并划分为M5.0、M7.5、M10、M15、M20、M25、M30七个等级，其中常用的有M5.0、M7.5、M10。

影响砂浆抗压强度的因素很多，如材料的性质、砂浆的配合比、施工质量等，而且砂浆强度还受基层材料吸水性能的影响，因此很难用简单的公式表达砂浆的抗压强度与其他组成材料之间的关系。

当基层为不吸水材料（如致密石材）时，砂浆的抗压强度和混凝土相似，主要取决于水泥的强度和胶水比。其关系式为

$$f_{m,0}=Af_{ce}\left(\frac{C}{W}-B\right) \tag{5-1}$$

式中 $f_{m,0}$——砂浆28d抗压强度（MPa）；

f_{ce}——水泥28d实测抗压强度（MPa）；

C/W——胶水比；

A、B——经验系数，可取$A=0.29$、$B=0.4$。

当基层材料为吸水材料（如砖或其他多孔材料）时，即使砂浆拌和时的用水量不同，但因砂浆具有一定的保水性，经过基层吸水后，保留在砂浆中的水分几乎是相同的，因此砂浆的强度主要取决于水泥的强度及水泥的用量，而与砂浆的胶水比基本无关。其关系式为

$$f_{m,0}=\frac{\alpha f_{ce}Q_c}{1000}+\beta \tag{5-2}$$

式中 $f_{m,0}$——砂浆28d抗压强度（MPa）；

f_{ce}——水泥28d实测抗压强度（MPa）；

Q_c——对应于干燥状态$1m^3$砂中的水泥用量（kg）；

α、β——经验回归系数，根据试验资料统计确定。

5.2.3 砂浆的其他性能

1. 黏结力

砂浆的黏结力是影响砂浆抗剪强度、抗震性、抗裂性等性能的重要因素。为了提高砌体的整体性，保证砌筑的强度，要求砂浆具有足够的黏结力。砂浆的黏结力与砂浆的强度有关，砂浆的抗压强度越高，其黏结力越大。此外，砂浆的黏结力还与养护条件、砖石表面粗糙程度、清洁程度及潮湿程度等有关。在充分润湿、干净、粗糙的基面表层上，砂浆的黏结力较好。因此为了提高砂浆的黏结力，保证砌体质量、砌筑前应将砖石等砌筑材料浇水润湿。

2. 变形性能

砂浆在硬化过程承受荷载和温度、湿度条件变化时都容易产生变形。如果变形过大，或变形不均匀，就会降低砌体的整体稳定性，引起沉降或开裂。在拌制砂浆时，如果砂过细、胶凝材料过多或选用轻集料，则砂浆会因较大的收缩变形而开裂。因此，为了减小收缩，可以在砂浆中加入适量的膨胀剂。

3. 凝结时间

砂浆的凝结时间，以贯入阻力达到0.5MPa时所用时间为评定依据。水泥砂浆不宜超过8h，水泥混合砂浆不宜超过10h，掺入外加剂后，砂浆的凝结时间应满足工程设计和施工的要求。

4. 耐久性

砂浆的耐久性是指砂浆在使用条件下经久耐用的性质，包括抗冻性、抗渗性等。提高建筑砂浆耐久性的对策是在良好施工性能的基础上，控制砂浆适宜的强度等级和较低的收缩率和弹性模量，砂浆强度太低，可能引起掉粉；砂浆强度太高，砂浆收缩率和弹性模量均大幅度增大，可能引起开裂或空鼓。

鉴于砂浆的黏结力和耐久性都随着砂浆抗压强度的提高而增加，因此，工程上以抗压强度作为砂浆的主要技术指标。

5.3　砌筑砂浆

凡用于砌筑砖、石砌体或各种砌块、混凝土构件接缝等的砂浆称为砌筑砂浆，其主要作用是把块状材料胶结成为一个坚固的整体，从而提高砌体的强度、稳定性，并使上层块状材料所受的荷载能均匀地传递到下层。砌筑砂浆在填充块状材料之间缝隙的同时，提高建筑物保温、隔声、防潮等性能。因此，砌筑砂浆是砌体的重要组成部分。

5.3.1　砌筑砂浆的技术要求

砌筑砂浆的种类应根据砌体的部位合理进行选择。水泥砂浆宜用于潮湿环境和强度要求比较高的砌体，如地下砖石基础、多层房屋的墙体、钢筋砖过梁等；水泥石灰混合砂浆宜用于干燥环境中的砌体，如地面以上的承重或非承重的砖石砌体；石灰砂浆可用于干燥环境及强度要求不高的砌体，如较低的单层建筑物或临时性建筑物的墙体。

根据《砌筑砂浆配合比设计规程》（JGJ/T 98—2010）的规定，砌筑砂浆应符合下列技术要求：

1）砌筑砂浆的强度分为七个强度等级，砂浆的试配抗压强度必须符合设计要求。

2）水泥砂浆拌合物的密度不宜小于 $1900kg/m^3$，水泥混合砂浆拌合物的密度不宜小于 $1900kg/m^3$。

3）水泥砂浆中水泥的用量不宜小于 $200kg/m^3$，水泥混合砂浆中水泥和掺合料的总量宜为 $300 \sim 350kg/m^3$。

4）砌筑砂浆的稠度、分层度必须同时符合要求，分层度不得大于 30mm。

5.3.2　砌筑砂浆的配合比设计

1. 配合比设计的原则

砌筑砂浆的强度等级是根据工程类型和结构部位经结构设计计算而确定的。选择砂浆配合比时，其强度等级必须符合工程设计的要求，一般可查阅有关资料和手册选定配合比。对于重要结构工程或当工程量较大时，为了保证工程质量和降低造价，应进行砂浆配合比设计。但无论采用哪种方法，都应通过试验调整及验证后方可应用。

2. 配合比设计的步骤

（1）混合砂浆配合比计算

1）砂浆试配强度的确定。建筑砂浆的强度应具有 95%的保证率，其试配强度为

$$f_{m,0} = f_2 + 0.645\sigma \tag{5-3}$$

式中 $f_{m,0}$——砂浆的试配强度（MPa），精确至0.1MPa；

f_2——砂浆抗压强度平均值（MPa），精确至0.1MPa；

σ——砂浆现场强度标准差（MPa），精确至0.1MPa。

砂浆现场强度的标准应通过有关资料统计得出，如无统计资料，可按表5-2取用。

表5-2 不同施工水平砂浆强度标准差 σ 选用值 （单位：MPa）

施工水平	砂浆强度等级						
	M5	M7.5	M10	M15	M20	M25	M30
优良	1.00	1.50	2.00	3.00	4.00	5.00	6.00
一般	1.25	1.88	2.50	3.75	5.00	6.25	7.50
较差	1.50	2.25	3.00	4.50	6.00	7.50	9.00

2）水泥用量的计算。当基层为吸水材料时，砂浆的水泥用量可按式（5-2）计算。在无法取得水泥的实测强度值时，可按下式计算

$$f_{ce}=\gamma_c f_{ce,k} \tag{5-4}$$

式中 $f_{ce,k}$——水泥强度等级对应的强度值（MPa）；

γ_c——水泥强度等级值的富余系数，该值应按实际统计资料确定，无统计资料时可取1.0。

当基层为不吸水基材时，砂浆中的水泥用量可按照式（5-1）计算胶水比求得水泥用量。

3）掺合料用量的确定。为了保证砂浆具有良好的和易性、黏聚力和较小的变形，在配制混合砂浆时，一般要求水泥和掺合料的总用量在300~350kg/m^3，通常可取350kg/m^3。因此掺合料的用量为

$$Q_D=Q_A-Q_C \tag{5-5}$$

式中 Q_D——每立方米砂浆的掺合料用量（kg），精确至1kg；

Q_A——每立方米砂浆中水泥和掺合料的总量（kg），精确至1kg；

Q_C——每立方米砂浆的水泥用量（kg），精确至1kg。

当掺合料为石灰膏时，其稠度应为120mm±5mm，若石灰膏的稠度不是120mm，其用量应乘以换算系数，换算系数见表5-3。

表5-3 石灰膏不同稠度的换算系数

石灰膏稠度	120	110	100	90	80	70	60	50	40	30
换算系数	1.00	0.99	0.97	0.95	0.93	0.92	0.90	0.88	0.87	0.86

4）砂用量的确定。砂浆中砂的用量与含水率有关，配制1m^{3}砂浆中砂的用量应按干燥状态（含水率小于0.5%）的堆积密度值作为计算值（kg）。

5）用水量的选择。砂浆的用水量可根据砂浆所需要的稠度确定，一般为240~310kg/m^3。

（2）水泥砂浆配合比选用 水泥砂浆中各种材料的用量可以按表5-4选取。

表 5-4 水泥砂浆材料的用量

强度等级	水泥用量/(kg/m³)	砂用量/(kg/m³)	用水量/(kg/m³)
M5	200~230	1m³ 砂的堆积密度值	270~330
M7.5	230~260		
M10	260~290		
M15	290~330		
M20	340~400		
M25	360~410		
M30	430~480		

按表 5-4 选择材料用量时应注意：水泥用量应根据水泥强度等级和施工水平合理选择，当水泥强度等级较高（大于 32.5 级）或施工水平较高时，水泥用量可选低值；用水量可根据砂的粗细程度、砂浆的稠度和气候条件选择，当砂较粗、砂浆稠度较小或气候较潮湿时，用水量可选低值。

3. 砂浆配合比的试配、调整和确定

当砂浆初始配合比确定后，应进行砂浆的试配。首先测定其拌合物的稠度和分层度，当不能满足要求时应调整材料用量，直到符合要求为止，然后将其确定为试配时的砂浆基准配合比。试配时至少应采用三个不同的配合比，其中一个为基准配合比，其他配合比的水泥用量应按基准配合比分别增加和减少 10%。在保证稠度、分层度合格的条件下，可将用水量或掺加料用量做相应调整，分别按规定成型试件，测定砂浆稠度，并选用符合试配强度要求且水泥用量最低的配合比作为砂浆配合比。

5.3.3 砌筑砂浆配合比设计计算实例

某工程砖墙的砌筑砂浆要求使用强度等级为 M7.5 的水泥石灰混合砂浆，砂浆的稠度为 70~80mm。原材料性能如下：水泥为 32.5 级矿渣硅酸盐水泥；砂为中砂，干燥砂的堆积密度为 1450kg/m³，砂的含水率为 3%；石灰膏稠度为 90mm；工程的施工水平一般。

解：1）计算砂浆的试配强度 $f_{m,0}$。由题可知，$f_2=7.5\text{MPa}$，查表 5-2 知 $\sigma=1.88$，代入式（5-3）得

$$f_{m,0}=f_2+0.645\sigma=(7.5+0.645\times1.88)\text{MPa}=8.7\text{MPa}$$

2）计算水泥用量。$\alpha=3.03$，$\beta=-15.09$，取 $\gamma_c=1.0$，代入式（5-2）和式（5-4）得

$$Q_C=\frac{1000(f_{m,0}-\beta)}{\alpha f_{ce}}=\frac{1000\times(8.7+15.09)}{3.03\times32.5}\text{kg/m}^3=242\text{kg/m}^3$$

3）计算石灰膏用量。取 $Q_A=330\text{kg/m}^3$，代入式（5-5）中得

$$Q_D=Q_A-Q_C=(330-242)\text{kg/m}^3=88\text{kg/m}^3$$

石灰膏的稠度为 90mm，查表 5-3 得换算系数为 0.95，则石灰膏用量为

$$Q_D=0.95\times88\text{kg/m}^3=84\text{kg/m}^3$$

4）根据砂的堆积密度和含水率，计算砂的用量

$$Q_S=1450\times(1+0.03)\text{kg/m}^3=1494\text{kg/m}^3$$

则砂浆试配时的配合比（质量比）为水泥：石灰膏：砂 = 242：84：1494 = 1：0.35：6.17。

【工程实例分析5-2】 以硫铁矿渣代替建筑用砂配制砂浆的质量问题

现象：上海市某中学教学楼为五层内廊式砖混结构，工程交工验收时质量良好。但使用半年后，发现砖砌体裂缝，一年后，建筑物裂缝严重，以致成为危房不能使用。该工程砂浆采用硫铁矿渣代替建筑用砂，其含硫量较高，有的高达4.6%，请分析其原因。

原因分析：由于硫铁矿渣中的三氧化硫和硫酸根与水泥或石灰膏反应，生成硫铝酸钙或硫酸钙，产生体积膨胀。而其硫含量较多，在砂浆硬化后不断生成此类体积膨胀的水化产物，致使砌体产生裂缝，抹灰层起壳。

5.4 抹面砂浆

凡是涂抹在建筑物（或墙体）表面的砂浆，统称为抹面（抹灰）砂浆。抹面砂浆是兼有保护基层和增加美观作用的砂浆。根据其功能不同，抹面砂浆一般可分为普通抹面砂浆和特殊用途砂浆（如具有防水、耐腐蚀、绝热、吸声及装饰等用途的砂浆）。常用的抹面砂浆有水泥砂浆、石灰砂浆、水泥石灰混合砂浆、麻刀石灰砂浆（简称麻刀灰）、纸筋石灰砂浆（简称纸筋灰）。

与砌筑砂浆相比，抹面砂浆具有以下特点：抹面层不承受荷载；抹面层与基底层要有足够的黏结强度，使其在施工中或长期自重和环境作用下不脱落、不开裂；抹面层多为薄层，并分层涂抹；面层要求平整、光洁、细致、美观，多数用于干燥环境，大面积暴露在空气中。

5.4.1 普通抹面砂浆

普通抹面砂浆主要是为了保护建筑物，并使表面平整美观。抹面砂浆与砌筑砂浆不同，主要要求的不是强度，而是与底面的黏结力。因此配制时需要胶凝材料数量较多，并应具有良好的和易性，以便操作。

为了保证抹灰表面平整，避免裂缝、脱落等现象，通常抹面应分两层或三层进行施工。各层抹灰要求不同，因此每层所用的砂浆也不一样。

底层砂浆主要起与基层黏结的作用，砖墙底层多用石灰砂浆；有防水、防潮要求时用水泥砂浆；板条墙及顶棚的底层抹灰多用水泥砂浆或混合砂浆。中层抹灰主要起找平作用，多用混合砂浆或石灰砂浆。面层主要起装饰作用，砂浆宜采用细砂。面层抹灰多用混合砂浆、麻刀石灰砂浆、纸筋石灰砂浆。在容易碰撞或潮湿部位的面层，如墙裙、踢脚板、雨篷、水池、窗台等均应采用水泥砂浆。普通抹面砂浆的配合比可参照表5-5选用。

表5-5 普通抹面砂浆参考配合比

材料	体积配合比	材料	体积配合比
水泥：砂	1：3~1：2	石灰：石膏：砂	1：2：4~1：0.4：2
石灰：砂	1：4~1：2	石灰：黏土：砂	1：1：8~1：1：4
水泥：石灰：砂	1：2：9~1：1：6	石灰膏：麻刀灰	100：2.5~100：1.3(质量比)

5.4.2 装饰砂浆

涂抹在建筑内外墙表面，且具有美观装饰效果的抹面砂浆统称为装饰砂浆。装饰砂浆的底层和中层抹灰与普通抹灰砂浆基本相同，主要区别是面层，面层要选用具有一定颜色的胶凝材料和集料，并采用某种特殊的施工操作工艺，以使表面呈现出各种不同的色彩、线条与花纹等装饰效果。装饰砂浆的胶凝材料通常有普通水泥、矿渣水泥、火山灰水泥、白色水泥、彩色水泥，或是在常用水泥中掺加耐碱矿物配成彩色水泥及石灰、石膏等。集料常采用大理石、花岗石等带颜色的细石渣或玻璃、陶瓷碎片。

外墙面的装饰砂浆有如下工艺做法：

（1）拉毛　先用水泥砂浆做底层，再用水泥石灰砂浆做面层。在砂浆尚未凝结之前，用抹刀将表面拉成凹凸不平的形状。

（2）水刷石　用颗粒细小（约5mm）的石渣拌成的砂浆做表面，在水泥终凝前，喷水冲刷表面，冲洗掉石渣表面的水泥浆，使石渣表面外露。水刷石用于建筑的外墙面，具有一定的质感，且经久耐用，不需维护。

（3）干粘石　在水泥砂浆面层的表面，黏结粒径5mm以下的白色或彩色石渣、小石子、彩色玻璃、陶瓷碎粒等，要求石渣黏结均匀、牢固。干粘石的装饰效果与水刷石相近，且石子表面更洁净艳丽，同时避免了喷水冲洗的湿作业，施工效率高，节约材料和水。干粘石在预制外墙板的生产中有较多应用。

（4）斩假石　又称斧剁石、剁假石。砂浆的配制与水刷石基本一致。砂浆表面硬化后，用斧刃将表面剁毛并露出石渣，斩假石的装饰效果与粗面花岗石相似。

（5）假面砖　将硬化的普通砂浆表面用刀斧锤凿刻划出线条，或在初凝后的普通砂浆表面用木条、钢片压划出线条，也可用涂料画出线条，将墙面装饰成砖砌体、仿瓷砖贴面、仿石材贴面等艺术效果。

（6）水磨石　用普通水泥、白水泥、彩色水泥或普通水泥加耐碱颜料拌和各种色彩的大理石石渣做面层，硬化后用机械反复磨平抛光表面而成。水磨石多用于地面、水池等工程部位，可事先设计图案色彩，磨平抛光后更具艺术效果。水磨石还可制成预制件或预制块，作为楼梯踏步、窗台板、柱面、台面、踢脚板、地面板等构件。室内外的地面、墙面、台面、柱面等，也可用水磨石进行装饰。

装饰砂浆还可用喷涂、弹涂、辊压等工艺方法，做成丰富多彩、形式多样的装饰面层。装饰砂浆操作方便，施工效率高。与其他墙面、地面装饰相比，其成本低，耐久性好。

5.5 特殊用途砂浆

1. 防水砂浆

防水砂浆是指用于制作防水层的抗渗性较高的砂浆。砂浆防水层又称刚性防水层，适用于不受振动和具有一定刚度的混凝土或砖、石砌体工程，可以用于水塔、水池等的防水。变形较大或可能发生不均匀沉降的工程不宜采用刚性防水层。防水砂浆可用普通水泥砂浆中掺入防水剂制得，防水剂的掺量按生产厂家推荐的最佳掺量掺入，最后经试配确定。防水砂浆的防水效果在很大程度上取决于施工质量。

2. 绝热砂浆

采用水泥、石灰、石膏等胶凝材料与膨胀珍珠岩、膨胀蛭石、陶粒、陶砂或聚苯乙烯泡沫颗粒等轻质多孔材料，按一定比例配制的砂浆称为绝热砂浆。绝热砂浆质轻，具有良好的绝热保温性能，可用于屋面隔热层、隔热墙壁、冷库及工业窑炉、供热管道隔热层等处。如果在绝热砂浆中掺入或在绝热砂浆表面喷涂憎水剂，则这种砂浆的保温隔热效果会更好。

3. 耐酸砂浆

耐酸砂浆是以水玻璃与氟硅酸钠为胶凝材料，加入石英石、花岗石、铸石等耐酸粉料和细集料拌制硬化而成的砂浆。耐酸砂浆可用于耐酸地面、耐酸容器基座及与酸接触的结构部位。在某些有酸雨腐蚀地区，建筑物的外墙装修也可应用耐酸砂浆，提高建筑物的耐酸雨腐蚀能力。

4. 防射线砂浆

在水泥砂浆中掺入重晶石粉、重晶石砂，可配制具有防 X 射线和 γ 射线能力的砂浆。其配合比约为水泥∶重晶石粉∶重晶石砂 = 1∶0.25∶(4~5)。在水泥中掺入硼砂、硼化物等可配制具有防中子射线的砂浆。厚重气密不易开裂的砂浆也可阻止地基中土壤或岩石里的氡（具有放射性的气体）向室内迁移或流动。

5. 膨胀砂浆

在水泥砂浆中加入膨胀剂，或使用膨胀水泥，可配制膨胀砂浆。膨胀砂浆具有一定的膨胀性，可补偿水泥砂浆的收缩，防止干缩开裂。膨胀砂浆还可用在修补工程和装配式大板工程中，利用其膨胀作用填充缝隙，达到黏结密封的目的。

6. 自流平砂浆

自流平砂浆是在自重作用下能流平的砂浆，地坪和地面常采用自流平砂浆。良好的自流平砂浆可使地坪平整光洁、强度高、耐磨性好、不易开裂、施工方便、质量可靠。自流平砂浆的关键技术是掺用合适的外加剂，严格控制砂的级配和颗粒形态，选择级配合适的水泥和其他胶凝材料。

7. 吸声砂浆

吸声砂浆是具有吸声功能的砂浆。一般多孔结构都具有吸声功能，所以在砂浆中加入锯末、玻璃棉、矿棉或有机纤维等多孔材料就可配制吸声砂浆。工程上常用以水泥∶石灰膏∶砂∶锯末 = 1∶1∶3∶5（体积比）来配制吸声砂浆。

5.6 商品砂浆

商品砂浆是降低能源、资源消耗，减少环境污染的环保型产品，商品砂浆可提高工程工效和质量，实现施工现代化，加强城市建设施工管理。商品砂浆又称预拌砂浆，一般可分为湿拌砂浆、干混砂浆。商品砂浆相比传统的砂浆有着明显的优点：

1）产品质量高、性能稳定，可以适应不同的用途和功能要求。

2）产品黏结性好，大大提高了外墙瓷砖的黏结强度，减少了瓷砖掉落的安全隐患。

3）产品施工性能良好。

1. 湿拌砂浆

湿拌砂浆是水泥、细集料、保水增稠材料、外加剂、水及根据需要掺入的矿物掺合料等组分按一定比例，在搅拌站经计量、拌制后，采用搅拌运输车运送至使用地点，放入专用容器储存，并在规定时间内使用完毕的砂浆拌合物。湿拌砂浆按用途可分为湿拌砌筑砂浆、湿拌抹灰砂浆、湿拌地面砂浆和湿拌防水砂浆。

2. 干混砂浆

干混砂浆是指由专业生产厂家生产的，经干燥筛分处理的细集料与无机胶结料、保水增稠材料、矿物掺合料和添加剂按一定比例混合而成的一种颗粒状或粉状混合物，它既可由专用罐车运输到工地加水拌和使用，也可采用包装形式运到工地拆包加水拌和使用。干混砂浆按用途可分为干混砌筑砂浆、干混抹灰砂浆、干混地面砂浆和干混普通防水砂浆、干混陶瓷黏结砂浆、干混界面砂浆、干混保温板黏结砂浆、干混保温板抹面砂浆、干混聚合物水泥防水砂浆、干混自流平砂浆、干混耐磨地坪砂浆和干混饰面砂浆。

本章小结

砂浆是由胶凝材料、细集料和水按一定比例配制而成的一种用途和用量均较大的土木工程材料。砂浆的主要技术要求是指砂浆拌合物的密度、新拌砂浆的和易性、硬化砂浆的抗压强度、砂浆的黏结力、变形性、抗冻性及抗裂性等性能。新拌砂浆的和易性主要通过流动性和保水性来评定。用于将砖、石砌块等块体材料黏结为砌体的砂浆，称为砌筑砂浆。用于涂抹在建筑物表面，兼有保护基层和满足使用要求作用的砂浆称为抹面砂浆。砌筑砂浆应先根据工程类别及砌体部位的设计要求来选择砂浆的强度等级，再按所选择的砂浆强度等级确定其配合比。确定砂浆配合比，一般情况下可参考有关资料和手册选用，经过试配、调整来确定施工配合比。根据生产和供应形式，预拌砂浆可分为预拌干砂浆和预拌湿砂浆两大类型。预拌砂浆除了使用水泥、石膏、粉煤灰、矿渣粉及各种粒级的细集料等普通原材料外，还常添加一些用以改善砂浆塑性性能和满足砂浆硬化后特殊性能要求的原材料，包括增稠剂、保水剂、稳定剂、聚合物乳液和可再分散乳胶粉、纤维、颜料及各种混凝土外加剂等。

本章习题

1. 判断题（正确的打√，错误的打×）

1）砂浆的和易性与混凝土的和易性相同。（　　）

2）新拌砂浆的和易性包括流动性和保水性两个方面。（　　）

3）砂浆的流动性越大越好。（　　）

4）新拌砂浆能够保持水分的能力称为保水性。（　　）

5）砂浆的流动性是根据沉入度的大小来判定的。（　　）

6）抹面砂浆和砌筑砂浆的功能相同。（　　）

7）使用预拌砂浆可提高劳动生产率，改善劳动条件。（　　）

2. 单项选择题

1）凡涂在建筑物或构件表面的砂浆，可统称为（　　）。

A. 砌筑砂浆　　B. 抹面砂浆

C. 混合砂浆　　D. 防水砂浆

2）用于不吸水底面的砂浆强度主要取决于（　　）。

A. 水胶比及水泥强度　　B. 水泥用量

C. 水泥及砂用量　　D. 水泥及石灰用量

3）在抹面砂浆中掺入纤维材料可以改变砂浆的（　　）。

A. 抗压强度　　B. 抗拉强度

C. 保水性　　D. 分层度

4. 用于吸水底面的砂浆强度主要取决于（　　）。

A. 水胶比及水泥强度等级　　B. 水泥用量和水泥强度等级

C. 水泥及砂用量　　D. 水泥及石灰用量

5）测定砂浆抗压强度的标准试件的尺寸是（　　）。

A. 70.7mm×70.7mm ×70.7mm　　B. 70mm×70mm×70mm

C. 100mm×100mm×100mm　　D. 40mm×40mm×40mm

3. 多项选择题

1）砂浆的和易性包括（　　）。

A. 流动性　　B. 保水性

C. 黏聚性　　D. 稠度

2）砂浆的技术性质有（　　）。

A. 砂浆的和易性　　B. 砂浆的强度

C. 砂浆的黏结力　　D. 砂浆的变形性能

3）常用的普通抹面砂浆有（　　）等。

A. 石灰砂浆　　B. 水泥砂浆

C. 混合砂浆　　D. 砌筑砂浆

4. 简答题

1）对新拌水泥砂浆的技术要求与对混凝土的技术要求有什么不同？

2）如何表示和测定砂浆混合物的流动性？保水性不良对砂浆质量有哪些影响？如何提高砂浆的保水性？

3）红砖在施工前为什么一定要进行浇水润湿？砌筑砂浆的主要技术性质包括哪些方面？

第6章

钢 材

本章重点

钢材力学性能测试方法、影响因素和强化措施，土木工程中常用钢材的分类及选用原则，钢材的锈蚀机理和防护措施。

学习目标

了解钢材的微观结构及与其性质的关系；掌握钢材的力学性能（包括强度、弹性和塑性变形、耐疲劳性）的意义、测定方法及影响因素；熟悉钢材的强化机理及强化方法；掌握土木工程中常用钢材的分类及选用原则；掌握钢材的锈蚀机理及防护措施。

鸟巢（国家体育场）——2008年北京奥运会主场馆

鸟巢的建筑造型为呈椭圆的马鞍形，外壳由钢结构构件有序编织而成，内部有三层碗状混凝土结构看台。看台基座为地下一层、地上七层的钢筋混凝土框架结构。奥运会期间可容纳观众9.1万人，工程占地面积20.4hm^2，总建筑面积约25.8万m^2。

鸟巢结构设计奇特新颖，设计用钢量为4.2万t，但一般的钢材适应不了这种高强度，因此采用了Q460低合金高强度钢。由于钢板厚度需要达到110mm，但国内只有100mm的钢板，而110mm的钢板大都从国外进口。为了撑起鸟巢的铁骨钢筋，我国科研人员历经半年三次试制，终于科技攻关成功。

鸟巢钢结构施工的多项技术，如箱型弯扭构件、钢结构综合安装技术、钢结构合龙施工、钢结构支撑卸载、焊接综合技术和施工测量测控技术与应用六项最难施工技术，在国内均无先例和规范可循，完全靠施工单位人员进行技术研究与创新。

鸟巢的巨大成功体现了我国劳动者的伟大智慧。鸟巢被选为我国当代十大标志性建筑之一，也有报道将鸟巢评为当代世界奇迹之一。

6.1 概述

钢材的优缺点

金属材料分为有色金属和黑色金属两大类，黑色金属是以铁元素为主要成分的金属及其合金，如铁、钢和合金钢；有色金属是以其他金属元素为主要成分的金属及其合金，如铜、铝、锌、铅等金属及其合金。

钢材是土木工程中应用量最大的金属材料之一，广泛应用于铁路、桥梁等各种结构工程中，还大量用作门窗和建筑五金材料等，在国民经济中发挥着重要作用。钢材强度高，品质均匀，具有一定的弹性和塑性变形能力，能够承受冲击、振动等荷载，且可加工性好，能进行各种机械加工。钢材可以通过铸造的方法，铸造成各种形状，还可以通过切割、铆接或焊接等多种方式，进行装配式施工。因此，钢材是最重要的土木工程材料之一。

目前，建筑、市政结构大部分采用钢筋混凝土结构，此种结构自重大，用钢量少，因此成本较低。超高层建筑结构为减轻自重，往往采用钢结构，而一些小型的工业建筑和临时用房为缩短施工周期，采用钢结构的比例也很大，桥梁工程和铁路中的钢结构更是占有绝对的地位。钢结构质量小、施工方便，适用于大跨度、高层结构，可以满足缩短施工周期等要求。但是，钢材在使用和服役过程中极易发生锈蚀，需要定期维护，因此维护费用较大。

6.2 钢材的冶炼和分类

6.2.1 钢材的冶炼

钢是由生铁冶炼而成。生铁是铁矿石、熔剂（石灰石）、燃料（焦炭）在高炉中经过还原反应和造渣反应而得到的一种铁碳合金，其中碳含量为2.06%~6.67%，磷、硫等杂质的含量也较高。生铁硬而脆，无塑性和韧性，不能进行焊接、锻造、轧制等加工，在建筑中很少应用。碳含量小于0.04%的铁碳合金，称为工业纯铁。熟铁是指碳含量低于0.02%的铁。

炼钢的原理是将熔融的生铁进行氧化，使铁含量降到一定的限度，同时把硫、磷等杂质含量也降到一定允许范围内。因此，在理论上凡碳含量在2.0%以下，含有害杂质较少的铁碳合金，均可称为钢，钢的密度为7.84~7.86g/cm^3。

目前，大规模炼钢的方法主要有氧气转炉法、平炉法和电炉法三种。

1. 氧气转炉法

氧气转炉法是以熔融铁液为原料，由炉顶向转炉内吹入高压氧气，铁液中硫、磷等有害杂质因迅速氧化而被有效除去，其特点是冶炼速度快（每炉需25~45min），钢质较好且成本较低，常用来生产优质碳素钢和合金钢。目前，氧气转炉法是最主要的一种炼钢方法。

2. 平炉法

平炉法是以固体或液态生铁、废钢铁及适量的铁矿石为原料，以煤气或重油为燃料，依靠废钢铁及铁矿石中的氧气与杂质起氧化作用而成渣，熔渣浮于表面，使下层钢液与空气隔绝，避免了空气中的氧、氮等进入钢中。平炉法冶炼时间长（每炉需4~12h），有足够的时间调整和控制其成分，去除杂质更为彻底，故钢的质量好，可用于炼制优质碳素钢、合金钢及其他有特殊要求的专用钢。其缺点是能耗高、成本高，此法已逐渐被淘汰。

3. 电炉法

电炉法是以废钢铁及生铁为原料，利用电能加热进行高温冶炼。该法熔炼温度高，且温度可自由调节，清除杂质较易，故电炉钢的质量最好，但成本也最高，主要用于冶炼优质碳素钢及特殊合金钢。

6.2.2 钢材的分类

对于钢而言，由于化学组成、有害杂质含量、用途、脱氧程度等的不同会造成其表现出不同性能。因此，为便于生产和使用，常对钢进行下列分类。

1. 按化学成分分类

按化学成分，钢可分为碳素钢和合金钢两大类。

1）碳素钢。碳素钢的主要成分是铁，其次是碳，又称铁碳合金，此外，还含有少量的硅、锰及极少量的硫、磷等元素。其中碳含量对钢的性质影响显著，根据碳含量不同，碳素钢又可分为低碳钢（碳含量小于0.25%）、中碳钢（碳含量为0.25%~0.60%）和高碳钢（碳含量大于0.60%）。

2）合金钢。合金钢是在碳素钢的基础上，特意加入少量的一种或多种合金元素（如硅、锰、钛、钒等）后冶炼而成的钢。合金元素的掺量虽少，但却能显著地改善钢的力学性能和工艺性能，同时还可使钢获得某种特殊的性能。按合金元素含量不同，合金钢又可分为低合金钢（合金元素总含量小于5%）、中合金钢（合金元素总含量为5%~10%）和高合金钢（合金元素总含量大于10%）。

2. 按有害杂质含量分类

按钢中有害杂质硫、磷含量的多少，钢可分为四大类：普通钢（硫含量不大于0.05%，磷含量不大于0.045%）、优质钢（硫含量不大于0.035%，磷含量不大于0.035%）、高级优质钢（硫含量不大于0.025%，磷含量不大于0.025%）、特级优质钢（硫含量不大于0.015%，磷含量不大于0.025%）。

3. 按用途分类

按用途的不同，钢可以分为结构钢、工具钢和特殊钢三类。

1）结构钢，是指主要用于工程结构及机械零件的钢，一般为低碳钢或中碳钢。

2）工具钢，是指主要用于各种工具、量具及模具的钢，一般为高碳钢。

3）特殊钢，是指具有特殊物理、化学或力学性能的钢，如不锈钢、耐热钢、耐磨钢、磁性钢等，一般为合金钢。

4. 按冶炼时脱氧程度分类

除国家标准对钢材的分类外，根据以往习惯还有按钢冶炼时脱氧程度来分类。

1）沸腾钢。当炼钢时脱氧不充分，钢液中还有较多金属氧化物，浇铸钢锭后钢液冷却到一定的温度，其中的碳会与金属氧化物发生反应，生成的大量一氧化碳气体外逸，引起钢液激烈沸腾，因此这种钢材称为沸腾钢。沸腾钢中碳和有害杂质磷、硫等在钢中分布不均，富集于某些区间的现象较严重，钢的致密程度较差。因此沸腾钢的冲击韧性和焊接性较差，特别是低温冲击韧性的降低更显著。

2）镇静钢。当炼钢时脱氧充分，钢液中有很少或没有金属氧化物，在浇铸钢锭时钢液会平静地冷却凝固，这种钢称为镇静钢。镇静钢组织致密，气泡少，偏析程度小，各种力学性能比沸腾钢优越，可用于受冲击荷载的结构或其他重要结构。

3）特殊镇静钢。比镇静钢脱氧程度更充分、彻底的钢称为特殊镇静钢。

【工程实例分析 6-1】 钢结构屋架倒塌

现象：某钢结构屋架是用中碳钢焊接而成的，在使用一段时间后，屋架坍塌，请分析事故原因。

原因分析：这是因为钢材选用不当，中碳钢的塑性和韧性比低碳钢差，且其焊接性较差，焊接时钢材局部温度高，形成了热影响区，其塑性及韧性下降较多，较易产生裂纹。建筑上常用的主要钢种是普通碳素钢中的低碳钢和合金钢中的低合金高强度结构钢。

炼钢炉出来的钢液被铸成钢坯或钢锭，钢坯经压力加工成钢材（钢铁产品）。钢材种类一般可分为型钢类、钢板类、钢管类和钢丝类四大类。

1）型钢类。型钢品种很多，是一种具有一定断面形状和尺寸的实心长条钢材。按其断面形状不同，又分为简单和复杂断面两种。前者包含圆钢、方钢、扁钢、六角钢和角钢；后者包括钢轨、工字钢、槽钢、窗框钢和异型钢等。直径在 6.5~9.0mm 的小圆钢称为线材。

2）钢板类。钢板是一种宽厚比和表面积都很大的扁平钢材。按厚度的不同，分薄板（厚度小于 4mm）、中板（厚度为 4~25mm）和厚板（厚度大于 25mm）三种。钢带也属于钢板类。

3）钢管类。钢管是一种中空断面的长条钢材。按其断面形状不同，可分为圆管、方形管、六角管和各种异型钢管；按加工工艺不同，又可分为无缝钢管和焊接钢管两大类。

4）钢丝类。钢丝是线材的再一次冷加工产品，按其形状不同，可分为圆钢丝、扁钢丝和三角形钢丝等。钢丝除直接使用外，还用于生产钢丝绳、钢纹线和其他制品。

目前我国将钢材分为 16 大品种，见表 6-1。

表 6-1 钢材的分类

类别	品种	说明
型材	重轨	每米质量大于 30kg 的钢轨（包括起重机轨）
	轻轨	每米质量不大于 30kg 的钢轨
	大型型钢	普通钢、圆钢、方钢、扁钢、六角钢、工字钢、槽钢、等边和不等边的角钢及螺纹钢等。按尺寸大小分为大、中、小型
	中型型钢	
	小型型钢	
	线材	直径 5~10mm 的圆钢和盘条
	冷弯型钢	将钢材或钢带冷弯成形制成的型钢
	优质型材	优质圆钢、方钢、扁钢和六角钢等
	其他钢材	包括重轨配件、车轴坯、轮箍等
板材	薄钢板	厚度不大于 4mm 的钢板
	厚钢板	厚度大于 4mm 的钢板，可分为中板（4mm<厚度≤25mm）、厚板（25mm<厚度≤60mm）、特厚板（厚度>60mm）
	钢带	又称带钢，长而窄并成卷供应的薄钢板
	电工硅钢薄板	又称硅钢片或矽钢片
管材	无缝钢管	用热轧、热轧-冷拔或挤压等方法生产的管壁无接缝的钢管
	焊接钢管	先将钢板或钢带卷曲成形，再焊接制成的钢管
金属制品	金属制品	包括钢丝、钢丝绳、钢绞线等

6.3　钢材的微观结构和化学组成

钢材是铁碳合金晶体。其晶体结构中，各个原子以金属键的形式相互结合在一起，这种结合方式决定了钢材具有很高的强度和良好的塑性。描述晶体结构的最小单元是晶格，钢的晶格有体心立方晶格和面心立方晶格两种，前者是原子排列在一个正六面体的中心及各个顶点而构成的空间格子，后者是原子排列在一个正六面体的各个顶点及六个面的中心而构成的空间格子。

碳素钢从液态变成固态晶体结构时，随着温度的降低，其晶格要发生两次转变，即在1390℃以上的高温时，形成体心立方晶格，称 δ-Fe；温度由 1390℃降至 910℃的中温范围时，则转变为面心立方晶格，称 γ-Fe，此时伴随产生体积收缩；继续降至 910℃以下的低温时，又转变成体心立方晶格，称 α-Fe，这时将产生体积膨胀。

对金属的微观结构进行深入研究，可以发现钢材的晶格并不都是完好无缺的规则排列，而是存在许多缺陷，它们将显著地影响钢材的性能，这也是钢材的实际强度远比其理论强度小的根本原因。钢材的主要缺陷有点缺陷、线缺陷和面缺陷三种。

要得到含铁纯度 100%的钢是不可能的，实际上，钢是以铁为主的铁碳合金，其中碳含量虽很少，但对钢材性能的影响非常大。碳素钢冶炼时在钢液冷却过程中，其铁和碳有以下三种结合形式：固溶体、化合物（Fe_3C）和机械混合物。这三种形式的铁碳合金在一定条件下能形成具有一定形态的聚合体，称为钢的组织。钢的基本组织主要有铁素体、奥氏体、渗碳体和珠光体四种（见表 6-2）。

表 6-2　钢的基本组织

名称	碳含量(%)	结构特征	性　能
铁素体	≤0.02	碳在 α-Fe 中的固溶体	塑性、韧性好，但强度、硬度低
奥氏体	0.77~2.11	碳在 γ-Fe 中的固溶体	大于 727℃才稳定存在，强度、硬度不高，塑性好
渗碳体	6.67	铁和碳的化合物 Fe_3C	抗拉强度低，塑性差，更脆，耐磨
珠光体	≈0.8	铁素体和渗碳体的机械混合物	塑性较好，强度和硬度较高

碳素钢的碳含量不大于 0.8%时，其基本组织为铁素体和珠光体。随着碳含量增大，珠光体的含量较多，铁素体相应减少，因此强度、硬度随之提高，但塑性和冲击韧性则相应下降。当碳素钢的碳含量等于 0.8%时，钢的基本组织为珠光体。当碳素钢的碳含量大于 0.8%时，钢的基本组织为珠光体和渗碳体，随着碳含量的增大，钢材的硬度增大，塑性、韧性减少，强度也下降（见图 6-1）。

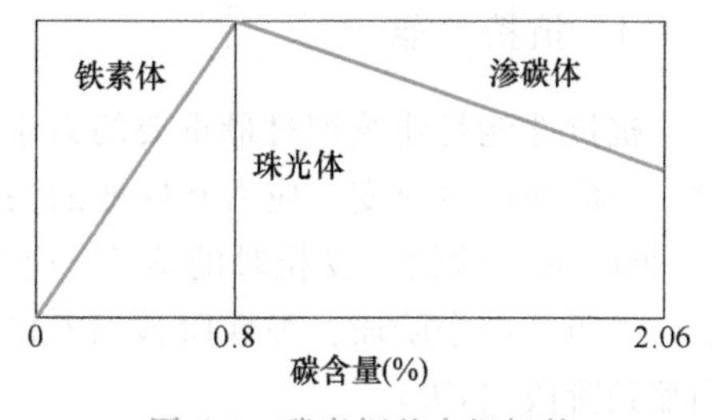

图 6-1　碳素钢基本组织的相对含量与碳含量的关系

除铁、碳外，钢材在冶炼过程中会从原料、燃料中引入一些其他元素，这些元素存在于钢材组织结构中，对钢材的结构和性能有重要影响。根据这些元素的效应，可将其分为能改善优化钢材性能的元素和劣化钢材性能的元素两大类，具体变化情况详见表 6-3。

表 6-3　化学元素对钢材性能的影响

化学元素(质量分数)	强度	硬度	塑性	韧性	焊接性	其他
碳(C)<0.8% ↑	↑	↑	↓	↓	↓	冷脆性 ↑
硅(Si)>1% ↑			↓	↓↓	↓	冷脆性 ↑
锰(Mn) ↑	↑	↑		↑		脱氧、脱硫剂
钛(Ti) ↑	↑↑		↓	↑		强脱氧剂
钒(V) ↑	↑					时效 ↓
铌(Nb) ↑	↑		↑	↑		
磷(P) ↑	↑		↓	↓	↓	偏析、冷脆↑↑
氮(N) ↑	↑		↓	↓↓	↓	冷脆性 ↑
硫(S) ↑	↓				↓	
氧(O) ↑	↓				↓	

【工程实例分析 6-2】　钢结构运输廊道倒塌

现象：某钢铁厂仓库运输廊道为钢结构，于某日倒塌。经检查可知，杆件发生断裂的位置在应力集中处的节点附近的整块母材上，桁架腹板和弦杆所有安装焊接结构均未破坏，全部断口和拉断处都很新鲜，未发黑、无锈迹。

原因分析：切取部分母材进行化学成分分析，其碳、硫含量均超过相关标准中碳、硫含量的规定，经组织研究也证实了碳含量过高的化学分析。碳含量增加，钢强度、硬度增高，而塑性和韧性降低，且增大钢的冷脆性，降低焊接性。而硫多数以硫化亚铁（FeS）的形式存在，降低了钢的强度及耐疲劳性能，且不利于焊接。这是导致工程质量事故的原因。

6.4　钢材的主要技术性能

作为主要的受力结构材料，钢材不仅需要具有一定的力学性能，同时还要求具有容易加工的性能，即工艺性能。其中，力学性能是钢材最重要的使用性能，包括强度、弹性、塑性和耐疲劳性等。工艺性能是钢材的冷弯性能和焊接性。

6.4.1　抗拉性能

低碳钢的抗拉性能

抗拉性能是建筑钢材最重要的力学性能。钢材受拉时，在产生应力的同时，相应地产生应变。应力和应变的关系反映出钢材的主要力学特征。从图 6-2 低碳钢（软钢）受拉时的应力-应变关系中可看出，低碳钢从受拉到拉断，经历了四个阶段：弹性阶段（*OA*）、屈服阶段（*AB*）、强化阶段（*BC*）和缩颈阶段（*CD*）。

1. 弹性阶段（*OA*）

在图 6-2 中 *OA* 段，应力较低，应力与应变成正比关系，卸去外力，试件恢复原状，无残余变形，这一阶段称为弹性阶段。弹性阶段的最高点（*A* 点）所对应的应力称为弹性极限，用 R_P 表示。在弹性阶段，应力和应变的比值为常数，称为弹性模量，用 E 表示。弹性模量反映钢材的刚度，是计算结构受力变形的重要指标之一。土木工程中常用钢材的弹性模量为（2.0~2.1）×10^5 MPa。

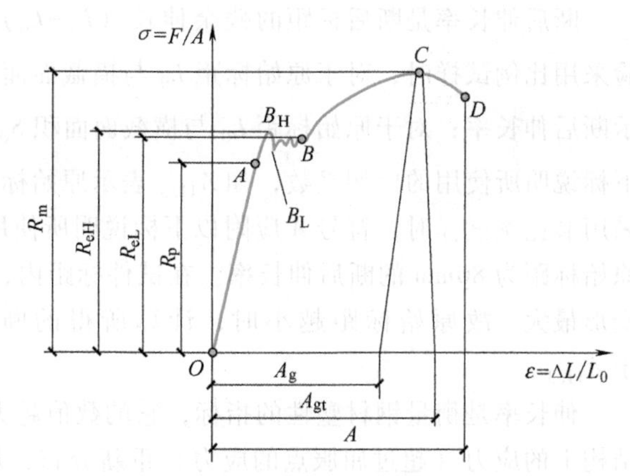

图 6-2 低碳钢受拉时的应力-应变关系

2. 屈服阶段（*AB*）

当应力超过弹性极限后，应变的增长比应力快，此时，除产生弹性变形外，还产生塑性变形。当应力达到 B_H 后塑性变形急剧增加，应力-应变曲线出现一个小平台，这种现象称为屈服，这一阶段称为屈服阶段。屈服强度是指当金属材料呈现屈服现象时，在试验期间达到塑性变形发生而拉力不增加的应力点。如果应力在屈服阶段出现波动，则应区分为上屈服点 B_H 和下屈服点 B_L。上屈服强度是指试样发生屈服而应力首次下降前的最大应力 R_{eH}。下屈服强度是指不计初始瞬时效应时的最小应力 R_{eL}。由于下屈服点比较稳定且容易测定，因此，采用下屈服点对应的应力作为钢材的屈服强度 R_{eL}。钢材受力达到屈服强度后，变形迅速增长，虽然尚未断裂，但已不能满足使用要求，因此结构设计中以屈服强度作为许用应力取值的依据。

3. 强化阶段（*BC*）

在钢材屈服到一定程度后，由于内部晶格扭曲、晶粒破碎等原因，阻止了塑性变形的进一步发展，钢材抵抗外力的能力重新提高，在应力-应变图上，曲线从 B_L 点开始上升直至最高点 *C*，这一过程称为强化阶段，对应于最高点 *C* 的应力称为抗拉强度 R_m。它是钢材所承受的最大应力。常用低碳钢的抗拉强度为 315~540MPa。图 6-2 中 A_g 表示最大力下材料的最大塑性延伸率，A_{gt} 表示最大力下材料的最大总延伸率（弹性延伸加塑性延伸之和）。

抗拉强度在设计中虽然不能直接利用，但是抗拉强度与屈服强度之比（强屈比）R_m/R_{eL} 却是评价钢材使用可靠性的一个参数。强屈比越大，钢材受力超过屈服点工作时的可靠性越大，安全性越高，但强屈比太大，钢材强度的利用率偏低，浪费材料。用于抗震结构的普通钢筋实测的强屈比应不低于 1.25。

4. 缩颈阶段（*CD*）

在钢材达到 *C* 点后，试件薄弱处的断面将显著减小，塑性变形急剧增加，产生缩颈现象进而断裂。*A* 表示断后伸长率，可从引伸计的信号测得或直接从试样上测得这一性能指标。

塑性是钢材的重要性能指标之一。钢材的塑性通常用拉伸试验时的伸长率或断面收缩率来表示。断后伸长率 *A* 为

$$A=\frac{L_1-L_0}{L_0}\times 100\% \tag{6-1}$$

式中 *A*——断后伸长率；

L_0——试件原始标距，即室温下施力前的试样长度（mm）；

L_1——试样断后标距，即在室温下将断后的两部分紧密对接在一起，保证两部分的轴线位于同一条直线上，测量试样断裂后的长度（mm）。

断后伸长率是断后标距的残余伸长（L_1-L_0）与原始标距 L_0 之比的百分率。当拉伸试验采用比例试样时，对于原始标距 L_0 与横截面面积 S_0 满足 $L_0=5.65\sqrt{S_0}$ 关系的试样用 A 表示断后伸长率；对于原始标距 L_0 与横截面面积 S_0 不是 $5.65\sqrt{S_0}$ 关系的试样，符号 A 应附以下标说明所使用的比例系数，如 $A_{11.3}$ 表示原始标距为 $11.3\sqrt{S_0}$ 试样的断后伸长率。当试验采用非比例试样时，符号 A 应附以下标说明所使用的原始标距，以 mm 表示，如 A_{80mm} 表示原始标距为 80mm 的断后伸长率。在试件标距内，试样的塑性变形分布是不均匀的，缩颈处变形最大。故原始标距越小时，计算所得的断后伸长率越大。因此同一种钢材，A 大于 $A_{11.3}$。

伸长率是衡量钢材塑性的指标，它的数值越大，表示钢材塑性越好。良好的塑性，可将结构上的应力（超过屈服点的应力）重新分布，从而避免结构过早破坏。

断面收缩率是指断裂后试样横截面面积的最大缩减量与原始横截面面积之比，即

$$Z=\frac{S_0-S_u}{S_0}\times100\% \tag{6-2}$$

式中 Z——断面收缩率；

S_0——试件的原始横截面面积；

S_u——试件拉断后缩颈处的横截面面积。

规定塑性延伸强度

伸长率和断面收缩率表示钢材断裂前经受塑性变形的能力。伸长率越大或断面收缩率越高，说明钢材塑性越大。钢材塑性大，不仅便于进行各种加工，而且能保证钢材在建筑上的安全使用。钢材的塑性变形能调整局部高峰应力，使之趋于平缓，避免引起建筑结构的局部破坏甚至整个结构破坏。钢材在塑性破坏前，有很明显的变形和较长的变形持续时间，便于人们发现和补救。

某些合金钢或碳含量高的钢材，如预应力混凝土用的高强度钢筋和钢丝具有硬钢的特点，无明显屈服阶段。由于在外力作用下屈服现象不明显，不便测出屈服点，因此采用规定塑性延伸强度进行设计。规定塑性延伸强度是指塑性延伸率等于规定的引伸计标距百分率时对应的应力，如图 6-3 所示。使用符号应附下标说明所规定的残余延伸率，如 $R_{p0.2}$ 表示规定残余延伸率为 0.2%时的应力。

由拉伸试验测定的屈服强度 R_{eL}、抗拉强度 R_m 和伸长率 A 是钢材重要的技术指标。

6.4.2 冲击性能

钢材的冲击韧性是处在简支梁状态的金属试样在冲击负荷作用下折断时的冲击吸收能量。钢材的冲击韧性试验是将标准弯曲试样置于冲击机的支架上，并使切槽位于受拉的一侧，如图 6-4 所示。当冲击机的重摆从一定高度自由落下时，在试样中间开 V 型缺口，试样吸收的能量等于重摆所做的功 W。若试件在缺口处的最小横截面面积为 A，则冲击韧性 α_k（J/cm^2）为

$$\alpha_k=\frac{W}{A}\times100\% \tag{6-3}$$

钢材的冲击韧性与钢材的化学成分、组织状态、冶炼、加工都有关系。如钢材中磷、硫含量较高，存在偏析、非金属夹杂物和焊接中形成的微裂纹等都会使冲击韧性显著降低。

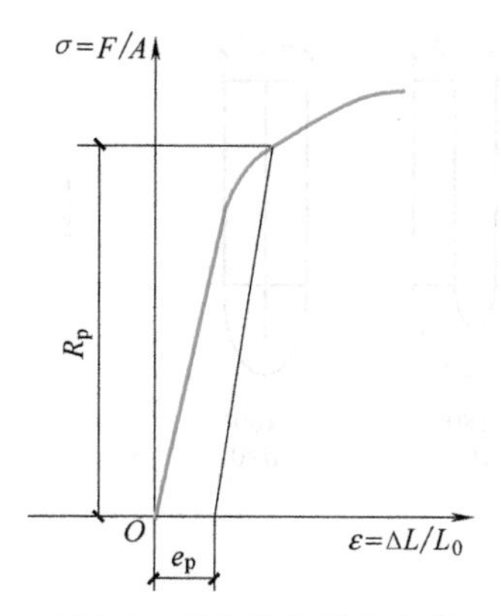

图 6-3 规定塑性延伸强度

图 6-4 冲击韧性试验仪器

冲击韧性随温度的降低而下降，其规律是开始下降缓和，当达到一定温度范围时，突然下降很多而呈脆性，这种性质称为钢材的冷脆性，这时的温度称为脆性临界温度。脆性临界温度的数值越低，钢材的抗低温冲击性能越好。在负温下使用的结构，应当选用脆性临界温度低于使用温度的钢材。由于脆性临界温度的测定工作较复杂，通常是根据使用环境的温度条件规定-20℃或-40℃的负温冲击值指标，以保证钢材在脆性临界温度以上使用。

钢材的冲击韧性越大，钢材抵抗冲击荷载的能力越强。α_k 值与试验温度有关。有些材料在常温时冲击韧性并不低，破坏时呈现脆性破坏特征。

6.4.3 耐疲劳性

受交变荷载反复作用时，钢材在应力低于其屈服强度的情况下突然发生脆性断裂破坏的现象，称为疲劳破坏。钢材的疲劳破坏一般是由拉应力引起的，受交变荷载反复作用时，钢材首先在局部开始形成细小裂纹，随后由于微裂纹尖端的应力集中而使其逐渐扩大，直至突然发生瞬时疲劳断裂。疲劳破坏是在低应力状态下突然发生的，危害极大，往往造成灾难性的事故。

在一定条件下，钢材疲劳破坏的应力值随应力循环次数的增加而降低。钢材在无穷次交变荷载作用下而不致引起断裂的最大循环应力值，称为疲劳极限，实际测量时常以 2×10^6 次应力循环为基准。钢材的疲劳强度与很多因素有关，如组织结构、表面状态、合金成分、夹杂物和应力集中等。一般来说，钢材的抗拉强度高，其疲劳极限也较高。

6.4.4 冷弯性能

冷弯性能是指钢材在常温下承受弯曲变形的能力，以试验时的弯曲角度 α 和弯心直径 d 为指标表示。钢材的冷弯试验是通过直径（或厚度）为 a 的试件，采用标准规定的弯心直径 d（$d=na$，n 为整数），弯曲到规定的角度时（180°或 90°），检查弯曲处有无裂纹、断裂及起层等现象，若没有这些现象，则认为冷弯性能合格。钢材冷弯时的弯曲角度 α 越大，d/a 越小，则表示冷弯性能越好，如图 6-5 所示。

应该指出的是，伸长率反映的是钢材在均匀变形下的塑性，而冷弯性能是钢材处于不利变形条件下的塑性，可揭示钢材内部组织是否均匀，是否存在内应力和夹杂物等缺陷，而这些缺陷在拉伸试验中常因塑性变形导致应力重分布而得不到反映。

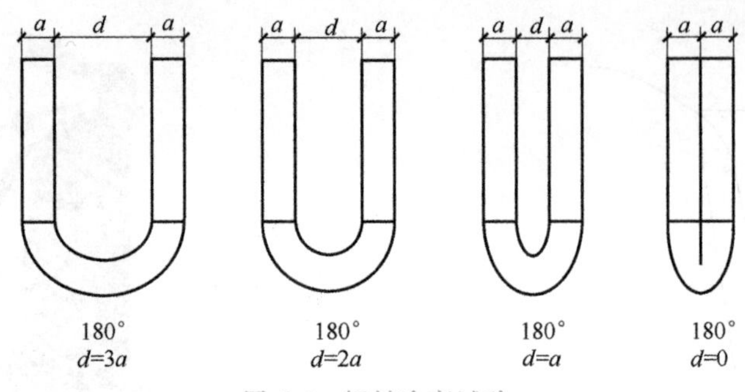

图 6-5 钢材冷弯试验

6.4.5 冷拉性能

冷拉是先将钢筋拉至其应力-应变曲线的强化阶段内任一点 K 处，再缓慢卸去荷载，当再度加载时，其屈服极限将有所提高，而其塑性变形能力将有所降低。一般可控制冷拉率，钢筋经冷拉后，一般屈服强度可提高 20%～25%。

6.4.6 冷拔性能

冷拔是将光圆钢筋通过硬质合金拔丝模孔强行拉拔。冷拔作用比纯拉伸的作用强烈，钢筋不仅受拉，而且同时受到挤压作用。经过一次或多次的冷拔后得到的冷拔低碳钢丝，其屈服强度可提高 40%～60%，但钢的塑性和韧性下降，具有硬钢的特点。

建筑工程中大量使用的钢筋采用冷加工强化，具有明显的经济效益。经过冷加工的钢材，可适当减小钢筋混凝土结构设计截面，或减小混凝土中配筋数量，从而达到节约钢材的目的。钢筋冷拉还有利于简化施工工序。冷拉盘条钢筋可省去开盘和调直工序，冷拉直条钢筋则可与矫直、除锈等工序一并完成，但冷拔钢丝的屈强比较大，相应的安全储备较小。

6.4.7 冷轧性能

冷轧是将圆钢在冷轧机上轧成断面形状规则的钢筋，可提高其强度及与混凝土的黏结力。钢筋在冷轧时，纵向与横向同时产生变形，因此能较好地保持其塑性和内部结构的均匀性。

6.4.8 时效处理

钢材时效处理

将冷加工处理后的钢筋，在常温下存放 15～20d，或加热至 100～200℃后保持一定时间（2～3h），其屈服强度进一步提高，且抗拉强度也提高，同时塑性和韧性也进一步降低，弹性模量则基本恢复，这个过程称为时效处理。

时效处理方法有自然时效和人工时效两种。在常温下存放 15～20d，称为自然时效，适合用于低强度钢筋。加热至 100～200℃保持一定时间（2～3h），称人工时效，适合用于高强度钢筋。

钢筋经冷拉时效处理后，屈服强度和极限抗拉强度提高，塑性和韧性则相应降低，且屈服强度和极限抗拉强度提高的幅度略大于冷拉处理，时效处理对去除冷拉件的残余应力有积极作用。

6.4.9 热处理

热处理是将钢材按规定的温度，进行加热、保温和冷却处理，以改变其组织，得到所需要性能的一种工艺。热处理包括淬火、回火、退火和正火。

1）淬火。首先将钢材加热至基本组织转变温度以上，保温使基本组织转变为奥氏体，然后投入水或矿物油中急冷，使晶粒细化，碳的固溶量增加，强度和硬度增加，塑性和韧性明显下降。

2）回火。将比较硬脆、存在内应力的钢加热至基本组织转变温度以下（150~650℃），保温后按一定制度冷却至室温。回火后的钢材，内应力消除，硬度降低，塑性和韧性得到改善。

3）退火。将钢材加热至基本组织转变温度以下（低温退火）或以上（完全退火），适当保温后缓慢冷却，以消除内应力，减少缺陷和晶格畸变，使钢的塑性和韧性得到改善。

4）正火。首先将钢件加热至基本组织转变温度以上，然后在空气中冷却，使晶格细化，钢的强度提高而塑性有所降低。

【工程实例分析6-3】 北海油田平台倾覆

现象：1980年3月27日，北海埃科菲斯克油田的A.L.基尔兰德号平台突然从水下深处传来一次震动，紧接着一声巨响，平台立即倾斜，短时间内翻于海中，致使123人丧生，造成巨大的经济损失。

原因分析：现代海洋钢结构如移动式钻井平台，特别是固定式桩基平台，在恶劣的海洋环境中受风浪和海流的长期反复作用和冲击振动，在严寒海域长期受流冰等随海潮的冲击碰撞；另外低温作用及海水腐蚀介质的作用等都给钢结构平台带来极为不利的影响，突出问题就是海洋钢结构的脆性断裂和疲劳破坏。

上述事故的调查分析显示，事故原因是撑杆支座疲劳裂纹萌生、扩展，导致撑杆迅速断裂，使相邻5个支杆过载而破坏，接着所支撑的承重脚柱破坏，使平台20min内全部倾覆。

6.5 土木工程中常用钢材的牌号与选用

土木工程中常用的钢材主要是建筑钢材和铝合金。建筑钢材分为钢结构用钢和钢筋混凝土结构用钢，前者主要是型钢和钢板，后者主要是钢筋、钢丝、钢绞线等。建筑钢材的原料钢多为碳素钢和低合金钢。

6.5.1 建筑钢材

1. 碳素钢

碳素结构钢是最基本的钢，包括一般结构钢和工程用热轧钢板、钢带、型钢等。《碳素结构钢》(GB/T 700—2006）中规定了碳素结构钢的牌号、技术要求、试验方法和检验规则等。

（1）牌号及其表示方法　碳素结构钢牌号由代表屈服强度的字母、屈服强度数值、质量等级符号、脱氧方法四个部分按顺序组成，其中以 Q 代表屈服强度；屈服强度数值共分 195MPa、215MPa、235MPa 和 275MPa 四种；质量等级以硫、磷等杂质含量由多到少，分别用 A、B、C、D 符号表示；脱氧方法以 F 表示沸腾钢，Z、TZ 分别表示镇静钢和特殊镇静钢，Z 和 TZ 在钢的牌号中可以省略。如 Q235AF 表示屈服强度为 235MPa 的 A 级沸腾钢。

随着牌号的增大，其碳含量增加，强度提高，塑性和韧性降低，冷弯性能逐渐变差。同一钢号内质量等级越高，钢材的质量越好，如 Q235C 优于 Q235A、Q235B。

（2）碳素结构钢技术性能与应用　根据国家标准《碳素结构钢》，随着牌号的增大，对钢材屈服强度和抗拉强度的要求增大，对伸长率的要求降低。

碳素结构钢的主要技术性能要求包括化学成分、冶炼方法、交货状态、力学性能和表面质量五大方面。碳素结构钢的化学成分要求、力学性能和冷弯试验指标应分别符合表 6-4、表 6-5 和表 6-6 的要求。

表 6-4　碳素结构钢的化学成分要求

牌号	质量等级	化学成分(质量分数,%),不大于					脱氧方法
		C	Mn	Si	S	P	
Q195	—	0.12	0.50	0.30	0.40	0.035	F、Z
Q215	A	0.15	1.20	0.35	0.050	0.045	F、Z
	B				0.045		
Q235	A	0.22	1.40	0.35	0.050	0.045	F、Z
	B	0.20(经需方同意或可调整为 0.22)			0.045		
	C	0.17			0.040	0.040	Z
	D	0.17			0.035	0.035	TZ
Q275	A	0.24	1.50	0.35	0.050	0.045	F、Z
	B	0.21(当厚度或直径≤40mm);0.22(当厚度或直径>40mm)			0.045	0.045	Z
	C	0.20			0.040	0.040	Z
	D				0.035	0.035	TZ

表 6-5　碳素结构钢的力学性能

牌号	质量等级	拉伸试验												冲击试验	
		屈服强度 R_{eH}/MPa						抗拉强度/MPa	伸长率 A(%)					温度/℃	V 型缺口冲击吸收能量(纵向)/J
		厚度(或直径)/mm							厚度(直径)/mm						
		≤16	16~40	40~60	60~100	100~150	150~200		≤40	>40~60	>60~100	>100~150	>150~200		
		不小于							不小于						不小于
Q195	—	195	185	—	—	—	—	315~430	33		—	—	—	—	—
Q215	A	215	205	195	185	175	165	335~450	31	30	29	27	26	—	—
	B													20	27

（续）

牌号	质量等级	拉伸试验												冲击试验	
		屈服强度 R_{eH}/MPa						抗拉强度/MPa	伸长率 A(%)					温度/℃	V型缺口冲击吸收能量（纵向）/J
		厚度(或直径)/mm							厚度(直径)/mm						
		≤16	16~40	40~60	60~100	100~150	150~200		≤40	>40~60	>60~100	>100~150	>150~200		
		不小于							不小于						不小于
Q235	A	235	225	215	215	195	185	370~500	26	25	24	22	21	—	—
	B													20	27
	C													0	
	D													-20	
Q275	A	275	265	255	245	225	215	410~540	22	21	20	18	17	—	—
	B													20	27
	C													0	
	D													-20	

注：Q195的屈服强度值仅供参考，不设交货条件。厚度大于100mm的钢材，抗拉强度下限允许降低20MPa，宽带钢（包括剪切钢板）抗压强度上限不设交货条件。厚度小于25mm的Q235B钢材，若供方能够保证冲击吸收能量值合格，则经需方同意，可不做检验。

表6-6 碳素结构钢的冷弯试验指标

牌号	试样方向	冷弯实验 $d=2a$,180°	
		钢材厚度(直径)/mm	
		≤60	>60~100
		弯心直径 d	
Q195	纵	0	—
	横	$0.5a$	
Q215	纵	$0.5a$	$1.5a$
	横	a	$2a$
Q235	纵	a	$2a$
	横	$1.5a$	$2.5a$
Q275	纵	$1.5a$	$2.5a$
	横	$2a$	$3a$

注：d为试样的宽度，a为试样的厚度（或直径）。钢材厚度（或直径）大于100mm时，弯曲试验由试验双方协商确定。

不同牌号的碳素钢在土木工程中有不同的应用。

Q195强度不高，塑性、韧性、可加工性与焊接性较好，主要用于轧制薄板和盘条等。

Q215与Q195钢基本相同，其强度稍高，大量用于管坯、螺栓等。

Q235强度适中，有良好的承载性，又具有较好的塑性和韧性，焊接性和可加工性也较好，是钢结构常用的牌号，大量制作成钢筋、型钢和钢板，用于建造房屋和桥梁等。Q235良好的塑性可保证钢结构在超载、冲击、焊接、温度应力等不利因素作用下的安全性，因此

Q235 能满足一般钢结构用钢的要求。Q235A 适用于只承受静荷载作用的钢结构，Q235B 适用于承受动荷载焊接的普通钢结构，Q235C 适用于承受动荷载焊接的重要钢结构，Q235D 适用于低温环境使用的承受动荷载焊接的重要钢结构。

Q275 强度较高，但塑性、韧性差，焊接性也差，不宜进行冷加工，可用来轧制带肋钢筋，制作螺栓配件，用于钢筋混凝土结构及钢结构中，但更多的是用于机械零件和工具中。

《优质碳素结构钢》（GB/T 699—2015）中规定，优质碳素结构钢共有 28 个牌号，表示方法与其平均碳含量（以 0.01%为单位）及锰含量相对应，如序号 6 的优质碳素结构钢统一数字代号为 U20302，牌号 30，其碳含量为 0.27%~0.34%，锰含量为 0.50%~0.80%。又如序号 14 的优质碳素结构钢统一数字代号为 U20702，牌号 70，其碳含量为 0.67%~0.75%，锰含量为 0.50%~0.80%。序号 18~28 的优质碳素结构钢锰含量比序号 1~17 的优质碳素结构钢高，牌号还注明 Mn，如序号 21 的优质碳素结构钢统一数字代号为 U21302，其碳含量与统一数字代号 U20302 的优质碳素结构钢碳含量相同，也为 0.27%~0.34%，但锰含量为 0.70%~1.00%，其牌号为 30Mn。

在建筑工程中，牌号 30~45 的优质碳素结构钢主要用于重要结构的钢铸件和高强度螺栓等，牌号 65~80 的优质碳素结构钢用于生产预应力混凝土用钢丝和钢绞线。

2. 低合金高强度结构钢

（1）组成与牌号　低合金高强度结构钢是一种在碳素钢的基础上添加总量小于 5%的一种或多种合金元素的钢材。合金元素有硅（Si）、锰（Mn）、钒（V）、铌（Nb）、铬（Cr）、镍（Ni）及稀土元素等。

《低合金高强度结构钢》（GB/T 1591—2018）规定，低合金钢牌号由代表钢材屈服强度的字母 Q、屈服强度值、交货状态代号、质量等级符号（B、C、D、E、F）四个部分组成。交货状态为热轧时，交货状态代号可省略；交货状态为正火或正火轧制状态时，交货状态代号均用 N 表示。例如，Q355ND 表示屈服强度不小于 355MPa，交货状态为正火或正火轧制质量等级为 D 级的低合金高强度结构钢。

（2）性能与应用　低合金高强度结构钢与碳素结构钢相比，具有较高的强度，综合性能好，其强度的提高主要是由加入的合金元素细晶强化和固溶强化实现。在相同的使用条件下，它比碳素结构钢节省用钢 20%~30%，对减轻结构自重有利，同时还具有良好的塑性、韧性、焊接性、耐磨性、耐蚀性、耐低温性等性能。

低合金高强度结构钢主要用于轧制各种型钢、钢板、钢管及钢筋，广泛用于钢结构和钢筋混凝土结构中，特别适用于各种重型结构、高层结构、大跨度结构及桥梁工程等。

3. 耐候结构钢

耐候结构钢是通过添加少量合金元素如 Cu、P、Cr、Ni 等，使其在金属基体表面形成保护层，以提高耐大气腐蚀性能的钢，包括高耐候钢与焊接耐候钢两个类别，主要用于车辆、桥梁、建筑、塔架等长期暴露在大气中使用的钢结构。高耐候钢与焊接耐候钢相比，具有较好的耐大气腐蚀性能，但焊接性差于后者。

6.5.2 土木工程常用钢材

1. 钢筋

（1）热轧光圆钢筋　热轧光圆钢筋的牌号由 HPB 与屈服强度特征值构成。HPB 为热轧光圆钢筋的英文（hot rolled plain bars）缩写。热轧光圆钢筋需符合《钢筋混凝土用钢 第1部分：热轧光圆钢筋》（GB/T 1499.1—2017）的规定：热轧光圆钢筋的屈服强度 R_{eL}、抗拉强度 R_m、断后伸长率 A、最大力总伸长率 A_{gt}，以及冷弯试验的力学性能特征值应符合表6-7的规定。

表6-7 热轧光圆钢筋的力学性能

牌号	R_{eL}/MPa	R_m/MPa	A(%)	A_{gt}(%)	冷弯试验 180°
	不小于				
HPB300	300	420	25	10.0	$d=a$

注：d 为弯芯直径；a 为钢筋公称直径。

热轧光圆钢筋的强度虽然不高，但是具有塑性好、伸长率高、便于弯折成形、容易焊接等特点。它的使用范围很广，可作为中、小型钢筋混凝土结构的主要受力钢筋，构件的箍筋，钢、木结构的拉杆等，还可作为冷轧带肋钢筋的原材料，盘条还可作为冷拔低碳钢丝的原材料。

（2）带肋钢筋 带肋钢筋是指横截面通常为圆形，且表面带肋的混凝土结构用钢材。带肋钢筋包括热轧带肋钢筋和冷轧带肋钢筋。带肋钢筋表面轧有纵肋和横肋，纵肋即平行于钢筋轴线的均匀连续肋，横肋是与钢筋轴线肋不平行的其他肋。月牙肋钢筋是横肋的纵截面呈月牙形，且与纵肋不相交的钢筋。带肋钢筋加强了钢筋与混凝土之间的黏结力，可有效防止混凝土与配筋之间发生相对位移。

1）热轧带肋钢筋《钢筋混凝土用钢 第2部分：热轧带肋钢筋》（GB/T 1499.2—2018）规定，普通热轧钢筋是按热轧状态交货的钢筋。热轧带肋钢筋（hot rolled ribbed bars）按屈服强度特征值分为400级、500级、600级。普通热轧带肋钢筋的牌号由HRB和牌号的屈服强度特征值构成，包括HRB400、HRB500、HRB600，以及HRB400E、HRB500E。HRB为热轧带肋钢筋的英文缩写，E为“地震”的英文首字母。细晶粒热轧带肋钢筋的牌号由HRBF和牌号的屈服强度特征值构成，HRBF是在热轧带肋钢筋的英文缩写后加“细”的英文首字母，包括HRBF400、HRBF500，以及HRBF400E、HRBF500E。

热轧带肋钢筋可用于纵向受力普通钢筋混凝土，梁、柱纵向受力普通钢筋混凝土和箍筋等。

2）冷轧带肋钢筋。冷轧带肋钢筋（cold rolled ribbed steel bars）是热轧圆盘条经冷轧后，在其表面带有沿长度方向均匀分布的横肋的钢筋，其横肋呈月牙形。《冷轧带肋钢筋》（GB/T 13788—2017）规定，冷轧带肋钢筋按延性高低分为两类：冷轧带肋钢筋，代号CRB；高延性冷轧带肋钢筋，代号由CRB、抗拉强度特征值及H构成。C、R、B、H分别为冷轧（cold rolled）、带肋（ribbed）、钢筋（bar）、高延性（high elongation）四个词的英文首字母。钢筋分为CRB550、CRB650、CRB800、CRB600H、CRB680H、CRB800H六个牌号。CRB550、CRB600H为普通钢筋混凝土用钢筋，CRB650、CRB800、CRB800H为预应力混凝土用钢筋，CRB680H既可作为普通钢筋混凝土用钢筋，也可作为预应力混凝土用钢筋。

冷轧带肋钢筋提高了钢筋的强度，特别是锚固强度较高，而塑性下降，但伸长率一般仍较同类冷加工钢材大。

（3）热轧不锈钢钢筋　热轧不锈钢钢筋（hot rolled stainless bars）是按热轧工艺生产，以不生锈、耐腐蚀为主要特征的钢筋。《钢筋混凝土用不锈钢钢筋》（YB/T 4362—2014）规定，钢筋按屈服强度特征值分为300级、400级、500级。钢筋的屈服强度$R_{p0.2}$、抗拉强度R_m、断后伸长率A、最大力总伸长率A_{gt}等力学性能特征值应符合表6-8的规定。

表6-8　热轧不锈钢钢筋的力学性能

类别	牌号	$R_{p0.2}$/MPa	R_m/MPa	A(%)	A_{gt}(%)
热轧光圆不锈钢钢筋	HPB300S	≥300	≥330	≥25	≥10
热轧带肋不锈钢钢筋	HPB400S	≥400	≥440	≥16	≥7.5
	HPB500S	≥500	≥550	≥15	≥7.5

钢筋伸长率类型可从A或A_{gt}中选定，但仲裁检验时采用A_{gt}。弯曲180°后，钢筋受弯部位表面不得产生裂纹。

2. 钢丝和钢绞线

（1）预应力混凝土用钢丝　《预应力混凝土用钢丝》（GB/T 5223—2014）规定，钢丝按加工状态分为冷拉钢丝和消除应力钢丝两类，冷拉钢丝应用于压力管道。冷拉钢丝代号为WCD，低松弛钢丝代号为WLR。钢丝按外形分为光圆、螺旋肋、刻痕三种，光圆钢丝代号为P，螺旋肋钢丝代号为H，刻痕钢丝代号为I。

钢丝的抗拉强度比钢筋混凝土用热轧光圆钢筋、热轧带肋钢筋高许多，在构件中采用预应力钢丝可获得节省钢材、减小构件截面和节省混凝土的效果，主要用在桥梁、吊车梁、大跨度屋架、管桩等预应力混凝土构件中。

（2）锌铝合金镀层钢丝缆索　《锌铝合金镀层钢丝缆索》（GB/T 32963—2016）规定，将光面钢丝表面采用熔融热浸镀方式，生成镀层中铝含量为4.2%~7.2%的钢丝，称为锌铝合金镀层钢丝。采用锌铝合金镀层钢丝制成的缆索称为锌铝合金镀层钢丝缆索，包括悬索桥主缆用预制平行锌铝合金镀层钢丝索股和斜拉桥用热挤聚乙烯锌铝合金镀层钢丝拉索。悬索桥锌铝合金镀层钢丝吊索可参照使用。

（3）预应力混凝土用钢绞线　预应力混凝土用钢绞线是由冷拉光圆钢丝及刻痕钢丝捻制而成。由冷拉光圆钢丝捻制成的钢绞线称为标准型钢绞线，由刻痕钢丝捻制成的钢绞线称为刻痕钢绞线，捻制后再经冷拔成的钢绞线称为模拔型钢绞线。

《预应力混凝土用钢绞线》（GB/T 5224—2014）规定，它按结构分为八类，如用2根钢丝捻制的钢绞线，代号1×2；用3根钢丝捻制的钢绞线，代号1×3；用3根刻痕钢丝捻制的钢绞线，代号1×3Ⅰ；用7根钢丝捻制的钢绞线，代号1×7；用7根钢丝捻制又经模拔的钢绞线，代号（1×7）C等。

公称直径为15.20mm，强度级别为1860MPa的7根钢丝捻制的标准型钢绞线，其标记：预应力钢绞线1×7—15.20—1860—GB/T 5224—2014。

公称直径为8.70mm，强度级别为1720MPa的3根刻痕钢丝捻制的标准型钢绞线，其标记：预应力钢绞线1×3Ⅰ—8.70—1720—GB/T 5224—2014。

预应力钢绞线主要用于预应力混凝土配筋。与钢筋混凝土中的其他配筋相比，预应力钢绞线具有强度高、柔性好、质量稳定、成盘供应无须接头等优点，适用于大型屋架、薄腹梁、大跨度桥梁等负荷大、跨度大的预应力结构。

3. 型钢

型钢所用的母材主要是普通碳素结构钢及低合金高强度结构钢。钢结构常用的型钢有工字钢、H 型钢、T 型钢、槽钢、等边角钢、不等边角钢等。型钢截面形式合理，材料在截面上分布对受力最为有利，且构件间连接方便，因此它是钢结构中采用的主要钢材。

（1）热轧 H 型钢和剖分 T 型钢　H 型钢由工字钢发展而来，优化了截面的分布。与工字钢相比，H 型钢具有翼缘宽、侧向刚度大、抗弯能力强、翼缘两表面相互平行、连接构件方便、省劳力、质量小、节省钢材等优点，常用于要求承载力大、截面稳定性好的大型建筑。

T 型钢由 H 型钢对半剖分而成，《热轧 H 型钢和剖分 T 型钢》（GB/T 11263—2017）规定，H 型钢分为四类：宽翼缘 H 型钢（代号 HW）、中翼缘 H 型钢（代号 HM）、薄壁 H 型钢（代号 HT）和窄翼缘 H 型钢（代号 HN）。剖分 T 型钢分为三类：宽翼缘剖分 T 型钢（代号 TW）、中翼缘剖分 T 型钢（代号 TM）和窄翼缘剖分 T 型钢（代号 TN）。规格表示方法如下：

H 型钢：英文字母 H 与高度 H 值×宽度 B 值×腹板厚度 t_1 值×翼缘厚度 t_2 值组合，如 H596×199×10×15。

剖分 T 型钢：英文字母 T 与高度 H 值×宽度 B 值×腹板厚度 t_1 值×翼缘厚度 t_2 值组合，如 T207×405×18×28。

（2）冷弯薄壁型钢　它主要包括结构用冷弯空心型钢和通用冷弯开口型钢两类。

1）结构用冷弯空心型钢。结构用冷弯空心型钢是用连续辊式冷弯机组生产的，按形状可分为方形空心型钢（代号 F）和矩形空心型钢（代号 J）。

2）通用冷弯开口型钢。通用冷弯开口型钢是用可冷加工变形的冷轧或热轧钢带在连续辊式冷弯机组上生产的，按形状分为八种：冷弯等边角钢、冷弯不等边角钢、冷弯等边槽钢、冷弯不等边槽钢、冷弯内卷边槽钢、冷弯外卷边槽钢、冷弯 Z 型钢、冷弯卷边 Z 型钢。

4. 建筑结构用钢板

《建筑结构用钢板》（GB/T 19879—2015）对制作高层建筑结构、大跨度结构及其他重要建筑结构用厚度 6～200mm 的 Q345GJ，厚度 6～150mm 的 Q235GJ、Q390GJ、Q420GJ 和 Q460GJ，以及厚度 12～40mm 的 Q500GJ、Q550GJ、Q620GJ、Q690GJ 的热轧钢板进行了规定。

钢的牌号由代表屈服强度的字母 Q、规定最小屈服强度数值、代表高性能建筑结构用钢的字母 GJ、质量等级符号（B、C、D、E）组成，如 Q345GJC。对于厚度方向性能钢板，在质量等级后加上厚度方向性能级别（Z15、Z25、Z35），如 Q345GJCZ25。

建筑结构用钢板是一种综合性能良好的结构钢板，适用于承受动力荷载、地震荷载，同样适用于要求较高强度与延性的重要承重构件，特别是采用厚板密实性截面的构件，如超高层框架柱，转换层大梁，大吨位、大跨度重级吊车梁等。近几年来，大批量建筑结构用钢板的厚板已成功地用于国家体育场（鸟巢）、首都新机场、国家大剧院、中央电视台总部大楼等多项标志性工程，效果良好。另外，因厚度方向性能钢板成本较高，因此设计选用建筑结构用钢板，应合理地要求此项性能要求。

5. 棒材和钢管

（1）棒材　常用的棒材有六角钢、八角钢、扁钢、圆钢和方钢。热轧六角钢和八角钢是截面为六边形和八边形的长条钢材，规格以“对边距离”表示，建筑钢结构的螺栓常以此种钢材为坯材。热轧扁钢是截面为矩形并稍带钝边的长条钢材，规格以“厚度×宽度”表示，规格范围为3mm×10mm~60mm×150mm。扁钢在建筑上用作房架构件、扶梯、桥梁和栅栏等。

（2）钢管　钢结构中常用热轧无缝钢管和焊接钢管。钢管在相同截面面积下，刚度较大，是中心受压杆的理想截面。流线形的表面使钢管承受风压小，用于高耸结构十分有利。在建筑结构上钢管多用于制作桁架、塔桅等构件，也可用于制作钢管混凝土。钢管混凝土是指在钢管内浇筑混凝土而形成的构件，可使构件承载力大大提高，且具有良好的塑性和韧性，经济效果显著，施工简单、工期短。钢管混凝土可用于厂房柱、构架柱、地铁站台柱、塔柱和高层建筑等。

【工程实例分析6-4】　中央电视台总部大楼钢结构工程中用Q345GJ钢板替代Q390D钢材

在中央电视台总部大楼钢结构工程中，原本大量选用了Q390D钢材，最大厚度达130mm，同时对钢材的强度、延性、抗震性能、焊接性等综合性能均有很高的要求。后来，经专家论证会讨论以Q345GJ钢板替代Q390D钢材。

专家论证会讨论提出，该工程选用的Q390D钢材，其性能和技术指标符合设计规范，但大批量Q390D钢，特别是大批量厚板在国内大型、重要建筑工程中首次采用，应用经验不足。同时Q390D钢为通用性低合金钢，按该工程使用要求尚需附加屈强比、屈服强度上限与碳当量等多项补充技术要求。另外，Q390D钢板的焊接要求高，与施工进度要求不相适应。而由《建筑结构用钢板》可知，高层建筑用Q345GJ厚板较Q390D钢有较好的延性、冲击韧性和焊接性，已在国内多项大型重点工程上成功应用，如国家体育场、五棵松文化体育中心等。经分析比较，Q345GJ厚板（50~100mm）钢的强度级别相当于Q390D钢，综合性能优于Q390D钢，因此该工程可用Q345GJ替代Q390D，并要求钢厂保证较为稳定的屈服强度区间，适当加密检验批次，以确保质量。

6.6　钢材的腐蚀与防护

钢材的腐蚀

6.6.1　钢材的腐蚀

钢材表面与周围介质发生作用而引起破坏的现象称为腐蚀（锈蚀）。钢材腐蚀的现象普遍存在，如在大气中生锈，特别是当环境中有各种侵蚀性介质或湿度较大时，情况更为严重。腐蚀不仅使钢材有效截面面积减小，还会产生局部锈坑，引起应力集中。腐蚀会显著降低钢的强度、塑性、韧性等力学性能。根据钢材与环境介质的作用原理，腐蚀可分为化学腐蚀和电化学腐蚀。

1. 化学腐蚀

化学腐蚀是指钢材与周围的介质（如氧气、二氧化碳、二氧化硫和水等）直接发生化学作用，生成疏松的氧化物而引起的腐蚀。一般情况下，是钢材表面FeO保护膜被氧化成黑色的Fe_3O_4。

在常温下，钢材表面能形成FeO保护膜，可以防止钢材进一步锈蚀。因此，在干燥环境中化学锈蚀速度缓慢，但在温度和湿度较大的情况下，这种锈蚀进展加快。

2. 电化学腐蚀

钢材由不同的晶体组织构成，并含有杂质，由于这些成分的电极电位不同，当有电解质溶液（如水）存在时，就会在钢材表面形成许多微小的局部原电池。电化学锈蚀是指钢材与电解溶液接触而产生电流，形成原电池而引起的锈蚀。整个电化学腐蚀过程如下。

阳极区：$Fe = Fe^{2+} + 2e$

阴极区：$H_2O + 1/2O_2 + 2e = 2OH^-$

溶液区：$Fe^{2+} + 2OH^- = Fe(OH)_2$

$Fe(OH)_2$不溶于水，但易被氧化，该氧化过程会发生体积膨胀，具体过程为

$$4Fe(OH)_2 + 2H_2O + O_2 = 4Fe(OH)_3 \tag{6-4}$$

水是弱电解质溶液，而溶有CO_2的水则成为有效的电解质溶液，从而加速电化学腐蚀的过程。钢材在大气中的腐蚀，实际上是化学腐蚀和电化学腐蚀共同作用的结果，但以电化学腐蚀为主。

6.6.2 钢材的防腐

钢材的腐蚀既有内因（材质），又有外因（环境介质的作用），因此要防止或减少钢材的腐蚀，可以从改变钢材本身的易腐蚀性，隔离环境中的侵蚀介质或改变钢材表面的电化学过程三个方面入手。具体措施有采用耐候钢、金属/非金属/防腐油覆盖、混凝土包裹、电化学防腐等。

1. 采用耐候钢

耐候钢即耐大气腐蚀的钢材。耐候钢是在碳素钢和低合金钢中加入少量铜、铬、镍、钼等合金元素制成的。这种钢在大气作用下，能在表面形成一种致密的防腐保护层，起到耐腐蚀的作用（其耐腐蚀性能达普通钢的2~8倍），可以很好地保护内部钢材免受外界侵害，同时保持钢材具有良好的焊接性。

2. 金属/非金属/防腐油覆盖（保护层）

此类方法主要是通过将钢材与腐蚀介质隔绝开来，以达到防腐的目的，具体如下：

（1）金属覆盖　根据电化学腐蚀原理，用耐蚀性好的金属以电镀或喷镀的方法覆盖一层或多层在钢材表面上，提高钢材的耐腐蚀能力，如镀锌（白铁皮）、镀锡（马口铁）、镀铜或镀铬等。根据防腐作用机理，金属覆盖分为阳极覆盖和阴极覆盖。

（2）非金属覆盖　在钢材表面覆盖非金属材料作为保护膜（隔离层），使之与环境介质隔离，避免或减缓腐蚀。常用的非金属材料有油漆、搪瓷、合成树脂涂料等。

油漆通常分为底漆、中间漆和面漆，它们的作用是不同的。底漆要求与钢材表面有比较好的附着力和防锈能力，中间漆为防锈漆，面漆需要有较好的牢固度和耐候性，以保护底漆不受损伤或风化。

（3）涂防腐油　国内研究出的73418防腐油取得了较好的效果，它是一种黏性液体，均匀涂抹在钢材表面，形成一层连续、牢固的透明薄膜，使得钢材与腐蚀介质隔绝，在-20~50℃时适用于除马口铁以外的所有钢材。

3. 混凝土包裹

钢筋混凝土结构中会用到大量的钢筋，外部混凝土的包裹可以防止钢筋锈蚀。由于水泥

水化产生大量的氢氧化钙，而它能够保证混凝土内部具有较高的 pH（约为 12），这样的环境能确保在钢材表面形成碱性氧化膜（钝化膜），对钢筋起保护作用，提高钢材的耐腐蚀能力。但是随着混凝土服役时间的增加，体系中混凝土被碳化，体系中的碱度会降低，钢筋表面的钝化膜会被破坏，进而钢筋的保护屏障被破坏，最终混凝土中的钢筋被逐渐锈蚀。

此外，在水泥或混凝土材料组成成分中，还可能含有一定量的氯离子，当其浓度达到一定范围后，也会严重破坏钢筋表面的钝化膜，最终造成钢筋锈蚀。

因此，为防止混凝土中钢筋锈蚀，除了要严格控制水泥、混凝土中氯离子的含量外，还应提高混凝土的密实度和钢筋外混凝土的保护层厚度。在二氧化碳浓度高的地区，采用硅酸盐水泥或普通硅酸盐水泥，限制含氯盐外加剂掺量，并使用混凝土用钢筋防锈剂。预应力混凝土应禁止使用含氯盐的集料和外加剂。钢筋涂覆环氧树脂或镀锌也是一种有效的防锈措施。

此外，还可以在混凝土结构中使用不锈钢钢筋，如墨西哥 Yucatan 海港工程，其不锈钢钢筋混凝土桩可抵抗海水腐蚀，该工程已服役超 80 年，未进行过较大的维修。

4. 电化学防腐

有些钢结构建筑如轮船外壳、地下管道等结构不适宜涂保护层，这时可以采用电化学保护法，金属单质不能获得电子，因此只要把被保护金属作为发生还原反应的阴极，即可起到防腐作用。一种方法是在钢结构附近埋设一些废钢铁，并加直流电源，将阴极接在被保护的钢材上，阳极接在废钢铁上，通电时只要电流足够强大，废钢铁则成为阳极而被腐蚀，钢结构成为阴极被保护；另一种方法是在被保护的钢结构上连接一块更加活泼的金属，外加活泼金属作为阳极被腐蚀，钢结构作为阴极被保护。

6.6.3 钢材的防火

钢是不燃性材料，但这并不代表钢材能够抵抗火灾。耐火试验与火灾案例表明：以失去支持能力为标准，无保护层时的钢柱和钢屋架的耐火极限只有 0.25h，而裸露钢梁的耐火极限为 0.15h，温度在 200℃以内，可以认为钢材的性能基本不变；超过 300℃以后，弹性模量、屈服强度和极限强度均开始显著下降，应变急剧增大；达到 600℃时已经失去承载能力。因此，没有防火保护层的钢结构是不耐火的。

钢结构防火保护的基本原理是采用绝热或吸热材料，阻隔火焰和热量，降低钢结构的升温速率。防火方法以包覆法为主，即以防火涂料、不燃性板材或混凝土和砂浆将钢构件包裹起来。

【工程实例分析 6-5】 咸淡水钢闸门的腐蚀

现象：某临海钢闸门一侧是咸水，另一侧是淡水。防腐施工是喷砂除锈后进行喷锌，还涂两道氯化橡胶铝粉漆。但闸门浸水一个多月后，闸门在浸水部位漆膜出现大面积起泡、龟裂或脱落，并出现锈蚀。

原因分析：金属热喷涂保护所选用的材料不合适。《水工金属结构防腐蚀规范》（SL 105—2007）指出，淡水环境中的水工金属结构，金属热喷涂材料宜选用锌、铝、锌铝合金或铝镁合金，用于海水及工业大气环境中则宜选用铝、铝镁合金或锌铝合金。

另外，涂料选用不当。氯化橡胶漆可以涂在钢铁表面但不宜涂在铝、锌等有色金属上，这是因为氯化橡胶漆与锌层不仅结合力差，还会与锌层发生化学反应，腐蚀锌层。

本章小结

钢材包括各类钢结构用的型钢、钢板、钢管、钢丝和钢筋混凝土中的各种钢筋等，是土木工程中应用量最大的金属材料之一。钢材一般分为型钢、钢板、钢管和钢丝四大类。

钢和铁的主要成分是铁和碳，其碳的质量分数大于2.0%的为生铁，小于2.0%的为钢。

碳素钢中除了铁和碳元素外，还含有硅、锰、硫、磷、氮等元素，它们的含量决定了钢材的质量和性能，尤其是某些有害杂质（含硫和磷）。

钢材的主要力学性能有拉伸性能、抗冲击性能、耐疲劳性能和硬度，而冷弯性能和焊接性能则是钢材应用的重要工艺性能。

土木工程结构使用的钢材主要是由碳素钢、低合金高强度结构钢、优质碳素结构钢和合金结构钢等加工而成。

钢材在使用过程中，经常与环境中的介质接触，由于环境介质的作用，钢材中的铁与介质产生化学反应，导致钢材腐蚀，又称钢材锈蚀。基于钢材锈蚀的机理分析，可通过使用耐候钢、金属/非金属/防腐油覆盖（保护层）、混凝土包裹、电化学防腐等措施对结构中的钢材进行防腐，从而提高钢结构整体的耐锈蚀能力。

本章习题

1. 单项选择题

1）钢材抵抗冲击荷载的能力称为（　　）。

A. 塑性　　B. 冲击韧性　　C. 弹性　　D. 硬度

2）钢的碳含量一般为（　　）。

A. 2.0%以下　　B. 大于3.0%

C. 2.0%以上　　D. 大于2.0%且小于3.0%

3）普通碳素结构钢随钢号的增加，钢材的（　　）。

A. 强度增加、塑性增加　　B. 强度降低、塑性增加

C. 强度降低、塑性降低　　D. 强度增加、塑性降低

4）低碳钢的拉伸性能试验的强化阶段最高点对应的应力值称为（　　）。

A. 弹性极限　　B. 屈服强度　　C. 抗拉强度　　D. 比例极限

2. 多项选择题

1）建筑钢材按脱氧程度分类可分为（　　）。

A. 沸腾钢　　B. 镇静钢　　C. 特殊镇静钢

2）下列关于钢材分类说法正确的是（　　）。

A. 建筑钢材按化学成分可分为碳素钢和合金钢

B. 碳素结构钢、低合金高强度结构钢属于优质结构钢

C. 碳素钢的碳含量一般小于2.0%

3）衡量钢材塑性好坏的指标通常有（　　）。

A. 碳含量　　B. 钢材等级　　C. 伸长率　　D. 断面收缩率

4）钢材经冷拉后容易出现（　　）。

A. 拉伸曲线的屈服阶段缩短　　B. 钢材的伸长率增大

C. 钢材的材质变硬　　D. 钢材的抗拉强度增大

3. 判断题（正确的打√，错误的打×）

1）强屈比越大，钢材受力超过屈服强度工作时的可靠性越大，结构安全性越高。（　　）

2）钢材经淬火后，强度和硬度提高，塑性和韧性下降。（　　）

3）所有钢材都会出现屈服现象。（　　）

4. 简答题

1）某厂钢结构屋架使用中碳钢，采用一般的焊条直接焊接。使用一段时间后屋架坍落，请分析发生事故的可能原因。

2）为什么使用钢材也需要考虑防火？

第 7 章

墙体材料

本章重点

本章主要介绍烧结普通砖的主要原材料和物理力学性能指标，并介绍烧结多孔砖和空心砌块、蒸压制品、砌筑石材和混凝土制品等墙体材料性能等方面的内容。

学习目标

掌握各种墙体材料，墙体的技术性质与特性。

嵩岳寺塔

嵩岳寺塔是我国现存最早的砖塔，该塔建于北魏孝明帝正光元年（520—525 年），距今已有1500 多年的历史。

整个塔室上下贯通，呈圆筒状。全塔刚劲雄伟，轻快秀丽，建筑工艺极为精巧。该塔虽高大挺拔，但却是用砖和黄泥黏砌而成，塔砖小且薄，历经千余年风霜雨露侵蚀而依然坚固不坏，至今保存完好，充分证明我国古代建筑材料及工艺的高超。嵩岳寺塔无论在建筑艺术上还是在建筑材料及技术方面，都是我国和世界古代建筑史上的一件珍品。

墙体材料是用来砌筑、拼装或用其他方法构成承重或非承重墙体的材料，承重墙体材料在整个建筑中起承重、传递重力、维护和隔断等作用。在一般的房屋建筑中，墙体约占房屋建筑总重的1/2，用工量、造价的1/3，因此墙体材料是建筑工程中基本且重要的建筑材料。传统的墙体材料是烧结黏土砖和黏土瓦，但生产烧结黏土砖要破坏大量的农田，不利于生态环境的保护，同时黏土砖自重大、施工中劳动强度大、生产效率低，影响建筑业的机械化施工。国内已有部分城市规定：在框架结构的工程中，用黏土砖砌筑的墙体不能通过验收。当前，墙体、屋面类材料的改革趋势是利用工业废料和地方资源，生产出轻质、高强、大块、多功能的墙体材料。

墙体材料属于结构兼功能材料，以形状大小一般分为砖、砌块和板材三类。

以生产制品方式来划分，墙体材料主要有烧结制品、蒸汽（蒸压）养护制品、砌筑石材、混凝土制品等。

我国传统的砌筑材料主要是烧结普通砖和石材，烧结普通砖在我国砌墙材料产品构成中曾占绝对统治地位，有“秦砖汉瓦”之说。但随着我国经济的快速发展和人们环保意识的日益提高，以烧结砖为代表的高能耗、高资源消耗传统墙体材料，已经不适应社会发展的需求，国家推出“积极开发新材料、新工艺、新技术”等相关政策和规定。因地制宜地利用地方性资源及工业废料，大力开发和使用轻质、高强、耐久、大尺寸和多功能的节土、节能和可工业化生产的新型墙体材料，以期获得更高的技术效益和社会效益，是当前的发展方向。

7.1 砖

制砖的原料非常普遍，除了黏土、页岩和天然砂以外，一些工业废料如粉煤灰、煤矸石和炉渣等也可以用来制砖。砖的形式有实心砖、多孔砖和空心砖，还有装饰用的花格砖。制砖的工艺有两类：一类是通过烧结工艺制得的，称为烧结砖；另一类是通过蒸汽（蒸压）养护方法获得的，称为蒸汽（蒸压）养护砖。

7.1.1 普通砖

通过焙烧而制得的砖，称为烧结砖。根据《烧结普通砖》（GB/T 5101—2017）规定，以黏土、页岩、煤矸石、粉煤灰、建筑渣土、淤泥（江、河、湖淤泥）、污泥等为原料，经焙烧而成主要用于建筑物承重部位的普通砖，其产品代号为 FCB。按主要原料分为黏土砖（N）、页岩砖（Y）、煤矸石砖（M）、粉煤灰砖（F）、建筑渣土砖（Z）、淤泥砖（U）、污泥砖（W）、固体废弃物砖（G）等。

1. 烧结普通砖的原材料及生产

烧结普通砖的主要原料为粉质或砂质黏土，其主要化学成分为 SiO_2、Al_2O_3、Fe_2O_3 和结晶水，由于地质生成条件的不同，可能还含有少量的碱金属和碱土金属氧化物等。除黏土外，还可利用页岩、煤矸石、粉煤灰、建筑渣土、淤泥（江、河、湖淤泥）、污泥等为原料来制造，它们的化学成分与黏土相似。

烧结砖的生产工艺流程为：采土→调土→制坯→干燥→焙烧→成品。采土和调土是根本，制坯是基础，干燥是保证，焙烧是关键。

焙烧温度的控制是制砖工艺的关键，不宜过高或过低，一般要控制在 900~1100℃。如果焙烧温度过高或时间过长，则易产生过火砖。过火砖的特点为色深、敲击声清脆、强度较高、吸水率低等，砖体平整度较差，会出现翘曲、变形、裂口，影响砌筑墙体整体质量。反之，如果焙烧温度过低或时间不足，则易产生欠火砖。欠火砖的特点为表面平整，声音哑，土心，抗风化性能和耐久性能差。

当砖窑中焙烧时为氧化气氛，黏土中所含的氧化物会被氧化成 Fe_2O_3 而使砖呈红色，称为红砖。若在氧化气氛中烧成后，再在还原气氛中闷窑，红色 Fe_2O_3 会被还原成氧化亚铁（FeO），砖呈青灰色，称为青砖。青砖一般较红砖致密、耐碱、耐久性好，但其燃料消耗多，价格较红砖贵。

2. 烧结普通砖的技术要求

（1）规格尺寸　烧结普通砖的外形为直角六面体，其公称尺寸为 240mm×115mm×53mm，如图 7-1 所示。通常将 240mm×115mm 面称为大面，240mm×53mm 面称为条面，115mm×53mm 面称为顶面。若考虑砖之间 10mm 厚的砌筑灰缝，则 4 块砖长、8 块砖宽、16

块砖厚均为 1m。$1m^3$ 的砌砖体需用砖数：4×8×16 块=512 块。尺寸偏差应符合《烧结普通砖》的规定。

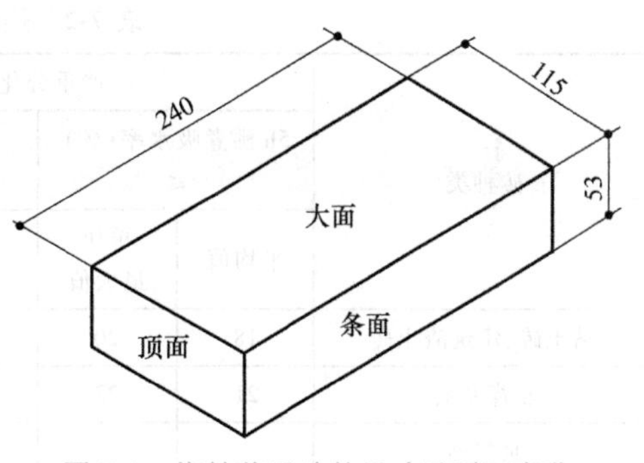

图 7-1　烧结普通砖的尺寸及平面名称

（2）外观质量　烧结普通砖的外观质量包括两条面的高度差、弯曲、杂质凸出高度、缺棱掉角、裂纹、完整面、颜色等要求，优等品颜色应基本一致。

（3）强度等级　烧结普通砖按抗压强度分为 MU30、MU25、MU20、MU15、MU10 五个强度等级（见表 7-1）。

试验时取砖样 10 块，首先把砖样切断或锯成两个半截砖，将已断开的半截砖放入室温的净水中浸 10~20min 后取出，并以断口相反方向叠放，两者中间用厚度不超过 5mm 的水泥净浆黏结；然后分别将 10 块试件平放在加压板的中央，垂直于受压面加荷，加荷过程应均匀平稳，不得发生冲击或振动，加荷速度为（5±0.5）kN/s，直至试件破坏为止，分别记录最大破坏荷载；最后计算出每块砖样的强度 f_i，用抗压强度平均值和强度标准值来评定砖的强度。

表 7-1　烧结普通砖强度等级（GB/T 5101—2017）　　（单位：MPa）

强度等级	抗压强度平均值 ≥	强度标准值 f_k ≥
MU30	30.0	22.0
MU25	25.0	18.0
MU20	20.0	14.0
MU15	15.0	10.0
MU10	10.0	6.5

（4）抗风化性能　抗风化性能是指材料在干湿变化、温度变化、冻融变化等物理因素作用下不破坏并保持原有性质的能力。

抗风化性能

我国按风化指数分为严重风化区（风化指数≥12700）和非严重风化区（风化指数<12700）。风化指数用日气温从正温降至负温或负温升至正温的每年平均天数乘以每年从霜冻之日起至消失霜冻之日止这一期间降雨总量（mm）的平均值。

《烧结普通砖》规定，严重风化区中的黑龙江、吉林、辽宁、内蒙古、新疆、宁夏、甘肃、青海、陕西、山西、河北、北京、天津、西藏等省（直辖市、自治区）的砖应进行冻融试验，其他省（直辖市、自治区）的砖的抗风化性能符合表 7-2 规定时不做冻融试验，否则，必须进行冻融试验。淤泥砖、污泥砖、固体废弃物砖应进行冻融试验。

（5）泛霜　泛霜（又称起霜、盐析、盐霜）是指可溶性盐类（如硫酸盐等）在砖或砌块表面的析出现象，一般为白色粉末，呈絮团或絮片状。泛霜会造成外粉刷剥落、砖体表面粉化掉屑、破坏砖与砂浆之间的黏结，甚至使砖的结构松散、强度下降，影响建筑物正常使用。通常，轻微泛霜就能对清水墙建筑美观产生较大影响。中等泛霜七八年后会因盐析结晶膨胀而使砖砌体表面产生粉化剥落，在干燥环境中使用约 10 年以后也将出现粉化剥落。严重泛霜的砖将严重影响砖体结构的强度及建筑物的寿命。

泛霜

表 7-2 烧结普通砖抗风化性能

砖种类	严重分化区				非严重分化区			
	5h 沸煮吸水率(%) ≤		饱和系数 ≤		5h 沸煮吸水率(%) ≤		饱和系数 ≤	
	平均值	单块最大值	平均值	单块最大值	平均值	单块最大值	平均值	单块最大值
黏土砖、建筑渣土砖	18	20	0.85	0.87	19	20	0.88	0.90
粉煤灰砖	21	23			23	25		
页岩砖	16	18	0.74	0.77	18	20	0.78	0.80
煤矸石砖								

(6) 石灰爆裂　石灰爆裂是指烧结砖的砂质黏土原料中夹杂着石灰石，焙烧时被烧成生石灰块，在使用过程中吸水形成熟石灰，体积膨胀，导致砖块裂缝，严重时甚至使砖砌体强度降低，直至破坏。

石灰爆裂

(7) 酥砖和螺旋纹砖　酥砖是指因被雨水淋、受潮、受冻，或在焙烧过程中受热不均等，而产生大量网状裂纹的砖，这些网状裂纹会使砖的强度和抗冻性严重降低。螺旋纹砖是指从挤泥机挤出的砖坯上存在螺旋纹的砖，螺旋纹在烧结时不易消除，这会导致砖受力时易产生应力集中，使砖的强度下降。

(8) 产品标记　砖的产品标记按产品名称的英文缩写、类别、强度等级和标准编号顺序缩写，如烧结普通砖，强度等级 MU15 的黏土砖，其标记为 FCB N MU15 GB/T 5101。

【工程实例分析 7-1】　某砖混结构浸水后倒塌

现象：某县城于 1997 年 7 月 8 日至 10 日遭受洪灾，某住宅楼底部自行车车库进水。12 日上午倒塌，墙体破坏后部分呈粉末状，该楼为五层半砖砌体结构。在残存北纵墙基础上随机抽取 20 块砖进行试验，自然状态下实测抗压强度平均值为 5.85MPa，低于设计要求的 MU10 砖抗压强度。从砖厂成品堆中随机抽取了砖测试，抗压强度十分离散，高的达 21.8MPa，低的仅 5.1MPa。请对其砌体材料进行分析讨论。

原因分析：该砖的质量差。设计要求使用 MU10 砖，而在施工时使用的砖大部分为 MU7.5，且现场检测结果砖的强度低于 MU7.5。该砖厂生产的砖匀质性差，且砖的软化系数小、被积水浸泡过，强度大幅度下降，因此部分砖破坏后呈粉末状。此外，该结构的砌筑砂浆强度低、黏结力差，因此浸水后楼房倒塌。

7.1.2 烧结多孔砖和多孔砌块

为了减轻砌体自重，减小墙厚，改善绝热及隔声性能，烧结多孔砖和多孔砌块的用量日益增多。烧结多孔砖和多孔砌块的生产工艺与烧结普通砖相同，但对原料的可塑性要求高。烧结多孔砖和多孔砌块是以黏土、页岩、煤矸石、粉煤灰、淤泥（江、河、湖淤泥）及其他固体废弃物等为主要原料，经焙烧而成，主要用于建筑物承重部位的多孔砖和多孔砌块。多孔砖和多孔砌块的孔的尺寸小而数量多。使用时，孔洞垂直于受压面，主要用于建筑物承重部位。

烧结多孔砖和多孔砌块按主要原料分为黏土砖和黏土砌块（N）、页岩砖和页岩砌块（Y）、煤矸石砖和煤矸石砌块（M）、粉煤灰砖和粉煤灰砌块（F）、淤泥砖和淤泥砌块（U）、固体废弃物砖和固体废弃物砌块（G）等。

烧结多孔砖和多孔砌块是承重墙体材料，其具有良好的隔热保温性能、透气性能和优良的耐久性能。技术要求如下。

（1）规格 《烧结多孔砖和多孔砌块》（GB/T 13544—2011）规定，砖和砌体外形一般为直角六面体。在与砂浆的结合面上应设有增加结合力的粉刷槽（设在条面或顶面上深度不小于2mm的沟或类似结构）和砌筑砂浆槽（设在条面或顶面上深度大于15mm的凹槽）。

砖的规格尺寸为290mm、240mm、190mm、180mm、140mm、115mm、90mm；砌块的规格尺寸为490mm、440mm、390mm、340mm、290mm、240mm、190mm、140mm、115mm、90mm。

（2）强度等级 烧结多孔砖根据抗压强度分为MU30、MU25、MU20、MU15、MU10五个等级。

（3）密度等级 烧结多孔砖的密度等级分为1000、1100、1200、1300四个等级；砌块的密度等级分为900、1000、1100、1200四个等级。

（4）外观质量 其外观质量要求见表7-3。

表7-3 外观质量要求

项目		指标
完整面/不得少于		一条面和一顶面
缺棱掉角的3个破坏尺寸不得同时大于		30 mm
裂纹长度	大面(有孔面)上深入孔壁15mm以上宽度方向及其延伸到条面的长度	≤80mm
	大面(有孔面)上深入孔壁15mm以上宽度方向及其延伸到顶面的长度	≤100mm
	条面、顶面上的水平裂纹	≤100mm
杂质在砖面上造成的凸出高度		≤5mm

注：凡有下列缺陷之一者，不得称为完整面。①缺损在条面或顶面上造成的破坏面尺寸同时大于20mm×30mm；②条面或顶面上裂纹宽度大于1mm，其长度超过70mm；③压陷、黏底、焦花在条面或顶面上的凹陷或凸出超过2mm，区域最大投影尺寸同时大于20mm×30mm。

（5）尺寸偏差 其尺寸偏差要求见表7-4。

表7-4 尺寸偏差要求 （单位：mm）

尺寸	样本平均偏差	样本极差≤
>400	±3.0	10.0
>300,≤400	±2.5	9.0
>200,≤300	±2.5	8.0
>100,≤200	±2.0	7.0
<100	±1.5	6.0

（6）孔型、孔结构及孔洞率 其孔型、孔结构及孔洞率要求见表7-5。

表 7-5 孔型、孔结构及孔洞率要求

孔型	孔洞尺寸/mm		最小外壁厚/mm	最小肋厚/mm	孔洞率(%)		孔洞排列
	孔宽度尺寸 b	孔长度尺寸 L			砖	砌块	
矩形条孔或矩形孔	≤13	≤40	≥12	≥5	≥28	≥33	所有孔宽应相等，孔采用单向或双向交错排列 孔洞排列上下、左右应对称，分布均匀，手抓孔的长度方向尺寸必须平行于砖的条面

注：1. 矩形孔的孔长 L、孔宽 b 满足式 $L\geqslant 3b$ 时，为矩形条孔。

2. 孔四个角应做成过渡圆角，不得做成直尖角。

3. 如设有砌筑砂浆槽，则砌筑砂浆槽不计算在孔洞率内。

4. 规格大的砖应设置手抓孔，手抓孔尺寸为（30~40）mm×(75~85)mm。

（7）产品标记　按产品名称、品种、规格、强度等级、密度等级和标准编号顺序编写。例如，规格尺寸 290mm×140mm×90mm、强度等级 MU25、密度 1200 级的黏土烧结多孔砖，其标记为：烧结多孔砖 N 290×140×90 MU25 1200 GB/T 13544—2011。

同样有泛霜、石灰爆裂和抗风化性能等的技术要求。

7.1.3　烧结保温砖和保温砌块

1. 主要品种和特点

根据《烧结保温砖和保温砌块》（GB/T 26538—2011），烧结保温砖和保温砌块是指以黏土、页岩或煤矸石、粉煤灰、淤泥等固体废弃物为主要原料制成的，或加入成孔材料制成的实心或多孔薄壁经焙烧而成的，主要用于建筑围护结构的保温隔热的砖或砌块。

烧结保温砖和保温砌块按主要原料分为六种：黏土烧结保温砖和保温砌块（NB）、页岩烧结保温砖和保温砌块（YB）、煤矸石烧结保温砖和保温砌块（MB）、粉煤灰烧结保温砖和保温砌块（FB）、淤泥烧结保温砖和保温砌块（YNB）、其他固体废弃物烧结保温砖和保温砌块（QGB）。

烧结保温砖和保温砌块按烧结处理工艺和砌筑方法分为两类：经精细工艺处理，砌筑中采用薄灰缝、契合无灰缝的为 A 类；未经精细工艺处理，砌筑中采用普通灰缝的为 B 类。

规格按长度、宽度和高度尺寸不同划分，具体规格见表 7-6。

表 7-6　烧结保温砖和保温砌块尺寸

分类	长度、宽度或高度/mm
A	490、360(359、365)、300、250(249、248)、200、100
B	390、290、240、190、180(175)、140、115、90、53

烧结保温砖和保温砌块具有许多烧结制品的优点，如耐久性能、防火性能、防水性能、耐候性、尺寸稳定性和保温、隔声性能都较突出，基本没有干缩湿胀，热膨胀系数也很小，且不会因受外界应力而变形。

2. 技术要求

烧结保温砖外形多为直角六面体。烧结保温砌块多为直角六面体，也有各种异形，其主要规格尺寸的长度、宽度或高度有一项或一项以上分别大于 365mm、240mm 或 115mm，但高度不大于长度或宽度的 6 倍，长度不超过高度的 3 倍。

烧结保温砖和保温砌块的强度分为 MU15、MU10.0、MU7.5、MU5.0 和 MU3.5 五个等级；烧结保温砖和保温砌块的密度分为 700、800、900 和 1000 四个等级。

烧结保温砖和保温砌块的传热系数按 K 值分为 2.00、1.50、1.35、1.00、0.90、0.80、0.70、0.60、0.50、0.40 十个等级。

烧结保温砖和保温砌块产品的标记按产品名称、类别、规格、密度等级、强度等级、传热系数和标准编号顺序来编写。例如，规格尺寸 240mm×115mm×53mm，密度等级 900，强度等级 7.5，传热系数 1.00 级，B 类页岩保温砖，其标记为：烧结保温砖 YB B（240×115×53）900 MU7.5 1.00 GB/T 26538—2011。再如，规格尺寸 490mm×360mm×200mm，密度等级 800，强度等级 3.5，传热系数 0.50 级，A 类淤泥砌块，其标记为：烧结保温砌块 YNB A（490×360×200）800 MU3.5 0.50 GB/T 26538—2011。

同样有泛霜、石灰爆裂和抗风化性能等的技术要求。

7.1.4　烧结空心砖和空心砌块

根据《烧结空心砖和空心砌块》（GB/T 13545—2014），烧结空心砖和空心砌块是以黏土、页岩、煤矸石、粉煤灰、淤泥（江、河、湖淤泥）及其他固体废弃物为主要原料，经焙烧而成的砖和砌块。烧结空心砖和空心砌块的孔洞数量少、尺寸大，用于非承重墙和填充墙。

烧结空心砖和空心砌块具有质量轻、强度高、保温、隔声降噪性能好的优点，环保、无污染，是框架结构建筑物的理想填充材料。

《烧结空心砖和空心砌块》规范规定，砖的外形为直角六面体，其长（l）、宽（b）、高（h）应符合下列要求：390mm、290mm、240mm、190mm、180（175）mm、140mm、115mm、90mm。烧结空心砖和空心砌块基本构造如图 7-2 所示。

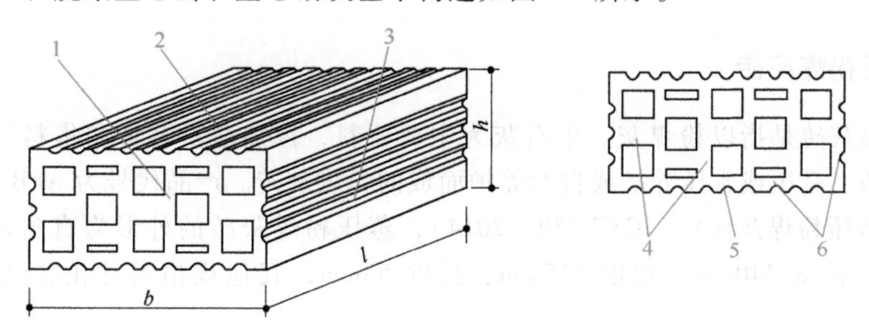

图 7-2　烧结空心砖和空心砌块基本构造

1—顶面　2—大面　3—条面　4—肋　5—凹槽面　6—壁

烧结空心砖和空心砌块体积密度分为 800、900、1000、1100 四个级别。烧结空心砖和空心砌块抗压强度分为 MU10.0、MU7.5、MU5.0、MU3.5 四个级别。

烧结空心砖和空心砌块的孔洞一般位于砖的顶面或条面，单孔尺寸较大但数量较少，孔洞率高，孔洞方向与砖的主要受力方向相垂直。孔洞对砖受力影响较大，因此烧结空心砖强度相对较低。

其产品标记按产品名称、类别、规格、密度等级、强度等级和标准编号顺序编写。

例如，规格尺寸 290mm×190mm×90mm、密度等级 800、强度等级 MU7.5 的页岩空心砖，其标记为：烧结空心砖 Y（290×190×90）800 MU 7.5 GB/T 13545—2014。

同样有泛霜、石灰爆裂和抗风化性能等的技术要求。

【扩展阅读】 限制实心黏土砖与发展新型墙体材料

砌筑材料主要用于砌筑墙体。我国房屋建筑材料中大部分是墙体材料，其中黏土砖每年耗用大量的黏土资源。我国耕地面积仅占国土面积约 10%，不到世界平均水平的一半，烧砖毁田。另外，烧结实心黏土砖能耗高，污染环境且不利于建筑节能。

中国建筑材料联合会于 2016 年发布了《新型墙体材料产品目录（2016 年本）》和《墙体材料行业结构调整指导目录（2016 年本）》。新型墙体材料产品目录包括：①纸面石膏板、蒸压加气混凝土板等 19 类板材类产品；②烧结多孔砌块、普通混凝土小型砌块、蒸压加气混凝土砌块等 5 类砌块类产品；③烧结多孔砖、蒸压灰砂砖、承重混凝土多孔砖等 9 类砖类产品；④其他，必须达到国家标准、行业标准和地方标准的，并经行业或省级有关部门鉴定通过的复合保温砌块（砖、板）、预制复合墙板等产品；利用各种工业、农业、矿山废渣、建筑渣土、淤泥、污泥等，经无害化处理并检测必须达到国家有关规定，废渣掺量必须达到资源综合利用有关规定，放射性核素限量符合《建筑材料放射性核素限量》要求，技术性能必须达到国家或行业相关标准的墙体材料产品。

发展新型墙体材料不仅是取代实心黏土砖的问题，更重要的是保护环境、节约资源与能源；满足建筑结构体系的发展，包括抗震及多功能；也是给传统建筑行业带来变革性新工艺，摆脱人海式施工，采用工厂化、现代化、集约化施工。新型墙体材料正朝着大型化、轻质化、节能化、利废化、复合化、装饰化，向着装配式建筑的方向发展。

7.2 蒸压制品墙体材料

7.2.1 蒸压粉煤灰砖

蒸压粉煤灰砖是指以粉煤灰、生石灰为主要原料，掺加适量石膏和集料经混合材料制备、压制成型、高压或常压养护或自然养护而成的粉煤灰砖。产品代号为 AFB。

根据《蒸压粉煤灰砖》（JC/T 239—2014），蒸压粉煤灰砖的外形为直角六面体。砖的公称尺寸为：长度 240mm、宽度 115mm、高度 53mm，其他规格尺寸由供需双方协商后确定。

蒸压粉煤灰砖按强度分为 MU10、MU15、MU20、MU25、MU30 五个等级。

产品标记，如规格尺寸为 240mm×115mm×53mm，强度等级为 MU15 的砖标记为：AFB 240mm×115mm×53mm MU15 JC/T 239—2014。

蒸压粉煤灰砖可用于工业与民用建筑的基础和墙体，但应注意以下几点：

1）龄期不足 10d 的不得出厂；砖装卸时，不应碰撞、扔摔、应轻码轻放，不应翻斗倾卸；堆放时应按规格、龄期、强度等级分批分别码放，不得混杂；堆放、运输、施工时，应有可靠的防雨措施。

2）在用于基础或易受冻融和干湿交替的部位，对砖要进行抗冻性检验，并用水泥砂浆抹面或在建筑设计上采取其他适当措施，以提高建筑物的耐久性。

3）粉煤灰砖出釜后应存放一个月左右后再用，以减少相对伸缩值。

4）长期受热高于200℃，或受冷热交替作用，或有酸性侵蚀的建筑部位不得使用粉煤灰砖。

5）粉煤灰砖吸水迟缓，初始吸水较慢，后期吸水量大，因此必须提前润水，不能随浇随砌。砖的含水率一般宜控制在10%左右，以保证砌筑质量。

7.2.2 蒸压灰砂砖

蒸压灰砂砖是以砂、石灰为主要原料，经坯料制备，压制成型、蒸压养护而成的实心砖，简称灰砂砖。

灰砂砖的尺寸规格和烧结普通砖相同，其表观密度为1800~1900kg/m^3，导热系数约为0.61W/(m·K)。灰砂砖根据颜色分为彩色（Co）和本色（N）。

灰砂砖的产品标记采用产品名称（LSB）、颜色、强度等级、产品等级、标准编号的顺序进行，如强度等级为MU20，优等品的彩色灰砂砖标记为LSB Co 20A GB/T 11945—2019。

蒸压灰砂砖既具有良好的耐久性能，又具有较高的墙体强度，可用于工业与民用建筑的墙体和基础。但由于蒸压灰砂砖是在高压下成型，又经过蒸压养护，砖体组织致密，强度高、大气稳定性好、干缩率小、尺寸偏差小、外形光滑，其应用上应注意以下几点：

1）蒸压灰砂砖主要用于工业与民用建筑的墙体和基础。其中，MU15、MU20和MU25的灰砂砖可用于基础及其他建筑，MU10的灰砂砖仅可用于防潮层以上的建筑部位。

2）蒸压灰砂砖不得用于长期受热200℃以上、受急冷急热或有酸性介质侵蚀的环境，也不宜用于受流水冲刷的部位。灰砂砖表面光滑平整，使用时注意提高砖与砂浆之间的黏结力。

3）蒸压灰砂砖早期收缩值大，出釜后应至少放置一个月后再用，以防止砌体的早期开裂。

4）蒸压灰砂砖砌体干缩较大，墙体在干燥环境中容易开裂，因此在砌筑时砖的含水率宜控制在5%~8%。干燥天气下，蒸压灰砂砖应在砌筑前1~2d浇水。禁止使用干砖或含饱和水的砖砌筑墙体，且不宜在雨天施工。

7.2.3 蒸压加气混凝土砌块

蒸压加气混凝土砌块是以钙质材料和硅质材料及加气剂、少量调节剂，经配料、搅拌、浇筑成型、切割和蒸压养护而制成的，适用于民用和工业建筑物承重和非承重墙体及保温隔热的一种多孔轻质块体材料，代号为ACB。

根据《蒸压加气混凝土砌块》（GB/T 11968—2020），蒸压加气混凝土砌块外形一般为直角六面体；抗压强度级别有A1.0、A2.0、A2.5、A3.5、A5.0、A7.5、A10.0七个级别；干密度有B03、B04、B05、B06、B07、B08六个级别；砌块按尺寸偏差和外观质量、干密度、抗压强度和抗冻性分为优等品（A）、合格品（B）两个等级。

产品标记，如强度等级为A3.5、干密度为B05、优等品、规格尺寸为600mm×200mm×250mm的蒸压加气混凝土砌块，应标记为：ACB A3.5 B05 600mm×200mm×250mmA GB/T 11968—2020。

【工程实例分析 7-2】 混凝土砌块砌体裂缝

现象：某工程用蒸压加气混凝土砌块砌筑外墙，该蒸压加气混凝土砌块出釜一周后即砌筑，工程完工一个月后，墙体出现裂纹，试分析原因。

原因分析：该外墙属于框架结构的非承重墙，所用的蒸压加气混凝土砌块出釜仅一周，其收缩率仍较大，在砌筑完工干燥过程中继续产生收缩，墙体在沿着砌块与砌块交接处就会产生裂缝。

7.2.4 蒸压加气混凝土板

蒸压加气混凝土板是生产用原材料（包括水泥、生石灰、粉煤灰、砂、铝粉、石膏等），经配料、搅拌、浇筑成型、切割和蒸压养护而制成的，适用于民用和工业建筑物承重和非承重墙体及保温隔热的一种多孔轻质材料。

根据《蒸压加气混凝土板》（GB/T 15762—2020），蒸压加气混凝土板按使用功能分为屋面板（AAC-W）、楼板（AAC-L）、外墙板（AAC-Q）、隔墙板（AAC-G）等。按抗压强度分 A2.5、A3.5、A5.0 三个强度级别，其中屋面板、楼板的强度级别不低于 A3.5，外墙板和隔墙板的强度级别不低于 A2.5。

屋面板、楼板、外墙板的标记应包括品种代号、强度级别、规格（长度×宽度×厚度）、承载力允许值、标准号等内容。

示例：强度级别为 A5.0，长度为 4800mm、宽度为 600mm、厚度为 200mm，承载力允许值为 2200N/m 的屋面板，AAC-W-A5.0-4800×600×200-2200-GB/T 15762—2020。

隔墙板的标记应包括品种代号、强度级别、规格（长度×宽度×厚度）、标准号等内容。

示例：强度级别为 A2.5，长度为 3000mm、宽度为 600mm、厚度为 100mm 的隔墙板，AAC-G-A2.5-3000×600×100-GB/T 15762—2020。

7.3 砌筑石材

砌筑石材

石材是以天然岩石为主要原材料经过加工制作，并用于建筑、装饰、碑石、工艺品或路面等用途的材料。石材具有相当高的强度、良好的耐磨性和耐久性，并且资源丰富，可以就地取材。因此，在大量使用钢材、混凝土和高分子材料的现代土木工程中，石材的使用仍然相当普遍和广泛。石材包括天然石材和人造石材。

由天然岩石开采的，经过或不经过加工而制成的材料，称为天然石材。天然石材具有抗压强度高，耐久性和耐磨性良好，资源分布广，便于就地取材等优点，但岩石的性质较脆，抗拉强度较低，体积密度大，硬度高，因此开采和加工比较困难。

人造石材是用无机或有机胶结料、矿物质原料及各种外加剂配制而成，如人造大理石、花岗石等。人造石材不仅具有天然石材的花纹、质感和装饰效果，而且花色、品种、形状等多样化，并具有质量轻、强度高、耐腐蚀、耐污染、施工方便等优点，此外，其性能、形状、花色图案等均可人为控制。

7.3.1　砌筑石材的分类

1. 按岩石的形成分类

根据岩石的成因，天然岩石可分为岩浆岩、沉积岩、变质岩三大类。

（1）岩浆岩　岩浆岩又称火成岩，是由岩浆喷出地表或侵入地壳冷却凝固所形成的岩石，有明显的矿物晶体颗粒或气孔，约占地壳总体积的65%、总质量的95%。根据形成条件的不同，岩浆岩可分为三种，即深成岩、喷出岩、火山岩。

1）深成岩是岩浆侵入地壳深层3km以下，缓慢冷却形成的火成岩，一般为全晶质粗粒结构，其特性是结构致密、重度大、抗压强度高、吸水率低、抗冻性好、耐磨性好、耐久性好。建筑常用的深成岩有花岗岩、闪长岩、辉长岩。花岗岩是分布最广的深成侵入岩，主要矿物成分是石英、长石和云母，其最常见的颜色是浅灰色和肉红色，具有等粒状结构和块状构造。花岗岩按次要矿物成分的不同，可分为黑云母花岗岩、角闪石花岗岩等。很多金属矿产，如钨、锡、铅、锌、汞、金等，稀土元素及放射性元素与花岗岩类有密切关系。花岗岩美观、抗压强度高，是优质的建筑材料。

2）喷出岩是在火山爆发岩浆喷出地面之后，经冷却形成的岩石，由于冷却较快，当喷出岩浆层较厚时，形成的岩石接近深成岩；当喷出的岩浆较薄时，形成的岩石常呈现多孔结构，建筑常用的喷出岩有玄武岩、辉绿岩等。玄武岩是一种分布最广的喷出岩，矿物成分以斜长石、辉石为主，呈黑色或灰黑色，具有气孔构造和杏仁状构造，斑状结构。玄武岩根据次要矿物成分，可分为橄榄玄武岩、角闪玄武岩等。铜、钴、冰洲石等有用矿产常产于玄武岩气孔中，玄武岩本身可用作优良耐磨耐酸的铸石原料。

3）火山岩是轻质多孔结构的材料，建筑常用的火山岩是浮石，浮石是指火山喷发后岩浆冷却后形成的一种矿物质，主要成分是二氧化硅，质地软、比重小，能浮于水面。浮石可作为轻质集料，配置轻集料混凝土而作为墙体材料。

（2）沉积岩　沉积岩又称水成岩，是在地壳发展演化过程中，在地表或接近地表的常温常压条件下，任何先成岩遭受风化剥蚀作用的破坏产物，以及生物作用与火山作用的产物在原地或经过外力的搬运所形成的沉积层，又经成岩作用而成的岩石。

沉积岩一般结构致密性较差，重度较小，孔隙率和吸水率较大，强度较低，耐久性较差，建筑常用的沉积岩有石灰岩、砂岩、页岩，可用于基础、墙体、挡土墙等石砌体。

（3）变质岩　变质岩是由地壳中先形成的岩浆岩或沉积岩，在环境条件（内部温度、高压）改变的影响下，矿物成分、化学成分及结构构造发生变化而形成的岩石。岩浆岩变质后，性能变好，结构变得致密，坚实耐久，如石灰岩变质为大理石；沉积岩经过变质后，性能反而变差，如花岗岩变质成片麻岩，易产生分层剥落，使耐久性变差。建筑常用的变质岩有大理岩、片麻岩、石英岩、板岩等，其中片麻岩可用于一般建筑工程的基础、勒脚等石砌体。

2. 按外形分类

按外形分类，砌筑石材可分为料石、毛石、条石三种。

（1）料石　砌筑料石一般由致密的砂岩、石灰岩、花岗岩加工，制成条石、方石及楔形的拱石。按其加工后的外形规则程度，可分为毛料石、粗料石、半细料石和细料石四种。

1）毛料石：外观大致方正，一般不加工或稍加调整。料石的宽度和厚度不宜小于

200mm，长度不宜大于厚度的4倍。叠砌面和接砌面的表面凹入深度不大于25mm，抗压强度不低于30MPa。

2）粗料石：规格尺寸同毛料石，叠砌面和接砌面的表面凹入深度不大于20mm，外露面及相接周边的表面凹入深度不大于20mm。

3）细料石：通过细加工，规格尺寸同毛料石，叠砌面和接砌面的表面凹入深度不大于10mm，外露面及相接周边的表面凹入深度不大于2mm。

4）粗料石主要应用于建筑物的基础、勒脚、墙体部位，半细料石和细料石主要用作镶面的材料。

（2）毛石　毛石是不成形的石料，处于开采以后的自然状态。它是岩石经爆破或人工开凿后所得形状不规则的石块，形状不规则的称为乱毛石，有两个大致平行面的称为平毛石。

1）乱毛石形状不规则，一般要求石块中部厚度不小于150mm，长度为300~400mm，质量为20~30kg，其强度不宜小于10MPa，软化系数不应小于0.8。

2）平毛石由乱毛石略经加工而成，其形状基本上有六个面，但表面粗糙，中部厚度不小于200mm。

毛石常用于砌筑基础、勒脚、墙身、堤坝、挡土墙等，也可配制片石混凝土等。

（3）条石　条石由致密岩石凿平或锯解而成，其外露表面可加工成粗糙的剁斧面、或平整的机刨面、或平滑而无光的粗磨面、或光亮且色泽鲜明的磨光面，一般选用强度高而无裂缝的花岗岩加工而成，常用于台阶、地面和桥面。

赵州桥

河北赵州桥建于1400多年前的隋代，桥长约51m，净跨37 m，拱圈的宽度在拱顶为9m，在拱脚处为9.6m。该桥的建造石材为石灰岩，石质的抗压强度非常高（约为100MPa）。该桥在主拱肋与桥面之间设计了并列的四个小孔，挖去部分填肩材料，从而开创了“敞肩拱”的桥型。拱券结构的改革是石拱建筑中上富有意义的创造，拱券结构不仅减轻了桥的自重、节省材料、减轻桥基负担，使桥台可造得轻巧，直接建在天然地基上；也可使桥台位移很小，地基下沉甚微；且使拱券内部应力很小。这也正是该桥使用千年却仅有极微小的位移和沉陷，并且至今不倒的重要原因之一。经计算发现，由于在拱肩上加了四个小拱并采用16~30cm厚的拱顶薄填石，使拱轴线（一般即拱圈的中心线）和恒载压力线十分接近，拱圈各横截面上均只受压力或极小拉力。赵州桥结构体现的二线重合的原理，直到现代才被国内外结构设计人员广泛认识。

该桥充分利用了石材坚固耐用的优势，从结构上减轻了桥的自重，扬长避短，是造桥史上的奇迹。

7.3.2　天然石材的性质

天然石材的技术性质包括物理性质、力学性质和工艺性质。天然石材的技术性质取决于其组成的矿物的种类、特征及结合状态。

1. 物理性质

（1）表观密度　天然石材按表观密度大小分为：轻质石材，表观密度≤1800kg/m^3；重质石材，表观密度>1800kg/m³。

石材表观密度与其矿物组成和孔隙率有关，它能间接反映石材的致密程度和孔隙情况，在通常情况下，同种石材的表观密度越大，其抗压强度越高，吸水率越小，耐久性越好。

（2）吸水性　吸水率低于 1.5%的岩石称为低吸水性岩石，吸水率为 1.5%~3.0%的岩石称为中吸水性岩石，吸水率高于 3.0%的岩石称为高吸水性岩石。

（3）耐水性　石材的耐水性用软化系数表示。根据软化系数大小，石材可分为三个等级：高耐水性石材，软化系数大于 0.90；中耐水性石材，软化系数为 0.7~9.0；低耐水性石材，软化系数为 0.6~0.7。一般软化系数低于 0.6 的石材，不允许用于重要建筑。

（4）抗冻性　石材的抗冻性是用冻融循环次数来表示，即石材在水饱和状态下能经受规定条件下数次冻融循环，而强度降低值不超过 25%，质量损失不超过 5%时，则认为抗冻性合格。石材的抗冻标号分为 D5、D10、D15、D25、D50、D100、D200 等。

石材的抗冻性与其矿物组成、晶粒大小及分布均匀性、胶结物的胶结性质等有关。

2. 力学性质

（1）抗压强度　砌筑用石材的抗压强度是以边长为 70mm 的立方体抗压强度值来表示，根据抗压强度值的大小，天然石材强度等级分为 MU100、MU80、MU60、MU50、MU40、MU30、MU20 七个等级。石材的抗压强度大小，取决于矿物组成、结构与构造特征、胶结物种类及均匀性等。

（2）冲击韧性　石材的抗拉强度比抗压强度小得多，为抗压强度的 1/20~1/10，是典型的脆性材料。

石材的冲击韧性取决于矿物组成与构造。石英岩和硅质砂岩脆性很大，含暗色矿物较多的辉长岩、辉绿岩等具有相对较大的韧性。通常，晶体结构的岩石较非晶体结构的岩石具有较高的韧性。

（3）硬度　石材的硬度以莫氏或肖氏硬度表示。它取决于矿物的硬度与构造，凡由致密、坚硬矿物组成的石材，其硬度较高。石材的硬度与抗压强度具有良好的相关性，一般抗压强度越高，其硬度也越高，其耐磨性和抗刻划性越好，但表面加工越困难。

3. 工艺性质

石材的工艺性质是指开采及加工的适应性，包括加工性、磨光性和抗钻性。

（1）加工性　加工性是指对岩石进行劈解、破碎与凿琢等加工时的难易程度。强度、硬度较高的石材，不易加工；质脆而粗糙，颗粒交错结构，含层状或片状构造，以及业已风化的岩石，都难以满足加工要求。

（2）磨光性　磨光性是指岩石能否磨成光滑表面的性质。致密、均匀、细粒的岩石，一般都有良好的磨光性，可以磨成光滑亮洁的表面。疏松多孔、鳞片状结构的岩石，磨光性均较差。

（3）抗钻性　抗钻性是指岩石钻孔的难易程度。影响抗钻性的因素很复杂，一般与岩石的强度、硬度等性质有关。

7.3.3 天然石材选用原则

在选用石材时，应根据建筑物类型、环境条件和使用要求等选择适用和经济的石材。一般应考虑适用性、经济性和安全性。

（1）适用性　在选用石材时，根据其在建筑物中的用途和部位，选定其主要技术性质能满足要求的石材。例如，承重用石材主要应考虑强度、耐水性和抗冻性等技术性能；饰面用石材主要考虑表面平整度、光泽度、色彩与环境的协调、尺寸公差、外观缺陷及加工性等技术要求；围护结构用石材主要考虑其导热性；用作地面、台阶等的石材应坚韧耐磨；用在高温、高湿、严寒等特殊环境中的石材，还分别考虑其耐久性、耐水性、抗冻性及耐化学侵蚀性等。

（2）经济性　天然石材的密度大，运输不便、运费高，应综合考虑当地资源，尽可能做到就地取材。等级越高的石材，装饰效果越好，但价格也越高。

（3）安全性　由于天然石材含有放射性物质，石材中的镭、钍等放射性元素，在衰变过程中会产生对人体有害的放射性气体氡。氡无色、无味，五官不能察觉，特别易在通风不良的地方聚集，可导致肺、血液、呼吸道发生病变。

《建筑材料放射性核素限量》（GB 6566—2010）中规定，天然石材产品（花岗岩和部分大理岩），根据镭当量浓度和放射性比活度限制分为三类：A 类产品不受使用限制；B 类产品不可用于 I 类民用建筑物的内饰面；C 类产品可用于一切建筑物的外饰面。因此，装饰工程中应选用经放射性测试，且发放了放射性产品合格证的产品。此外，在使用过程中，还应经常打开居室门窗，促进室内空气流通，使氡气稀释，达到减少污染、保护人体健康的目的。

7.4　其他类型的墙体材料

7.4.1　混凝土制品

1. 混凝土小型空心砌块

根据《普通混凝土小型砌块》（GB/T 8239—2014），混凝土小型空心砌块是以水泥、矿物掺合料、砂、石、水等为原材料，经搅拌、振动成型、养护等工艺制成的小型砌块，包括空心砌块和实心砌块，如图 7-3 所示。

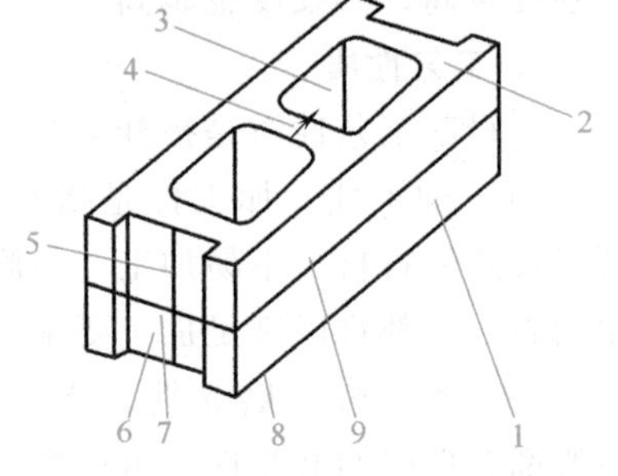

图 7-3　混凝土小型空心砌块

1—条面　2—坐浆面（肋厚较小的面）　3—壁　4—肋　5—高度　6—顶面　7—宽度　8—铺浆面（肋厚较大的面）　9—长度

根据《普通混凝土小型砌块》规范规定，砌块主规格尺寸为 390mm×190mm×190mm，最小外壁厚不应小于 30mm，最小肋厚不应小于 25mm，空心率不应小于 25%。按抗压强度分为 MU5.0、MU7.5、MU10、MU15、MU20、MU25、MU30、MU35、MU40 九个等级。

砌块按空心率分为空心砌块（空心率不小于 25%，代号 H）和实心砌块（空心率小于 25%，代号 S）。

砌块按使用时砌筑墙体的结构和受力情况，分为承重结构用砌块（代号 L，简称承重砌块）、非承重结构用砌块（代号 N，简称非承重砌块）。

砌块按下列顺序进行产品标记：砌块种类、规格尺寸、强度等级（MU）、标准代号。示例如下。

规格尺寸 390mm×190mm×190mm、强度等级 MU15.0、承重结构用实心砌块，其标记为：LS 390×190×190 MU15.0 GB/T 8239—2014。

规格尺寸 395mm×190mm×194mm、强度等级 MU5.0、非承重结构用空心砌块，其标记为：NH 395×190×194 MU5.0 GB/T 8239—2014。

规格尺寸 190mm×190mm×190mm、强度等级 MU15.0、承重结构用半块砌块，其标记为：LH50 190×190×190 MU15.0 GB/T 8239—2014。

混凝土小型空心砌块主要适用于各种公用或民用住宅建筑及工业厂房、仓库和农村建筑的内外墙体。为防止或避免小型砌块因失水产生的收缩导致墙体开裂，应特别注意：小型砌块采用自然养护时，必须养护 28d 后方可上墙；出厂时小型砌块的相对含水率必须严格控制；在施工现场堆放时，必须采用防雨措施；砌筑前，不允许浇水预湿；为防止墙体开裂，应根据建筑的情况设置伸缩缝，在必要的部位增加构造钢筋。

2. 轻集料混凝土小型空心砌块

根据《轻集料混凝土小型空心砌块》（GB/T 15229—2011），轻集料混凝土小型空心砌块是用轻集料混凝土制成的小型空心砌块。轻集料混凝土是由轻粗集料、轻砂（或普通砂）、水泥和水等原材料配制而成的，干表观密度不大于 1950kg/m^3 的混凝土，产品代号为 LB。

轻集料混凝土小型空心砌块按砌块孔的排数分类为单排孔、双排孔、三排孔和四排孔等。按砌块密度等级，分为 700、800、900、1000、1100、1200、1300、1400 八个等级；按砌块强度等级，分为 MU2.5、MU3.5、MU5.0、MU7.5，MU10.0 五个等级。

轻集料混凝土小型空心砌块（LB）按代号、类别（孔的排数）、密度等级、强度等级、标准编号的顺序进行产品标记。如符合 GB/T 15229—2011、双排孔、800 密度等级、MU3.5 强度等级的轻集料混凝土小型空心砌块标记为：LB 2 800 MU3.5 GB/T 15229—2011。

轻集料混凝土小型空心砌块的吸水率应不大于 18%，干燥收缩率应不大于 0.065%，碳化系数应不小于 0.8，软化系数应不小于 0.8。

砌块应在厂内养护 28d 龄期后方可出厂。堆放时砌块应按类别、密度等级和强度等级分批堆放。砌块装卸时，严禁碰撞、扔摔，应轻码轻放，不许用翻斗车倾卸。砌块堆放和运输时应有防雨、防潮和排水措施。

轻集料混凝土砌块具有自重轻、保温隔热和耐火性能好等特点。但其干缩值较大，使用时需要设置混凝土芯柱增强砌体的整体性能。

3. 陶粒发泡混凝土砌块

根据《陶粒发泡混凝土砌块》（GB/T 36534—2018），陶粒发泡混凝土砌块是以陶粒为集料，以水泥和粉煤灰等为胶凝材料，与泡沫剂和水制成浆料后，按一定比例均匀混合搅拌、浇筑、养护并切割而成的轻质多孔混凝土砌块，产品代号为 CFB。

陶粒发泡混凝土砌块按立方体抗压强度分为 MU2.5、MU3.5、MU5.0、MU7.5 四个等级；按干密度分为 600、700、800、900 四个等级；按导热系数和蓄热系数分为 H12、H14、H16、H18、H20 五个等级。

产品标记示例：强度等级为 MU5.0、干密度等级为 700 级、导热系数等级为 H18 级、规格尺寸为 600mm×240mm×300mm 的陶粒发泡混凝土砌块，其标记为：CFB MU5.0 700 H18 600×240×300 GB/T 36534—2018。

陶粒发泡混凝土砌块养护、堆放龄期28d以上方可出厂。砌块应按不同规格型号等级分类堆放，不得混杂，同时要求堆放平整，堆放高度适宜。出厂前，应捆扎包装，表面塑料薄膜封包。运输装卸时，宜用专用机具，要轻拿轻放，严禁碰撞、扔摔，禁止翻斗倾卸。

陶粒泡沫混凝土砌块具有表观密度小、强度高、隔热保温性能好、收缩率小、吸水率低、抗渗性能强、抗冻性好、防火和耐久性优、隔声吸声效果好的优点，适用于耐久性节能建筑的内外墙砌体。

4. 泡沫混凝土砌块

根据《泡沫混凝土砌块》（JC/T 1062—2022），泡沫混凝土砌块是先用物理方法将泡沫剂水溶液制备成泡沫，再将泡沫加入到由水泥基胶凝材料、集料、掺合料、外加剂和水制成的料浆中，经混合搅拌、浇筑成型、自然或蒸汽养护而成的轻质多孔混凝土砌块，也称发泡混凝土砌块，产品代号为FCB。

泡沫混凝土砌块按砌块立方体抗压强度分为A0.5、A1.0、A1.5、A2.5、A3.5、A5.0、A7.5七个等级；按砌块干表观密度分为B03、B04、B05、B06、B07、B08、B09、B10八个等级。按砌块尺寸偏差和外观质量分为一等品（B）和合格品（C）两个等级。

产品按下列顺序进行标记：代号、强度等级、密度等级、规格尺寸、质量等级、标准编号。如强度等级为A3.5、密度等级为B08、规格尺寸为600mm×250mm×200mm、质量等级为一等品的泡沫混凝土砌块，其标记为：FCB A3.5 B08 600×250×200 JC/T 1062—2022。

泡沫混凝土砌块使用时注意以下问题。

1）砌块必须存放28d方可出厂，砌块储存堆放应做到场地平整，并设有养护喷淋装置和防晒设施。同品种、同规格、同等级做好标记，码放整齐稳妥，不得混杂，14d后不得喷淋，宜有防雨措施。

2）产品运输时，宜成垛绑扎或有其他包装，绝热用产品宜捆扎加塑料薄膜封包。运输装卸时，宜用专用机具，严禁摔、掷、翻斗车自翻卸货。

3）泡沫混凝土砌块施工时的含水率一般小于15%，且外墙应做饰面防护措施。

4）在下列情况下，不得采用泡沫混凝土砌块：建筑物的基础，处于浸水、高温和化学侵蚀的环境，承重制品表面温度高于80℃的部位。

泡沫混凝土砌块的突出特点是在混凝土内部形成封闭的泡沫孔，使混凝土具有良好的保温隔热性和隔声性能。

7.4.2 墙用板材

墙用板材改变了墙体砌筑的传统工艺，通过黏结、组合等方法进行墙体施工，加快了建筑施工的速度。墙用板材除轻质外，还具有保温、隔热、隔声、防水及自承重的性能，有的轻型墙板还具有高强、绝热性能，目前在工程中应用十分广泛。

墙用板材的种类很多，主要包括加气混凝土板、石膏板、玻璃纤维增强水泥板、轻质隔热夹芯板等类型。

1. 水泥类墙板

水泥类墙板具有较好的力学性能和耐久性，生产技术成熟，产品质量可靠，主要用于承重墙、外墙和复合外墙的外层面，但其表观密度大、抗拉强度低、体型较大的板材在施工中易受损。为减轻自重，同时增加保温隔热性，生产时可制成空心板材，也可加入一些纤维材料制成增强型板材，还可在水泥板材上制作具有装饰效果的表面层。

（1）预应力混凝土空心板 预应力混凝土空心板是以高强度的预应力钢绞线用先张法制成的。可根据需要增设保温层、防水层、外饰面层等。《预应力混凝土空心板》（GB/T 14040—2007）规定其规格尺寸：高度宜为 120mm、180mm、240mm、300mm、360mm，宽度宜为 900mm、1200mm，长度不宜大于高度的 40 倍，混凝土强度等级不应低于 C30，如用轻集料混凝土浇筑，轻集料混凝土强度等级不应低于 LC30。预应力混凝土空心板可用于承重或非承重的内外墙板、楼面板、屋面板、阳台板、雨篷等，如图 7-4 所示。

图 7-4 预应力混凝土空心板

（2）玻璃纤维增强水泥（glass fiber reinforced cement，GRC）轻质多孔墙板 GRC 轻质多孔墙板是将抗碱玻璃纤维作为增强材料，以水泥砂浆为胶结材料，经成型、养护而成的一种复合材料。GRC 轻质多孔墙板具有质量轻、强度高、隔热、隔声、不燃、加工方便、价格适中、施工简便等优点，可用于一般建筑物的内隔墙和复合墙体的外墙面，如图 7-5 所示。

2. 石膏板

石膏板主要有纸面石膏板、纤维石膏板及石膏空心板三类。

（1）纸面石膏板 纸面石膏板是以建筑石膏为主要原料，并掺入某些纤维和外加剂所组成的芯材，再与护面纸牢固地结合在一起所组成的建筑板材，主要包括普通纸面石膏板、耐水纸面石膏板、耐火纸面石膏板、耐水耐火纸面石膏板（见图 7-6）。

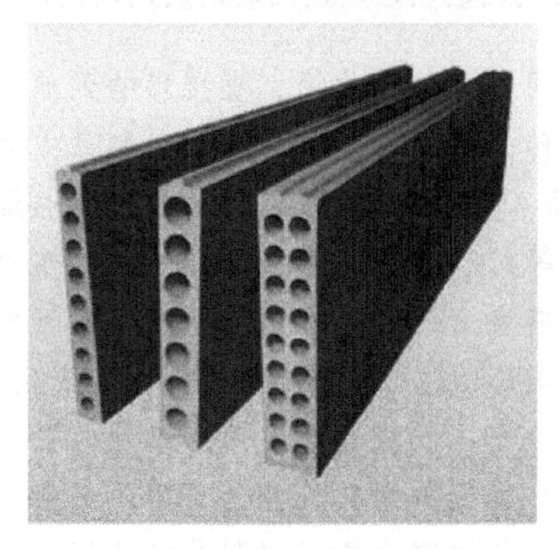

图 7-5 GRC 轻质多孔墙板

图 7-6 纸面石膏板

纸面石膏板具有轻质、高强、绝热、防火、防水、吸声、可加工、施工方便等优点。普通纸面石膏板适用于建筑物的围护墙、内隔墙和顶棚。在厨房、厕所及空气相对湿度大于 70%的潮湿环境使用时，必须采取相应防潮措施。耐火纸面石膏板主要用于对防火要求较高的建筑工程，如档案室、楼梯间、易燃厂房和库房的墙面和顶棚。耐水纸面石膏板主要用于相对湿度大于 75%的浴室、厕所、盥洗室等潮湿环境下的顶棚和隔墙。

（2）纤维石膏板　纤维石膏板是以建筑石膏为主要原料，加入适量有机或无机纤维和外加剂，经打浆、铺浆脱水、成型、干燥而成的一种板材。石膏硬化体脆性较大，且强度不高，加入纤维材料后可使板材的韧性增加，强度提高。纤维石膏板中加入的纤维较多，一般在10%左右，常用的纤维类型多为纸纤维、木纤维、甘纤维、草纤维、玻璃纤维等。纤维石膏板具有质轻、高强、隔声、阻燃、韧性好、抗冲击力强、抗裂防震性能好等优点，可锯、钉、刨、粘，施工简便，主要用于非承重内隔墙、顶棚、内墙贴面等。

（3）石膏空心板　石膏空心板是以石膏为胶凝材料，加入适量轻质材料（如膨胀珍珠岩等）和改性材料（如水泥、石灰、粉煤灰、外加剂等），经搅拌、成型、抽芯、干燥等工序制成的空心条板。石膏空心板加工性好、质量轻、颜色洁白、表面平整光滑，可在板面喷刷或粘贴各种饰面材料，空心部位可预埋电线和管件，施工安装时不用龙骨，施工简单且效率高，主要用于非承重内隔墙。

3. 复合墙体板材

复合墙板是将不同功能的材料分层复合而制成的墙板。一般由外层、中间层和内层组成。外层用防水或装饰材料做成，主要起防水或装饰作用；中间层为减轻自重而掺入的各种填充性材料，有保温、隔热、隔声作用；内层为饰面层。内外层之间多用龙骨或板肋连接，以增加承载力。目前，建筑工程中已广泛使用各种复合墙体板材。

（1）钢丝网夹芯复合墙体板材　钢丝网夹芯复合墙体板材是先将聚苯乙烯泡沫塑料、岩棉、玻璃棉等轻质芯材夹在中间，用“之”字形钢丝将两片钢丝网相互连接，形成稳定的三维网架结构，再用水泥砂浆在两侧抹面，或进行其他饰面装饰。

（2）金属面夹芯板　金属面夹芯板是以阻燃型聚苯乙烯泡沫塑料、聚氨酯泡沫塑料或岩棉、矿渣棉为芯材，两侧粘贴上彩色压型（或平面）镀锌板材复合形成。外露的彩色钢板表面一般涂以高级彩色塑料涂层，使其具有良好的抗腐性和耐气候性。

本章小结

墙体材料在房屋中起到承受荷载、传递荷载、间隔及维护作用，直接影响到建筑物的性能和使用寿命。墙体材料以形状大小一般分为砖、砌块和板材三类；以制品方式来划分，主要分为烧结制品、蒸汽（蒸压）养护制品、砌筑石材和混凝土制品等。烧结普通砖的主要技术要求包括规格、外观质量、强度等级、抗风化性能、泛霜、石灰爆裂和产品标记等。烧结多孔砖和砌块是承重材料，具有良好的隔热保温性能、透气性能和优良的耐久性能。烧结保温砖和保温砌块主要用于建筑维护结构保温隔热的砖或砌块。烧结空心砖和空心砌块主要用于非承重墙和填充墙。蒸压粉煤灰砖可用于工业与民用建筑的基础和墙体。蒸压灰砂砖具有较高的墙体强度和良好的耐久性能，可用于工业与民用建筑的墙体和基础。蒸压加气混凝土砌块和蒸压加气混凝土板保温隔热性能好，适用于工业与民用建筑承重墙和非承重墙。天然岩石可分为岩浆岩、沉积岩和变质岩。天然石材的技术性质包括物理性质、力学性质和工艺性质。天然石材的技术性质取决于其组成的矿物种类、特征及组合状态。其他墙体材料主要包括混凝土小型空心砌块、轻集料混凝土小型空心砌块、陶粒发泡混凝土砌块、泡沫混凝土砌块、预应力混凝土空心板、石膏类墙板及复合墙体板材等。

本章习题

1. 判断题（正确的打√，错误的打×）

1）烧结普通砖的标准尺寸为 240mm×115mm×53mm。（　　）

2）红砖比青砖结实、耐碱和耐久，质量较好。（　　）

3）烧砖时窑内为氧化气氛制得青砖，为还原气氛时制造得红砖。（　　）

4）烧结黏土砖生产成本低，性能好，可大力发展。（　　）

5）多孔砖和空心砖都具有自重较小，绝热性能较好的优点，因此它们均适合用来砌筑建筑物的承重内外墙。（　　）

6）石材的抗冻性用软化系数表示。（　　）

7）石灰爆裂即过火石灰在砖体内吸水消化时产生膨胀，导致砖发生膨胀破坏。（　　）

2. 单项选择题

1）以下砌体材料，（　　）由于黏土耗费大，逐渐退出建材市场。

A. 烧结普通砖　　B. 烧结多孔砖　　C. 烧结空心砖　　D. 灰砂砖

2）下列墙体材料，（　　）不能用于承重墙体。

A. 烧结普通砖　　B. 烧结多孔砖

C. 烧结空心砖　　D. 灰砂砖

3）红砖是在（　　）条件下焙烧的。

A. 氧化气氛　　B. 先氧化气氛，后还原气氛

C. 还原气氛　　D. 先还原气氛，后氧化气氛

4）黏土砖的质量等级是根据（　　）来确定的。

A. 外观质量　　B. 抗压强度平均值和标准值

C. 强度等级和耐久性　　D. 尺寸偏差

5）为保持室内温度的稳定性，墙体材料应选取（　　）的材料。

A. 导热系数小、热容量小　　B. 导热系数小、热容量大

C. 导热系数大、热容量小　　D. 导热系数大、热容量大

6）与烧结普通砖相比，烧结空心砖的（　　）。

A. 保温性好、体积密度大　　B. 强度高、保温性好

C. 体积密度小、强度高　　D. 体积密度小、保温性好、强度较低

3. 多项选择题

1）蒸压灰砂砖的原料主要有（　　）。

A. 石灰　　B. 煤矸石　　C. 砂子　　D. 粉煤灰

2）以下材料属于墙用砌块的（　　）。

A. 蒸压加气混凝土砌块　　B. 粉煤灰砌块

C. 水泥混凝土小型空心砌块　　D. 轻集料混凝土小型空心砌块

3）利用煤矸石和粉煤灰等工业废渣烧砖，可以（　　）。

A. 减少环境污染　　B. 节约大片良田、黏土

C. 节省大量燃料煤　　D. 大幅提高产量

4. 简答题

1）烧结黏土砖在砌筑施工前为什么一定要浇水润湿？

2）什么是烧结普通砖的泛霜和石灰爆裂？它们对建筑物有什么影响？

3）简述墙体材料的发展方向。

第8章

木　　材

本章重点

木材的物理性能，木材含水率的变化对木材性能的影响。

学习目标

了解木材的分类与构造，化学性质；了解木材的应用；掌握木材的物理性质；掌握木材的防腐。

木材是人类最早使用的天然有机材料。木结构是我国古代建筑的主要结构类型。木材具有轻质、高强、耐冲击、弹性和韧性好、导热性低、纹理美观、装饰性好等优点，建筑用的木材产品已从原木的初加工品（如各种锯材等）发展到木材的再加工品（如人造板、胶合木等），以及成材的再加工品（如建筑构件、家具等）等，在建筑工程中主要用做木结构、模板、支架墙板、顶棚、门窗、地板、家具及室内装修等。同时，木材也存在一些缺点，如构造不均匀，呈各向异性；易变形、易吸湿，湿胀干缩大；若长期处于干湿交替环境中，耐久性较差；易腐蚀，易虫蛀，易燃烧；天然缺陷较多，影响材质。不过木材经过一定的加工和处理后，这些缺点可得到改善。

应县木塔

应县木塔建于辽清宁二年（公元1056年），至今已有近千年历史，是我国现存最高最古老的一座木结构塔式建筑。应县木塔的设计，大胆继承了汉、唐以来富有民族特点的重楼形式，充分利用传统建筑技巧，广泛采用斗拱结构，全塔共有斗拱54种，每个斗拱都有一定的组合形式，将梁、坊、柱结成一个整体，每层都形成了一个八边形中空结构层。

应县木塔设计科学严密、构造完美、巧夺天工，是一座既有民族风格与民族特点，又符合宗教要求的建筑，达到了我国古代建筑艺术的最高水平，现在也有较高的研究价值。此外，古代匠师在经济利用木料和选料方面所达到的水平，也令现代人惊叹。

这座结构复杂、构件繁多、用料超过5000m^3的木塔，所有构件的用料尺寸只有6种规格，用现代力学的观点看，每种规格的尺寸均符合受力特性，是近乎优化选择的尺寸。

应县木塔与意大利比萨斜塔、巴黎埃菲尔铁塔并称“世界三大奇塔”。2016年9月，它被吉尼斯世界纪录认定为“全世界最高的木塔”。

木材是天然资源，树木的生长需要一定的周期，属于短缺材料，目前工程中主要用作装饰材料。随着木材加工技术的提高，木材的节约使用与综合利用有着良好的前景。

8.1 木材的分类和构造

木材主要由树木的树干加工而成，木材的分类按其来源（树木的种类）可分为针叶树木材和阔叶树木材两大类。木材的构造是决定木材性质的主要因素，不同树种及生长环境条件不同的树材，其构造差别很大，木材的构造通常从宏观和微观两个方面进行。构造缺陷是确定木材质量标准或设计时必须考虑的因素。

8.1.1 木材的分类

针叶树木材是由松树、杉树、柏树等生产的木材，其树叶细长，树干通直高大，易得大材，其纹理顺直，材质均匀，木质较软而易于加工，又称软木材。针叶树木材强度较高，表观密度和胀缩变形较小，耐腐性较强，是建筑工程中的主要用材，广泛用作承重构件、制作模板、门窗等。

阔叶树木材是由杨树、桐树、樟树、榆树等生产的木材，其树叶宽大，多数树种的树干通直，部分较短，一般材质坚硬，较难加工，又称为硬木材。阔叶树材一般表观密度较大，干湿变形大，易开裂翘曲，仅适用于尺寸较小的非承重木构件。因其加工后表现出天然美丽的木纹和颜色，具有很好的装饰性，常用于家具及建筑装饰材料。

8.1.2 木材的构造

1. 木材的宏观构造

木材的宏观构造是指用肉眼或借助放大镜所观察到的木材构造特征。一般从横、径、弦三个切面了解木材的结构特性，如图 8-1 所示。与树干主轴成直角的锯切面称横切面，如原木的端面；通过树心与树干平行的纵向锯切面称径切面；垂直于端面并距树干主轴有一定距离的纵向锯切面则称弦切面。

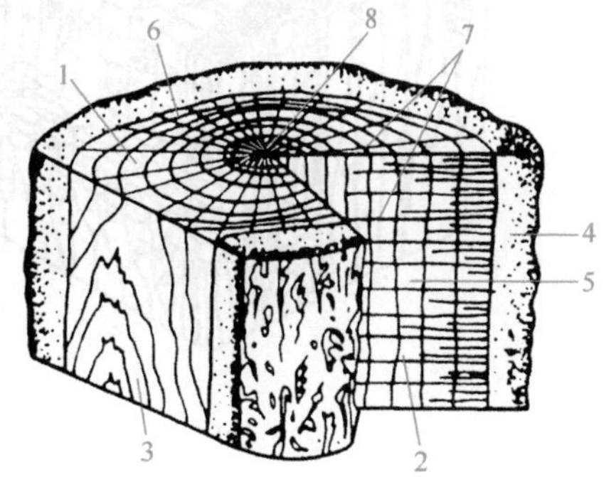

图 8-1 木材的宏观构造

1—横切面 2—径切面 3—弦切面
4—树皮 5—木质部 6—生长轮
7—髓线 8—髓心

从横切面上可以看到树木可分成髓心、木质部和树皮三个主要部分，髓心是树干中心松软部分，其木质强度低、易腐朽，因此锯切的板材不宜带有髓心部分。木质部是指从树皮至髓心的部分，是木材的主体也是建筑用材的主体，按生长的阶段又可区分为边材、心材等部分。靠近髓心颜色较深的称为心材；靠近树皮颜色较浅的称为边材。心材材质较硬、密度大，抗变形性、耐久性和耐腐蚀性均比边材好。因此，一般来说心材比边材的利用价值高。从横切面上还可看到木质部围绕髓心有深浅相间的同心圆环，称为生长轮（也称年轮），在同一年轮内，春天生长的木质，色较浅、质较松，称为春材（早材），夏秋两季生长的木质，色较深、质较密，称为夏材（晚材）。相同树种，年轮越密且均匀，材质越好；夏材部分越多，木材强度越高。从髓心向外的辐射线，称为木射线或髓线。髓线与周围连接较差，木材干燥时易沿髓线开裂。深浅相间的生长轮和放射状的髓线构成了木材雅致的颜色和美丽的天然纹理。树皮是指树干的外围结构层，是树木生长的保护层，建筑上用途不大。

2. 木材的微观结构

木材的微观结构是借助显微镜所观察到的木材构造特征。在显微镜下，可以看到木材是由无数呈管状的细胞紧密结合而成的，绝大部分细胞呈纵向排列形成纤维结构，少部分横向排列形成髓线。每个细胞分为细胞壁和细胞腔两部分。细胞壁由细胞纤维组成，细胞纤维间具有极小的空隙，能吸附和渗透水分；细胞腔则是由细胞壁包裹而成的空腔。木材的细胞壁越厚，腔越小，木材越密实，表观密度和强度也越大，但胀缩变形也大。一般来说，夏材比春材细胞壁厚。

木材细胞因功能不同可分为管胞、导管、木纤维、髓线等多种。管胞为纵向细胞，长2~5mm，直径为30~70μm，在树木中起支承和输送养分的作用，占树木总体积的90%以上。某些树种（如松树）在管胞间有树脂道，用来储藏树脂，如图8-2所示。导管是壁薄而腔大的细胞，主要起输送养分的作用，大的管孔肉眼可见。木纤维长约1mm，壁厚腔小，主要起支承作用。针叶树和阔叶树的微观构造有较大的差别，针叶树的显微结构简单而规则，主要由管胞和髓线组成，针叶树木材的髓线较细而不明显；阔叶树木材主要由导管、木纤维及髓线等组成，其髓线粗大而明显，导管壁薄而腔大。因此，有无导管及髓线的粗细是鉴别阔叶树和针叶树的显著特征。

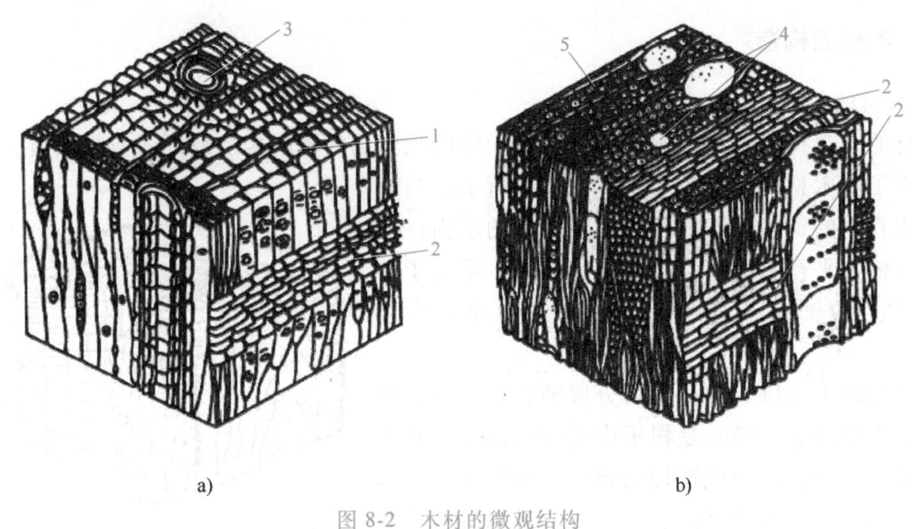

图8-2 木材的微观结构

a）针叶树木材的微观结构 b）阔叶树木材的微观结构

1—管胞 2—髓线 3—树脂道 4—导管 5—木纤维

3. 构造缺陷

凡是树干上由于正常的木材构造所形成的木节、裂纹和腐朽等缺陷称为构造缺陷。包含在树干或主枝木材中的枝条部分称为木节或节子，节子破坏木材构造的均匀性和完整性，不仅影响木材表面的美观和加工性质，更重要的是影响木材的力学性质，节子对顺纹抗拉强度的影响最大，其次是抗弯强度，特别是位于构造边缘的节子最明显，但对顺纹抗压强度影响较小，能提高横纹抗压强度和顺纹抗剪强度。由于木腐菌的侵入，木材颜色和结构逐渐改变，使细胞壁受到破坏，变得松软易碎，呈筛孔状或粉末状等形态，这种现象称为腐朽。腐朽严重影响木材的性质，使其质量减轻、吸水性增大，强度、硬度降低。木材纤维与纤维之间的分离所形成的裂隙称为裂纹，贯通的裂纹会破坏木材完整性、降低木材的力学性能，如斜纹、涡纹，会降低木材的顺纹抗拉、抗弯强度，应压木（偏宽年轮）的密度、硬度、顺纹抗压和抗弯强度较大，但抗拉强度及冲击韧性较小，纵向干缩率大，因此翘曲和开裂严重。

【工程实例分析 8-1】 客厅木地板所选用的树种

现象：某客厅采用白松实木地板装修，使用一段时间后多处磨损。

原因分析：白松属针叶树材，其木质软、硬度低、耐磨性差，虽受潮后不易变形，但用于走动频繁的客厅则不妥，可考虑改用质量好的复合木地板，其板面坚硬耐磨，可防高跟鞋、家具的重压、磨刮。

8.2 木材的主要性质

8.2.1 木材的化学性质

木材是一种天然生长的有机材料，它的化学组分因树种、生长环境、组织存在的部位不同而差异较大，主要有纤维素、半纤维素和木质素等细胞壁的主要成分，以及少量的树脂、油脂、果胶质和蛋白质等次要成分，其中，纤维素占50%左右。因此木材的组成主要是一些高分子化合物。

木材的性质复杂多变。在常温下木材对稀盐溶液、稀酸、弱碱有一定的抵抗能力，但随着温度的升高，其抵抗能力显著降低。强酸、强碱在常温下也会使木材发生变色、水解、氧化、酯化、降解交联等反应。在高温下即使是中性水，也会使木材发生水解反应。

木材的上述化学性质是对木材进行处理、改性及综合利用的工艺基础。

8.2.2 木材的物理性质

木材的物理性质是指木材在不受外力和发生化学变化的条件下，所表现出的各种性质。

1. 密度和表观密度

木材的密度反映材料的分子结构，由于各树木木材的分子构造基本相同，因此其密度相差不大，一般在 1.48~1.56g/cm^3。

木材是一种多孔材料，它的表观密度随着树种、产地、树龄的不同有很大差异，而且随含水率及其他因素的变化而不同。一般有气干表观密度、绝干表观密度和饱水表观密度。木材的表观密度越大，其湿胀干缩率越大。

2. 含水率

木材的含水率

木材的含水率是指木材所含水的质量占干燥木材质量的百分数。含水率的大小对木材的湿胀干缩和强度影响很大。新伐木材的含水率常在 35%以上；风干木材的含水率为 15%~25%；室内干燥木材的含水率为 8%~15%。木材中所含的水根据其存在状态可分为三类：自由水、吸附水和化合水。

自由水是存在于木材细胞腔和细胞间隙中的水分，自由水的变化只与木材的表观密度、含水率和燃烧性等有关。

吸附水是被吸附在细胞壁内细纤维之间的水分，吸附水的变化是影响木材强度和胀缩变形的主要因素。

化合水是指木材化学组成中的结合水，其含量很少，一般不发生变化，故对木材的性质无影响。

水分进入木材后，首先吸附在细胞壁中的细纤维间，成为吸附水，吸附水饱和后，其余的水成为自由水；反之，木材干燥时，首先失去自由水，然后才失去吸附水。当自由水蒸发完毕而吸附水处于饱和状态时，木材的含水率称为木材的纤维饱和点。其数值随树种而异，通常在 25%~35%，平均约为 30%。木材的纤维饱和点是木材物理力学性质发生的转折点。

木材的吸湿性是双向的，即干燥木材能从周围空气中吸收水分，潮湿的木材也能在较干燥的空气中失去水分，其含水率随着环境的温度和湿度的变化而改变。当木材长时间处于一定温度和湿度的环境中时，木材中的含水率最后会达到与周围环境湿度相平衡，这时木材的含水率称为平衡含水率。它是木材进行干燥时的重要指标，在使用时木材的含水率应接近于平衡含水率或稍低于平衡含水率。平衡含水率随空气湿度的变大和温度的升高而增大，反之减少。我国北方木材的平衡含水率约为 12%，南方约为 18%，长江流域一般为 15%左右。

3. 湿胀与干缩

纤维饱和点

木材的湿胀干缩与其含水率有关。当木材从潮湿状态干燥至纤维饱和点时，其尺寸并不改变。当干燥至纤维饱和点以下时，细胞壁中的吸附水开始蒸发，木材发生收缩；反之，干燥木材吸湿后，将发生膨胀，直到含水率达到纤维饱和点为止，此后木材含水率继续增大，也不再膨胀。由于木材构造的不均匀性，木材不同方向的干缩湿胀变形明显不同，纵向干缩最小，为 0.1%~0.35%；径向干缩较大，为 3%~6%；弦向干缩最大，为 6%~12%。因此，湿材干燥后，其截面尺寸和形状，都会发生明显的变化，干缩对木材的使用有很大影响，它会使木材产生裂缝或翘曲变形，引起木结构的结合松弛，甚至装修部件破坏等。为了避免这种情况，木材在加工前必须进行预先干燥处理，使其接近与其环境湿度相应的平衡含水率。

平衡含水率

4. 木材的强度

木材的强度

木材是一种天然的、非匀质的各向异性材料，木材的强度主要有抗压、抗拉、抗剪及抗弯强度，而抗压、抗拉、抗剪强度又有顺纹、横纹之分。顺纹是指作用力方向与纤维方向平行，横纹是指作用力方向与纤维方向垂直。每一种强度在不同的纹理方向均不相同，木材各种强度之间的关系见表 8-1。常用阔叶树的顺纹抗压强度为 49~56MPa，常用针叶树的顺纹抗压强度为 33~40MPa。

表 8-1　木材各种强度的关系

抗压		抗拉		抗弯	抗剪	
顺纹	横纹	顺纹	横纹		顺纹	横纹切断
100	10~20	200~300	6~20	150~200	15~20	50~100

木材顺纹抗压强度是木材各种力学性质中的基本指标之一，广泛用于受压构件中。如柱、桩、桁架中承压杆件等。横纹抗压强度又分弦向与径向两种，顺纹抗压强度比横纹弦向抗压强度大，而横纹径向抗压强度最小。

顺纹抗拉强度在木材强度中最大，而横纹抗拉强度最小。因此使用时应尽量避免木材受横纹拉力。

木材的剪切有顺纹剪切、横纹剪切和横纹切断三种。横纹切断强度大于顺纹剪切强度，顺纹剪切强度又大于横纹的剪切强度，用于土木工程中的木构件受剪情况比受压、受弯和受拉少得多。

木材具有较高的抗弯强度，因此在建筑中广泛用做受弯构件，如梁、桁架、脚手架、瓦条等。一般抗弯强度高于顺纹抗压强度 1.5~2.0 倍，木材种类不同，其抗弯强度也不同。

影响木材强度的主要因素包括含水率、持续荷载时间、环境温度、缺陷和夏材率等。

5. 木材的装饰性

木材的装饰性是利用木材进行艺术空间创造，赋予建筑空间以自然典雅、明快富丽，同时展现时代气息，体现民族风格。木材构成的空间可使人们心绪稳定，这不仅因为它具有天然纹理和材色引起的视觉效果，更重要的是它本身就是大自然的空气调节器，因此具有调节温度、湿度，散发芳香，吸声，调光等多种功能，这是其他装饰材料无法与之相比的。过去，木材是重要的结构用材，现在则因其具有很好的装饰性，主要用于室内装饰和装修。木材的装饰性主要体现在木材的颜色、光泽、纹理和花纹等方面。

（1）木材的颜色　木材颜色以温和色彩（如红色、褐色、红褐色、黄色和橙色等）最为常见。木材的颜色对其装饰性很重要，但这并非指新鲜木材的“生色”，而是指在空气中放置一段时间后的“熟色”。

（2）木材的光泽　任何木材都是径切面最光泽，弦切面稍差。若木材的结构密实细致、板面平滑，则光泽较强。通常，心材比边材有光泽，阔叶树材比针叶树材光泽好。

（3）木材的纹理　木材纤维的排列方向称为纹理。木材的纹理可分为直纹理、斜纹理、螺旋纹理、交错纹理、波形纹理、皱状纹理、扭曲纹理等。不规则纹理常使木材的物理和力学性能降低，但其装饰价值有时却比直纹理木材大得多，通常不规则纹理能使木材具有非常美丽的花纹。

（4）木材的花纹　木材表面的自然图形称为花纹。花纹是由树木中不寻常的纹理、组织和色彩变化引起的，还与木材的切面有关。美丽的花纹对装饰性十分重要。木材的花纹主要有以下几种：

1）抛物线、山峦状花纹（弦切面）。一些年轮明显的树种，如水曲柳、榆木和马尾松等，由于早材和晚材密实程度不同，会呈现此类花纹。有色带的树种也可产生此种花纹。

2）带状花纹（径切面）。具有交错纹理的木材，由于纹理不同方向对光线的反射不同而呈现明暗相间的纵列带状花纹。年轮明显或有色素带的树种也有深浅色交替的带状花纹。

3）银光纹理或银光花纹（径切面）。当木射线明显较宽时，由于木射线组织对光线的反射作用较大，径切面上有显著的片状、块状或不规则状的射线斑纹，光泽显著。

4）波形花纹、皱状花纹（径切面）。波形纹理导致径切面上纹理方向呈周期性变化，由于光线反射的差异，形成极富立体感的波形或皱状花纹。

5）鸟眼花纹（弦切面）。由于寄生植物的寄生，在树内皮出现圆锥形突出，树木生长局部受阻，在年轮上形成圆锥状的凹陷，弦切面上这些部位组织扭曲，形似鸟眼。

6）树瘤花纹（弦切面）。因树木受伤或病菌寄生而形成球形突出的树瘤，由于毛糙曲折交织在弦切面上，构成不规则的圈状花纹。

7）丫杈花纹（弦切面）。连接丫杈的树干，纹理扭曲，径切面（沿丫杈轴向）木材细胞相互成一定的夹角排列，花纹呈羽状或鱼骨状，也称为羽状花纹或鱼骨花纹。

8）团状、泡状或絮状花纹（弦切面）。木纤维按一定规律沿径向前后卷曲，由于光线的反射作用，构成连绵起伏的图案。根据凸起部分的形状不同，可分为团状、泡状或絮状花纹。

（5）木材的结构　木材的结构是指木材各种细胞的大小、数量、分布和排列情况。结构细密和均匀的木材易于刨切，正切面光滑，油漆后光亮。木材的装饰性并不仅仅取决于某单个因素，而是由颜色、结构、纹理、图案、斑纹、光泽等综合效果及其持久性所共同决定的。

8.3　木材的防护

作为土木工程材料，木材有很多优点，但天然木材易变形、易腐蚀、易燃烧。为了延长木材的使用寿命并扩大其适用范围，木材在加工和使用前必须进行干燥、防腐防虫和防火等各种防护处理。

8.3.1　木材的干燥

木材的干燥处理是木材不可缺少的过程。干燥的目的是：减小木材的变形，防止其开裂，提高木材使用的稳定性；提高木材的力学强度，改善其物理性能；防止木材腐朽、虫蛀，提高木材使用的耐久性；减轻木材的质量，节省运输费用。

木材干燥的方法可分为天然干燥和人工干燥，并以平衡含水率为干燥指标。

8.3.2　木材的防腐防虫

木材腐蚀是由真菌或虫害所造成的内部结构破坏。常见的可腐蚀木材的真菌有霉菌、变色菌和腐朽菌等。霉菌主要生长在木材表面，是一种发霉的真菌，通常对木材内部结构的破坏很小，经表面抛光后可去除。变色菌则以木材细胞腔内含有的有机物为养料，它一般不会破坏木材的细胞壁，只是影响其外观，而不会明显影响其强度。对木材破坏最严重的是腐朽菌，它以木质素为养料，并利用其分泌酶来分解木材细胞壁组织中的纤维素、半纤维素，从而破坏木材的细胞结构，直至使木材结构溃散而腐朽。真菌繁殖和生存必须同时具备适宜的温度、湿度、空气和养分。木材防腐的主要方法是阻断真菌的生长和繁殖，通常木材防腐的措施有以下四种：一是干燥法，采用蒸汽、微波、超高温处理等方法将木材进行干燥，使其含水率降低至20%以下，并长期保持干燥；二是水浸法，将木材浸没在水中（缺氧）或深埋地下；三是表面涂覆法，在木构件表面涂刷油漆进行防护，油漆涂层既使木材隔绝了空气，又隔绝了水分；四是化学防腐剂法，将化学防腐剂注入木材中，使真菌、昆虫无法寄生。

木材除受真菌侵蚀而腐朽外，还会遭受昆虫的蛀蚀，常见的蛀虫有白蚁、天牛和蠹虫等。它们在树皮内或木质部内生存、繁殖，会逐渐导致木材结构的疏松或溃散。特别是白蚁，它常将木材内部蛀空，而外表仍然完好，其破坏作用往往难以被及时发现。在土木工程中木材防虫的主要措施是采用化学药剂处理，使其不适于昆虫的寄生与繁殖，防腐剂也能防止昆虫的危害。

8.3.3　木材的防火

木材防火

木材属木质纤维材料，易燃烧，它是具有火灾危险性的有机可燃物。木材的防火就是将木材经过具有阻燃性能的化学物质处理后，变成难燃的材料，以达到遇小火能自熄，遇大火能延缓或阻滞燃烧蔓延的目的，从而赢得扑救的时间。常用木材防火处理方法有两种：一是表面处理法，将不燃性材料覆盖在木材表面，构成防火保护层，阻止木材直接与火焰的接触，常用的材料有金属、水泥砂浆、石膏和防火涂料等；二是溶液浸注法，将木材充分干燥并初步加工成型后，以常压或加压方式将防火溶剂浸注木材中，利用其中的阻燃剂起到防火作用。

【工程实例分析 8-2】　木地板腐蚀原因分析

现象：某邮电调度楼设备用房在 7 楼现浇钢筋混凝土楼板上铺炉渣混凝土 50mm，再铺木地板。完工后设备未及时进场，门窗关闭了一年，当设备进场时，发现木板大部分腐蚀，人踩即断裂，请分析原因。

原因分析：炉渣混凝土中的水分封闭于木地板内部，慢慢浸透到未做防腐、防潮处理的木格栅和木地板中，门窗关闭使木材含水率较高，此环境条件正好适合真菌的生长，导致木材腐蚀。

【工程实例分析 8-3】　天安门城楼顶梁柱质量分析

天安门城楼建于明朝，清朝重修，经历数次战乱，屡遭炮火袭击，天安门依然屹立。20 世纪 70 年代初重修，从国外购买了上等良木更换顶梁柱，一年后柱根便糟朽，不得不再次大修。其原因是这些木材绑于船后从非洲运回，饱浸海水，上岸后工期紧迫，不顾木材含水率高，在潮湿的木材上涂漆，水分难以挥发，而这些潮湿的木材最易受到真菌的腐蚀，因此很快不得不再次大修。

8.4　木材的应用

木材的应用覆盖了采伐、制材、防护、木制品生产、剩余物利用、废弃物回收等多环节，在这些环节中，应当对每株树木的各个部分按照各自的最佳用途予以收集加工，实现多次增值以达到木材在量与质总体上的高效益综合利用。其基本原则是：合理使用，高效利用，综合利用；产品及其生产应符合安全、健康、环保、节能的要求；加强木材防护，延长木材的使用寿命；废弃木材利用要减量化、资源化、无害化，实现木材的重新利用和循环利用。

8.4.1　木材的初级产品

在建筑工程中木材的初级产品主要有原木和锯材两种。原木是指去皮、根、枝梢后按规定直径加工成一定长度的木料。锯材包括板材和枋材，板材是指截面宽度为厚度的 3 倍或 3 倍以上的木料，枋材是指截面宽度不足厚度 3 倍的木料。木材的初级产品在建筑结构中的应用大体有以下两类：一类是用于结构物的梁、板、柱、拱；另一类是用于装饰工程中的门窗、顶棚、护壁板、栏杆、龙骨等。

8.4.2 木质人造板材

木质人造板材是以木材或非木材植物纤维材料为主要原料，加工成各种材料单元，施加（或不施加）胶黏剂和其他添加剂，组坯胶合而成的板材或成型制品。人造板材主要包括胶合板、刨花板、纤维板及其表面装饰板等产品，详见《人造板及其表面装饰术语》（GB/T 18259—2018）。

1）胶合板又称层压板，是用蒸煮软化的原木旋切成大张薄片，再用胶黏剂按奇数层以各层纤维互相垂直的方向黏合热压而成的人造板材。通常按奇数层组合，并以层数取名，如三夹板、五夹板和七夹板等，最高层数可达 15 层。《普通胶合板》（GB/T 9846—2015）规定，普通胶合板按使用环境分类，分为干燥条件下使用，潮湿条件下使用和室外条件下使用；按表面加工状态，分为未砂光板和砂光板。Ⅰ类胶合板是指能够通过煮沸试验，供室外条件下使用的耐气候胶合板。Ⅱ类胶合板是指能够通过（63±3)℃热水浸渍试验，供潮湿条件下使用的耐水胶合板。Ⅲ类胶合板是指能够通过（20±3)℃冷水浸泡试验，供干燥条件下使用的不耐潮胶合板。《混凝土模板用胶合板》（GB/T 17656—2018）规定，混凝土模板用胶合板是指能够通过煮沸试验，用作混凝土成型模具的胶合板。该标准对其树种、板的结构（如板的层数应不小于 7 层等）、胶黏剂、规格尺寸及其偏差、外观质量等提出了相关要求。胶合板克服了木材的天然缺陷和局限，其主要特点是由小直径的原木就能制成较大幅宽的板材，大大提高了木材的利用率，并且使产品规格化，使用起来更方便。因其各层单板的纤维互相垂直，它不仅消除了木材的天然疵点、变形、开裂等缺陷，而且各向异性小，材质均匀，强度较高。纹理美观的优质木材可做面板，普通木材做芯板，增加了装饰木材的出产率。胶合板广泛用作建筑室内隔墙板、顶棚、门框、门面板及各种家具和室内装修等。

2）刨花板是指将木材或非木材植物纤维材料原料加工成刨花（或碎料），施加胶黏剂（或其他添加剂）组坯成型并经热压而成的一类人造板材。所用胶料可分为有机材料（如动物胶、合成树脂等）和无机材料（如水泥、石膏和菱苦土等）。采用无机胶料时，板材的耐火性可显著提高。这类板材表观密度较小、强度较低，主要作为绝热和吸声材料；表面喷以彩色涂料后，可以用于顶棚等。其中热压树脂刨花板和木丝板，在其表面可粘贴装饰单板或胶合板做饰面层，使其表观密度和强度提高，且具有装饰性，用于制作隔墙、顶棚、家具等。《刨花板》（GB/T 4897—2015）规定，刨花板按用途分为十二种类型，按功能分为三种类型，即阻燃刨花板、防虫害刨花板和抗真菌刨花板。

3）纤维板是先用木材废料制成木浆，再经施胶、热压成型、干燥等工序而制成的板材。纤维板具有构造均匀、无木材缺陷、胀缩性小、不易开裂和翘曲等优良特性。若在浆料里施加或在湿板坯表面喷涂耐火剂或防腐剂，制成的纤维板还具有耐燃性和耐腐蚀性。纤维板能使木材的利用率达到 90% 以上。成型时的温度和压力不同，纤维板的密度就不同，按其密度大小可分为硬质纤维板、中密度纤维板和软质纤维板。硬质纤维板密度大、强度高，主要用于代替木材制作壁板、门板、地板、家具等室内装修材料。中密度纤维板主要用于家具制造和室内装修。软质纤维板密度小、吸声性能和绝热性能好，可作为吸声或绝热材料使用。

4）重组装饰木材也称科技木，是以人工林速生材或普通木材为原料，在不改变木材天然特性和物理结构的前提下，采用仿生学原理和计算机设计技术，对木材进行调色、配色、胶压层积、整修、模压成型后制成的一种性能更加优越的全木质的新型装饰材料。科技木可仿真天然珍贵树种的纹理，并保留木材隔热、绝缘、调湿、调温的自然属性。科技木原材料取材广泛，只要木质易于加工，材色较浅即可，可以多种木材搭配使用，大多数人工林树种完全符合要求。

各类人造板及其制品是室内装饰装修最主要的材料之一。室内装饰装修用人造板大多数存在游离甲醛释放的问题。游离甲醛是室内环境的主要污染物，对人体危害很大，已引起全社会的关注。《室内装饰装修材料　人造板及其制品中甲醛释放限量》（GB 18580—2017）规定了各类人造板材中甲醛释放限量值。

8.4.3　木材的装饰装修制品

建筑装饰装修常用的木材有单片板、细木工板和木质地板等，其中木质地板常用的有实木地板、实木复合地板、浸渍纸层压木质地板和木塑地板。

单片板是将木材蒸煮软化，经旋切、刨切或锯割成的厚度均匀的薄木片，用以制造胶合板、装饰贴面或复合板贴面等。由于单片板很薄，一般不能单独使用，被认为是半成品材料。

细木工板又称大芯板，是中间为木条拼接，两个表面胶黏一层或两层单片板而成的实心板材。由于中间为木条拼接有缝隙，因此可降低因木材变形而造成的影响。细木工板具有较高的硬度和强度，质轻、耐久、易加工，适用于家具制造、建筑装饰、装修工程中，是一种极有发展前景的新型木材。细木工板按其结构，可分为芯板条不胶拼和胶拼两种；按其表面加工状况，可分为一面砂光细木工板、两面砂光细木工板、不砂光细木工板；按使用的胶合剂不同，可分为Ⅰ类细木工板、Ⅱ类细木工板；按材质和加工工艺质量，可分为一、二、三等。细木工板要求排列紧密，无空洞和缝隙，选用软质木料，以保证有足够的持钉力，且便于加工。细木工板的尺寸规格见表8-2。

表8-2　细木工板的尺寸规格　（单位：mm）

宽度	长度					厚度
915	915	—	1830	2135	—	16,19,22,25
1220	—	1220	1830	2035	2440	

1）实木地板是未经拼接、覆贴的单块木材直接加工而成的地板。实木地板有四种分类：按表面形态，分为平面实木地板和非平面实木地板；按表面有无涂饰，分为涂饰实木地板和未涂饰实木地板；按表面涂饰类型，分为漆饰实木地板和油饰实木地板；按加工工艺，分为普通实木地板和仿古实木地板。平面实木地板按外观质量、物理性能，分为优等品和合格品，非平面实木地板不分等级，详见《实木地板》（GB/T 15036—2018）。

2）实木复合地板是以实木拼板或单板（含重组装饰板）为面板，以实木拼板、单板或胶合板为芯层或底层，经不同组合层加工而成的地板，通常以面板树种来确定地板树种名称

（面板为不同树种的拼花地板除外）。根据产品的外观质量，分为优等品、一等品和合格品，并对面板树种、面板厚度、三层实木复合地板芯层、实木复合地板用胶合板提出了材料要求，详见《实木复合地板》（GB/T 18103—2022）。实木复合地板适用于办公室、会议室、商场、展览厅、民用住宅等的地面装饰。

3）浸渍纸层压木质地板也称强化木地板，是以一层或多层专用纸浸渍热固性氨基树脂，铺装在刨花板、中密度纤维板、高密度纤维板等人造板基材表面，背面加平衡层，正面加耐磨层，经热压而成的地板。《浸渍纸层压木质地板》（GB/T 18102—2020）规定了其表层、基材和底层材料。其表层可选用下述两种材料：热固性树脂装饰层压板和浸渍胶膜纸。基材即芯层材料通常是刨花板、中密度纤维板或高密度纤维板。底层材料通常采用热固性树脂装饰层压板、浸渍胶膜纸或单板，起平衡和稳定产品尺寸的作用。浸渍纸层压木质地板具有耐烫、耐污、耐磨、抗压、施工方便等特点。浸渍纸层压木质地板安装方便，板与板之间可通过槽榫进行连接。在地面平整度保证的前提下，复合木地板可直接浮铺在地面上，而不需用胶黏结。其按表面耐磨等级分为商用级≥9000 转，家用Ⅰ级≥6000 转，家用Ⅱ级≥4000 转。

4）木塑地板是由木材等纤维材料同热塑性塑料分别制成加工单元，按一定比例混合后，经成型加工制成的地板。《木塑地板》（GB/T 24508—2020）规定，表面未经其他材料饰面的木塑地板为素面木塑地板；表面经涂料涂饰处理的木塑地板为涂饰木塑地板；表面经浸渍胶膜纸等材料贴面处理的木塑地板为贴面木塑地板。

本章小结

木材可分为针叶材和阔叶材。由于树种和树木生长的环境不同，其构造差异很大，构造不同，木材的性质也有不同。木材的物理力学性质主要有含水率湿胀干缩、强度等性能，其中含水率对木材的湿胀干缩性和强度影响较大。木材的宏观构造是指用肉眼和放大镜能观察到的构造，主要包括树皮、木质部、形成层、髓心等。木材的微观结构是在显微镜下观察的木材组织，它是由无数管状细胞紧密结合而成。木材的主要缺陷有节子和裂纹等。木材在建筑上的应用具有悠久的历史，古今中外，木质建筑在建筑史上占据着相当重要的位置。用于土木工程的主要木材产品包括木材初级产品和各种人造板材。

本章习题

1. 判断题（正确的打√，错误的打×）

1）木材根据树种不同，分为针叶树材和软木材两大类。（　　）

2）木材的含水率越大，其强度越低。（　　）

3）木材含水率在纤维饱和点之上，其含水率对强度影响不大。（　　）

4）木材各强度中，顺纹抗拉强度最大。（　　）

2. 单项选择题

1）木材纤维饱和点一般（　　）。

A. <20%　　B. 25%～35%　　C. >30%　　D. 15%～25%

2）木材（　　）方向的干缩率最大。

A. 弦向　B. 径向　C. 纵向　D. 横向

3）木材的持久强度一般为极限强度的（　　）。

A. 30%　B. 25%～35%　C. 40%～50%　D. 50%～60%

4）木材各强度中，（　　）强度最大。

A. 顺纹抗压　B. 顺纹抗拉　C. 顺纹剪切　D. 横纹切断

5）木材强度等级是按（　　）来评定的。

A. 平均抗压强度　B. 弦向静曲强度　C. 顺纹抗压强度　D. 极限强度

3. 简答题

1）为什么说木材是“湿千年，干千年，干干湿湿两三年”？

2）有不少住宅的木地板使用一段时间后出现接缝不严密，但也有一些木地板出现起拱现象，请分析原因。

第9章

合成高分子材料

本章重点

基于合成高分子材料的组成来理解其相关性能，并能正确地根据工程实际情况选用合适的合成高分子材料。

学习目标

熟悉合成高分子材料的性能特点及主要的高分子材料品种；熟悉土木工程中合成高分子材料的主要制品及应用。

铝塑板的发展

高分子材料及其复合材料在土木工程中已得到广泛应用，世界上用于土木工程的塑料约占土木工程材料用量的11%，未来还会增长。高分子材料本身还存在一些缺陷，若与其他材料复合，可扬长补短，在土木工程中得到更好的应用。例如，塑钢门窗、聚合物混凝土、塑钢管道、塑铝管道等复合材料在土木工程中应用已显示出优势。其中，铝塑板是一个典型案例。

20世纪60年代，为满足运输行业对材料轻、薄、表面质量好，以及提高成型性能从而减少加工成本的要求，德国技术人员利用工字钢原理发明了铝塑复合板。铝塑复合板是以塑料为芯层，外贴铝板的三层复合板材，并在表面施加装饰材料或保护性涂层。铝塑复合板以其质量轻、装饰性强、施工方便的特点，在国内外得到了广泛应用。而其本身质量不断提高、发展。

20世纪80年代，随着各项建筑规范更加严格，德国、瑞士及法国等发达国家对以聚乙烯为芯材的复合板的防火性能提出了质疑，并规定了使用高度的限制。为适应市场的新要求，于1990年又发展出达到不燃级防火的铝塑复合板。该产品在任何国家都没有使用高度上的限制要求。

铝塑板的发展历史，正是一个建材产品不断创新、不断完善的历程。我们可以从中得到许多有益的启示。

9.1 概述

合成高分子材料作为土木工程材料，始于20世纪50年代，现已成为水泥、混凝土、木材、钢材之后的一种重要的土木工程材料。

合成高分子材料是指由人工合成的高分子化合物为基础所组成的材料。它有许多优良的性能，如密度小、比强度大、弹性高、电绝缘性能好、装饰性能好等。作为土木工程材料，由于它能减轻构筑物自重，改善性能，提高工效，减少施工安装费用，获得良好的装饰及艺术效果，因此在土木工程中得到了越来越广泛的应用。合成高分子材料产品形式多样，包括建筑塑料、涂料、胶黏剂、建筑防水材料等，其性能范围很宽，实用面很广。但是，高分子材料易燃、有毒，在使用和服役过程中很容易发生老化，此外，高分子材料的耐热性能较差，温度偏高时会发生分解，甚至变形。

【工程实例分析 9-1】 美国米高梅大酒店火灾

现象：美国米高梅大酒店大楼高26层，设备豪华，装饰精致。1980年戴丽餐厅发生火灾，使用水枪扑救未能成功。因餐厅内有大量塑料、纸制品和装饰品，火势迅速蔓延，且塑料制品胶合板等在燃烧时放出有毒烟气。着火后，大酒店内空调系统没有关闭，烟气通过空调管道扩散，在短时间内整个酒店大楼充满烟雾。火灾造成84人死亡，679人受伤。

原因分析：大量使用易燃的塑料、木质及纸制品是造成火灾的重要原因之一。它们不仅燃烧速度快，而且产生大量的有毒气体。因此在工程应用中需注意塑料制品等的可燃性及其燃烧气体的毒性，尽量使用通过改进配方制成的自熄和难燃甚至不燃的产品。

9.2 建筑塑料及其制品

塑料

塑料是一种以天然或合成高分子化合物为基体材料，加入适量的填料和添加剂，在高温、高压下塑化成型，且在常温、常压下保持制品形状不变的材料。塑料的名称是根据树脂的种类确定的。

建筑塑料，作为建筑上常用的塑料制品，绝大多数都是以合成树脂（即合成高分子化合物）和添加剂组成的多组分材料。其中，合成树脂在塑料中起胶结作用，把填充料等胶结成坚实整体，添加剂能够改善塑料的某些性能。例如，填料（木屑、滑石粉、石灰石粉等）占塑料组分的40%~70%，可以提高塑料的强度和刚度，减少塑料在常温下的蠕变现象及改善其热稳定性，降低塑料制品的成本和增加掺量；增塑剂能够提高塑料加工时的可塑性和流动性，改善塑料的柔韧度；还有为满足塑料使用和成型加工而添加的其他添加剂（如着色剂、固化剂、稳定剂、偶联剂、阻燃剂等）。

建筑塑料具有轻质、高强、多功能等特点，符合现代材料的发展趋势，是一种理想的可用于替代木材、部分钢材和混凝土等传统建筑材料的新型材料。常用的建筑塑料可分为热塑性塑料和热固性塑料。前者在特定的温度范围内可反复加热软化和冷却硬化，如聚乙烯（PE）、聚丙烯（PP）、聚氯乙烯（PVC）、聚苯乙烯（PS）、改性聚苯乙烯（ABS）、聚甲基丙烯酸甲酯（PMMA）等；后者加热成型后再次受热不再具有可塑性，如酚醛树脂

(PF)、脲醛树脂(UF)、三聚氰胺树脂(MF)、环氧树脂(EP)、不饱和聚酯树脂(UP)、有机硅树脂(SI)等。其各种塑料的特性及用途详见表 9-1。

表 9-1 常用建筑塑料的特性及用途

名称	特性	用途
聚乙烯(PE)	柔韧性好,介电性能和耐化学腐蚀性能良好,成型工艺好,但刚性差	用于防水材料、给水排水管和绝缘材料
聚丙烯(PP)	耐腐蚀性优良,力学性能和刚性超过聚乙烯,耐疲劳和耐应力开裂性好,但收缩率较大,低温脆性大	用于管材、卫生洁具、模板等
聚氯乙烯(PVC)	耐化学腐蚀性和电绝缘性优良,力学性能较好,具有难燃性,耐热性差,温度升高易降解	用于发泡制品,广泛用于建筑各部位,是应用最多的一种塑料
聚苯乙烯(PS)	树脂透明,有一定的机械强度,电绝缘性好,耐辐射,成型工艺好,脆性大,耐冲击和耐热性差	主要以泡沫塑料形式作为隔热材料,也用来制造灯具平顶板等
改性聚苯乙烯(ABS)	具有韧、硬、刚相均衡的优良力学特性,电绝缘性和耐化学腐蚀性好,尺寸稳定性好,表面光泽性好,易涂装和着色,但耐热性一般,耐候性较差	用于生产建筑五金和各种管材、模板、异形板等
酚醛树脂(PF)	电绝缘性和力学性能良好,耐酸、耐水和耐烧蚀性优良,坚固耐用,尺寸稳定不易变形	生产各种层压板、玻璃钢制品、涂料和黏结剂等
环氧树脂(EP)	黏结性和力学性能优良,耐碱性良好,电绝缘性能好,固化收缩率低,可在室温、接触压力下固化成型	主要用于生产玻璃钢、黏结剂和涂料等
聚氨酯(PUR)	强度高,耐化学腐蚀性优良,耐热、耐油、耐溶剂性好,黏结性和弹性优良	主要以泡沫塑料形式作为隔热材料和优质涂料、黏结料、防水涂料和弹性嵌缝材料等
有机硅树脂(SI)	耐高、低温,耐腐蚀,稳定性好,绝缘性好	宜作高级绝缘材料和防水材料
聚甲基丙烯酸甲酯(PMMA)	良好的弹性、韧性和抗冲击性,耐低温性好,透明度高,易燃	主要用作采光材料,代替玻璃且性能优良
玻璃纤维增强塑料(GRP)	强度特别高,质轻,成型工艺简单,除刚度不如钢材外,各种性能均良好	在土木工程中应用广泛,可用作屋面、墙面围护、浴缸、水箱、冷却塔和排水管等材料

9.3 建筑涂料

涂料是涂覆于物体表面,能形成具有保护、装饰或特殊性能的固态涂膜的一类液体或固体材料的总称。因早期大多以植物油为主要原料,又称为油漆。事实上,除油脂漆和天然树脂漆外,其他涂料都不是用植物油脂制造的。20 世纪 60 年代正式定名为涂料。

涂料主要由主要成膜物质、次要成膜物质和辅助成膜物质三大类物质组成,其中主要成膜物质有树脂和油料两类,次要成膜物质是各种颜料(主要是使涂膜着色并赋予涂膜遮盖力,增加涂膜质感,改善涂膜性能,增加涂料品种,降低涂料成本等),辅助成膜物质主要是指各种溶剂(稀释剂)和各种助剂(改善涂料性能,提高涂膜的质量等)。

涂料作为装饰和保护,保护被涂饰物的表面,防止来自外界的光、氧、化学物质、溶剂等的侵蚀,提高被涂覆物的使用寿命。用涂料涂饰物质表面,可以改变其颜色、花纹、光泽、质感等，提高物体的美观价值。涂料已经是国民经济发展不可缺少的材料之一，由于涂料的特殊作用较多，因此涂料品种繁多。在生产生活中，为便于涂料的广泛应用，可按成膜物质性质、涂料形态、分散介质、是否有颜料成分对涂料进行分类。

建筑涂料是指涂覆于建筑物、装饰建筑物或保护建筑物的涂料。建筑涂料具有装饰功能、保护功能和居住性改进功能。各种功能所占的比重因使用目的不同而不尽相同。装饰功能是通过建筑物的美化来提高它的外观价值的功能，主要包括平面色彩、图案及光泽方面的构思设计及立体花纹的构思设计，但要与建筑物本身的造型和基材本身的大小和形状相配合，才能充分地发挥出来。保护功能是指保护建筑物不受环境的影响和破坏的功能，不同种类的被保护体对保护功能要求的内容也各不相同，如室内与室外涂装所要求达到的指标差别就很大，有的建筑物对防霉、防火、保温隔热、耐腐蚀等有特殊要求。居住性改进功能主要是针对室内涂装，有助于改进居住环境的功能，如隔声性、吸声性涂料、防结露性涂料等。

9.4　胶黏剂

胶黏剂

1. 胶黏剂的组成材料与基本要求

胶黏剂又称黏结剂，用于把相同或不同的材料构件黏结在一起。胶黏剂一般都是由多组分物质组成，常用胶黏剂的主要组成成分有黏料、填料和其他辅助材料。黏料是胶黏剂中最基本的黏结料组分，它的性质决定了胶黏剂的性能、用途和使用工艺，一般胶黏剂以其名称来命名。胶黏剂按照主要黏料、物理形态、硬化方法和被黏物的材质进行分类，其中胶黏剂的主要黏料有动物胶、植物胶、无机物及矿物、合成弹性体、合成热塑性材料、合成热固性材料等。

为将材料牢固地黏结在一起，胶黏剂必须具有以下基本要求：具有适宜的黏度，适宜的流动性；具有良好的浸润性，能很好地浸润被黏结材料的表面；在一定的温度、压力、时间等条件下，可通过物理和化学作用固化，并可调节其固化速度；具有足够的黏结强度和较好的其他性能。

除此之外，胶黏剂还必须对人体无害。我国已制定了《室内装饰装修材料　胶黏剂中有害物质限量》（GB 18583—2008）的强制性国家标准。对胶黏剂中游离甲醛、苯、甲苯、二甲苯、总挥发性有机物等有害物质做出了限量规定。

2. 土木工程中常用胶黏剂的性能特点及应用

（1）不饱和聚酯树脂胶黏剂　它主要由不饱和聚酯树脂、引发剂（室温下引发固化反应的助剂）、填料等组成，改变其组成可以获得不同性质和用途的胶黏剂。不饱和聚酯树脂胶黏剂的黏结强度高，抗老化性及耐热性好，可在室温和常压下固化，但固化时收缩大，使用时必须加入填料或玻璃纤维等。不饱和聚酯树脂胶黏剂可用于黏结陶瓷、玻璃、木材、混凝土和金属等结构构件。

（2）环氧树脂胶黏剂　它主要由环氧树脂、固化剂、填料、稀释剂、增韧剂等组成。环氧树脂胶黏剂的耐酸、耐碱侵蚀性好，可在常温、低温和高温等条件下固化，并对金属、陶瓷、木材、混凝土、硬塑料等均有很高的黏附力。在黏结混凝土方面，其性能远远超过其他胶黏剂，广泛用于混凝土结构裂缝的修补和混凝土结构的补强与加固。

（3）氯丁橡胶胶黏剂　它是目前应用最广的一种橡胶胶黏剂，主要由氯丁橡胶、氧化锌、氧化镁、填料、抗老化剂和抗氧化剂等组成。氯丁橡胶胶黏剂对水、油、弱碱、弱酸、脂肪烃和醇类都具有良好的抵抗力，可在-50~80℃的温度下工作，但具有徐变性，且易老化。建筑上常用在水泥混凝土或水泥砂浆的表面上粘贴塑料或橡胶制品等。

（4）丁腈橡胶胶黏剂　它的最大优点是耐油性好，剥离强度高，对脂肪烃和非氧化性酸具有良好的抵抗力。根据配方的不同，它可以冷硫化，也可以在加热和加压过程中硫化。为获得良好的强度和弹性，可将丁腈橡胶和其他树脂混合使用。丁腈橡胶胶黏剂主要用于黏结橡胶制品，以及橡胶制品与金属、织物、木材等的黏结。

（5）聚醋酸乙烯胶黏剂　聚醋酸乙烯胶黏剂是常用的热塑性树脂胶黏剂，俗称白乳胶。它是使用方便、价格便宜、应用广泛的一种非结构胶。它对各种极性材料有较高的黏附力，但耐热性、对溶剂作用的稳定性及耐水性较差，只能作为室温下使用的非结构胶。

此外，原广泛使用的聚乙烯醇缩醛胶黏剂已被淘汰。因为它不仅容易吸潮、发霉，而且会有甲醛释放，污染环境。选用胶黏剂需考虑被胶结材料的极性、受热条件、工作温度、环境及成本等因素。

9.5　建筑防水材料

防水材料是指能防止雨水、地下水及其他水渗入建筑物或构筑物的一类功能性材料。防水材料广泛应用于建筑工程、公路桥梁工程和水利工程中。因此，建筑防水材料是指用于满足建筑物防水、防渗、防潮功能的材料。建筑防水是保证建筑物发挥其正常功能的一项重要措施，是建筑功能材料中较为重要的材料体系之一。目前，建筑防水材料主要包括刚性防水材料、柔性防水材料、屋面瓦材和板材及堵漏止水材料等，在建筑上使用的高分子建筑防水材料主要是柔性防水材料，如防水卷材和防水涂料。

9.5.1　高分子防水卷材

高分子防水卷材是以原纸、纤维毡、纤维布或纺织物等材料中的一种或数种复合为基料，浸涂石油沥青、煤沥青、高聚物改性沥青等制成，或以合成高分子材料为基料，加入助剂、填充剂，经过多种工艺加工而成的一类片状可卷曲的防水材料。

高分子防水卷材是土木工程中应用最多的防水材料之一，为了满足防水工程的要求，高分子防水卷材必须具有以下性能：

1）耐水性，即在水的作用和被水浸润后其性能基本不变，并具有抵抗一定水压力而不透水的能力。

2）温度稳定性，即在高温下不流淌、不起泡、不滑动，在低温下不脆裂的性能，也可认为是在一定的温度变化下保持原有性能的能力。

3）机械强度、延伸性和抗断裂性，即在承受建筑结构允许范围内的荷载应力和应变条件下不断裂的能力。

4）柔韧性，是指卷材在常温或低温下保持较高的弹性和塑性，且施工中容易产生弹性和塑性变形的能力。

5）大气稳定性，即在阳光、热、氧气及其他化学侵蚀介质、微生物侵蚀介质等因素的长期综合作用下抗老化和抗侵蚀的能力。

按材料的组成不同，可将常用的高分子防水卷材分为沥青防水卷材、高聚物改性沥青防水卷材和合成高分子防水卷材。

1. 沥青防水卷材

沥青防水卷材是用原纸、纤维织物、纤维毡等胎体浸涂沥青，表面散布粉状、粒状或片状材料制成的可卷曲的片状防水材料。根据卷材选用的胎基不同，可分为石油沥青纸胎防水卷材、石油沥青玻璃布胎防水卷材、石油沥青玻璃纤维毡胎防水卷材、沥青石棉布胎防水卷材、沥青麻布胎防水卷材和沥青聚乙烯胎防水卷材等。

（1）石油沥青纸胎防水卷材　石油沥青纸胎防水卷材包括石油沥青纸胎油毡和油纸，是首先采用低软化点石油沥青浸渍原纸，然后用高软化点石油沥青涂改覆盖油纸两面，最后涂或撒隔离材料所制成的一种纸胎防水卷材。由于石油沥青纸胎防水卷材低温柔韧性差，且胎体易腐烂，耐用年限较短，因此，目前大部分发达国家已经淘汰了纸胎，以玻璃布胎体、玻璃纤维胎体及其他胎体为主。

（2）石油沥青玻璃布胎防水卷材　石油沥青玻璃布胎防水卷材（简称玻璃布油毡），是以玻璃纤维布为胎基，浸涂石油沥青，并在两面涂撒矿物隔离材料所制成的可卷曲片状防水材料。相比纸质油毡，玻璃布油毡拉伸强度、低温柔度、耐腐蚀性等均较高，适用于地下工程防水、防腐层，并用于屋面做防水层及金属管道（热管道除外）防腐保护层。

（3）石油沥青玻璃纤维毡胎防水卷材　石油沥青玻璃纤维毡胎防水卷材（简称玻纤胎油毡），是采用玻璃纤维薄毡为胎基，浸涂石油沥青，并在其表面涂撒以矿物粉料或覆盖聚乙烯膜等隔离材料而制成的可卷曲的片状防水材料。其耐腐蚀性和柔性好，耐久性也比纸胎沥青油毡高，适用于地下和屋面防水工程，在使用中可产生较大的变形以适应基层变形，尤其适用于形状复杂（如阴阳角部位）的防水面施工，且容易粘贴牢固。

2. 高聚物改性沥青防水卷材

高聚物改性沥青防水卷材是以玻璃纤维毡、聚酯毡、黄麻布、聚乙烯膜、聚酯无纺布、金属箔或两种材料复合为胎基，以掺量不少于 10% 的聚合物改性沥青、氧化沥青为浸涂材料，以片岩、彩色砂、矿物砂、合成膜或铝箔等为覆面材料制成的防水卷材。其中，SBS 改性沥青防水卷材和 APP 改性沥青防水卷材的应用最多。

（1）SBS 改性沥青防水卷材　SBS 改性沥青防水卷材是用沥青或 SBS 改性沥青（也称弹性体沥青）浸渍胎基，两面涂以 SBS 改性沥青涂盖层，上表面撒以细砂、矿物粒（片）料或覆盖聚乙烯膜，下表面撒以细砂或覆盖聚乙烯膜所制成的防水卷材。在常温下，它具有熔融流动特性，是塑料、沥青等脆性材料的增韧剂。

SBS 改性沥青防水卷材具有拉伸强度高，伸长率大，自重轻，既可用热熔施工、又可用冷黏结施工，具有良好的耐高温、耐低温及耐老化性能，适用于工业与民间建筑的屋面、地下及卫生间等的防水防潮，以及游泳池、隧道、蓄水池等的防水工程。

（2）APP 改性沥青防水卷材　APP 改性沥青防水卷材是用 APP 改性沥青浸渍胎基（玻璃纤维毡、聚酯毡），并涂盖两面，上表面撒以细砂、矿物粒（片）料或覆盖聚乙烯膜，下表面撒以细砂或覆盖聚乙烯膜所制成的一类防水卷材。

APP 改性沥青防水卷材的分子结构稳定、老化期长，具有耐热性良好、拉伸强度高、伸长率大、施工简便、无污染等特点，主要用于屋面、地下或水中的防水工程，尤其是多用于有强烈阳光照射或炎热环境中的防水工程。

3. 合成高分子防水卷材

合成高分子防水卷材，也称高分子防水片材，是以合成橡胶、合成树脂或两者的共混体为基料，加入适当化学助剂和填充料等，经过塑炼混炼、压延或挤出成型、硫化、定型等工序加工而成的无胎加筋或不加筋的弹性或塑性的片状可卷曲的防水材料。

合成高分子防水卷材具有抗拉强度高，断裂伸长率大，抗撕裂强度高，耐热、耐低温性能好，耐腐蚀，耐老化，可冷黏结施工等优良特性。合成高分子防水卷材可分为橡胶型、塑料型、橡塑共混型三大系列，目前，最具代表性的有三元乙丙橡胶防水卷材、合成树脂的聚氯乙烯防水卷材和氯化聚乙烯-橡胶共混防水卷材。

9.5.2 防水涂料

防水涂料又称涂膜防水材料，一般是由沥青、合成高分子聚合物、合成高分子聚合物与沥青、合成高分子聚合物与水泥或无机复合材料等为主要成膜物质，掺入适量的颜料、助剂、溶剂等加工制成的溶剂型、水乳型或反应型的，在常温下呈无固定形状的黏稠状液态或粉末状的可液化固态，经涂布能在结构物表面结成连续、无缝、坚韧的防水膜，能满足工程不同部位防水、抗渗要求的一类材料的总称。

防水涂料具有以下基本性能特点：

1）在常温下呈黏稠状液体，经涂布固化后能形成无接缝的防水涂膜。

2）具有良好的耐水、耐候、耐酸碱特性和优异的延伸性能，能适应基层局部变形的需要。

3）其拉伸强度可通过加贴胎体增强材料得以提高。

4）可以涂刷、刮涂或机械喷涂，施工进度快、操作简单、以冷作业为主，劳动强度低、污染少，安全性能好。

5）与防水密封材料配合使用，能较好地防止渗水漏水。

6）防水涂料固化后形成的涂膜防水层自重轻，因此一些轻型、薄壳的异形屋面均采用涂膜防水。

防水涂料按其形态与形成，大致可分为乳液型、溶剂型、反应型三大类型（见表 9-2）；按其成膜物质不同，可分为沥青类、高聚物改性沥青类（也称橡胶沥青类）、合成高分子类（可再分为合成树脂类、合成橡胶类）、无机类、聚合物水泥类五大类。

表 9-2 各类型防水涂料的性能特点

种类	成膜特点	施工特点	储存及注意事项
乳液型	通过水分蒸发，高分子材料经过固体微粒靠近、接触、变形等过程而成膜，涂层干燥较慢，一次成膜的致密性较溶剂型涂料低	施工安全，操作简单，不污染环境，可在较为潮湿的找平层上施工；一般不宜在 5℃ 以下气温下施工；施工成本较低	储存期一般不宜超过半年，产品无毒、不燃，生产及储存使用均比较安全
溶剂型	通过溶剂的挥发，经过高分子材料的分子链接触、搭接等过程而成膜，涂层干燥快、结膜较薄而致密	溶剂苯有毒，对环境有污染，人体易受侵害，施工时，应具备良好的通风环境，以保证人身的安全	涂料储存的稳定性较好，应密封存放，产品易燃、易爆、有毒，生产、运输、储存和施工时均应注意安全，注意防火

（续）

种类	成膜特点	施工特点	储存及注意事项
反应型	通过液态的高分子预聚物与固化剂等辅料发生化学反应而成膜，可一次形成致密的较厚的涂膜，几乎无收缩	施工时，需在现场按规定配方进行准确配料，搅拌应均匀，方可保证施工质量，价格较贵	双组分涂料每组分需分别桶装，密封存放，产品有异味，生产运输储存和施工时均注意防火

9.6 土工合成材料

土工合成材料

土工合成材料是工程建设中应用的与土、岩石或其他材料接触的聚合物材料（含天然的）总称，包括土工织物、土工膜、土工复合材料、土工特种材料。土工合成材料置于土体内部、表面或各种土体之间，发挥着加强和保护土体的作用。

土工织物是透水性土工合成材料，按制造方法分为有纺土工织物和无纺土工织物。有纺土工织物是由纤维纱或长丝按一定方向排列机织的土工织物。无纺土工织物是由纤维纱或长丝随机或定向排列制成的薄絮垫，经机械结合、热黏合或化学黏合而成的土工织物。土工织物主要用于工程的反滤和排水需要，防止土流失。

土工膜是由聚合物（含沥青）制成的相对不透水膜。土工膜可用于土工堤、坝和输水渠道的防渗。土工膜是由两种或两种以上材料复合成的土工合成材料。如复合土工膜是土工膜和土工织物（有纺或无纺）或其他高分子材料两种或两种以上材料的复合制品。

土工合成材料还有土工格栅、土工网、土工网垫、土工模袋和土工带等。

【工程实例分析9-2】 UPVC下水管破裂

现象：广东某企业生产硬聚氯乙烯下水管，在广东省许多建筑工程中被使用，由于其质量优良而受到广泛的好评，当该产品外销到北方时，施工队反应在冬季进行下水管安装时，经常发生水管破裂的现象。

原因分析：经技术专家现场分析，认为水管破裂主要是由于水管的配方所致。该水管主要是在南方建筑工程上使用，广东常年的温度都比较高，该硬聚氯乙烯下水管的抗冲击强度可以满足实际使用要求，但到北方的冬天，地下的温度相当低，这时聚氯乙烯下水管材料变硬、变脆，抗冲击强度已达不到要求。北方市场的硬聚氯乙烯下水管需要重新进行配方，生产厂家经改进配方，在硬聚氯乙烯下水管配方中多加抗冲击改性剂，解决了水管易破裂的问题。

【工程实例分析9-3】 某住宅楼装修甲醛超标

现象：某住宅楼购买了一批由脲醛树脂做黏合剂的胶合板进行室内装修，装修后经检测室内甲醛含量严重超标。

原因分析：胶合板通常是由脲醛树脂做黏合剂，在热压的条件下使树脂固化而成。脲醛树脂属于热固性黏合剂，是由尿素和甲醛反应而成。但是一些胶合板生产企业为了追求产量和效益，在生产脲醛树脂时甲醛用量偏多，或胶合板生产时热压时间过短，或热压温度过低造成胶合板残余甲醛含量过高，导致使用过程中胶合板不断有甲醛释放出来，污染环境。

【工程实例分析 9-4】 世博会的“阳光谷”

上海世博会最大的单体建筑是世博轴。它作为“一轴四馆”的中心，从园区入口一直延伸到黄浦江边。其上错落有致地矗立着六朵银白色“喇叭花”，这 6 个倒锥形的“喇叭花”有一个好听的名字，叫“阳光谷”。40m 高的“阳光谷”将阳光采集到地下空间的同时，也把新鲜空气运送到地下，既改善了地下空间的压抑感，还实现了节能。此外，雨水也能顺着这些广口花瓶状的玻璃幕墙，流入地下二层的积水沟，再汇向 7000m^3 的蓄水池，经过处理后实现水的再利用。

这种节能环保的设计也同样体现在总面积达 77224m^2、最大跨度 97m 的白色“喇叭花”膜布上，该索膜材料厚度仅为 1mm，但强度高，且有高反射性、防紫外线、不易燃烧等特点，而且索膜表层含有一层功能性涂料，能在雨水冲刷下自行清洁。

本章小结

合成高分子材料产品形式多样，包括建筑塑料、涂料、胶黏剂、建筑防水材料等，其性能范围很宽，实用面很广。但是，高分子材料在使用和服役过程中很容易发生老化，且容易燃烧，带有毒性。此外，高分子材料的耐热性能较差，温度偏高时，会发生分解，甚至变形。

常用的建筑塑料可分为热塑性塑料和热固性塑料，前者在特定的温度范围内可反复加热软化和冷却硬化，如聚氯乙烯（PVC）、聚乙烯（PE）、聚丙烯（PP）、聚苯乙烯（PS）、改性聚苯乙烯（ABS）、聚甲基丙烯酸甲酯（PMMA）等；后者加热成型后再次受热不再具有可塑性，如酚醛树脂（PF）、脲醛树脂（UF）、三聚氰胺树脂（MF）、环氧树脂（EP）、不饱和聚酯树脂（UP）、有机硅树脂（SI）等。

建筑涂料是指涂覆于建筑物、装饰建筑物或保护建筑物的涂料。建筑涂料具有装饰功能、保护功能和居住性改进功能。

胶黏剂又称黏结剂，用于把相同或不同的材料构件黏结在一起。胶黏剂一般都是由多组分物质所组成，常用胶黏剂的主要组成成分有黏料、填料和其他辅助材料。

防水材料是指能防止雨水、地下水及其他水渗入建筑物或构筑物的一类功能性材料。防水材料广泛应用于建筑工程、公路桥梁工程和水利工程。因此，建筑防水材料是指用于满足建筑物防水、防渗、防潮功能的材料。建筑防水是保证建筑物发挥其正常功能的一项重要措施，是建筑功能材料中较为重要的材料体系之一。目前，建筑防水材料主要包括刚性防水材料、柔性防水材料、屋面瓦材和板材、堵漏止水材料等，在建筑上使用的高分子建筑防水材料主要是柔性防水材料，如防水卷材和防水涂料。

土工合成材料是工程建设中应用的与土、岩石或其他材料接触的聚合物材料（含天然的）总称，包括土工织物、土工膜、土工复合材料、土工特种材料。土工合成材料置于土体内部、表面或各种土体之间，发挥着加强和保护土体的作用。

本章习题

1. 单项选择题

1）填充料在塑料中的主要作用是（　　）。

A. 提高强度　　B. 降低树脂用量　　C. 提高耐热性　　D. 以上均有

2）在下列塑料中，属于热固性塑料的是（　　）塑料。

A. 聚氯乙烯　　B. 聚乙烯　　C. 不饱和聚酯　　D. 聚丙烯

3）在下列塑料中属于热塑性塑料的是（　　）。

A. 酚醛树脂　　B. 聚酯树脂　　C. ABS 塑料　　D. 氨基塑料

4）混凝土结构修补时，最好使用（　　）胶黏剂。

A. 环氧树脂　　B. 不饱和聚酯树脂

C. 氯丁橡胶　　D. 聚乙烯醇

2. 多项选择题

1）下列（　　）属于热固性材料。

A. 聚乙烯塑料　　B. 酚醛塑料　　C. 聚苯乙烯塑料　　D. 有机硅塑料

2）按热性能分，以下属于热塑性树脂的是（　　）。

A. 聚氯乙烯　　B. 聚丙烯　　C. 酚醛　　D. 有机硅塑料

3）聚合物的优异性质不包括（　　）。

A. 耐腐蚀　　B. 导电性　　C. 耐高温

D. 抗老化　　E. 高弹性模量

4）高分子材料按其主要原料的来源，可分为（　　）。

A. 天然高分子材料　　B. 合成高分子材料

C. 人造高分子材料

3. 判断题（正确的打√，错误的打×）

1）涂料的组成成分包括主要成膜物质、次要成膜物质、溶剂（稀释剂）和助剂（辅助材料）四大类。（　　）

2）胶黏剂的胶结界面结合力主要来源于机械结合力、物理吸附力、化学键结合力和扩散作用。（　　）

3）一般而言，组成胶黏剂的材料有黏结料、固化剂、增韧剂、填料、稀释剂和改性剂。（　　）

4）树脂是决定塑料性能和使用范围的主要组成，在塑料中起胶结作用，将填料等添加剂胶结为整体。（　　）

4. 简答题

与传统建筑材料相比较，塑料有哪些优缺点？

第10章

功能材料

本章重点

掌握防水材料的主要类型及性能特点。熟悉绝热材料、吸声隔声材料、装饰材料的主要类型及性能特点。

学习目标

初步了解建筑功能材料的分类和常见的建筑功能材料。

功能材料

建筑功能材料是指以材料的力学性能以外的功能作为特征的材料，功能材料在建（构）筑物中的重要作用有保温隔热、防水密封、吸声隔声、防腐和防火等功能，对拓展建（构）筑物的用途、优化其使用环境、延长其使用寿命，以及环保、节能、低碳等都具有重要的意义。目前，国内外现代建筑中常使用的建筑功能材料有绝热材料、防水材料、吸声材料、装饰材料、光学材料、防火材料、建筑加固修复材料等。

防水材料

我国古代“涂层防火”

现在很多建筑中都包含阻燃材料，然而实际上这并不是什么现代发明。早在几千年前，我国就发明了利用不可燃物质做防火涂层来减少火灾伤害。最早有据可查的防火分隔技术措施是涂泥抹灰，我国关于涂泥抹灰的正式记载，最早见于《左传·襄公九年》，“火所未至，撤小屋，涂大屋”，在火灾未形成之前，把易燃的小屋拆除，将那些大型建筑涂上泥巴。比文字记载更早的是，在甘肃发现的秦安大地湾古建筑遗址的代表性建筑“F901”，在其建筑的结构中，大量采取木骨泥墙和草泥包皮的建筑方法，来增加建筑物耐火强度。同时，考古专家还发现，在“F901”建筑的木质门框上面有类似现代水泥性质的“胶结材料”形成的硬质光面，该“胶结材料”的主要功能是防火，可能是人类建筑史上最早使用的防火涂料。

10.1 绝热材料

绝热材料

10.1.1 绝热材料的绝热机理

在建筑围护或热工设备阻抗热流传递中，习惯上把用于控制室内热量外流的材料或材料复合体称为保温材料；把防止室外热量进入室内的材料或材料复合体称为隔热材料。保温、隔热材料统称为绝热材料。不同材料的绝热机理不同，大体分为以下两种：

1. 减小导热系数

将导热系数小的介质充满孔隙中可以达到绝热的目的，一般以空气为热阻介质，热量在传递过程中被消耗，主要体现在纤维状聚集组织和多孔结构材料。气凝胶毡的绝热性能最佳，泡沫塑料的绝热性次之，然后是矿物纤维（如石棉）、膨胀珍珠岩和多孔混凝土、泡沫玻璃等。

2. 反射热量

通过将热量反射回去，在源头阻止热量入侵，典型的反射材料如铝箔，能靠热反射减少辐射传热，几层铝箔或与纸组成夹有薄空气层的复合结构，还可以增大热阻值。

绝热材料常以松散材、卷材、板材和预制块等形式用于建筑物屋面、外墙和地面等的保温及隔热。可直接砌筑（如加气混凝土）或放在屋顶及围护结构中作芯材，也可铺垫成地面保温层。

10.1.2 绝热材料的性能

绝热材料的性能主要体现在导热性，是指材料传递热量的能力，材料的导热能力用导热系数表示。导热系数的物理意义为：在稳定传热条件下，当材料层单位厚度内的温差为1℃时，在1h内通过$1m^2$表面积的热量。材料导热系数越大，导热性能越好。影响材料导热系数的因素如下：

1）材料组成。材料的导热系数由大到小排列为金属材料>无机非金属材料>有机材料。

2）微观结构。相同组成的材料，结晶结构的导热系数最大，微晶结构次之，玻璃体结构最小，如水淬矿渣就是一种较好的绝热材料。

3）孔隙率。孔隙率越大，材料导热系数越小。

4）孔隙特征。在孔隙相同时，孔径越大，孔隙间连通越多，导热系数越大。

5）含水率。由于水的导热系数$\lambda=0.58W/(m\cdot K)$，远大于空气，因此材料含水率增加后其导热系数将明显增加，若受冻［λ（冰）$=2.33W/(m\cdot K)$］，则导热能力更大。

绝热材料除应具有较小的导热系数外，还应具有适宜的或一定的强度、温度稳定性，抗冻性，耐热性，耐低温性，有时还需具有较小的吸湿性或吸水性等。

10.1.3 常用绝热材料

常用的绝热材料分为无机和有机两大类。有机绝热材料是用有机原料，如树脂、木丝板、软木等制成的。无机绝热材料是用矿物质为原料制成的呈松散颗粒、纤维或多孔状材料，可制成毡、板、管套、壳状等，或通过发泡工艺制成多孔制品。无机绝热材料又分为三大类：无机纤维绝热材料，主要品种有矿棉及其制品、玻璃棉及其制品、石棉及其制品等；无机散粒绝热材料，主要品种有膨胀珍珠岩及其制品、膨胀蛭石及其制品等；无机多孔绝热材料，主要品种有轻质混凝土、硅藻土、微孔硅酸钙、泡沫玻璃等。一般来说，无机绝热材料的表观密度大，不易腐蚀，耐高温，而有机绝热材料吸湿性大，不耐久，不耐高温，只能用于低温绝热。

1. 硅藻土

硅藻土是一种生物成因的硅质沉积岩，它主要由古代硅藻的遗骸组成，其化学成分以SiO_2为主。它的孔隙率为50%~80%，导热系数为0.06W/(m·K)，熔点为1650~1750℃，最高使用温度为900℃，在电子显微镜下可以观察到明显的多孔构造。在建筑保温业，硅藻土可用于屋顶隔热层、硅酸钙保温材料、保温地砖等。此外，由于硅藻土是一种天然材料，不含有害化学物质，可以除湿、除臭，净化室内空气，是优良的环保型室内外装修材料。

2. 膨胀珍珠岩及制品

珍珠岩是一种火山喷出的酸性熔岩急速冷却形成的玻璃质岩石，因具有“珍珠”状裂纹而得名。珍珠岩矿经破碎、筛分、预热，并以1200~1380℃温度下焙烧0.5~1s，使其体积急剧膨胀，便制得多孔颗粒的优质保温材料。膨胀珍珠岩是一种轻质高效能的绝热材料。膨胀珍珠岩不燃烧、不腐蚀、化学稳定性好、价廉、产量大、资源丰富，因其重度低、导热系数小、易抽真空、吸湿性小而用作低温装置的保冷材料。膨胀珍珠岩散料用于填充保冷，在负压状态下工作。膨胀珍珠岩添加各种憎水剂或用沥青黏结剂制成憎水剂制品，大大提高了它的抗水性。然而这类制品的抗水蒸气渗透性仍不够理想，用于保冷时必须设置增加的隔汽层。

膨胀珍珠岩制品是以膨胀珍珠岩为集料，配合适量的胶结剂如水玻璃、沥青等。经过搅拌、成型、干燥、焙烧或养护而成的具有一定形状的产品（如板、砖、管瓦等）。各种制品的命名，一般是以胶黏剂为名，如水玻璃膨胀珍珠岩、水泥珍珠岩、沥青珍珠岩、憎水珍珠岩等。水玻璃珍珠岩制品适用于不受水或潮湿侵蚀的高、中温热力设备和管道的保温。沥青珍珠岩制品适用于屋顶建筑、低温（冷库）和地下工程。

3. 泡沫玻璃

泡沫玻璃是一种以玻璃粉为主要原料，通过粉碎掺碳、烧结发泡和退火冷却加工处理后制得的，具有均匀的独立密闭气隙结构的新型无机绝热材料。它具有重度低，不透湿，不吸水，不燃烧，不霉变，机械强度高却又易于加工，能耐除氟化氢以外所有化学侵蚀，本身无毒，化学性能稳定，以及能在超低温到高温的广阔温度范围内使用等优异特性。泡沫玻璃作为绝热材料使用的重要经济技术意义和价值，是在于它不仅具有长年使用不会变坏的良好绝热性能，而且本身能起到防潮、防火、防腐的作用，它在低温、深冷、地下、露天、易燃、易潮，以及有化学侵蚀等苛刻环境下使用时，不但安全可靠，而且经久耐用，是一种优良的保冷材料，特别适用于深冷。

4. 聚苯乙烯泡沫塑料

聚苯乙烯泡沫塑料，是以聚苯乙烯树脂发泡而成。它是由表皮层和中心层构成的，蜂窝状结构表皮层不含气孔，而中心层内有大量封闭气孔。聚苯乙烯具有重度小，导热系数低，吸水率小和耐冲击性能高等优点。此外，由于在制造过程中是把发泡剂加入到液态树脂中，在模型内膨胀而发泡的，因此成型品内残余应力小，尺寸精度高。聚苯乙烯泡沫塑料的原料是直径约0.38~6mm的小颗粒，一般呈白色或淡青色。颗粒内含有膨胀剂（通常采用丁烷），当蒸汽或热水加热时，则变为气体状态。这些小颗粒需要预先膨胀，生产低密度泡沫时，采用蒸汽或热水加热；生产高密度泡沫时，可采用热水加热。受热后，首先膨胀剂气化成气体，使软化的聚苯乙烯膨胀，形成具有微小闭孔的轻质颗粒。然后将这些膨胀颗粒置于所要求形状的模型中，再喷入蒸汽，利用蒸汽热压，使孔隙中的气体膨胀，将颗粒间的空气和冷凝蒸汽排除出去，同时使聚苯乙烯软化并黏合在一起，制成聚苯乙烯泡沫塑料保温制品。

聚苯乙烯泡沫塑料对水、海水、弱碱、弱酸、植物油、醇类都相当稳定。但石油系溶剂可侵蚀它，可溶于苯、酯、酮等溶剂中，因此不宜用于可能和这类溶剂相接触的部位上。油质的漆类对聚苯乙烯有腐蚀性或能使材料软化，因此在选择涂敷材料和胶黏剂时，不应有过多的溶媒。聚苯乙烯泡沫塑料的重度为 16~31kN/m^3，导热系数为 0.033~0.044W/(m·K)。因为聚苯乙烯本身亲水基因，开口气孔很少，又有一层无孔的外表层，所以客观存在的吸水率比聚氨酯泡沫塑料的吸水率还低。聚苯乙烯硬质泡沫塑料有较高的机械强度，有较强的恢复变形能力，是很好的耐冲击材料。聚苯乙烯树脂属热塑性树脂，在高温下容易软化变形，故聚苯乙烯泡沫塑料的安全使用温度为 70℃，最低使用温度为-150℃。

5. 聚氯乙烯泡沫塑料

以聚氯乙烯为原料制成的泡沫塑料，它的抗吸水性和抗水蒸气渗透性都很好，强度和质量比值高，导热系数小，绝热性能好，具有较好的化学稳定性和抗蚀能力，低温下有较高的耐压和抗弯强度，耐冲击，阻燃性能好，不易燃烧，因此在安全要求高的装置上广为应用，如冷藏车、冷藏库等。

6. 聚氨酯硬质泡沫塑料

聚氨酯硬质泡沫塑料是用聚醚或聚酯与多异氰酸酯为主要原料，再加阻燃剂、稳定剂和氟利昂发泡剂等，经混合、搅拌产生化学反应而形成发泡体，孔腔的闭孔率达 80%~90%，吸水性小。因为其气孔为低导热系数的氟利昂气体，所以它的导热系数比空气小，强度较高，有一定的自熄性，常用来做保冷和低温范围的保温。应用时，可以由预制厂预制成板状或管壳状等制品，也可以现场喷涂或灌注发泡。但聚氨酯原材料质量不够稳定，生产过程有少量毒气。聚氨酯本身可以燃烧，在防火要求高的地方使用时，可采用含卤素或含磷的聚酯树脂为原料，或加入一些有灭火能力的物质。聚氨酯硬质泡沫塑料有较强的耐侵蚀能力，它能抵抗碱和稀酸的腐蚀，但不能抵抗浓硫酸、浓盐酸和浓硝酸的侵蚀。

【工程实例分析 10-1】 绝热材料的应用

现象：某冰库原采用水玻璃胶结膨胀蛭石而成的膨胀蛭石板做隔热材料，经过一段时间后，隔热效果逐渐变差。后以聚苯乙烯泡沫作为墙体隔热夹芯板，在内墙喷涂聚氨酯泡沫层作为绝热材料，取得良好的效果。

原因分析：水玻璃胶结膨胀蛭石板用于冰库易受潮，受潮后其绝热性能下降。而聚苯乙烯泡沫隔热夹芯板和聚氨酯泡沫层均不易受潮，且有较好的低温性能，因此用于冰库可取得好的效果。

10.2 吸声隔声材料

建筑声学材料通常分为吸声材料和隔声材料，划分时，一方面是考虑它们分别具有较大的吸收或较小透射；另一方面是考虑使用它们时主要的功能是吸声或隔声。建筑声学材料早在古代就已经开始使用。古希腊露天剧场就采用了共鸣缸、反射面的音响调节方法。中世纪发展了封闭空间声学知识，采用大的内部空间和吸声系数低的墙面，以产生长时间的混响声，混响可辨度较差可以用来营造神秘的宗教气氛。16~17 世纪欧洲修建的一些剧院，大多有环形包厢和排列至接近顶棚的台阶式座位，建筑物内部繁复凹凸的装饰对声音的散射作用，使混响时间适中，声场分布也比较均匀。我国著名的北京天坛建有直径65m的回音壁，可使微弱的声音沿壁传播一二百米，在皇穹宇的台阶前，还有可以听到几次回声的三音石。

建筑声学材料在现代建筑中已经广泛应用。在现代的图书馆、阅览室、电影院等场所，顶棚都有许多小孔，这就是一种吸声材料。吸声材料多用在会议厅、礼堂、影剧院、体育馆及宾馆大厅等人多聚集的地方，一方面可以控制和降低噪声干扰，另一方面可以达到改善厅堂音质、消除回声等目的。而隔声材料更是随处可见，门、窗、隔墙等都可称为隔声材料。吸声和隔声是完全不同的两个声学概念。吸声是指声波传播到某一边界面时，一部分声能被边界反射或散射，一部分声能被边界面吸收，包括声波在边界材料内转化为热能被消耗掉，或是转化为振动能沿边界构造传递转移，或是直接透射到边界另一面空间。对于入射声波来说，除了反射到原来空间的反射（散射）声能外，其余能量都被看作被边界面吸收。在一定面积上被吸收的声能与入射声能的比值称为该界面的吸声系数。隔声是指减弱或隔断声波的传递，隔声性能的好坏用材料的入射声能与透过声能相差的分贝数值表示，差值越大，隔声性能越好。了解和掌握声学材料的特性，有利于合理选用声学材料，有效利用建筑声学材料，达到以最经济的手段获得最好声学效果的目的。

10.2.1 吸声材料

吸声材料

声波在传播过程中，必然会遇到不同的介质，一部分声能被反射，一部分声能被吸收。因此，任何材料都有一定的吸声能力，只是吸声能力的大小不同而已。一般来说，坚硬、光滑、结构紧密的材料吸声性能较差，反射声能比较强，如大理石、混凝土等。而粗糙松软，具有相互贯通的内外微孔的多孔吸声材料，吸声性能较好，反射能力弱，如泡沫塑料、微孔砖等。吸声材料从吸声机理角度主要可分为多孔吸声材料和共振吸声材料两大类。其中，多孔吸声材料是最传统、应用最多的吸声材料。

1. 多孔吸声材料

多孔吸声材料是内部有大量的、互相贯通的、向外敞开的微孔的材料，即材料具有一定的透气性。工程上广泛使用的有纤维材料和灰泥材料两大类，前者包括玻璃棉和矿渣棉或以此类材料为主要原料制成的各种吸声板材或吸声构件等；后者包括微孔砖和颗粒性矿渣吸声砖等。

多孔吸声材料的吸声性能与材料本身的特性密切相关。在实际应用中，多孔材料的厚度、重度、材料表面的装饰处理等因素都会对材料的吸声性能产生影响，具体见表10-1。多孔吸声顶棚在建筑中广泛应用，如图10-1所示。

表10-1 多孔吸声材料性能的影响因素

影响因素	作用效果
流阻	低流阻吸收中高频好，高流阻对中低频吸收好
孔隙率	孔隙率低的密实材料吸声性能差
厚度	增加厚度能提高对低频的吸声，但存在适宜厚度
重度	重度相对于厚度的影响较小，同种材料厚度不变时，能增大对低频的吸收效果
背后条件	背后有空气层厚度的增加，可以提高吸声，尤其是低频的吸收，若空气层厚度是入射声波1/4波长的奇数倍，则吸声系数最大
表面装饰处理	油漆、粉饰会大大降低吸声；钻孔、开槽可以提高材料的吸声性能
湿度和温度	温度会改变声波的波长，吸声系数会相应改变；湿度主要改变材料的孔隙率

2. 共振吸声材料

图 10-1　多孔吸声顶棚

由于多孔吸声材料的低频吸声性能差，为解决中、低频吸声问题，往往采用共振吸声结构。共振吸声是吸声处理的一个重要方式，其主要以吸声材料为原材料，采用共振吸声机理组成一个吸声结构，其吸声频谱以共振频率为中心出现吸收峰，当远离共振频率时，吸声系数就很低，也有利用共振作用吸声的材料。实际应用中，按照吸声结构和材料可将共振吸声分为单共振器、穿孔板吸声结构、薄板吸声结构和柔顺材料等。

1）单共振器。单共振器是一个有颈口的密闭容器，相当于一个弹簧振子系统，容器内空气相当于弹簧，而进口空气相当于和弹簧相连的物体。当入射声波的频率和这个系统的固有频率一致时，共振器孔颈处的空气柱就会激烈振动，孔颈部分的空气与颈壁产生摩擦阻尼，将声能转变为热能。

2）穿孔板吸声结构。在打孔的薄板后面设置具有一定深度的密闭空腔，组成穿孔板吸声结构，这是经常使用的一种吸声结构，相当于单个共振器的并联组合。当入射声波频率和这一系统的固有频率一致时，穿孔部分的空气就会激烈振动，加强了吸收效应，出现吸收峰，使声能衰减。

3）薄板吸声结构。在薄板后设置空气层，即为薄板共振吸声结构。当声波入射时，激发系统的振动，由于板的内部摩擦，使振动能量转化为热能。当入射声波频率与系统的固有频率一致时，即产生共振，在共振频率处出现吸收峰。增加板的单位面密度或空腔深度时，吸收峰会移向低频。在空腔内沿龙骨处设置多孔吸声材料，在薄板边缘与龙骨连接处放置毛毡或海绵条，可以增加结构的阻尼特性，提高吸声系数和加宽吸声频带。

10.2.2　隔声材料

隔声材料是指把空气中传播的噪声隔绝、隔断、分离的一种材料、构件或结构。对于隔声材料，要减弱透射声能，阻挡声音的传播，就不能如同吸声材料那样多孔、疏松、透气，相反它的材质应该是重而密实的，如钢板、铅板、砖墙等一类材料。隔声材料材质的要求是密实无孔隙或缝隙，有较大的质量。由于这类隔声材料密实，反射能强，但难于吸收和透过声能，因此它的吸声性能差。

隔声材料的主要特点是隔声减振效果极其显著，使用非常方便，施工简便，而且无毒无任何有机挥发物，并满足最高阻燃标准。成本低、易使用、效果佳、质量轻、具有抗菌和抗锈功能等优点使其被大量用户高度认可。比较常用的隔声材料有隔声板、高分子阻尼隔声毡、地面减振砖、减振器等。

1. 隔声板

隔声板隔声性能好，性价比高，环保 E1 级、防火 A1 级，无放射不污染，耐候性佳，同时具有全频隔声和低频缓冲抗振的作用，可钻、可钉、可开锯，安装方便快捷。

2. 隔声毡

隔声毡是目前市场上比较好的房间隔声材料，主要用来与石膏板搭配，用于墙体隔声和顶棚隔声，也应用于管道、机械设备的隔声和阻尼减振。隔声毡不是毛毡，在外观上看完全不同，毛毡轻而柔软，而隔声毡虽薄但很重。

3. 地面减振砖

地面减振砖主要由高分子橡胶颗粒和优质软木颗粒采用独特工艺混合压制而成，能够有效切断声音的传播，尤其适用于娱乐场所中构建减振浮筑层地台。

4. 减振器

减振器主要由承重金属构件和高分子阻尼减振胶及承重螺杆采用独特工艺组装加工而成，能够有效切断声音的传播，尤其在娱乐场所中抗低频冲击效果好。

不同的场所要选用不同的隔声材料，不是所有的隔声材料都是有用的，要根据不同的噪声传播途径，选择不同的隔声材料。

1）对于中低频比较严重的场所（娱乐场所），不能只是简单使用一层隔声材料，需要针对使用环境进行设计，把每一个环节都处理到位，只有按照专业要求施工才能更好地处理好环境噪声。对于管道噪声，一般情况下都是由于空气摩擦导致的高频声，可以选择隔声材料进行处理，隔声材料可以任意弯曲、裁剪。

2）对于面密度较高的墙体，隔声材料直接粘贴的效果不理想，如混凝土墙，砖墙等，一般情况下可做双层墙体，同时使用不同厚度、材质的隔声材料，既可以避免吻合效应的产生，又可以避免出现同一种材料对于某一频率隔声低谷，中间空腔部分有很好的弹簧效果，这样就形成了一个质量+弹簧+质量的隔声质量组合，这样的组合将会达到最理想的隔声效果。

3）对于薄板等轻质墙体，轻质墙体材料本身的隔声量较低，而且容易产生共振，粘贴隔声材料后，隔声阻尼材料可以抑制墙体的振动，同时隔声材料本身没有大的隔声低谷，因此在这样的墙体上使用效果也是非常理想的。

【工程实例分析 10-2】 某艺术中心后排观众听不到大提琴声

现象：某市艺术中心后排观众反映听不到大提琴的声音。据了解，该音乐厅采用 2.5cm 厚的 GRG 板，即纤维增强石膏板，因板太薄，刚性较差，抵抗低频共振的能力差，当音乐声辐射到墙板时引起墙板的共振，从而吸收了低频声能。广州歌剧院等采用了 4cm 厚的纤维增强石膏板，则有较理想的效果。

原因分析：除材料厚度外，对于同一种多孔材料其孔隙率对低频和高频的吸声效果也有差别。当其表观密度增大、孔隙率减小时，对低频的吸声效果有所提高，而对高频的吸声效果则有所降低。

10.3 装饰材料

建筑装饰材料，又称建筑饰面材料，是指铺设或涂装在建筑物表面起装饰和美化环境作用的材料。在建筑物主体工程完成后所进行的装潢和修饰处理，是以美学为依据，以各种建筑及建筑装修材料为基础，从建筑的多功能角度出发，对建筑或建筑空间环境进行设计、加工。建筑装饰材料是集材料、工艺、造型设计、美学于一身的材料，它是建筑装饰工程的重要物质基础。建筑装饰的整体效果和建筑装饰功能的实现，在很大程度上受到建筑装饰材料的制约，尤其受到装饰材料的光泽、质地、质感、图案、花纹等装饰特性的影响。因此，只有熟悉各种装饰材料的性能、特点，按照建筑物及使用环境条件，合理选用装饰材料，才能材尽其能、物尽其用，更好地表达设计意图，并与室内其他配套产品来体现建筑装饰性。

10.3.1　装饰材料的基本要求及选用

1. 装饰材料的基本要求

（1）颜色　材料的颜色实质上是材料对光谱的反射，并非是材料本身固有的。它主要与光线的光谱组成有关，还与观看者的眼睛对光谱的敏感性有关。颜色选择合适能创造出更加美好的工作、居住环境，因此，颜色对于建筑物的装饰效果极为重要。

（2）光泽　光泽是材料表面的一种特性，是有方向性的光线反射性质，它对物体形象的清晰度起着决定性的作用。在评定材料的外观时，其重要性仅次于颜色。镜面反射则是产生光泽的主要因素。材料表面的光泽按《建筑饰面材料镜向光泽度测定方法》（GB/T 13891—2008）来评定。

（3）透明性　材料的透明性也是与光线有关的一种性质，既能透光又能透视的物体称为透明体；只能透光而不能透视的物体称为半透明体；既不能透光又不能透视的物体称为不透明体。例如，普通门窗玻璃大多是透明的，磨砂玻璃和压花玻璃是半透明的，釉面砖则是不透明的。

（4）质感　质感是材料质地的感觉，主要通过线条的粗细、凹凸程度等对光线吸收、反射强弱不同产生感观上的区别。质感不仅取决于饰面材料的性质，还取决于施工方法，同种材料不同的施工方法，也会产生不同的质地感觉。

（5）形状与尺寸　块材、板材和卷材等装饰材料对于形状和尺寸，以及表面的天然花纹（如天然石材）、纹理（如木材）及人造花纹或图案（如壁纸）等都有特定的要求，除卷材的尺寸和形状可在使用时按需要裁剪外，大多数装饰板材和块材都有一定的形状和规格（如长方形、正方形、多边形等），以便拼装成各种图案或花纹。

2. 装饰材料的选用

不同环境、不同部位，对装饰材料的要求也不同，选用装饰材料时，主要考虑的是装饰效果，颜色、光泽、透明性等应与环境相协调。除此之外，材料还应具有某些物理、化学和力学方面的基本性能，如一定的强度、耐水性和耐腐蚀性等，以提高建筑物的耐久性，降低维修费用。对于室外装饰材料，即外墙装饰材料，应兼顾建筑物的美观和对建筑物的保护作用，外墙除了需要承受荷载外，还要根据生产生活需要作为围护结构，起到遮挡风雨、保温隔热、隔声、防水等作用。外墙所处环境较复杂，直接受到风吹日晒、雨淋、冻害的袭击，以及空气中腐蚀气体和微生物的作用，因此应选用能耐大气侵蚀、不易褪色、不易沾污、不泛霜的材料。对于室内装饰材料，要妥善处理装饰效果和使用安全的矛盾，优先选用环保型材料和不燃烧或难燃烧等消防安全型材料，尽量避免选用在使用过程中会挥发有毒成分和在燃烧时会产生大量浓烟或有毒气体的材料，努力创造一个美观整洁、安全、适用的生活和工作环境。

10.3.2 常用的建筑装饰材料

常用的建筑装饰材料包括塑料、金属、石材、木材、陶瓷、玻璃、装饰砂浆和装饰混凝土等。

1. 建筑装饰塑料

塑料是以单体为原料，通过加聚或缩聚反应聚合而成的高分子化合物，其抗形变能力中等，介于纤维和橡胶之间，由合成树脂及填料、增塑剂、稳定剂、润滑剂、色料等添加剂组成。塑料的主要成分是树脂，塑料的基本性能主要决定于树脂，但添加剂也起着重要作用。一些塑料基本上是由合成树脂所组成，不含或少含添加剂，如有机玻璃、聚苯乙烯等。常用的建筑装饰塑料按装饰部位，分为墙面装饰塑料和顶棚、屋面装饰材料，塑料门窗和塑料地面装饰材料。

2. 建筑装饰金属

建筑金属不仅能够在结构领域发挥作用，在建筑装饰领域，凭借丰富的色彩、光泽和可加工成多种形状的特性，也占有重要的地位。

1）建筑装饰用钢。钢材的主要技术性质体现在其抗拉强度、冷弯性能、冲击韧性、耐疲劳性等，主要成分为碳、硅、锰、磷、硫等。不锈钢是在钢中加入铬等合金元素制成的，它比普通钢的膨胀系数大，导热系数小，韧性延展性好。尤其是耐腐蚀和光泽性及多种色彩的不锈钢，具有优异的装饰作用。此外，彩色涂层钢也具有装饰性好、手感光滑、抗污易清洁等作用。它是以钢板、钢带为基材，表面施涂有机涂层的钢制品，充分发挥了金属与有机材料的共同特点，可用于各类建筑的内外墙面及吊顶。

2）建筑装饰用铝和铝合金。在建筑中，铝一般只用在做门、窗、百叶等非承重材料。而在铝中加入一定的锰、镁、铜、锌等元素制成的铝合金，不仅保持了铝的轻质的特点，还明显提高了强度、硬度及耐腐蚀性，具有丰富的色彩、图纹及造型，具有优异的装饰性能。它可以制作成花格网与龙骨，用于门窗阳台、操场处的护网及顶棚龙骨，也可制成门窗框架，减轻自重，提高密实性、稳定性、装饰性的能力。

3）建筑装饰用铜和铜合金。铜具有良好的导电导热能力，本身厚重质感，光泽好，但是强度、硬度不高，纯铜一般用在门、墙、柱面装饰，也可用于扶手、栏杆及装饰。铜合金是在铜中加入了锌、锡等元素，如黄铜、青铜，其特点是既保持了铜良好的塑形和耐腐蚀性，又增加了其强度和硬度的机械性能，可用于建筑装饰。

3. 建筑装饰石材

土木工程中所使用的石材主要包括天然石材和人造石材。天然石材包括大理石、花岗石等，人造石材包括人造大理石、人造花岗石、人造青石板材、人造饰面石材等。

天然花岗石是火成岩，又称酸性结晶深成岩，是火成岩中分布最广的一种岩石，属于硬石材，由长石、石英和云母组成，其成分以二氧化硅为主，占60%~75%。花岗岩岩质坚硬密实，按其结晶颗粒大小，可分为微晶、粗晶和细晶三种。花岗石的品质取决于矿物成分和结构，品质优良的花岗石，结晶颗粒细而均匀，云母含量少而石英较多，并且不含有黄铁矿。花岗石不易风化变质，外观色泽可保持百年以上，因此多用于墙基础和外墙饰面。花岗石硬度较高、耐磨，也常用于高级建筑装修工程。

4. 建筑装饰木材

木材泛指用于工业与民用建筑的木制材料，是人类历史上使用最长的建筑材料之一。它具有较好的质感、丰富的纹理、轻质高强、抗冲击性好、易于加工等优点，一直受到建筑业的青睐。建筑装饰木材大致分为软杂材、硬杂材、名贵硬木、进口木材。

5. 建筑装饰陶瓷

陶瓷是陶器和瓷器的总称。建筑陶瓷是以黏土为主要原料，经配料、制坯、干燥、焙烧而成，用于建筑工程的烧结制品。在建筑装饰领域，陶瓷包括陶瓷砖、釉面砖、墙地砖、陶瓷锦砖等。

1）陶瓷砖。陶瓷砖由黏土或其他无机非金属原料制成，又称陶瓷饰面砖。按使用部位，可分为内墙砖、外墙砖、室内地砖、室外地砖、广场地砖、配件砖等；按表面形状，又可分为平面装饰砖和立体装饰砖，平面装饰砖是指正面为平面的陶瓷砖，立体装饰砖是指正面呈现凹凸纹样的陶瓷砖，如图10-2和图10-3所示。

图10-2 平面陶瓷砖

图10-3 立体陶瓷砖

2）釉面砖。釉面砖是砖的表面经过施釉高温高压烧制处理的瓷砖，这种瓷砖是由土坯和表面的釉面两个部分构成的，主体又分陶土和瓷土两种，陶土烧制出来的背面呈红色，瓷土烧制的背面呈灰白色。釉面砖表面可以做各种图案和花纹，比抛光砖色彩和图案丰富，但由于表面是釉料，其耐磨性不如抛光砖。釉面的主要作用是增加瓷砖的美观和起到良好的防污的作用。根据光泽的不同，釉面砖又可以分为光面釉面砖和哑光釉面砖两类。釉面砖是装修中最常见的砖种，由于色彩图案丰富，而且防污能力强，被广泛使用于墙面和地面装修。

3）墙地砖。墙地砖是陶土、石英砂等材料经研磨、压制、施釉、烧结等工序，形成的陶质或瓷质板材。它具有强度高、密实性好、耐磨、抗冻、易清洗、耐腐蚀、经久耐用等特点。其主要品种有釉面砖、抛光砖、玻化砖。墙地砖主要铺贴客厅、餐厅、走道、阳台的地面，以及厨房、卫生间的墙地面。

4）陶瓷锦砖。陶瓷锦砖也称为陶瓷马赛克，采用优质瓷土烧制而成的形状各异的小片陶瓷材料。陶瓷锦砖色泽多样，质地坚实，经久耐用，能耐酸、耐碱、耐火、耐磨，抗压力强，吸水率小，不渗水，易清洗，可用于工业与民用建筑的洁净车间、门厅、走廊、餐厅、厕所、浴室、工作间、化验室等处的地面和内墙面，并可作为高级建筑物的外墙饰面材料。

钢化玻璃

6. 建筑装饰玻璃

玻璃的制造应用已有上千年的历史，但建筑玻璃材料的发展是比较缓慢的。随着现代科学技术和玻璃技术的发展及人民生活水平的提高，建筑玻璃的功能不仅仅是满足采光要求，还要具有能调节光线、保温隔热、安全（防弹、防盗、防火、防辐射、防电磁波干扰）、艺术装饰等特性。随着需求的不断发展，玻璃的成型和加工工艺方法也有了新的发展，现已开发出了夹层、钢化、离子交换、釉面装饰、化学热分解及阴极溅射等新技术玻璃，使玻璃在建筑中的用量迅速增加，成为继水泥和钢材之后的第三大建筑材料。建筑装饰玻璃表面具有一定的颜色、图案或质感，主要包括磨光玻璃、磨砂玻璃、彩色玻璃、彩绘玻璃、压花玻璃等。

1）磨光玻璃。磨光玻璃又称镜面玻璃，表面经过机械研磨和抛光，厚度一般为5~6mm。磨光消除了玻璃表面的波筋、波纹等缺陷，使得其表明平整、光滑，光学性质和装饰性优良，主要用于高级的建筑门窗与橱窗等。

2）磨砂玻璃。磨砂玻璃又称毛玻璃、暗玻璃，是用普通平板玻璃经机械喷砂、手工研磨（如金刚砂研磨）或化学方法处理（如氢氟酸溶蚀）等将表面处理成粗糙不平整的半透明玻璃。一般多用于办公室、卫生间的门窗。

3）彩色玻璃。彩色玻璃是由透明玻璃粉碎后用特殊工艺染色制成的一种玻璃。彩色玻璃在古代就已经存在，用彩色玻璃磨成小块，可以用来作画。彩色玻璃还可以铺路，铺成的彩色防滑减速路面的耐久性能大为提高，而且色彩艳丽程度高于使用花岗岩或石英砂作为集料的传统彩色防滑路面。

4）彩绘玻璃。彩绘玻璃主要有两种：一种是用现代数码科技经过工业黏胶黏合成的；另一种是纯手绘的传统手法，可以在有色的玻璃上绘画，也可以在无色的玻璃上绘画。把玻璃当作画布，运用特殊的颜料，绘画过后，再经过低温烧制后获得，彩绘玻璃花色不会掉落，更持久，不用担心被酸碱腐蚀，也便于清洁。它可订制，尺寸、色彩、图案可随意搭配，安全且更显个性，同时又制作迅速。其优点是操作简单，价格便宜；缺点是容易掉色。

5）压花玻璃。压花玻璃也称花纹玻璃，主要应用于室内隔断、门窗玻璃、卫浴间玻璃隔断等。玻璃上的花纹和图案漂亮精美，装饰效果较好。这种玻璃能阻挡一定的视线，同时又有良好的透光性。为避免尘土的污染，安装时要注意将印有花纹的一面朝向内侧。

7. 建筑装饰砂浆

建筑装饰砂浆是指用作建筑物饰面的砂浆。它是在抹面的同时经各种加工处理而获得特殊的饰面形式来满足审美需要的一种表面装饰。装饰砂浆饰面可分为两类，即灰浆类饰面和石渣类饰面。灰浆类饰面是通过水泥砂浆的着色或水泥砂浆表面形态的艺术加工，获得一定色彩、线条、纹理质感的表面装饰。石渣类饰面是在水泥砂浆中首先掺入各种彩色石渣作为集料，配制成水泥石渣浆抹于墙体基层表面，然后用水洗、斧剁、水磨等手段除去表面水泥浆皮，呈现出石渣颜色及其质感的饰面。装饰砂浆所用胶凝材料与普通抹面砂浆基本相同，只是灰浆类饰面更多地采用白水泥和添加各种颜料。

8. 建筑装饰混凝土

装饰混凝土（混凝土压花）是一种近年来流行的绿色环保地面材料。它能在原本普通的新旧混凝土表层，通过色彩、色调、质感、款式、纹理、机理和不规则线条的创意设计，图案与颜色的有机组合，创造出各种天然大理石、花岗岩、砖、瓦、木地板等天然石材铺设效果，具有图形美观自然、色彩真实持久、质地坚固耐用等特点。建筑装饰混凝土主要有彩色水泥混凝土、清水装饰混凝土、露集料装饰混凝土、仿其他饰面混凝土、板缝处理装饰混凝土等。

10.4 防火材料

建筑材料防火

在现代建筑中，除了要考虑建筑设计的安全性和美观性，在建筑设计和装饰工程中，对于安全防火也是非常重视的。建筑火灾与人民的生命和财产安全息息相关，严重的建筑火灾将会给社会带来巨大的安全危害和经济损失。各种设备的安装、易燃装饰材料、塑料制品、木制家居、轻纺材料等大量引入建筑中，都存在火灾隐患。尤其是现代高层建筑，一旦出现火灾，其危害是巨大的。针对这种情况，建筑防火材料的主要作用就是从火源点防止火灾的发生，或在火灾中阻隔火势的蔓延，从而起到保障人身安全和财产的目的，对于延长建筑物的寿命也有十分重要的意义。

10.4.1 建筑防火材料的特点

建筑材料防火性能主要包括燃烧性能、耐火极限、燃烧时的毒性和发烟性。一些常用材料的高温损伤临界温度见表 10-2，建筑材料的燃烧性通常分为四级，见表 10-3。

表 10-2 常用建筑材料的高温损伤临界温度

材料	温度/℃	注释
普通黏土砖砌体	500	最高使用温度
普通钢筋混凝土	200	最高使用温度
普通混凝土	200	最高使用温度
页岩陶粒混凝土	400	最高使用温度
普通钢筋混凝土	500	火灾时最高允许温度
预应力混凝土	400	火灾时最高允许温度
钢材	350	火灾时最高允许温度
木材	260	火灾危险温度
花岗石(含石英)	575	相变发生急剧膨胀温度
石灰石、大理石	750	开始分解温度

表 10-3 常用建筑材料的燃烧分级

燃烧性分级	描述	材料
不燃性建筑材料	不起火，不微燃，难碳化	砖、玻璃、灰浆、石材、钢材等
难燃性建筑材料	难起火，难微燃，难碳化	石膏板、难燃胶合板、纤维板等
可燃性建筑材料	起火，微燃	木材及大部分有机材料
易燃性建筑材料	立即起火燃烧，火焰传播快	有机玻璃、泡沫等

材料发生燃烧必须具备三个条件：物质可燃、周围存在助燃剂、热源。这三个条件同时存在时才会发生燃烧。因此，可以断绝其中一个或多个条件来阻止燃烧。常用的防火方法如下：

1）从物质源头着手，采用难燃或者不燃的材料。

2）对于可燃易燃材料，可以采用将材料表面与空气隔绝的方法阻止燃烧。

3）可以在材料中添加在高温或燃烧情况下可以释放出保护层或可以脱水、分解、发生吸热反应等过程，对于已经燃烧起火的情况，可以减少火势蔓延。

10.4.2 常用的建筑防火材料

常用的防火原材料见表10-4。

表10-4 常用的防火原材料

类别	材料
无机胶黏剂	水玻璃、石膏、磷酸盐、水泥等
耐火矿物质填料	氧化铝、石棉粉、碳酸钙、珍珠岩等
难燃型有机树脂	聚氯乙烯、氯化橡胶、氯丁橡胶乳液、环氧树脂、酚醛树脂等
难燃防火添加剂	氯化石蜡、磷酸三丁酯、十溴二苯醚、硼酸、硼酸锌等

1. 建筑防火涂料

涂料是一种液态浆体，能够覆盖并牢固地附着在被涂物体的表面，对物体起到装饰、保护等作用的成膜物质。防火涂料本身不燃或难燃，不起助燃作用。涂料能使底材与火热隔离，从而延长了热侵入底材和到达底材另一侧所需的时间，起到延迟和抑制火焰的蔓延作用。侵入底材所需时间越长，涂层的防火性能越好。其防火机理大致可以归纳为如下几点：

1）防火涂料本身难燃或不燃，使被保护的基材不直接与空气接触，从而延迟物体着火和减小燃烧速度。

2）防火涂料应具有较低的导热系数，可以延迟火焰温度向被保护基材的传递。

3）防火涂料受热分解出不燃的惰性气体，冲淡被保护物体受热分解出的可燃性气体，使之不易燃烧或燃烧速度减慢。

防火涂料的成分包括催化剂、碳化剂、发泡剂、阻燃剂、无机隔热材料等。常用的防火涂料有饰面防火涂料、钢结构防火涂料、混凝土结构防火涂料等。

2. 石膏板

石膏板是以建筑石膏为主要原料制成的一种材料。它是一种质量轻、强度较高、厚度较薄、加工方便，以及隔声绝热和防火等性能较好的建筑材料，是当前着重发展的新型轻质板材之一。石膏板已广泛用于住宅、办公楼、商店、旅馆和工业厂房等各种建筑物的内隔墙、墙体覆面板（代替墙面抹灰层）、顶棚、吸声板、地面基层板和各种装饰板等。石膏硬化后的二水石膏中含有约21%的结晶水，当遇到燃烧时，结晶水会脱出并吸收大量热能从而蒸发，产生的水蒸气幕能阻止火势的蔓延。我国生产的石膏板主要有纸面石膏板、无纸面石膏板、装饰石膏板、石膏空心条板、纤维石膏板、石膏吸声板、定位点石膏板等。

3. 纤维增强水泥板

纤维增强水泥板（简称水泥板），是以纤维和水泥为主要原材料生产的建筑用水泥平板，以其优越的性能被广泛应用于建筑行业的各个领域。通常所说的纤维增强水泥板一般用于钢结构隔层楼板，厚板24mm，又称楼板王或厚板王，用于Loft公寓的室内隔层楼板。

4. 纤维增强硅酸钙板

纤维增强硅酸钙板是一种典型的装修材料，以硅、钙为主要材料，用辊压、加压精湛技术，经蒸汽（蒸压）养护、表面磨光等处理，生成以莫来石晶体结构为主的硅酸钙板。经高温高压蒸汽养护，干燥处理生产的装饰板材，具有轻质、高强、防火、防潮、隔声、隔热、不变形、不破裂的优良特性，可用于建筑的内外墙板、顶棚板、复合墙体面板等部位，广泛应用于高档写字楼、商场、餐厅、影剧院及公共场所的隔墙、护墙板、顶棚等装潢。

5. 水泥刨花板

以水泥作为胶凝剂、木质刨花为主要原料，经搅拌、铺装、冷压、加热养护、脱模、分板、锯边、自然养护和调湿（干燥）等处理制成的板材。它是加水和少量化学添加剂制成的新型建筑人造板材，属于难燃烧材料。水泥刨花板的最早产品是瑞士在 20 世纪 30 年代用杜里佐尔法生产的轻质水泥刨花板，现在其产品主要用于活动房屋、通风管道等。

6. 防火胶合板

防火胶合板又称阻燃胶合板，是由木段旋切成单板或由木方刨切成薄木，对单板进行阻燃处理后再用胶黏剂胶合而成的三层或多层的板状材料，通常用奇数层单板，并使相邻层单板的纤维方向互相垂直胶合而成。阻燃胶合板以木材为主要原料，由于其结构的合理性和生产过程中的精细加工，可大体上克服木材的缺陷，大大改善和提高木材的物理力学性能，同时难燃胶合板也克服了普通胶合板易燃烧的缺点，有效提高了胶合板阻燃性能，阻燃胶合板生产是充分合理地利用木材、改善木材性能、提高防火性能的一个重要方法。

7. 铝塑建筑装饰板

铝塑建筑装饰板是以聚乙烯、聚丙烯或聚氯乙烯树脂为主要原料，配以高铝质填料，同时添加发泡剂、交联剂、活化剂、防老剂等助剂加工制成。铝塑建筑装饰板是一种新型建筑装饰材料，它具有难燃、质轻、吸声、保温、耐水、防蛀等优点。性质优于钙塑泡沫装饰板。该材料可广泛用于礼堂、影院、剧院、宾馆饭店、医院、空调车厢、重要机房、船艇舱室等的顶棚及墙面（作为吸声板用）。该装饰板图案新颖，美观大方，施工方便，它的性能指标见表 10-5。

表 10-5　铝塑建筑装饰板的性能指标

项目	指标	项目	指标
表观密度/(g/cm^3)	0.3	质量吸水率(%)	0.27~0.46
抗拉强度/MPa	0.46	导热系数/[W/(m·K)]	0.045
抗压强度/MPa	0.27	比热容/[J/(kg·K)]	0.080

8. 矿棉装饰板

矿棉装饰板是用矿棉做成的装饰用板，它最显著的是吸声性能，同时还具有优越的防火、隔热性能。因为其密度低，可以在表面加工出各种精美的花纹和图案，所以具有优越的装饰性能。矿棉对人体无害，而废旧的矿棉装饰板可以回收作为原材料进行循环利用，因此矿棉装饰板是一种健康环保、可循环利用的绿色建筑材料。

9. 氯氧镁防火板

氯氧镁防火板属于氯氧镁水泥类制品，以镁质胶凝材料为主体、玻璃纤维布为增强材料、轻质保温材料为填充物复合而成，能满足不燃性要求，是一种新型环保型板材。

10. 防火壁纸

防火壁纸是用 100~200g/m^2 的石棉纸作为基材，同时在壁纸面层的 PVC 涂塑材料中掺加阻燃剂，使壁纸具有一定的防火阻燃性能，适用于防火要求较高的各种公共与民用建筑住宅，以及各种家庭居室中木质材料较多的装饰墙面。现在多数的壁纸都是防火的，但是由于各种壁纸所使用的环境不同，其防火等级也是不同的。民用壁纸的防火等级要求相对较低，各种公共环境的壁纸防火等级要求相对较高，而且要求壁纸燃烧后没有有毒气体产生。

【工程实例分析 10-3】 上海世博会的低碳绿色建材

上海世博会的主题是“城市，让生活更美好”，其建筑材料也充分诠释了低碳绿色的主旋律。

中国国家馆顶上的观景台使用了先进的太阳能薄膜，大屋顶与外墙上也利用了太阳能光伏板材料，通过太阳能光伏建筑一体化发电工程，并用了多种新型太阳能发电组件材料，对太阳能进行了高效利用，使之成为一座绿色电站。地区馆平台上铺了厚达 1.5m 的覆土层，可为展馆节省 10%以上的能耗。“沪上·生态家”一砖一瓦都是废物利用。同时，万科馆的外墙采用了天然麦秸秆压制成的秸秆板。

竹子美观、廉价和坚韧，很早就成为人类钟爱的建筑材料。它在上海世博会上也大放异彩。印度馆的外部造型像泰姬陵，穹顶是用数万根盘口粗的竹子建成的，穹顶上还种满了绿草。挪威馆以木材作为结构材料，外墙则用竹子予以装饰。印尼馆和越南馆也利用了竹子，新颖别致，世博会结束之后还可用于修建其他设施。

“大篮子”西班牙馆外墙用了 8524 块不同质地、颜色各异的藤条板，有效地减少了阳光辐射，降低了馆内能耗，成为建筑史上第一座用藤编作为建材的建筑。

日本馆被称为“紫蚕岛”。其外形是一个半圆形的大穹顶，上面覆盖着具有太阳能发电功能的超轻薄膜，既能透过阳光，又能产生并存储电能，还能在夜晚让建筑物闪闪发光。

定名为“冰壶”的芬兰馆的鱼鳞状外墙使用了由废纸与塑料合成的生态材料。按照永久性建筑标准设计的“冰壶”，在世博会结束后可以方便地拆卸，然后异地重建，继续使用。

导热系数反映了材料传递热量的能力，导热系数越小，表示其导热性能越差、绝热性能越好。建筑声学材料通常分为吸声材料和隔声材料。吸声系数越高，吸声性能越好。材料的表观密度越大，质量越大，隔声性能越好，这是由于隔绝空气声主要服从质量定律。装饰材料是指铺设或涂装在建筑物表面起到装饰和美化环境作用的材料。常用的建筑装饰材料主要包括塑料、金属、石材、陶瓷、玻璃、装饰砂浆和混凝土等，建筑材料的防火性能主要包括燃烧性能、耐火极限、燃烧时的毒性和发烟性。

本章习题

1. 判断题（正确的打√，错误的打×）

1）加气混凝土砌块多孔，因此其吸声性好。(　　)

2）材料吸水后导热系数增加，但材料中的水结成冰后，导热系数降低。(　　)

3）材料空隙率越高，吸声性能越好。(　　)

4）绝热材料与吸声材料一样，都需要孔隙结构来封闭空隙。(　　)

5）材料的吸声效果越好，其隔声效果越好。（　　）

6）材料吸湿后，会降低其吸声性能。（　　）

7）材料吸湿性越好，其绝热性越好。（　　）

2. 单项选择题

1）石油沥青掺入再生废橡胶粉改性剂，主要目的是提高沥青的（　　）。

A. 黏性　　B. 低温柔韧性

C. 抗拉强度　　D. 抗折强度

2）在建筑中，习惯上把用于控制室内热量外流的材料叫作（　　）。

A. 隔热材料　　B. 保温材料

C. 吸声材料　　D. 装饰材料

3）导热系数越小，则通过材料传递的热量越少，其保温隔热性能（　　）。

A. 越差　　B. 无影响

C. 越好　　D. 不确定

4）各材料中，导热系数大小顺序为（　　）。

A. 金属>有机>非金属　　B. 非金属>金属>有机

C. 有机>非金属>金属　　D. 金属>非金属>有机

5）相同化学组成的材料，（　　）结构的导热系数最大。

A. 结晶　　B. 玻璃体

C. 微晶　　D. 非结晶

6）能减弱或隔断声波传递的材料称为（　　）材料。

A. 吸声　　B. 隔声

C. 隔气　　D. 绝热

7）材料的密度越大，对空气声的反射越大，透射越小，其隔声效果（　　）。

A. 越好　　B. 越差

C. 无影响　　D. 不确定

3. 多项选择题

1）传热的方式有（　　）。

A. 传导　　B. 置换

C. 对流　　D. 辐射

2）绝热材料的力学强度通常采用（　　）。

A. 抗压强度　　B. 抗拉强度

C. 抗折强度　　D. 抗弯强度

3）建筑涂料由（　　）组成。

A. 主要成膜物质　　B. 次要成膜物质

C. 稀释剂　　D. 助剂

4. 简答题

1）什么是吸声材料？吸声材料性能用什么指标表示？

2）影响绝热材料绝热性能的因素有哪些？

3）吸声材料与绝热材料在结构上的区别是什么？为什么？

4）影响多孔吸声材料吸声效果的因素有哪些？

5）为什么不能简单地将一些吸声材料作为隔声材料来使用？

6）请分析用于室外和室内的建筑装饰材料的主要功能的差异。

第11章

沥青及沥青混合料

本章重点

石油沥青的组成、结构、技术性质和技术标准，沥青混合料的配合比设计。

学习目标

掌握石油沥青的组成、结构、技术性质和技术标准；熟悉改性石油沥青、沥青混合料；了解矿质混合料的组成设计、热拌沥青混合料的配合比设计和配制。

沥青——历史回顾

早在公元前3800—2500年，人类就已经开始使用沥青。大约在公元前1600年，古人在约旦河流域的上游开采沥青并一直沿用至今。我国也是最早发现并合理利用沥青的国家之一。公元前50年，人们将沥青溶解于橄榄油中，制造沥青油漆涂料。公元200—300年，沥青被用于农业，用沥青和油的混合物涂于树木受伤的地方，促进组织愈合，也有人在树干上涂刷沥青防治病虫害。

众所周知，沥青是高等级公路中最常用的材料之一。公元前600年，巴比伦出现了第一条沥青路，但这种技术不久便失传了。直至19世纪，人们才又采用沥青铺路。目前，道路沥青已占沥青总消耗量的80%。

11.1 沥青材料

沥青是一种憎水性的有机胶凝材料，是高分子碳氢化合物及其非金属（主要为氧、氮、硫等）衍生物组成的极其复杂的混合物，在常温下呈黑色或黑褐色的固体、半固体或黏稠液体。

沥青按产源可分为地沥青（包括天然沥青、石油沥青）和焦油沥青（包括煤沥青、页岩沥青、木沥青、泥炭沥青）。常用的主要是石油沥青，还有少量的煤沥青。

沥青能与砂、石、砖、混凝土、木材、金属等材料牢固地黏结在一起，具有良好耐蚀性。沥青作为胶结料的沥青混合料是公路路面、机场道面结构的一种主要材料，它也可用于铺路、建筑防水或坝面防渗。它具有良好的力学性能，一定的高温稳定性和低温柔韧性，作为路面具有抗滑性好、噪声小、行车平稳等优点。

11.1.1 石油沥青的组分

石油沥青是石油原油先经蒸馏提炼出各种轻质油（如汽油、柴油等）及润滑油后的残留物，再经加工而得的产品，颜色为褐色或黑褐色。采用不同产地的原油及不同的提炼加工方式，可以得到组成、性质各异的多种石油沥青品种。按用途不同，石油沥青分为道路石油沥青，建筑石油沥青，防水、防潮石油沥青和普通石油沥青。

由于沥青的化学组成十分复杂，对其组成进行分析很困难，且化学组成并不能反映其性质的差异，所以一般不进行沥青的化学分析，而从使用角度将沥青中化学成分及物理力学性质相近的成分划分为若干个组，称为组分（组丛）。各组分含量的多少与沥青的技术性质有直接的关系，可将石油沥青组分分为油分、树脂和地沥青质三大类。

（1）油分　油分为淡黄色至红褐色的油状液体，是沥青中分子量最小、密度最小的组分。石油沥青中油分的含量为 40%~60%，油分赋予沥青以流动性。

（2）树脂　树脂又称沥青脂胶，为黄色至黑褐色黏稠状物质（半固体），分子量比油分大。石油沥青中脂胶的含量为 15%~30%，沥青脂胶使沥青具有良好的塑性和黏性。

（3）地沥青质　地沥青质为深褐色至黑色固态无定形物质（固体粉末），分子量比树脂更大。地沥青质是决定石油沥青温度敏感性、黏性的重要组分，含量在 10%~30%。其含量越高，沥青的温度敏感性越小，软化点越高，黏性越大，也越硬脆。

此外，石油沥青中还含有 2%~3%的沥青碳和似碳物，呈无定形黑色固体粉末状，在石油沥青组分中分子量最大，它会降低石油沥青的黏结力。石油沥青中还含有蜡，蜡也会降低石油沥青的黏结力和塑性，同时对温度特别敏感，即温度稳定性差，因此蜡是石油沥青的有害成分。

11.1.2 石油沥青的技术性质

沥青是憎水性材料，不溶于水，常用于道路工程和建筑防水。为保证工程质量，必须正确选用材料，掌握沥青的主要技术性质，并了解其测试方法。其中，针入度、延度和软化点是评价黏稠石油沥青牌号的三大指标。

1. 黏滞性

石油沥青的黏滞性是指沥青在外力或自重的作用下抵抗变形的一种能力，也反映了沥青软硬、稀稠的程度。黏滞性是划分沥青牌号的主要技术指标，其大小与石油沥青的组分含量和温度有关，当石油沥青中地沥青质含量多、树脂适量、油分含量较少时，黏滞性就大；在一定温度范围内，温度升高，黏滞性会下降，反之黏滞性升高。

沥青黏滞性大小用绝对黏度和相对黏度（条件黏度）表示。绝对黏度的测定方法因材而异，较为复杂，不便于工程上应用，工程上常采用相对黏度来表示。测定相对黏度的主要方法有标注黏度法和针入度法。黏稠石油沥青（固体或半固体）的相对黏度是用针入度仪测定的针入度来表示。针入度值越小，表示黏度越大。

黏稠沥青的针入度测定方法是：在规定的时间（5s）和温度（25±0.1)℃内，以规定质量（100g）的标准针垂直贯入沥青试样的深度（以 0.1mm 为单位）表示。针入度值越大，则黏性越小，表示石油沥青越软。建筑石油沥青、道路石油沥青的针入度值在 1~300（单位为 0.1mm）范围内。

液态石油沥青的黏滞性用标准黏度计测定的黏度表示，即在规定温度（20℃、25℃、30℃或 60℃）下，50mL 液体沥青通过规定直径 d（3mm、5mm 或 10mm）的小孔流出所需要的时间（以 s 为单位），常用符号“$C_{T,d}$”表示，其中 T 为试验温度（℃），d 为孔径（mm），流出的时间越长，表示黏滞性越大。

2. 延度（塑性）

延度（塑性）是指沥青受到外力作用时，产生变形而不破坏，去除外力后不恢复原状，仍保持变形后的形状不变的性质。塑性与树脂含量和温度有关，沥青中树脂含量越高，沥青质表面的沥青膜层越厚，且沥青质和油分适量，则沥青的延度（塑性）越好；温度升高时，沥青的塑性增大。

石油沥青的塑性用延度来表示。延度越大，塑性越好。延度测定是把沥青制成“∞”形标准试件，置于延度仪内（25±0.5）℃水中，以（5±0.25）cm/min 的速度拉伸，用拉断时的伸长度（cm）表示。

沥青的延度与其化学组分、流变特性、胶体结构等存在密切的关系。研究表明，当沥青树脂含量较多，且其他组分含量也适当时，其延展性较好；当沥青化学组分不协调，胶体结构不均匀，含蜡量增加时，沥青的延度相对降低。一般来说，在常温下，延性越好的沥青在产生裂缝时，其自愈能力越强；而在低温时延度越大，则沥青的抗裂性越好。

3. 温度敏感性

沥青胶结料的物理力学特性随温度变化而变化，在不同的温度条件下表现为完全不同的性状，这是沥青材料最具特色而又最重要的性质。沥青作为一种高分子非晶态热塑性物质，没有固定的熔点。当温度升高时，沥青由固态或半固态逐渐软化，沥青分子之间发生相对滑动，此时沥青就像液体一样发生黏性流动，称为黏流态。与此相反，当温度降低时又逐渐由黏流态凝固为固态（高弹态），甚至变硬变脆（像玻璃一样硬脆称为玻璃态）。在相同的温度变化间隔里，各种沥青黏滞性及塑性变化幅度不会相同，工程要求沥青随温度变化而产生的黏滞性及塑性变化幅度应较小，即温度敏感性应小。

温度敏感性，作为沥青重要标志之一，主要表现为稠度的变化，在沥青路面的设计、施工和使用中对工程质量起着重要作用。随着温度变化，沥青的黏滞性和塑性变化程度小，则沥青的温度敏感性小；反之，则温度敏感性大。评价沥青温度敏感性的指标很多，常用的指标是软化点、针入度指数、针入度黏度指数（PVN）、黏度-温度敏感性指数（VTS）等。在工程领域，一般常用软化点指标来评价沥青的温度敏感性。

沥青软化点一般采用环球法软化点仪测定。它是把熔化的沥青试样注入规定尺寸（直径为 15.88mm，高为 6mm）的铜环内，冷却后在试样上放置一标准钢球（直径 9.53mm，重 3.5g），浸入水或甘油中，以规定的升温速度（5℃/min）加热，当沥青软化下垂至规定距离（25.4mm）时的温度（单位为℃），即为沥青软化点。软化点越高，则沥青的温度敏感性越小，耐热性越好。

通常，石油沥青中地沥青质含量较多，在一定程度上能够减小其温度敏感性，在工程使用时往往加入滑石粉、石灰石粉或其他矿物填料来减小其温度敏感性。沥青中蜡含量较多时，则会增大温度敏感性，当温度不太高（60℃左右）时就发生流淌，在温度较低时又易变硬开裂。

4. 大气稳定性

路用沥青在使用的过程中受到储运、加热、拌和、摊铺、碾压、交通荷载及自然因素的作用，会发生一系列的物理化学变化，如蒸发、氧化、脱氢、缩合等，沥青的化学组成发生变化，使沥青老化，路面变硬、变脆。沥青性质随时间而产生不可逆的化学组成结构和物理力学性能变化的过程，称为沥青的老化。抵抗老化的性质称为耐老化性能，其影响因素包括温度、光和水的作用等。

沥青的大气稳定性是指石油沥青在热、阳光、氧气和潮湿等因素的长期综合作用下抵抗老化的性能，它反映沥青的耐久性。因此，可通过沥青的大气稳定性来评判沥青的抗老化性能（耐久性）。通常，温度是影响氧化的主要因素，温度越高，反应速度越快，沥青的老化越快。

可以通过以下测试方法对沥青的老化性能进行评价。

（1）沥青薄膜加热试验和沥青旋转薄膜加热试验　沥青薄膜加热试验（TFOT）与沥青旋转薄膜加热试验（RTFOT）是同一性质的试验，只是试验条件不同。例如美国等沥青标准中规定，沥青旋转薄膜加热试验可用沥青薄膜加热试验代替。由于沥青旋转薄膜加热试验的沥青膜更薄，因此试验时间可缩短且更加接近沥青混合料拌和时的实际情况。两个方法均适用于道路石油沥青、聚合物改性沥青的耐老化性能评定。《公路工程沥青及沥青混合料试验规程》（JTG E20—2011）对两个试验做出了相关规定。

1）沥青薄膜加热试验：沥青薄膜加热试验使用薄膜加热烘箱。试验中，把按规定准备好的试样分别注入 4 个已称质量的盛样皿中，其质量为（50±0.5）g，并形成沥青厚度均匀的薄膜，在薄膜加热烘箱达到 163℃且恒温后，迅速将盛有试样的盛样皿放入烘箱内的转盘，关闭烘箱、开动转盘架，水平转盘以（5.5±1）r/min 的速度旋转，烘箱温度回升至162℃开始计时，在（163±1）℃温度下保持 5h。按需要测定试样的质量变化，测定加热后残留物的针入度、延度、软化点、黏度等性质的变化，以评定沥青的耐老化性能。

2）沥青旋转薄膜加热试验：沥青旋转薄膜加热试验使用旋转薄膜烘箱。试验中，把按规定准备好的试样分别注入不少于 8 个已称质量的盛样瓶中，其质量为（35±0.5）g，将全部盛样瓶放入烘箱环形架各瓶位中，开烘箱门后开启环形架转动开关，以（15±0.2）r/min 的速度转动。同时开始将流速（4000±20）mL/min 的热空气喷入转动着的盛样瓶试样中，烘箱温度应在 10min 回升至（163±0.5）℃，使试样在（163±0.5）℃温度下受热时间不少于75min，总持续时间为 85min。到达时间后，停止环形架转动及喷射热空气，立即逐个取出盛样瓶。将进行质量变化试验的试样放入真空干燥器中，冷却至室温，称取质量，计算质量变化。测定加热后残留物的针入度、延度、软化点、黏度等性质的变化，以评定其耐老化性能。

（2）压力老化容器加速沥青老化试验　《公路工程沥青及沥青混合料试验规程》中压力老化容器加速沥青老化试验规定，该试验方法使用旋转薄膜烘箱试验方法得到的残留物作为试验样品，采用高温和压缩空气在压力容器中对沥青进行加速老化，保持压力容器内目标老化温度和在（2.1±0.1）MPa 的压力达到 20h±10min 后，测定压力老化残留物的性能。

试验的目的是模拟沥青在道路使用过程中发生的氧化老化，用来评价不同沥青在试验温度和压力条件下的抗氧化老化能力，但不能说明混合料因素的影响或沥青实际使用条件下对老化的影响。

（3）沥青蒸发损失试验 《公路工程沥青及沥青混合料试验规程》中沥青蒸发损失试验规定，沥青试样在163℃温度条件下加热并保持5h后的蒸发质量损失，以百分率表示，并以蒸发损失后的残留物进行针入度试验，计算残留物针入度占原试样针入度的百分率，具体见式（11-1）和式（11-2）。

$$蒸发损失百分率=\frac{蒸发前质量-蒸发后质量}{蒸发前质量}\times 100\% \tag{11-1}$$

$$蒸发后针入度比=\frac{蒸发后针入度}{蒸发前针入度}\times 100\% \tag{11-2}$$

蒸发损失百分率越小、蒸发后针入度比越大，则表示沥青大气稳定性越好，即老化越慢。

5. 施工安全性

闪点是指沥青试样在规定盛样器内按规定的升温速度受热时所蒸发的气体与火焰接触，初次发生一瞬即灭的火焰时的温度，以℃为计。

燃点是指在空气中加热时，开始并继续燃烧的最低温度，又称着火点。一般燃点比闪点高约10℃。闪点和燃点的高低表明沥青引起火灾或爆炸的可能性大小，它关系到运输、储存和加热使用等方面的安全性。

《公路工程沥青及沥青混合料试验规程》中沥青闪点与燃点试验用以测定黏稠石油沥青、聚合物改性沥青及闪点79℃以上的液体石油沥青的闪点和燃点，以评定施工安全性。

6. 沥青的溶解度

沥青的溶解度是指石油沥青在三氯乙烯、四氯化碳或苯中溶解的百分率，用以限制有害的不溶物（如沥青碳或似碳物等）含量，不溶物会降低沥青的黏结性。

除此之外，在沥青的生产和使用过程中，还应考虑其防水性能和耐蚀性能。此外，沥青能够溶解于多数有机溶剂中，如汽油、苯、丙酮等，使用时应予以注意。

11.1.3 石油沥青的技术标准与选用

石油沥青按其用途不同，可分为建筑石油沥青、道路石油沥青和普通石油沥青。在土木工程中，常使用的有建筑石油沥青和道路石油沥青。

1. 建筑石油沥青

建筑石油沥青针入度小（黏性大），软化点较高（耐热性较好），但延度较小（塑性较差），主要用于屋面及地下防水、沟槽防水与防腐、管道防腐蚀等工程，还可用于制作油纸、油毡、防水涂料和沥青嵌缝料膏。建筑沥青在使用时制成的沥青胶膜较厚，增大了对温度的敏感性，同时沥青表面又是较强的吸热体，一般同一地区的沥青屋面的表面温度比当地最高气温高25~30℃。为避免夏季流淌，用于屋面的沥青材料的软化点应比本地区屋面最高温度高20℃以上。软化点偏低时，沥青在夏季高温易流淌；而软化点过高时，沥青在冬季低温易开裂。因此，石油沥青应根据气候条件、工程环境及技术要求选用。对于屋面防水工程，需考虑沥青的高温稳定性，选用软化点较高的沥青；对于地下室防水工程，主要应考虑沥青的耐老化性，可选用软化点较低的沥青。

建筑石油沥青按针入度划分为10号、30号和40号三个牌号（见表11-1）。同种石油沥青中，牌号越大，针入度越大（黏性越小），延度（塑性）越大，软化点越低（温度敏感性越大），使用寿命越长。

表 11-1　建筑石油沥青常见标号技术标准

项　　目		10 号	30 号	40 号
针入度(25℃,100g)	/0.1mm	10~25	26~35	36~50
延度(25℃)	不小于/cm	1.5	2.5	3.5
软化点(环球法)	不小于/℃	95	75	60
溶解度(三氯甲烷、三氯乙烯、四氯化碳或苯)	不小于	99%		
蒸发损失(163℃,5h)	不大于	1%		
蒸发后针入度比	不小于	65%		
闪点(开口)	不小于/℃	260		
脆点	/℃	报告		

2. 道路石油沥青

按道路的交通量，道路石油沥青可分为重交通道路石油沥青和中、轻交通道路石油沥青两大类。

重交通道路石油沥青总体技术要求更高，如蜡含量不大于 3.0%，而道路石油沥青蜡含量不大于 4.5%。蜡含量增加会影响沥青路面的抗滑性，从而影响高速公路的性能。重交通道路石油沥青适用于修筑高速公路、一级公路和城市快速路、主干路等重交通道路，也适用于各等级公路、城市道路、机场道面等。

重交通道路石油沥青按其针入度值可分为 AH-130、AH-110、AH-90、AH-70、AH-50 共五个编号，其质量需满足表 11-2 中所规定的要求。

表 11-2　重交通道路石油沥青质量要求

试验项目			沥青标号				
			AH-130	AH-110	AH-90	AH-70	AH-50
针入度(25℃,100g,5s)		/0.1mm	120~140	100~120	80~100	60~80	40~60
延度(5cm/min,15℃)		不小于/cm	100	100	100	100	80
软化点(环球法)		/℃	40~50	41~51	42~52	44~54	45~55
闪点(COC)		不小于/℃	230				
含蜡量(蒸馏法)		不大于(%)	3				
密度(15℃)		/(g/cm³)	实测记录				
溶解度(三氯乙烯)		不小于(%)	99.0				
薄膜加热试验 163℃ 5h	质量损失	不大于(%)	1.3	1.2	1.0	0.8	0.6
	针入度比	不小于(%)	45	48	50	55	58
	延度(25℃)	不小于/cm	75	75	75	50	40
	延度(15℃)	/cm	实测记录				

注：1. 有条件时，应测定沥青 60℃温度的动力黏度（Pa·s）及 135℃温度的运动黏度（mm^2/s），并在检验报告中注明。

2. 对高速公路、一级公路和城市快速路、主干路的沥青路面，如有需要，用户可对薄膜加热试验后的 15℃延度、黏度等指标向供方提出要求。

中、轻交通道路石油沥青主要用于二级以下公路和城市次干路、支路等一般的道路路面、车间地面等工程。按照国家标准，中、轻交通道路石油沥青可分为 A-200、A-180、A-140、A-100、A-60 共五个编号，其质量要求需满足表 11-3 中的规定。

道路石油沥青的牌号较多，选用时应根据地区气候条件、施工季节气温、路面类型、施工方法等按照有关标准选用。对于冬季寒冷地区或交通量较少的地区，宜选用稠度小、低温延度大的沥青，减少低温开裂。对于日温差、年温差大的地区宜选用针入度指数大的沥青。对于夏季温度高、高温持续时间长的地区，重载交通路段，山区上坡路段宜选用稠度大、黏度大的沥青，以保证夏季路面有足够的稳定性。

表 11-3 中、轻交通道路石油沥青质量要求

试验项目			沥青标号						
			A-200	A-180	A-140	A-100 甲	A-100 乙	A-60 甲	A-60 乙
针入度(25℃,100g,5s)		/0.1mm	200~300	160~200	120~160	90~120	80~120	50~80	40~80
延度(25℃,5cm/min)		不小于/cm	—	100	100	90	60	70	40
软化点(环球法)		/℃	30~45	30~45	38~48	42~52	42~52	45~55	45~55
溶解度(三氯乙烯)		不小于(%)	99.0	99.0	99.0	99.0	99.0	99.0	99.0
蒸发损失试验 163℃ 5h	质量损失	不大于(%)	1	1	1	1	1	1	1
	针入度比	不小于(%)	50	60	60	65	65	70	70
闪点(COC)		不小于/℃	180	200	230	230	230	230	230

注：当 25℃延度达不到 100cm 时，如 15℃延度不小于 100cm，也认为是合格的。

此外，道路石油沥青还可作为密封材料、黏结剂及沥青涂料。在土木工程中，一般选用黏性较大和软化点较高的道路石油沥青。

11.2 改性石油沥青

通常由石油加工厂生产的沥青并不能完全满足土木工程对沥青的性能要求，即良好的低温柔韧性、足够的高温稳定性、一定的抗老化性能力、较强的黏附力，以及对构件变形有良好的适应性和耐疲劳性能等。因此，常用矿物填料和高分子合成材料对沥青进行改性，即得到改性石油沥青。改性石油沥青主要用于生产防水材料。

通过对沥青材料的改性，可以改善以下几个方面的性能：

1）提高高温抗变形能力，增强沥青路面的抗车辙性能。

2）提高沥青的弹性，增强抗低温和抗疲劳开裂性能。

3）提高抗老化能力，延长沥青路面的使用寿命。

4）改善沥青与石料的黏附性。

改性沥青可分为橡胶改性沥青、树脂改性沥青、橡胶树脂改性沥青和矿物填充剂改性沥青等。

11.2.1 橡胶改性沥青

橡胶改性沥青是在沥青中掺入适量的橡胶后使其改性的产品。沥青与橡胶的相溶性较好，混溶后的改性沥青高温变形很小，低温时具有一定塑性。改性时所用的橡胶有天然橡胶、合成橡胶（氯丁橡胶、丁基橡胶和丁苯橡胶等）和再生橡胶。使用不同品种橡胶掺入的量和方法不同，形成的改性沥青性能也不同。

1. 氯丁橡胶改性沥青

沥青中掺入氯丁橡胶后，其气密性、低温柔韧性、耐化学腐蚀性、耐气候性等获得大大改善。氯丁橡胶改性沥青的生产方法有溶剂法和水乳法。溶剂法是先将氯丁橡胶溶于一定的溶剂中形成溶液，再掺入沥青中，混合均匀即成氯丁橡胶改性沥青。水乳法是将橡胶和石油沥青分别制成乳液，再混合均匀即可使用。氯丁橡胶改性沥青可用于路面的稀浆封层和制作密封材料和涂料等。

2. 丁基橡胶改性沥青

丁基橡胶（IIR）是异丁烯-异戊二烯的共聚物，其中以异丁烯为主。由于丁基橡胶的分子链排列很整齐，而且不饱和程度很小，因此其抗拉强度高，耐热性和抗扭曲性均较强。用其改性的丁基橡胶沥青具有优异的耐分解性，并有较好的低温抗裂性和耐热性，多用于道路路面工程和制作密封材料和涂料。丁基橡胶改性沥青的配制方法与氯丁橡胶改性沥青类似，但更简单。将丁基橡胶碾切成小片，于搅拌条件下把小片加到100℃的溶剂中（不得超过110℃），制成浓溶液。同时将沥青加热脱水熔化成液体状沥青。通常在100℃左右，把两种液体按比例混合搅拌均匀进行浓缩15~20min，以达到要求性能指标。丁基橡胶在混合物中的含量一般为2%~4%。同样也可以分别先将丁基橡胶和沥青制备成乳液，再按比例把两种乳液混合即可。

3. 再生橡胶改性沥青

再生橡胶改性沥青是将再生橡胶掺入沥青中，便于大大提高沥青的气密性、低温柔韧性、耐光（热）性、耐臭氧性和耐气候性。再生橡胶沥青材料的制备，可以先将废旧橡胶加工成1.5mm以下的颗粒，再与沥青混合，经加热、搅拌、脱硫后，就能得到具有一定弹性、塑性和良好黏结力的再生橡胶沥青材料。废旧橡胶的掺量视需要而定，一般为3%~5%。也可在热沥青中加入适量磨细的废旧橡胶并强烈搅拌，进而得到废旧橡胶改性沥青。胶粉改性沥青质量的好坏，主要取决于混合的温度、橡胶的种类和细度、沥青的质量等。废旧橡胶粉加入到沥青中，可明显提高沥青的软化点，降低沥青的脆点。

再生橡胶改性沥青可以制成卷材、片材、密封材料、胶黏剂和涂料等。

11.2.2　树脂改性沥青

用树脂对沥青实现改性，可以改善沥青的低温柔韧性、耐热性、黏结性、不透气性和抗老化性能。一般树脂和石油沥青的相溶性较差，但与煤焦油及煤沥青的互溶性较好。目前，用于改性的树脂主要有PVC、APP、SBS等。

1. 聚氯乙烯（PVC）改性煤焦油

PVC在一定温度下，与煤焦油能较好地互溶，生产中将PVC树脂经强烈搅拌，加入熔化的煤焦油并拌和均匀，可获得PVC改性煤焦油。

经PVC改性的煤焦油，既具有较好的高温稳定性和低温柔韧性，又改善了拉伸强度、延伸率、耐蚀性和不透水性及抗老化性，主要用于密封材料。

2. APP改性煤焦油

APP是丙烯（propylene，PP）的一种，属无规聚丙烯，其甲基无规律地分布在主链两侧。

无规聚丙烯常温下呈白色橡胶状，无明显的熔点，生产时将APP加入熔化沥青中，经剧烈搅拌均匀可获得APP改性沥青。

APP改性沥青中，APP形成网络结构，与石油沥青相比，APP改性沥青的软化点高、延度大、冷脆点降低、黏度增大、耐热性和抗老化性优异，特别适用于气温较高的地区制造防水卷材。

3. SBS改性煤焦油

SBS是以丁二烯、苯乙烯为单体，加溶剂、引发剂、活化剂，以阴离子聚合反应生成的共聚物。SBS在常温下不需要硫化就可以具有很好的弹性，当温度升到180℃时，它不仅可以变软、熔化，易于加工，而且具有多次的可塑性。SBS用于沥青的改性，可明显改善沥青的高温和低温性能。SBS改性沥青已是目前世界上应用最广泛的改性沥青材料之一。

11.2.3 橡胶树脂改性沥青

将橡胶和树脂同时用于改善沥青的性质，可使沥青同时具有橡胶和树脂的特性。树脂比橡胶便宜，橡胶和树脂又有较好的混溶性，改性效果较好。橡胶、树脂和沥青在加热熔融状态下，沥青与高分子聚合物之间的某些链节扩散进入沥青分子中，形成凝聚的网状混合结构，可以得到较优良的性能。配制时，采用的原材料品种、配比、制作工艺不同，可以得到很多性能各异的产品，如卷、片材，密封材料，防水材料等。

11.2.4 矿物填充剂改性沥青

为了提高沥青的黏结能力和耐热性，降低沥青的温度敏感性，经常加入一定数量（通常不宜超过15%）的矿物填充料进行改性。常用的改性矿物填充料大多是粉状和纤维状的，主要是滑石粉、石灰石粉和石棉等。

滑石粉的主要化学成分是含水硅酸镁（$3MgO \cdot SiO_2 \cdot H_2O$），属于亲油性矿物，易被沥青润湿，是很好的矿物填充料，可以提高沥青的机械强度和抗老化性能，可用于具有耐酸、耐碱、耐热和绝缘性的沥青制品中。

石灰石粉的主要成分是碳酸钙，属于亲水性矿物。但由于石灰石粉与沥青中的酸性树脂有较强的物理和化学吸附力，因此石灰石粉与沥青可形成稳定的混合物。

石棉或石棉粉的主要成分为钠钙镁铁的硅酸盐，呈纤维状，富有弹性，内部有很多微孔，吸油（沥青）量大，掺入后可提高沥青的抗拉强度和热稳定性。

【工程实例分析11-1】

每到冬天，河南中部某地小明家附近的沥青路面总会出现一些裂缝，裂缝大多是横向的，几乎为等距离间距，在冬天裂缝尤其明显。对此问题，运用所学的知识，综合分析如下：

（1）路基不结实的可能性可排除　此路段路基很结实，路面没有明显塌陷，而且这种原因一般只会引起纵向裂缝。因此，填土未压实，路基产生不均匀沉陷或冻胀作用的可能性可以排除。

（2）路面强度不足，负载过大的可能性可排除　马路在家附近，平时很少见有重型车辆、负载过大的车辆经过，而且路面没有明显塌陷。如果因强度不足而引起的裂缝应大多是网裂和龟裂，而此裂缝大多横向，有少许龟裂。由此可知不是路面强度不足、负载过大所致。

（3）初步判断是因沥青材料老化及低温所致　从裂缝的形状来看，沥青老化、低温引起的裂缝大多为横向，裂缝几乎为等距离间距，这与该路面破损情况吻合。该路已修筑多年，沥青老化后变硬、变脆，延伸性下降，低温和定性变差，容易产生裂缝、变得松散。在冬天，气温下降，沥青混合料受基层的约束而不能收缩，产生了应力，应力超过沥青混合料的极限抗拉强度，路面便产生开裂，因此冬天裂缝尤为明显。

11.3　沥青混合料

11.3.1　沥青混合料的特点和种类

1. 沥青混合料的特点

沥青混合料是指由矿料（粗集料、细集料、矿粉）与沥青拌和而成的混合料，是高等级公路最主要的路面材料。

作为路面材料，它具有许多其他材料无法比拟的优越性，具体如下：

1）沥青混合料是一种弹-塑-黏性材料，具有良好的力学性能以及一定的高温稳定性和低温抗裂性。它不需设置施工缝和伸缩缝。

2）路面平整且有一定的粗糙度，即使在雨天也有较好的抗滑性；黑色路面无强烈反光，行车比较安全；路面平整且有弹性，能减振降噪，行车较为舒服。

3）施工方便快速，能及时开放交通。

4）经济耐久，并可分期改造和再生利用。

但是，沥青混合料路面也存在着一些问题，如温度敏感性和老化现象等。

2. 沥青混合料的种类

沥青混合料有不同的分类方法：

1）按胶结材料的种类不同，沥青混合料可分为石油沥青混合料和煤沥青混合料。

2）按集料的最大粒径，沥青混合料可分为特粗式、粗粒式、中粒式、细粒式和砂粒式等。

3）按施工温度，沥青混合料可分为热拌热铺沥青混合料、热拌冷铺沥青混合料和冷拌冷铺沥青混合料。

4）按集料级配类型，沥青混合料可分为连续级配沥青混合料、间断级配沥青混合料。

5）按用途，沥青混合料可分为路用沥青混合料、机场道面沥青混合料、桥面铺装用沥青混合料等。

6）按特性，沥青混合料可分为防滑式沥青混合料、排水性沥青混合料、高强沥青混合料、彩色沥青混合料等。

11.3.2　沥青混合料的组成结构

沥青混合料是由沥青、粗细集料和矿粉按一定比例拌和而成的一种复合材料。按矿质骨架的结构状况，其组成结构分为以下三个类型。

（1）悬浮密实结构　当采用连续密级配矿质混合料与沥青组成的沥青混合料时，矿质材料由大到小形成连续级配的密实混合料，由于粗集料的数量较少，细集料的数量较多，较大颗粒被小一些的颗粒挤开，使粗集料以悬浮状态存在于细集料之间，不能直接接触形成骨架，如图 11-1a 所示，这种结构的沥青混合料虽然密度和强度较高，黏聚力高，但是高温稳定性较差。

（2）骨架空隙结构　当采用连续开级配矿质混合料与沥青组成的沥青混合料时，粗集料较多，彼此紧密相接，细集料的数量较少，不足以充分填充空隙，形成骨架空隙结构，如

图 11-1b 所示。沥青碎石混合料多属于此类型，这种结构的沥青混合料，粗集料能充分形成骨架，集料之间的嵌挤力和内摩阻力起重要作用。因此，这种沥青混合料受沥青材料性质的变化影响较小，热稳定性较好，但沥青与矿料的黏结力较小、空隙率大，耐久性较差。

（3）骨架密实结构　当采用间断型级配矿质混合料与沥青组成的沥青混合料时，是综合以上两种结构优势的一种结构。它既有一定数量的粗集料形成骨架，又根据粗集料空隙的多少加入适量细集料，使之填满骨架空隙，形成较高的密实度，如图 11-1c 所示。这种结构的沥青混合料，密实度、强度和稳定性都较好，黏聚力较高，是一种较理想的结构类型。

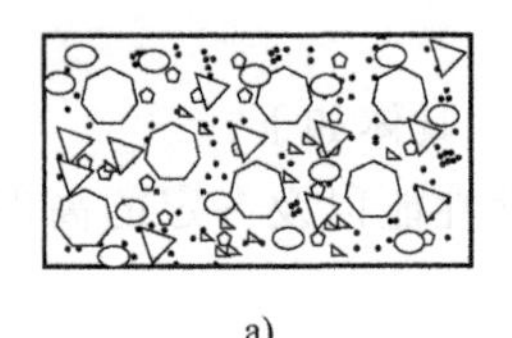
a)

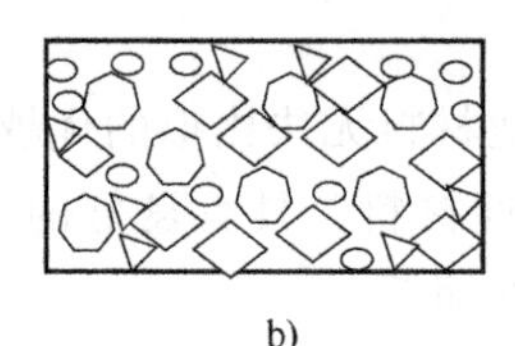
b)

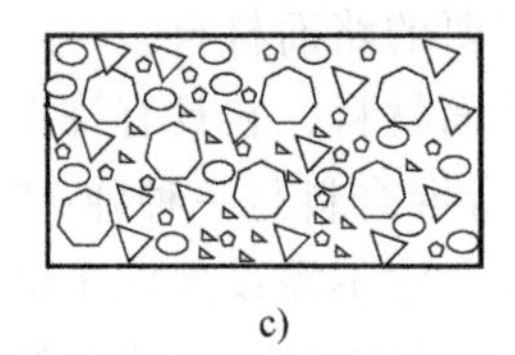
c)

图 11-1　沥青混合料的组成结构示意图

a）悬浮密实结构　b）骨架空隙结构　c）骨架密实结构

11.3.3　沥青混合料的技术性质

沥青混合料作为沥青路面的面层材料，承受车辆行驶反复荷载和气候因素的作用，沥青混合料应具有高温稳定性、低温抗裂性、耐久性、抗滑性及施工和易性等技术性质，以保证沥青路面的施工质量和使用性能。

1. 高温稳定性

沥青混合料的高温稳定性是指在高温条件下，沥青混合料承受多次重复荷载作用而不发生过大的累积塑性变形的能力。高温稳定性良好的沥青混合料在车轮引起的垂直力和水平力的综合作用下，能抵抗高温的作用，保持稳定而不产生车辙、波浪、泛油、黏轮等破坏现象。

沥青混合料的高温稳定性，通常采用高温强度与稳定性作为主要技术指标。常用的测试评定方法有马歇尔稳定度试验法、无侧限抗压强度试验法、史密斯三轴试验等。

马歇尔稳定度试验法比较简便，既可以用于混合料的配合比设计，也便于工地现场质量检验，因此得到广泛应用，我国国家标准也采用了这一方法。但该方法仅适用于热拌沥青混合料。尽管马歇尔稳定度试验方法简便，但多年的实践和研究认为，马歇尔稳定度试验在用于混合料配合比设计决定沥青用量和施工质量控制时，并不能正确地反映沥青混合料的抗车辙能力。

马歇尔稳定度试验通常测定的是马歇尔稳定度 MS、流值 FL 和马歇尔模数 T。马歇尔稳定度是指标准尺寸试件在规定温度和加荷速度下，在马歇尔试验仪中的最大破坏荷载；流值是达到最大破坏荷重时试件的垂直变形；而马歇尔模数是稳定度除以流值的商，即

$$T=10\times\frac{\mathrm{MS}}{\mathrm{FL}} \tag{11-3}$$

式中　T——马歇尔模数（kN/mm）；

MS——稳定度（kN）；

FL——流值（0.1mm）。

车辙试验测定的是动稳定度，沥青混合料的动稳定度是指标准试件在规定温度下，一定荷载的试验车轮在同一轨迹上，在一定时间内反复行走（形成一定的车辙深度）产生 1mm 变形所需的行走次数。

$$DS = \frac{(t_2 - t_1)N}{d_2 - d_1} C_1 C_2 \tag{11-4}$$

式中 DS——沥青混合料的动稳定度（次/mm）；

d_1、d_2——时间 t_1、t_2 的变形量（mm）；

N——往返碾压速度（次/mm），通常为 42 次/mm；

C_1、C_2——试验机和试样修正系数。

2. 低温抗裂性

冬季气温急剧下降时，沥青混合料的柔韧性大大降低，在行车荷载产生的应力和温度下降引起的材料收缩应力联合作用下，沥青路面会产生横向裂缝，降低使用寿命。

选用黏度相对较低的沥青或橡胶改性沥青，适当增加沥青用量，可增强沥青混合料的柔韧性，防止或减少沥青路面的低温开裂。

3. 耐久性

沥青混合料的耐久性，是指在长期受自然因素（阳光、温度、水分等）的作用下抗老化的能力、抗水损害的能力，以及在长期行车荷载作用下抗疲劳破坏的能力。水损害是指沥青混合料在水的侵蚀作用下，沥青从集料表面发生剥落，使集料颗粒失去黏结作用，从而导致沥青路面出现脱落、松散，进而形成坑洞。

选用耐老化性能好的沥青，适当增加沥青用量，采用密实结构，都有利于提高沥青路面的耐久性。

4. 抗滑性

雨天路滑是交通事故的主要原因之一，对于快速干道，路面的抗滑性尤为重要。沥青路面的抗滑性能与集料的表面结构（粗糙度）、级配组成、沥青用量等因素有关。选用质地坚硬、具有棱角的碎石集料，适当增大集料粒径，减少沥青用量等措施，都有助于提高路面的抗滑性。

5. 施工和易性

要获得符合设计性能的沥青路面，沥青混合料应具备良好的施工和易性，使混合料易于拌和、摊铺和碾压施工。影响和易性的主要因素是集料级配和沥青用量。采用连续级配集料，沥青混合料易于拌和均匀，不产生离析。如果细集料用量过少，沥青层不容易均匀地包裹在粗颗粒表面；如果细集料用量过多，则拌和困难。如果沥青用量过少，混合料容易出现疏松，不易压实；如果沥青用量过多，则混合料容易黏结成块，不易摊铺。

11.3.4 沥青混合料的技术指标

1. 稳定度和残留稳定度

稳定度是评价沥青混合料高温稳定性的指标，残留稳定度反映沥青混合料受水损害时抵抗剥落的能力，即水稳定性。

2. 流值

流值是评价沥青混合料抗塑性变形能力的指标。在马歇尔稳定度试验时，当达到最大荷载时试件的垂直压缩变形值，即此时流值表上的读数，即为流值（FL），以 0.1mm 计。

3. 空隙率

空隙率是评价沥青混合料密实程度的指标，是指压实沥青混合料中空隙的体积占沥青混合料总体积的百分率，由理论密度（绝对密度）和实测密度（容积密度/体积密度）计算而得。空隙率大的沥青混合料，其抗滑性和高温稳定性都比较好，但其抗渗性和耐久性明显降低，对强度也有不利影响，因此沥青混合料应有合理的空隙率。

4. 饱和度

饱和度又称沥青填隙度，即压实沥青混合料中沥青体积占矿料以外体积的百分率。饱和度过小，沥青难以充分裹覆矿料，影响沥青混合料的黏聚性，降低沥青混凝土的耐久性；饱和度过大，减少了沥青混凝土的空隙率，妨碍夏季沥青体积膨胀，引起路面泛油，降低沥青混凝土的高温稳定性。因此，沥青混合料应有适当的饱和度。

11.4 矿质混合料的组成设计

矿质混合料组成设计的目的，是让各种矿料以最佳比例混合，从而在加入沥青后，使得沥青混凝土既密实，又有一定空隙，适应夏季沥青膨胀。

为了应用已有的研究成果和实践经验，通常采用推荐的矿质混合料级配范围来确定矿质混合料的组成，依下列步骤进行：

（1）确定沥青混合料类型和集料最大粒径　应根据道路等级，所处路面结构的层次、气候条件等，按表 11-4 选定沥青混合料的类型和集料最大粒径。

表 11-4　沥青混合料类型和集料最大粒径

结构层次	高速公路、一级公路、城市快速路、主干路		其他等级公路	城市道路
	三层式路面	二层式路面		
上层面	AC-13　AK-13 AC-16　AK-16 AC-20	AC-13　AK-13 AC-16　AK-16	AC-13 AC-16	AC-5　AK-13 AC-10　AK-16 AC-13
中面层	AC-20 AC-25	— —	— —	AC-20 AC-25
下层面	AC-20 AC-30	AC-20 AC-25	AC-20　AM-25 AC-25　AM-20 AC-30	AC-20 AM-25 AC-25 AM-20

（2）矿质混合料级配范围的确定　根据已确定的沥青混合料类型，按表 11-5 查阅矿质混合料的级配范围。

（3）矿料配合比的计算　根据粗集料、细集料和矿粉筛析试验结果，计算出符合级配要求范围的各矿料用量比例。计算可采用试算法，即先估计一个各矿料用量比例，再按该比例计算出合成级配，如不符合要求，调整后再计算，直到符合预定的级配为止。用计算机能够极大地提高计算的效率，如果没有专业的软件，推荐使用 Excel。在 Excel 中使用公式或 VBA 可以方便快速地计算出符合要求的矿料配比。

表 11-5　矿质混合料的级配范围

级配类型			通过下列筛孔(方孔筛,mm)颗粒的质量分数(%)															沥青用量(质量分数,%)
			53.0	37.5	31.5	26.5	19.0	16.0	13.2	9.5	4.75	2.36	1.18	0.6	0.3	0.15	0.075	
沥青混凝土	粗粒	AC-30 Ⅰ		100	90~100	79~92	66~88	59~77	52~72	43~63	32~52	25~42	18~32	13~25	8~18	5~13	3~7	4~6
		AC-30 Ⅱ		100	90~100	65~85	52~70	45~65	38~58	30~50	18~38	12~28	8~20	4~14	3~11	2~7	1~5	3~5
		AC-25 Ⅰ			100	95~100	75~90	62~80	53~73	43~63	32~52	25~42	18~32	13~25	8~18	5~13	3~7	4~6
		AC-25 Ⅱ			100	90~100	65~85	52~70	42~62	32~52	20~40	13~30	9~23	6~16	4~12	3~8	2~5	3~5
	中粒	AC-20 Ⅰ				100	95~100	75~90	62~80	52~72	38~58	28~46	20~34	15~27	10~20	6~14	4~8	4~6
		AC-20 Ⅱ				100	90~100	65~85	52~70	40~60	26~45	16~33	11~25	7~18	4~13	3~9	2~5	3.5~5.5
		AC-16 Ⅰ					100	95~100	75~90	58~78	42~63	32~50	22~37	16~28	11~21	7~15	4~8	4~6
		AC-16 Ⅱ					100	90~100	65~85	50~70	30~50	18~35	12~26	7~19	4~14	3~9	2~5	3.5~5.5
	细粒	AC-13 Ⅰ						100	95~100	70~88	48~68	36~53	24~41	18~30	12~22	8~16	4~8	4.5~6.5
		AC-13 Ⅱ						100	90~100	60~80	34~52	22~38	14~28	8~20	5~14	3~10	2~6	4~6
		AC-10 Ⅰ							100	95~100	55~75	38~58	26~43	17~33	10~24	6~16	4~9	5~7
		AC-10 Ⅱ							100	90~100	40~60	24~42	15~30	9~22	6~15	4~10	2~6	4.5~6.5
	砂粒	AC-5 Ⅰ								100	95~100	55~75	35~55	20~40	12~28	7~18	5~10	6~8
沥青碎石	特粗	AM-40	100	90~100	50~80	40~65	30~54	25~30	20~45	13~38	5~25	2~15	0~10	0~8	0~6	0~5	0~4	2.5~4
	粗粒	AM-30		100	90~100	50~80	38~65	32~57	25~50	17~42	8~30	2~20	0~15	0~10	0~8	0~5	0~4	2.5~4
		AM-25			100	90~100	50~80	43~73	38~65	25~55	10~32	2~20	0~14	0~10	0~8	0~6	0~5	3~4.5
	中粒	AM-20				100	90~100	60~85	50~75	40~65	15~40	5~22	2~16	1~12	0~10	0~8	0~5	3~4.5
		AM-16					100	90~100	60~85	45~68	18~42	6~25	3~18	1~14	0~10	0~8	0~5	3~4.5
	细粒	AM-13						100	90~100	50~80	20~45	8~28	4~20	2~16	0~10	0~8	0~6	3~4.5
		AM-10							100	85~100	35~65	10~35	5~22	2~16	0~12	0~9	0~6	3~4.5
抗滑表层		AK-13A						100	90~100	60~80	30~53	20~40	15~30	10~23	7~18	5~12	4~8	3.5~5.5
		AK-13B						100	85~100	50~70	18~40	10~30	8~22	5~15	3~12	3~9	2~6	3.5~5.5
		AK-16					100	90~100	60~82	45~70	25~45	15~35	10~25	8~18	6~13	4~10	3~7	3.5~5.5

通常情况下，合成级配曲线宜尽量接近设计级配范围的中值，尤其是 0.075mm、2.36mm 和 4.75mm 筛孔的通过量：对交通量大、车载重的公路，宜偏向级配范围的下（粗）限，对中小交通量或人行道路等宜偏向级配范围的上（细）限。

11.5 热拌沥青混合料的配合比设计

沥青混合料配合比设计的任务是确定粗集料、细集料、矿粉和沥青等材料相互配合的最佳组成比例，使沥青混合料的各项指标既达到工程要求，又符合经济性原则。对于热拌沥青混合料的目标配合比设计宜按图 11-2 所示进行。

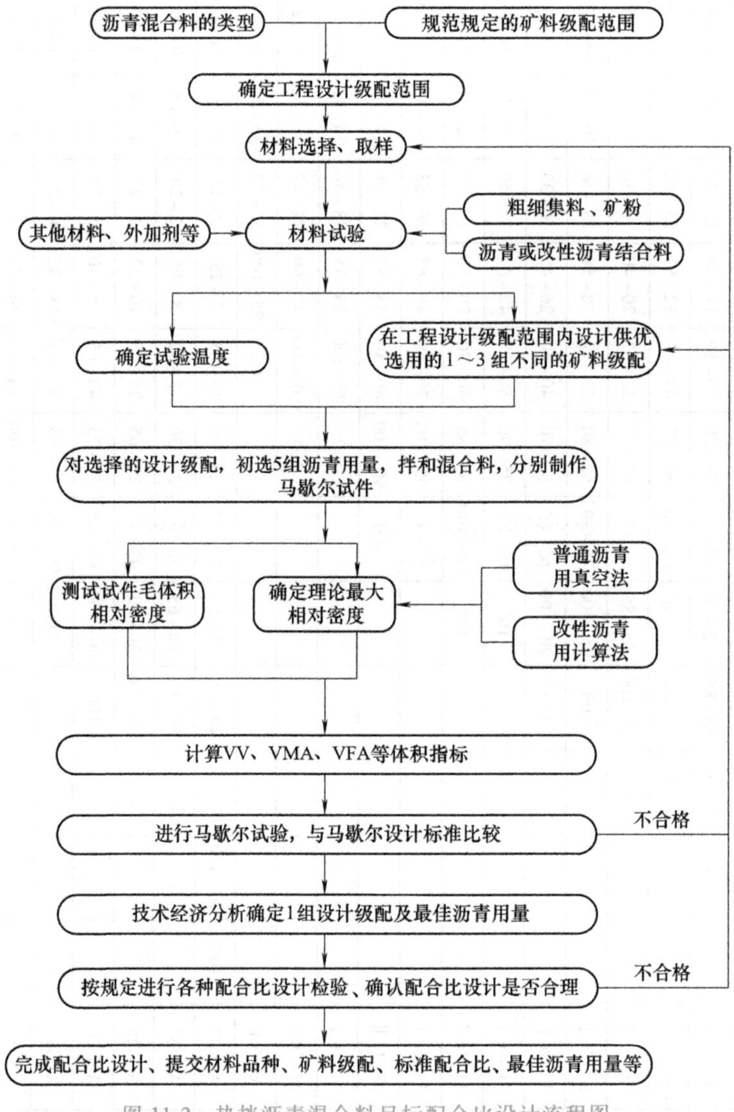

图 11-2　热拌沥青混合料目标配合比设计流程图

基于图 11-2 分析，可把热拌沥青混合料的配合比设计大概分为目标配合比设计、生产配合比设计和生产配合比验证三大阶段，具体如下。

1. 目标配合比设计

目标配合比设计在实验室进行，分矿质混合料组成设计和沥青最佳用量确定两大部分。

（1）矿质混合料的组成设计　具体见11.4节相关内容要求。

（2）沥青最佳用量的确定　沥青用量即在沥青混合料中沥青的质量分数。

目前，我国采用的是马歇尔稳定度试验法来确定沥青最佳用量，其步骤如下。

1）制作马歇尔试件：按照所设计的矿料配合比配制5组分矿质混合料，每组按照规范推荐的沥青用量范围加入适量的沥青，沥青用量按0.5%间隔递增，拌和均匀，制成马歇尔试件。

2）测定物理性能：根据集料吸水率大小和沥青混合料的类型，采用合适的方法测出试件的密测密度，并计算出理论密度、空隙率、沥青饱和度等物理指标。

3）测定马歇尔稳定度和流值。

4）测定沥青最佳用量。

以沥青用量为横坐标，以实测密度、空隙率、饱和度、稳定度和流值为纵坐标，画出关系曲线（见图11-3）。

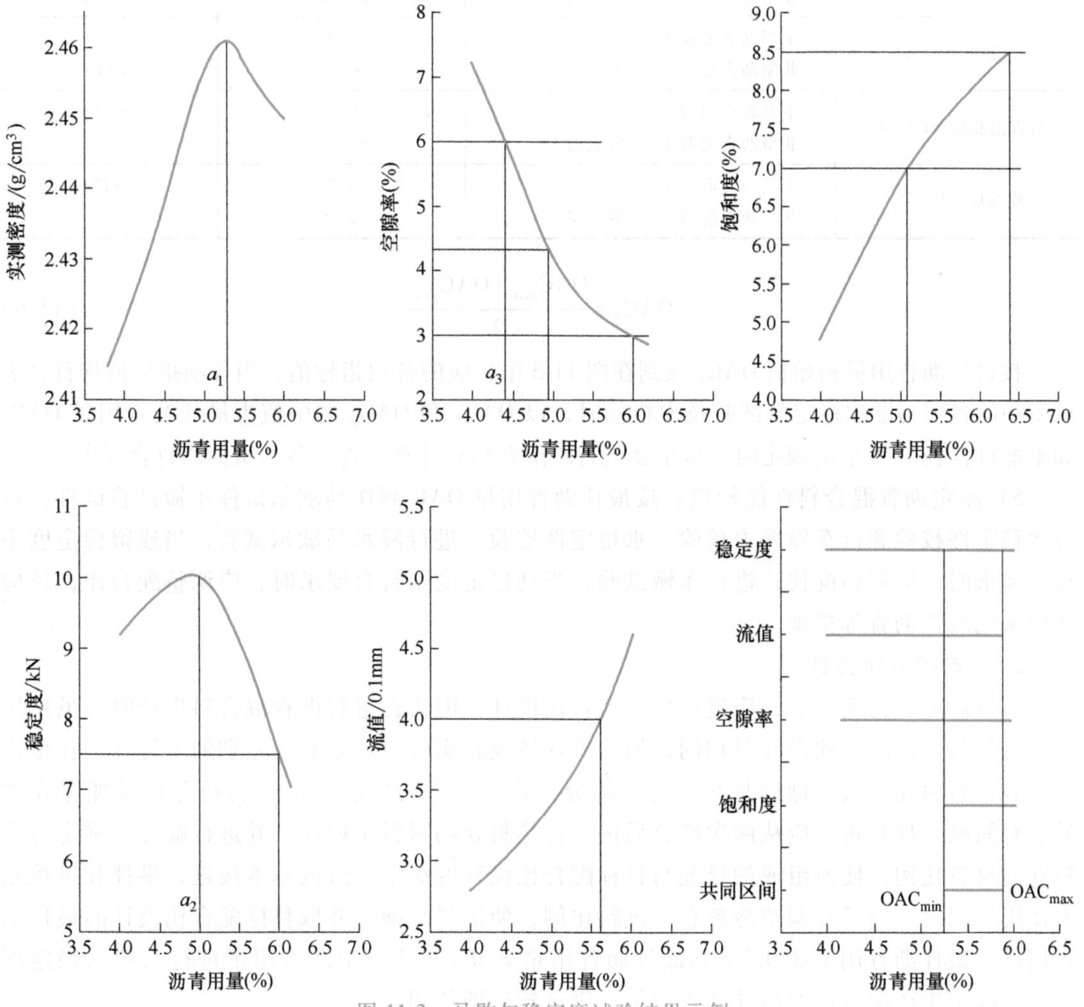

图11-3　马歇尔稳定度试验结果示例

从图 11-3 中取相对密度最大值的沥青用量 a_1、相应于稳定度最大值的沥青用量 a_2、相应于规定空隙率范围中值的沥青用量 a_3，以三者平均值作为最佳沥青用量的初始值 OAC_1，即

$$OAC_1 = \frac{a_1 + a_2 + a_3}{3} \tag{11-5}$$

根据表 11-6 中技术指标的范围来确定各关系曲线上沥青用量的范围，取各关系曲线上各沥青用量范围的共同部分，即为沥青最佳用量范围 $OAC_{min} \sim OAC_{max}$，求其中值为 OAC_2，计算为式（11-6）。

表 11-6 热拌沥青混合料技术指标

技术指标	沥青混合料	高速公路、一级公路、城市快速路、主干路	其他等级公路、城市道路
稳定度 MS/kN	Ⅰ型沥青混凝土	>7.5	>5.0
	Ⅱ型沥青混凝土、抗滑表层	<5.0	>4.0
流值 FL/0.1mm	Ⅰ型沥青混凝土	20~40	20~45
	Ⅱ型沥青混凝土、抗滑表层	20~40	20~45
空隙率 VV(%)	Ⅰ型沥青混凝土	3~6	3~5
	Ⅱ型沥青混凝土、抗滑表层	4~10	4~10
沥青饱和度 VFA(%)	Ⅰ型沥青混凝土	70~85	70~85
	Ⅱ型沥青混凝土、抗滑表层	60~75	60~75
残留稳定度 MS_0	Ⅰ型沥青混凝土	>75	>75
	Ⅱ型沥青混凝土、抗滑表层	>70	>70

$$OAC_2 = \frac{OAC_{min} + OAC_{max}}{2} \tag{11-6}$$

按最佳沥青用量初始值 OAC_1 找到在图 11-3 中相应的各项指标值，当各项指标值均符合表 11-6 中的各项马歇尔稳定度试验技术指标时，以 OAC_1 和 OAC_2 的中值为最佳沥青用量 OAC。如不能符合表 11-6 中的规定时，应重新进行级配调整和计算，直至各项指标均符合要求。

5）测定沥青混合料性能校核：按最佳沥青用量 OAC 制作马歇尔试件车辙试验试件，进行水稳定性校验和抗车辙能力校验。水稳定性校验，进行浸水马歇尔试验，当残留稳定度不符合要求时，应调整配比；进行车辙试验，当动稳定度不符合要求时，应调整配合比，还应考虑采用改性沥青等措施。

2. 生产配合比设计

在目标配合比确定后，应进行生产配合比设计。因为在进行沥青混合料生产时，虽然所用的材料与目标配合比设计时相同，但是实际情况较实验室还是有所差别的。另外，在生产时，砂、石料先经过干燥筒加热，再经筛分，热料筛分与实验室的冷料筛分也可能存在差异。对间歇式拌和机，应从两次筛分后进入各热料仓的材料中取样，并进行筛分，确定各热料仓的材料比例，使所组成的级配与目标配合比设计的级配一致或基本接近，供拌和机控制室使用。同时，应反复调整冷料仓库进料比例，使供料均衡，并取目标配合比设计的最佳沥青用量、最佳沥青用量加 0.3%和最佳沥青用量减 0.3%这三个沥青用量进行马歇尔稳定度试验，确定生产配合比的最佳沥青用量，供试样试铺使用。

3. 生产配合比验证

生产配合比确定后，还需要铺试验路段，并用拌和的沥青混合料进行马歇尔稳定度试验，同时钻芯取样，以检验生产配合比，如符合标准要求，则整个配合比设计完成，由此确定生产用的标准配合比；否则，还需要进行调整。

标准配合比即作为生产的控制依据和质量检验的标准。标准配合比的矿料合成级配中，0.075mm、2.36mm、4.75mm 三档筛孔的通过率，应接近要求级配的中值。

【工程实例分析 11-2】　试分析某公路出现高温损坏的原因

现象：南方某高速公路在通车一年后，仅经过一个炎热夏季，部分路段的沥青路面出现较大面积的泛油，表面构造深度迅速下降，局部行车标志线出现明显推移。经路面取芯试样的分析表明，部分路段沥青用量超出设计用量的 0.3%以上，且矿料级配偏细，4.75mm 以下颗粒含量过多。工程选用混合料类型为 AC-13F 型，沥青采用的 A-70 沥青，对沥青回收试验结果显示，沥青质量没有问题。请分析原因，并提出有效的防治措施。

原因分析：从病害现象上看，是由于沥青路面的高温稳定性不足引起的。路面出现高温稳定性不足的原因是多方面的，材料原因、设计原因、施工原因均有可能。从本案例看，原设计 AC-13F 型混合料矿料级配偏细，粗集料较少，骨架结构难以形成，严重影响混合料的抗剪强度。同一配合比，但是仅部分路段出现上述损坏，说明在施工中质量控制不到位。部分路段沥青用量出现较大偏差，而沥青用量偏大将明显降低路面抵抗永久变形的能力，矿料 4.75mm 通过百分率比原设计的通过百分率大，进一步为路面高温稳定性带来隐患。

防治措施：该地区夏季炎热，高温稳定性破坏是路面的主要损坏形式之一，因此，在混合料设计上可选用 AC-13C 或 AC-16F 型，即使选用 AC-13F 型，在设计上应采用相对较粗的级配，这样一方面可提高高温稳定性，另一方面可以增大表面构造深度，提高抗滑性能。在施工中加强质量控制，可以保证路面质量的均匀稳定，最大限度地实现设计配合比。最后，该地区炎热，交通量大，重载车多，可考虑使用改性沥青。

【工程实例分析 11-3】　多针片状的粗集料对沥青混合料的影响

现象：南方某高速公路某段在铺沥青混合料时，粗集料针片状含量较高（约 17%）。在满足马歇尔技术指标条件下沥青用量增加约 10%。实际使用后，沥青路面的耐久性较差。

原因分析：沥青混合料是由矿料骨架和沥青构成的，具有空间网络结构。矿料针片状含量过高，针片状矿料相互搭架形成孔洞较多，虽可采用增加沥青用量略加弥补，但过分增加沥青用量不仅在经济上不合算，还影响了沥青混合料的强度及性能。

防治措施：沥青混合料粗集料应符合洁净、干燥、无风化、无杂质、良好的颗粒形状、有足够强度和耐磨性等 12 项技术要求。其中，矿料针片状含量需严格控制。矿料针片状含量过高的主要原因是加工工艺不合理，采用颚式破碎机加工时尤需注意。若针片状含量过高，应于工场回轧。一般来说，瓜子片（粒径 5~15mm）的针片状含量往往较高，在粗集料级配设计时，可在级配曲线范围内适当降低瓜子片的用量。

【工程实例分析 11-4】 排水降噪的沥青混凝土路面

现象：一些道路铺筑了排水降噪沥青路面，有的使用效果不错，既能防止雨水飞溅，又能降低噪声，但也有的使用一段时间后效果明显变差，请分析原因。

原因分析：排水型沥青混凝土路面的面层铺装结构从上至下依次为多空隙沥青混凝土上面层、防水黏结层、中粒式沥青混凝土中面层、粗粒式沥青混凝土下面层。这种路面上面层空隙率达到了20%~25%。由于面层具有互通的空隙，一方面利于排水，可提高雨天路面抗滑性能、减少溅水与水漂现象；另一方面还可降噪，因轮胎与路面接触时表面花纹槽中的空气可通过空隙向四周溢出，减小了空气压缩爆破产生的噪声，且使气泵噪声的频率由高频变为低额，从而降噪。因此该材料适用于多雨的高速公路、快速交通路面、轻载路面，以及环境质量较好的沥青路面铺装，但不适用于低速重载路段、环境质量较差、易于被飘尘或泥土堵塞的路段，以及结构强度不足的路面。另外，使用橡胶粉改性沥青也有利于降噪。

石油沥青是石油原油先经蒸馏提炼出各种轻质油（如汽油、柴油等）及润滑油后的残留物，再经加工而得的产品，颜色为褐色或黑褐色。石油沥青组分分为油分、树脂和地沥青质三大类。

石油沥青的主要技术性质包括黏滞性、塑性、温度敏感性、大气稳定性等，分别通过测定针入度、延度、软化点等指标来表征。

改性沥青可分为橡胶改性沥青、树脂改性沥青、橡胶树脂并用改性沥青和矿物填充剂改性沥青等数种。

沥青混合料是指由矿料（粗集料、细集料、矿粉）与沥青拌和而成的混合料，是高等级公路最主要的路面材料。

热拌沥青混合料的配合比设计分为目标配合比设计、生产配合比设计及生产配合比验证三大阶段。

本章习题

1. 单项选择题

1）石油沥青的针入度值越大，则（　　）。

A. 黏性越小，塑性越好　　B. 黏性越大，塑性越差

C. 软化点越高，塑性越差　　D. 软化点越高，黏性越大

2）石油沥青的塑性用延度表示，当沥青延度值越小，则（　　）。

A. 塑性越小　　B. 塑性不变

C. 塑性越大

3）沥青的大气稳定性好，则表明沥青的（　　）。

A. 软化点高　　B. 塑化好

C. 抗老化能力好　　　　　　　　D. 抗老化能力差

4）下列能反映沥青施工安全性的指标为（　　）。

A. 闪点　　　　　　　　　　　　B. 软化点

C. 针入度　　　　　　　　　　　D. 延度

2. 多项选择题

1）按化学组分分析，可将沥青分为（　　）。

A. 油分　　　　　　　　　　　　B. 树脂

C. 地沥青质　　　　　　　　　　D. 饱和分

2）沥青混合料的组成结构有（　　）。

A. 悬浮密实结构　　　　　　　　B. 骨架空隙结构

C. 骨架密实结构　　　　　　　　D. 骨架孔隙结构

3. 判断题（正确的打√，错误的打×）

1）通常按照化学组分分析，可将沥青分为饱和分、芳香分、树脂、地沥青质和油分。（　　）

2）一般而言，当沥青中的树脂组分含量较高时，沥青的延度增大，黏性变大。（　　）

3）对于石油沥青，当其针入度变大，则意味着沥青的黏度增大，塑性和温度敏感性降低。（　　）

4）通常对沥青混合料而言，其常见的疲劳破坏形式主要是龟裂、拥包和坑槽。（　　）

4. 简答题

1）为什么沥青使用若干年后会慢慢变脆硬？

2）沥青混合料的结构有哪些类型？各有什么特点？

第12章 土木工程材料试验

本章重点

常用建筑材料性能的基本检测方法和技术。

学习目标

熟悉建筑材料基本性能的常用规范、标准和检测方法，掌握土木工程材料试验指标数据的处理。

12.1 土木工程材料性质基本试验

12.1.1 密度试验

1. 检测依据

《水泥密度测定方法》（GB/T 208—2014）。

2. 检测目的

检验水泥的密度。

3. 仪器设备

李氏比重瓶，无水煤油，恒温水槽，小勺，温度计（0～50℃），天平（量程不小于100g，感量0.01g）。

4. 方法步骤

1）试样制备：将试样研碎，通过900孔/cm^2的筛除去筛余物，放在105～110℃烘箱中烘至恒重，放入干燥器中备用。

2）在比重瓶中注入水至突颈下部刻线零以上少许，记下初始读数V_1。

3）用天平称取60～90g试样，用小勺和漏斗将试样徐徐送入比重瓶中，直至液面上升至20mL刻度左右。

4）排除比重瓶中气泡，记下液面刻度V_2；称取剩余试样的质量，算出装入比重瓶内试样的质量m(g)。

5. 结果计算与评定

密度ρ（g/cm^3）按式（12-1）计算，精确至0.01g/cm^3。

$$\rho = \frac{m}{V} \tag{12-1}$$

式中　m——装入瓶中试样的质量（g）；

V——装入瓶中试样的体积（cm^3）。

12.1.2　表观密度试验

1. 检测目的

检验规则试样的表观密度。

2. 仪器设备

游标卡尺（精度 0.1mm），天平（感重 0.1g），烘箱，干燥器。

3. 方法步骤

1）将试样放置在 105～110℃烘箱中烘至恒重。

2）用卡尺测量试件尺寸（每边测量三次取平均值），并计算出体积 V_0（cm^3）。

3）称取试样的质量 m（g）。

4. 结果计算与评定

计算表观密度，精确至小数点后第二位，见下式。

$$\rho_0 = \frac{m}{V_0} \tag{12-2}$$

式中　m——试样的质量（g）；

V_0——试样的体积（cm^3）。

按规定，试样表观密度取三块试样的算术平均值作为评定结果。

12.1.3　孔隙率计算

1. 检测目的

计算试样的孔隙率。

2. 结果计算与评定

将已经求得的密度 ρ 及表观密度 ρ_0 代入式（12-3）可以求得孔隙率。

$$P = \left(1 - \frac{\rho_0}{\rho}\right) \times 100\% \tag{12-3}$$

12.1.4　软化系数试验

1. 检测依据

《混凝土砌块和砖试验方法》（GB/T 4111—2013）。

2. 检测目的

检验试块的软化系数。

3. 仪器设备

水池或水箱，最小容积应能放置一组试件。材料试验机，水平仪，直角靠尺。

4. 方法步骤

1）将一组试样放置在105～110℃烘箱中烘至干燥；另一组试样浸入15～25℃的水中，水面高出试样20mm以上，浸泡4天后取出。先在钢丝网架上滴水1min，再用拧干的湿布拭去内外表面的水。另一组5个试件放置在温度（20±5）℃、相对湿度50%±15%的实验室内进行养护。

2）将5个饱和面干的试件和其余5个同龄期的气干状态对比试件，按产品采用的抗压强度试验方法的规定进行试验。

3）将试样放置在压力机上压至破坏，记录破坏荷载P（kN），并计算出各试样抗压强度（MPa）并精确至0.1MPa，见下式。

$$f=\frac{P}{A} \tag{12-4}$$

5. 结果计算与评定

软化系数

$$K=\frac{\bar{f}_{饱水}}{\bar{f}_{干}} \tag{12-5}$$

式中　$\bar{f}_{饱水}$——饱水试件的平均抗压强度（MPa）；

$\bar{f}_{干}$——干燥试件的平均抗压强度（MPa）。

12.2 水泥试验

12.2.1 水泥试验的取样

1. 检测依据

《通用硅酸盐水泥》（GB 175—2007）、《水泥取样方法》（GB/T 12573—2008）、《水泥细度检验方法　筛析法》（GB/T 1345—2005）、《水泥标准稠度用水量、凝结时间、安定性检验方法》（GB/T 1346—2011）、《水泥胶砂强度检验方法（ISO法）》（GB/T 17671—2021）等。

2. 水泥试验的一般规定

1）取样方法：水泥按同品种、同强度等级进行编号和取样。袋装水泥和散装水泥应分别进行编号和取样，每一编号为一取样单位，编号根据水泥厂年生产能力按国家标准进行。取样应有代表性，可连续取，也可从20个以上不同部位取等量样品，总量不得少于12kg。

2）取得的水泥试样应通过0.9mm方孔筛，充分混合均匀，分成两等份，一份进行水泥各项性能试验，一份密封保存3个月，供仲裁检验时使用。

3）实验室用水必须是洁净的淡水。

4）水泥细度试验对实验室的温度、湿度没有要求，其他试验要求实验室的温度应保持在（20±2）℃，相对湿度不低于50%；湿气养护箱温度为（20±1）℃，相对湿度不小于90%；养护水的温度为（20±1）℃。

5）水泥试样、标准砂、拌合用水、仪器和用具的温度均应与实验室温度相同。

12.2.2　水泥细度检测

1. 检测依据

《水泥细度检验方法　筛析法》(GB/T 1345—2005)。

2. 检测目的

检验水泥颗粒粗细程度，评判水泥质量。

3. 仪器设备（负压筛法）

1）负压筛析仪：由筛座、负压筛、负压源及收尘器组成。筛座由转速 (30±2) r/min 的喷气嘴、负压表、微电动机及壳体组成，如图 12-1 所示。

2）天平：称量 100g，感量 0.01g。

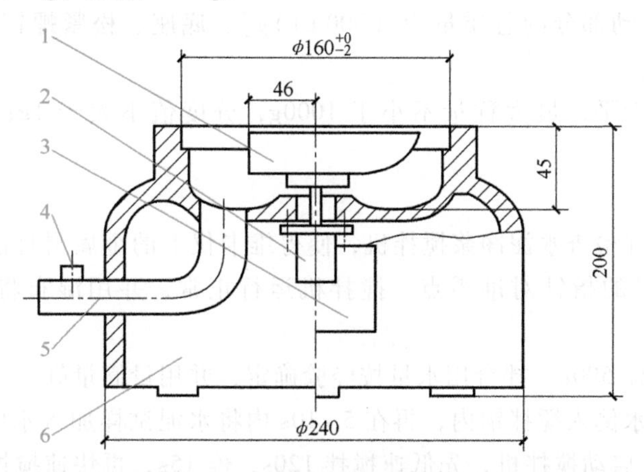

图 12-1　负压筛析仪筛座示意图

1—喷气嘴　2—微电动机　3—控制板开口　4—负压表接口　5—负压源及收尘器接口　6—壳体

4. 检测步骤（负压筛法）

1）试验前把负压筛放在筛座上，盖上筛盖，接通电源，检查控制系统，调节负压至 4000~6000Pa 范围内。

2）称取水泥试样精确至 0.01g，80μm 筛析试验称取 25g；45μm 筛析试验称取 10g。将试样置于洁净的负压筛中，放在筛座上，盖上筛盖。

3）启动负压筛析仪，连续筛析 2min，在此期间若有试样黏附于筛盖上，可轻轻敲击筛盖使试样落下。

4）筛毕，取下筛子，倒出筛余物，用天平称量筛余物的质量，精确至 0.01g。

5. 结果计算与评定

水泥试样筛余百分数按下式计算，精确至 0.1%。

$$F=\frac{R_t}{W}\times100\% \tag{12-6}$$

式中　F——水泥试样的筛余百分数 (%)；

R_t——水泥筛余物的质量 (g)；

W——水泥试样的质量 (g)。

合格评定时，每个样品应称取两个试样分别筛析，取筛余平均值为筛析结果。

12.2.3 水泥标准稠度用水量检测

1. 检测依据

《水泥标准稠度用水量、凝结时间、安定性检验方法》（GB/T 1346—2011）。

2. 检测目的

测定水泥净浆达到标准稠度时的用水量，为水泥凝结时间和安定性试验做好准备。

3. 仪器设备

1）水泥净浆搅拌机：由搅拌锅、搅拌叶片、传动机构和控制系统组成。搅拌叶片做旋转方向相反的公转和自转，控制系统可自动控制或手动控制。

2）标准维卡仪如图12-2所示，由金属滑杆［下部可旋接测标准稠度用试杆或试锥、测凝结时间用试针，滑动部分的总质量为（300±1）g］、底座、松紧螺钉、标尺和指针组成。标准法采用金属试模。

3）其他仪器：天平，最大称量不小于1000g，分度值不大于1g；量筒，最小刻度为0.1mL，精度1%。

4. 检测步骤

1）调整维卡仪并检查水泥净浆搅拌机，使得维卡仪上的金属滑杆能自由滑动，并调整至试杆接触玻璃板时的指针对准零点。搅拌机运行正常，并用湿布将搅拌锅和搅拌叶片擦湿。

2）称取水泥试样500g，拌合用水量按经验确定，并用量筒量好。

3）先将拌合用水倒入搅拌锅内，再在5~10s内将水泥试样加入水中。将搅拌锅放在锅座上，升至搅拌位，启动搅拌机，先低速搅拌120s，停15s，再快速搅拌120s，最后停机。

4）拌和结束后，立即将水泥净浆装入已置于玻璃底板上的试模中，用小刀插捣，轻轻振动数次排出气泡，刮去多余净浆；抹平后首先迅速将试模和底板移到维卡仪上，调整试杆至与水泥净浆表面接触，拧紧螺钉，然后突然放松，试杆垂直自由地沉入水泥净浆中。

5）在试杆停止沉入或释放试杆30s时记录试杆距底板之间的距离。整个操作应在搅拌后1.5min内完成。

5. 结果计算与评定

以试杆沉入净浆并距底板（6±1）mm的水泥净浆为标准稠度水泥净浆。标准稠度用水量P以拌和标准稠度水泥净浆的水量除以水泥试样总质量的百分数为结果。

12.2.4 水泥净浆凝结时间测定

1. 检测目的

测定水泥的初凝时间和凝结时间，评定水泥质量。

2. 仪器设备

1）湿气养护箱：温度控制在（20±1）℃，相对湿度>90%。

2）其他同标准稠度用水量测定试验。

3. 检测步骤

1）称取水泥试样500g，按标准稠度用水量制备标准稠度水泥净浆，并一次装满试模，振动数次刮平后，立即放入湿气养护箱中。记录水泥全部加入水中的时间作为凝结时间的起

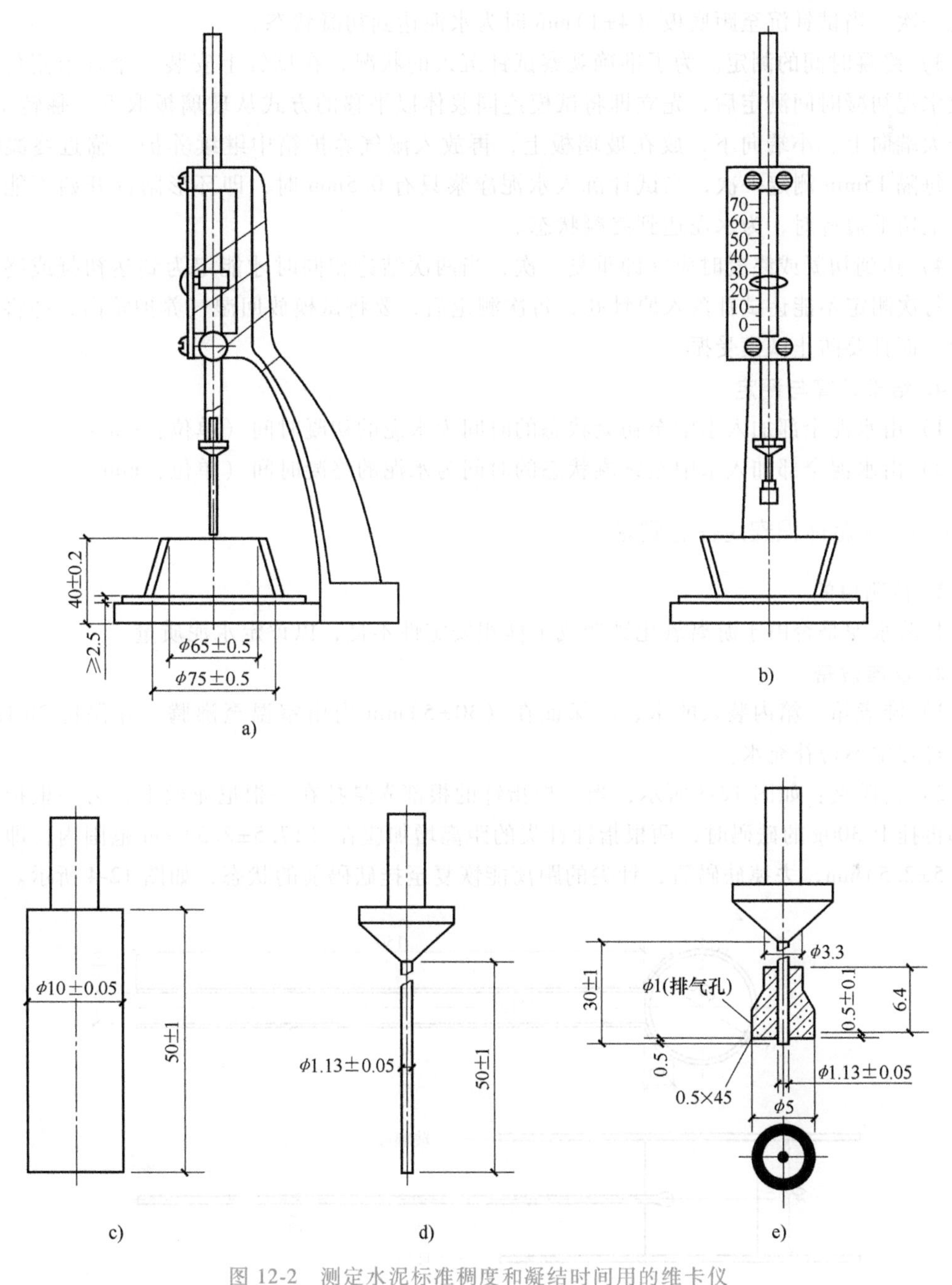

图 12-2　测定水泥标准稠度和凝结时间用的维卡仪

a）标准稠度、初凝时间测定用立式试模侧视图　b）终凝时间测定用反转试模的前视图

c）标准稠度试杆　d）初凝用试针　e）终凝用试针

始时间。

2）初凝时间的测定。首先调整凝结时间测定仪，使其试针接触玻璃板时的指针为零。试模在湿气养护箱中养护至加水后 30min 时进行第一次测定。测定时，从养护箱中取出试模放到试针下，调整试针与水泥净浆表面接触，拧紧螺钉，然后突然放松，使试针垂直自由地沉入水泥净浆。观察试针停止下沉或释放试针 30s 时指针的读数。临近初凝时，每隔 5min

测定一次，当试针沉至距底板（4±1）mm 时为水泥达到初凝状态。

3）终凝时间的测定。为了准确观察试针沉入的状况，在试针上安装一个环形附件。在完成水泥初凝时间测定后，先立即将试模连同浆体以平移的方式从玻璃板取下，翻转 180°，直径大端向上、小端向下，放在玻璃板上，再放入湿气养护箱中继续养护，临近终凝时间时，每隔 15min 测定一次，当试针沉入水泥净浆只有 0.5mm 时，即环形附件开始不能在水泥浆上留下痕迹时，为水泥达到终凝状态。

4）达到初凝或终凝时应立即重复一次，当两次结论相同时才能定为到达初凝或终凝状态。每次测定不能让试针落入原针孔，每次测定后，要将试模放回湿气养护箱内，并将试针擦净，而且要防止试模受振。

4. 结果计算与评定

1）由水泥全部加入水中至初凝状态的时间为水泥的初凝时间（单位：min）。

2）由水泥全部加入水中至终凝状态的时间为水泥的终凝时间（单位：min）。

12.2.5 水泥体积安定性的测定

1. 检测目的

检验水泥是否由于游离氧化钙造成了体积安定性不良，以评定水泥质量。

2. 仪器设备

1）沸煮箱：箱内装入的水，应保证在（30±5）min 内由室温至沸腾，并保持 3h 以上，沸煮过程中不得补充水。

2）雷氏夹：如图 12-3 所示，当一根指针的根部先悬挂在一根尼龙丝上，另一根指针的根部再挂上 300g 的砝码时，两根指针针尖的距离增加应在（17.5±2.5）mm 范围内，即 $2x=(17.5\pm2.5)$ mm，去掉砝码后，针尖的距离能恢复至挂砝码前的状态，如图 12-4 所示。

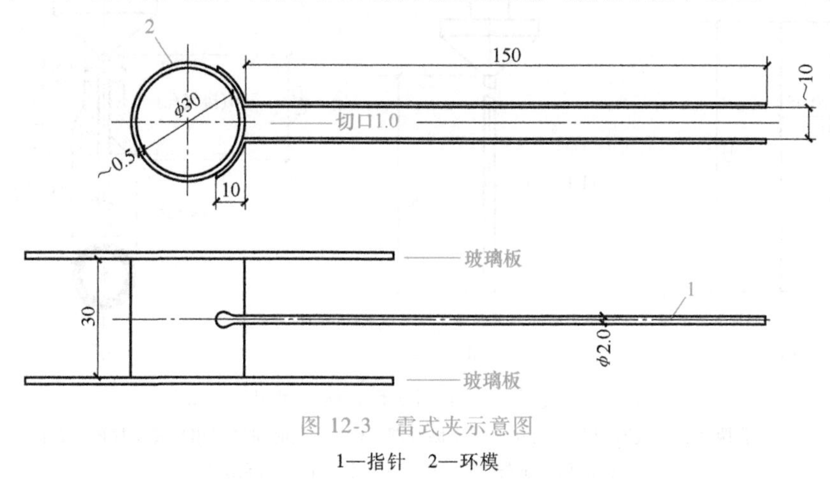

图 12-3 雷式夹示意图

1—指针 2—环模

3）雷氏夹膨胀测定仪：如图 12-5 所示，标尺最小刻度为 0.5mm。

4）其他同标准稠度用水量试验仪器。

3. 检测步骤

1）测定前准备工作。每个试样需成型两个试件，每个雷式夹需配备两块质量为 75~85g 的玻璃板，一垫一盖，并先在与水泥接触的玻璃板和雷式夹内表面涂一层机油。

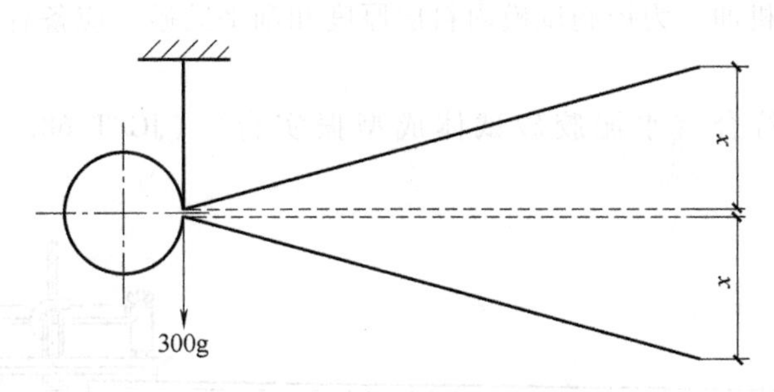

图 12-4　雷式夹受力示意图

2）首先将制备好的标准稠度水泥净浆立即一次装满雷式夹，用小刀插捣数次，抹平，并盖上涂油的玻璃板，然后将试件移至湿气养护箱内养护（24±2）h。

3）脱去玻璃板取下试件，首先测量雷式夹指针尖端间的距离 A，精确至 0.5mm。然后将试件放入沸煮箱水中的试件架上，指针朝上，调好水位与水温，接通电源，在（30±5）min 之内加热至沸腾，并保持（180±5）min。

4）取出沸煮后冷却至室温的试件，用雷式夹膨胀测定仪测量雷式夹两指针尖端间的距离 C，精确至 0.5mm。

4. 结果计算与评定

当两个试件沸煮后增加的距离 $C-A$ 的平均值不大于 5.0mm 时，即认为水泥安定性合格。当两个试件的 $C-A$ 值相差超过 4.0mm 时，应用同一样品立即重做一次试验，再如此，则认为该水泥为安定性不合格。

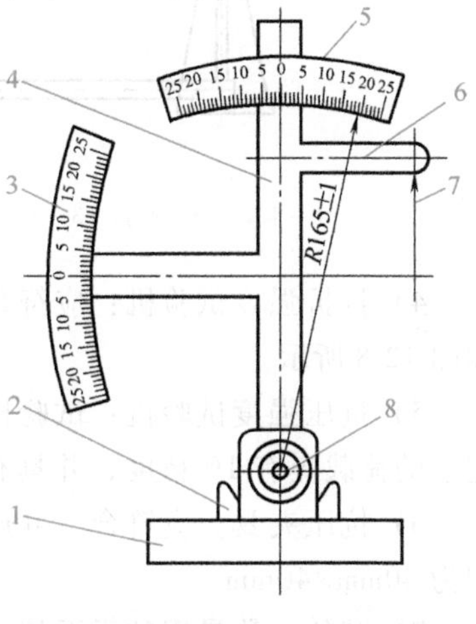

图 12-5　雷式夹膨胀测定仪

1—底座　2—模子座　3—测弹性标尺　4—立柱　5—测膨胀值标尺　6—悬臂　7—悬丝　8—弹簧顶钮

12.2.6　水泥胶砂强度检测

1. 检测依据

《水泥胶砂强度检验方法（ISO 法）》（GB/T 17671—2021）。

2. 检测目的

测定水泥各龄期的强度，以确定水泥强度等级，或已知强度等级，检验强度是否满足国家标准所规定的各龄期强度数值。

3. 仪器设备

1）行星式水泥胶砂搅拌机：应符合《行星式水泥胶砂搅拌机》（JC/T 681—2022）的要求，如图 12-6 所示。

2）试模：由三个水平的模槽（三联模）组成，可同时成型三条截面为 40mm×40mm、长 160mm 的菱形试体。在组装试模时，应用黄干油等密封材料涂覆模型的外接缝，试模的内表面应

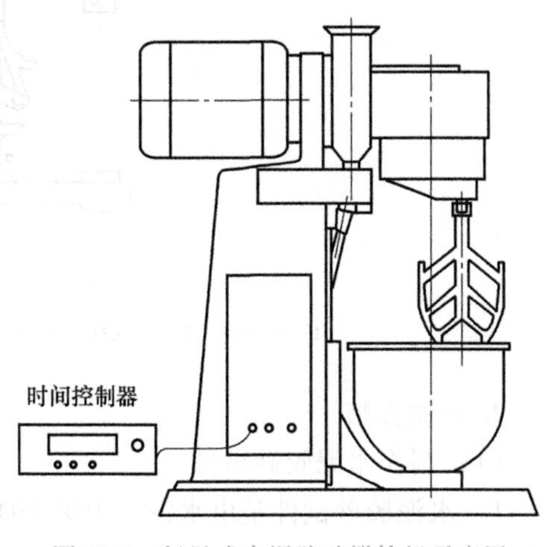

图 12-6　行星式水泥胶砂搅拌机示意图

涂上一薄层模型油或机油。为控制试模内料层厚度和刮平胶砂，应备有两个播料器和一个金属刮平直尺。

3）振实台：应符合《水泥胶砂试体成型振实台》（JC/T 682—2022）的要求，如图 12-7 所示。

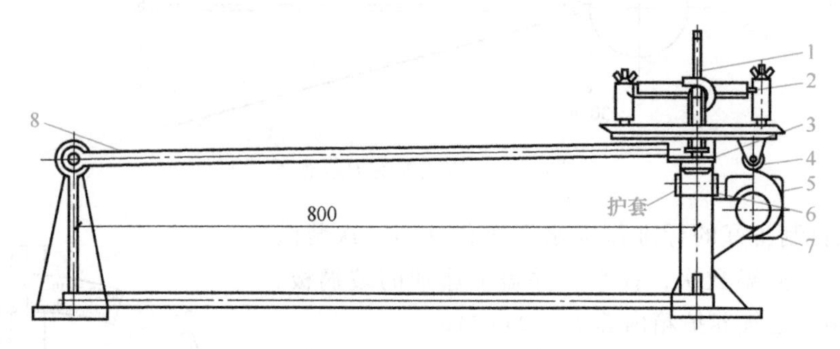

图 12-7 振实台示意图

1—卡具 2—模套 3—突头 4—随动轮 5—凸轮 6—止动器 7—同步电动机 8—臂杆

4）抗折强度试验机：应符合《水泥胶砂电动抗折试验机》（JC/T 724—2005）的要求，如图 12-8 所示。

5）抗压强度试验机：试验机的最大荷载以 200～300kN 为佳，在较大的 4/5 量程范围内记录的荷载应有 1%精度，并具有按（2400±200）N/s 速率加荷的能力。

6）抗压夹具。应符合《40mm×40mm 水泥抗压夹具》（JC/T 683—2005）要求，受压面积为 40mm×40mm。

7）其他。称量用的天平精度应为 1g，滴管精度应为 1mL。

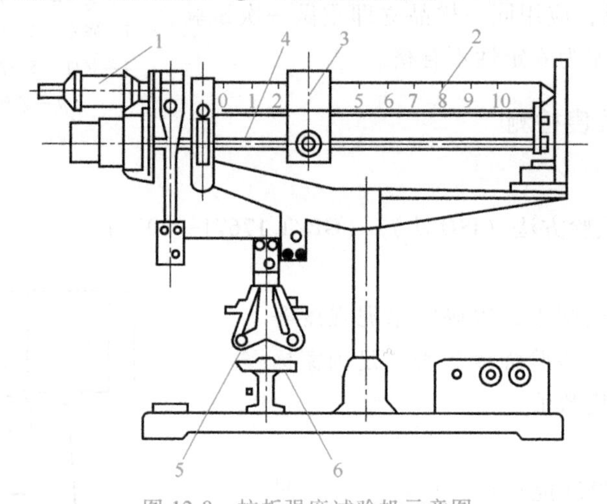

图 12-8 抗折强度试验机示意图

1—平衡砣 2—大杠杆 3—游动砝码 4—丝杆 5—抗压夹具 6—手轮

4. 检测步骤

（1）制作水泥胶砂试件

1）水泥胶砂试件是由水泥、中国 ISO 标准砂、拌和用水按 1∶3∶0.5 的比例拌制而成，一锅胶砂可成型 3 条试体，每锅材料用量见表 12-1，按规定称量好各种材料。

表 12-1　每锅胶砂的材料用量

材料	水泥	中国 ISO 标准砂	拌和用水
用量/g	450±2	1350±5	225±1

2）先将水加入胶砂搅拌锅内，再加入水泥，把锅放在固定架上，升至固定位置，然后启动机器，低速搅拌 30s。在第二个 30s 开始时，先同时均匀地加入标准砂，再高速搅拌 30s。停 90s，在第一个 15s 内用一胶皮刮具将叶片上和锅壁上的胶砂刮入锅中间，在高速下继续搅拌 60s，各阶段的搅拌时间误差应在 1s 内。

3）将试模内壁均匀涂刷一层机油，并将空试模和模套固定在振实台上。

4）用勺将搅拌锅内的水泥胶砂分两次装模。装第一层时，每个槽里先放入 300g 胶砂，并用大播料器垂直架在模套顶部沿每个模槽来回一次将料层播平，接着振动 60 次，再装第二层胶砂，用小播料器刮平，再振动 60 次。

5）移走模套，取下试模，用金属直尺以近似 90°的角度架在试模模顶一端，沿试模长度方向做锯割动作慢慢向另一端移动，一次将超过试模部分的胶砂刮去，并用同一直尺以近乎水平的情况下将试件表面抹平。

（2）水泥胶砂试件的养护

1）脱模前的处理和养护。去掉试模四周的胶砂，立即放入雾室或湿箱的水平架上养护，湿空气应能与试模各边接触。养护时不应将试模放在其他试模上，一直养护到规定的脱模时间再取出试件，脱模前用防水墨汁或颜料笔对试件编号。两个以上龄期的试件，在编号时应将同一试模中的三条试件分在两个以上龄期内。

2）脱模。脱模可用塑料锤或橡皮榔头或专门的脱模器，应非常小心。对于 24h 龄期的，应在破型试验前 20min 内脱模。对于 24h 以上龄期的，应在成型后 20~24h 内脱模。

3）水中养护。将脱模后已做好标记的试件立即水平或竖直放在（20±1）℃水中养护，水平放置时刮平面应朝上。

试件放在不易腐烂的箅子上，并彼此保持一定间距，以让水与试件的六个面接触。养护期间试件之间间隔或试件上表面的水深不得小于 5mm。每个养护池只养护同类型的水泥试件，不允许在养护期间全部换水。

除 24h 龄期或延迟至 48h 脱模的试件外，任何到龄期的试件应在破型前 15min 从水中取出。刮去试件表面沉积物，并用湿布覆盖至试验为止。

4）水泥胶砂试件养护至各规定龄期。试件龄期是从水泥加水搅拌开始起算。不同龄期的强度在下列时间里进行测定：24h±15min，48h±30min，72h±45min，7d±2h，>28d±8h。

（3）水泥胶砂试件的强度测定

1）抗折强度试验。将试件安放在抗折夹具内，试件的侧面与试验机的支撑圆柱接触，试件长轴垂直于支撑圆柱。启动试验机，以（50±10）N/s 的速度均匀地加荷直至试件断裂。

2）抗压强度试验。抗折强度试验后的 6 个断块试件保持潮湿状态，并立即进行抗压试验。将断块试件放入抗压夹具内，并以试件的侧面作为受压面。启动试验机，以（2400±200）N/s 的速度进行加荷，直至试件破坏。

5. 结果计算与评定

（1）抗折强度

1）每个试件的抗折强度 f_{tm} 按下式计算，精确至 0.1MPa

$$f_{tm}=\frac{3FL}{2b^3}=0.00234F \tag{12-7}$$

式中 F——折断时施加于棱柱体中部的荷载（N）；

L——支撑圆柱体之间的距离（mm），$L=100$mm；

b——棱柱体截面正方形的边长（mm），$b=40$mm。

2）以一组 3 个试件抗折结果的平均值作为试验结果。当 3 个强度值中有超出平均值 ±10%时，应剔除后再取平均值作为抗折强度试验结果，试验结果精确至 0.1MPa。

（2）抗压强度

1）每个试件的抗压强度 f_c 按下式计算，精确至 0.1MPa

$$f_c=\frac{F}{A}=0.000625F \tag{12-8}$$

式中 F——试件破坏时的最大抗压荷载（N）；

A——受压部分的面积（mm^2）（$40mm\times40mm=1600mm^2$）。

2）以一组 3 个棱柱体上得到的 6 个抗压强度测定值的算术平均值作为试验结果。如 6 个测定值中有一个超出 6 个平均值的±10%，就应剔除这个结果，而以剩下 5 个的平均值作为结果。如果 5 个测定值中再有超过它们平均值±10%的，则此组结果作废，试验结果精确至 0.1MPa。

12.3 混凝土试验

12.3.1 混凝土用集料表观密度试验（标准方法）

1. 主要仪器设备

天平（称量 1000g，感量 1g），容量瓶（500mL），烧杯（500mL），试验筛（孔径为 4.75mm），干燥器，烘箱［能使温度控制在（105±5）℃］，铝制料勺，温度计，带盖容器，搪瓷盘，刷子和毛巾等。

2. 试样制备

将缩分至 660g 左右的试样，在温度为（105±5）℃的烘箱中烘干至恒量，待冷却至室温后，分成大致相等的两份备用。

3. 试验步骤

1）称取烘干试样 $m_0=300$g，精确至 1g。将试样装入容量瓶，注入冷开水至接近 500mL 刻度处，用手摇动容量瓶，使砂样充分摇动，排出气泡，塞紧瓶盖，静置 24h。

2）用滴管小心加水至容量瓶 500mL 刻度处，塞紧瓶塞，擦干瓶外水分，称出其质量 m_1，精确至 1g。

3）先倒出瓶内水和试样，洗净容量瓶，再向瓶内注入水温相差不超过 2℃的冷开水至 500mL 刻度处。塞紧瓶塞，擦干瓶外水分，称其质量 m_2，精确至 1g。

4. 结果评定

1）砂表观密度 ρ_s，按下式计算（精确至 10kg/m³）

$$\rho_s=\left(\frac{m_0}{m_0+m_2-m_1}\right)\times1000 \tag{12-9}$$

式中　m_0——试样的烘干质量（g）；

m_1——试样、水及容量瓶的总质量（g）；

m_2——水及容量瓶的总质量（g）。

2）砂的表观密度均以两次试验结果的算术平均值作为测定值，精确至 $10kg/m^3$，如两次试验结果之差大于 $20kg/m^3$ 时，应重新取样进行试验。

12.3.2　混凝土用集料堆积密度试验

1. 主要仪器设备

烘箱［能使温度控制在（105±5）℃］，天平（称量 10kg，感量 1g），容量筒（内径 108mm，净高 109mm，筒底厚约 5mm，容积为 1L），方孔筛（孔径为 4.75mm 筛一只），垫棒（直径 10mm，长 500mm 的圆钢），直尺，漏斗（见图 12-9）或铝制料勺，搪瓷盘，毛刷等。

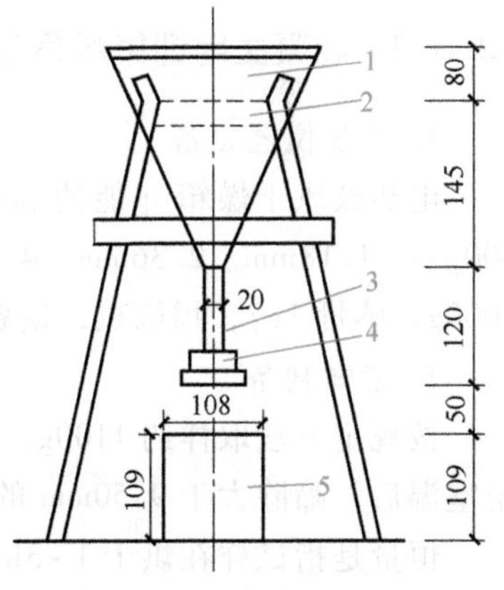

图 12-9　标准漏斗

1—漏斗　2—筛　3—ϕ20mm 管子　4—活动门　5—金属量筒

2. 试样制备

用搪瓷盘装取试样约 3L，放在烘箱中于温度为（105±5）℃下烘干至恒量，待冷却至室温后，筛除大于 4.75mm 的颗粒，分成大致相等的两份备用。

3. 试验步骤

（1）松散堆积密度　首先取试样一份，砂用漏斗或铝制料勺，用漏斗或料勺将试样从容量筒中心上方 50mm 处徐徐倒入，让试样以自由落体落下，当容量筒上部试样呈锥体，且容量筒四周溢满时，即停止加料。然后用直尺沿筒口中心线向两边刮平（试验过程中应防止触动容量筒），称出试样和容量筒总质量 m_2，精确至 1g。最后倒出试样，称取空容量筒质量 m_1，精确至 1g。

（2）紧密堆积密度　首先取试样一份，分两次装入容量筒。装完第一层后，在筒底垫放一根直径为 10mm 的垫棒，左右交替击地面各 25 次。然后装入第二层，第二层装满后用同样方法颠实（但筒底所垫钢筋的方向与第一层时的方向垂直），加试样直至超过筒口。最后用直尺沿筒口中心线向两边刮平，称出试样和容量筒总质量 m_2，精确至 1g。

（3）容量筒容积的校正方法　以温度为（20±2）℃的饮用水装满容量筒，用玻璃板沿筒口滑移，使其紧贴水面。擦干筒外壁水分，称出其质量，砂容量筒精确至 1g，石子容量筒精确至 10g。用下式计算筒的容积（mL，精确至 1mL）。

$$V=m_2'-m_1' \tag{12-10}$$

式中　m_2'——容量筒、玻璃板和水的总质量（g）；

m_1'——容量筒和玻璃板的质量（g）。

4. 结果评定

1）松散堆积密度 ρ_0' 和紧密堆积密度 ρ_1' 分别按下式计算（kg/m^3，精确至 $10kg/m^3$）

$$\rho_0'(\rho_1') = \frac{m_2 - m_1}{V} \times 1000 \tag{12-11}$$

式中 m_2——试样和容量筒的总质量（kg）；

m_1——容量筒的质量（kg）；

V——容量筒的容积（L）。

以两次试验结果的算术平均值作为测定值。

2）松散堆积密度空隙率 P' 和紧密堆积密度空隙率 P_1' 按下式计算（精确至 1%）

$$P' = \left(1 - \frac{\rho_0'}{\rho'}\right) \times 100\% \quad P_1' = \left(1 - \frac{\rho_1'}{\rho'}\right) \times 100\% \tag{12-12}$$

式中 ρ_0'——松散堆积密度（kg/m^3）；

ρ_1'——紧密堆积密度（kg/m^3）；

ρ'——表观密度（kg/m^3）。

12.3.3 混凝土用细集料筛分析试验

1. 主要仪器设备

电热鼓风干燥箱［能使温度控制在（105±5）℃］，方孔筛（孔径为 150μm、300μm、600μm、1.18mm、2.36mm、4.75mm 的筛各一只，并附有筛底和筛盖），天平（称量 1000g，感量 1g），摇筛机，搪瓷盘，毛刷等。

2. 试样制备

按规定方法取样约 1100g，放入电热鼓风干燥箱内于（105±5）℃下烘干至恒量，待冷却至室温后，筛除大于 9.50mm 的颗粒，记录筛余百分数，将过筛的砂分成两份备用。

恒量是指试样在烘干 1~3h 的情况下，其前后两次质量之差不大于该项试验所要求的称量精度。

3. 试验步骤

1）称取试样 500g，精确至 1g。首先将试样倒入按孔径从大到小顺序排列、有筛底的套筛上，然后进行筛分。

2）将套筛置于摇筛机上，筛分 10min，取下套筛，按孔径大小顺序再逐个手筛，筛至每分钟通过量小于试验总量的 0.1%为止。通过筛的试样并入下一号筛中，并和下一号筛中的试样一起筛分，依次按顺序进行，直至各号筛全部筛完为止。

3）称取各号筛的筛余量，精确至 1g。试样在各号筛上的筛余量不得超过按下式计算出的质量

$$G = \frac{Ad^{\frac{1}{2}}}{200} \tag{12-13}$$

式中 G——在一个筛上的筛余量（g）；

A——筛面面积（mm^2）；

d——筛孔尺寸（mm）。

筛余量超过时应按下列方法之一进行处理：

1）将该粒级试样分成少于按式（12-13）计算出的量，分别筛分，并以筛余量之和作

为该号筛的筛余量。

2）先将该粒级及以下各粒级的筛余混合均匀，称出其质量，精确至 1g。再用四分法缩分为大致相等的两份，取其中一份，称出其质量，精确至 1g，继续筛分。计算该粒级及以下各粒级的分计筛余量时，应根据缩分比例进行修正。

4. 结果评定

1）计算分计筛余百分率。以各号筛筛余量占筛分试样总质量的百分率表示，精确至 0.1%。

2）计算累计筛余百分率。累计未通过某号筛的颗粒质量占筛分试样总质量的百分率，精确至 0.1%。如各号筛的筛余量同筛底的剩余量之和，与原试样质量之差超过 1%时，则需要重新试验。

3）砂的细度模数按下式计算（精确至 0.01）

$$M_x = \frac{(A_2 + A_3 + A_4 + A_5 + A_6) - 5A_1}{100 - A_1} \tag{12-14}$$

式中　M_x——细度模数；

A_1、A_2、A_3、A_4、A_5、A_6——4.75mm、2.36mm、1.18mm、0.60mm、0.30mm、0.15mm 筛的累计筛余百分率。

4）累计筛余百分率取两次试验结果的算术平均值，精确至 0.1%。细度模数取两次试验结果的算术平均值，精确至 0.10。如两次试验的细度模数之差超过 0.20 时，需要重做试验。

12.3.4　石子的筛分析试验

1. 主要仪器设备

电热鼓风干燥箱［能使温度控制在（105±5）℃］，方孔筛（孔径为 2.36mm、4.75mm、9.50mm、16.0mm、19.0mm、26.5mm、31.5mm、37.5mm、53.0mm、63.0mm、75.0mm 及 90mm 筛各一只，并附有筛底和筛盖，筛框内径为 300mm），台秤（称量 10kg，感量 1g），摇筛机，搪瓷盘，毛刷等。

2. 试样制备

按规定方法取样，并将试样缩分至略大于表 12-2 规定的数量，烘干或风干后备用。

表 12-2　颗粒级配所需试样数量

最大粒径/mm	9.5	16.0	19.0	26.5	31.5	37.5	63.0	75.0
最少试样质量/kg	1.9	3.2	3.8	5.0	6.3	7.5	12.6	16.0

3. 试验步骤

1）称取按表 12-2 规定数量的试样一份，精确至 1g。将试样倒入按孔径大小从上到下组合、放在有底筛的套筛上进行筛分。

2）将套筛置于摇筛机上，筛分 10min；取下套筛，按筛孔尺寸大小顺序逐个手筛，筛至每分钟通过量小于试样总质量的 0.1%为止。通过的颗粒并入下一号筛中，并和下一号筛中的试样一起过筛，按此顺序进行，直至各号筛全部筛完为止。

注意，当筛余颗粒的粒径大于19.00mm时，在筛分过程中，允许用手指拨动颗粒。

3）称出各号筛的筛余量，精确至1g。

4. 结果评定

1）计算分计筛余百分率。以各号筛的筛余量占试样总质量的百分率表示，计算精确至0.1%。

2）计算累计筛余百分率。该号筛的分计筛余百分率加上该号筛以上各分计筛余百分率之和，精确至1%。筛分后，如每号筛的筛余量与筛底的筛余量之和，与原试样质量之差超过1%时，需重新试验。

3）根据各号筛的累计筛余百分率，评定该试样的颗粒级配。

12.3.5 混凝土拌合物取样及试样制备

1. 一般规定

1）混凝土拌合物试验用料应根据不同要求，从同一盘或同一车运送的混凝土中取出，或在实验室用机械或人工单独拌制。取样方法和原则按《混凝土结构工程施工质量验收规范》（GB 50204—2015）及《混凝土强度检验评定标准》（GB/T 50107—2010）有关规定进行。

2）在实验室拌制混凝土进行试验时，拌和用的集料应提前运入室内。拌和时实验室的温度应保持在（20±5）℃。

3）材料用量以质量计，称量的精确度：集料为±1%，水、水泥和外加剂均为±0.5%。混凝土试配时的最小搅拌量：当集料最大粒径小于30mm时，拌制数量为15L；最大粒径为40mm时，拌制数量为25L。搅拌量不应小于搅拌机额定搅拌量的1/4。

2. 主要仪器设备

搅拌机（容量75~100L，转速18~22r/min），磅秤（称量50kg，感量50g），天平（称量5kg，感量1g），量筒（200mL、100mL各一只），拌板（1.5m×2.0m左右），拌铲，盛器，抹布等。

3. 拌和方法

（1）人工拌和

1）按所定配合比备料，以全干状态为准。

2）将拌板和拌铲用湿布润湿后，先将砂倒在拌板上，再加入水泥，用拌铲自拌板一端翻拌至另一端，然后翻拌回来，如此重复直至颜色混合均匀，再加入石子翻拌至混合均匀为止。

3）首先将干混合料堆成堆，在中间做一凹槽，将已称量好的水，倒入一半左右在凹槽中（勿使水流出），然后仔细翻拌，并缓慢加入剩余的水，继续翻拌。每翻拌一次，用拌铲在混合料上铲切一次，直至拌和均匀为止。

4）拌和时力求动作敏捷，拌和时间从加水时算起，应大致符合以下规定：拌合物体积为30L以下时，拌和时间为4~5min；拌合物体积为30~50L时，拌和时间为5~9min；拌合物体积为51~75L时，拌和时间为9~12min。

5）拌好后，根据试验要求，即可做拌合物的各项性能试验或成型试件。从开始加水时至全部操作完，必须在30min内完成。

（2）机械搅拌

1）按所定配合比备料，以全干状态为准。

2）预拌一次，即用按配合比的水泥、砂和水组成的砂浆和少量石子，先在搅拌机中涮膛，再倒出多余的砂浆，其目的是使水泥砂浆先黏附满搅拌机的筒壁，以免正式拌和时影响混凝土的配合比。

3）开动搅拌机，先将石子、砂和水泥依次加入搅拌机内，干拌均匀，再将水缓慢加入。全部加料时间不得超过 2min，水全部加入后，继续拌和 2min。

4）先将拌合物从搅拌机中卸出，倒在拌板上，再经人工拌和 1~2min，即可做拌合物的各项性能试验或成型试件。从开始加水时算起，全部操作必须在 30min 内完成。

12.3.6 混凝土拌合物和易性（坍落度）试验

采取定量测定流动性，根据直观经验判定黏聚性和保水性的原则，来评定混凝土拌合物的和易性。定量测定流动性的方法有坍落度法和维勃稠度法两种。坍落度法适合于坍落度值不小于 10mm 的塑性拌合物，维勃稠度法适合于维勃稠度在 5~30s 的干硬性混凝土拌合物，要求集料的最大粒径均不得大于 40mm。本试验只介绍坍落度法。

1. 主要仪器设备

坍落度筒（截头圆锥形，由薄钢板或其他金属板制成，形状和尺寸如图 12-10 所示），捣棒（端部应磨圆，直径 16mm，长度 650mm），装料漏斗，小铁铲，钢直尺，抹刀等。

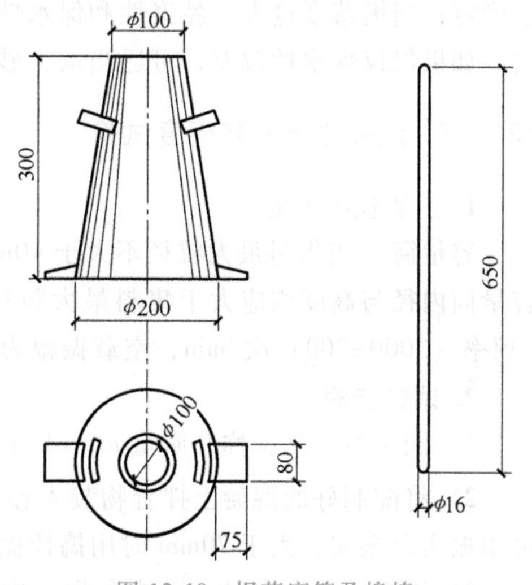

图 12-10 坍落度筒及捣棒

2. 试验步骤

1）首先湿润坍落度筒及其他用具，并把筒放在不吸水的刚性水平底板上，然后用脚踩住两边的踏脚板，使坍落度筒在装料时保持位置固定。

2）把按要求取得的混凝土试样用小铲分三层均匀地装入坍落度筒内，使捣实后每层高度为筒高的 1/3 左右。每层用捣棒插捣 25 次、插捣应沿螺旋方向由外向中心进行，每次插捣应在截面上均匀分布。插捣筒边混凝土时，捣棒可以稍稍倾斜；插捣底层时，捣棒应贯穿整个深度；插捣第二层或顶层时，捣棒应插透本层至下一层的表面。

浇灌顶层时，混凝土应灌到高出筒口。插捣过程中，如混凝土沉落到低于筒口，则应随时添加。顶层插捣完后，刮去多余的混凝土，并用抹刀抹平。

3）清除筒边底板上的混凝土后，垂直平稳地提起坍落度筒，应在 5~10s 内完成。从开始装料至提起坍落度筒的整个过程应不间断地进行，并应在 150s 内完成。

4）提起坍落度筒后，量测筒高与坍落后混凝土试体最高点之间的高度差，即为该混凝土拌合物的坍落度值（以 mm 为单位，读数精确至 5mm）。如混凝土发生崩塌或一边剪坏的现象，则应重新取样进行测定，如第二次试验仍出现上述现象，则表示该混凝土的和易性不好，应予以记录备查，如图 12-11 所示。

5）测定坍落度后，观察拌合物的下述性质并记录。

① 黏聚性。用捣棒在已坍落的混凝土锥体侧面轻轻敲打，如果锥体逐渐下沉，表示黏聚性良好；如果锥体坍塌、部分崩裂或出现离析现象，表示黏聚性不好。

② 保水性。坍落度筒提起后如有较多的稀浆从底部析出，锥体部分的混凝土也因失浆而集料外露，则表明保水性不好；如无稀浆或只有少量稀浆自底部析出，则表明保水性良好。

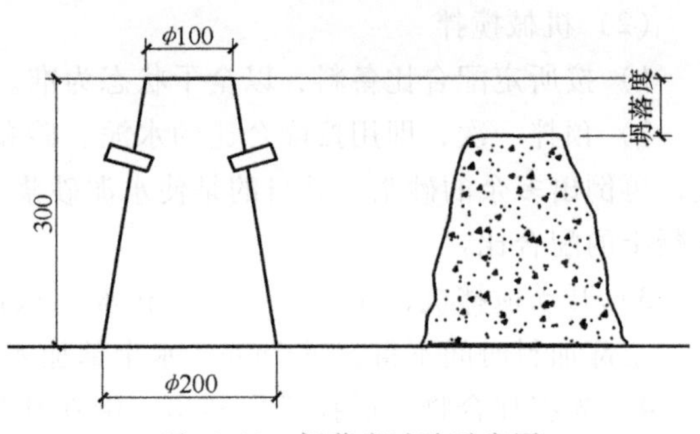

图 12-11 坍落度试验示意图

6）坍落度的调整。在按初步配合比计算好试拌材料的同时，还需要备好两份为调整坍落度用的水泥和水。备用水泥和水的比例符合原定水胶比，其用量可为原计算用量的 5% 和 10%。

当测得的坍落度小于规定要求时，可掺入备用的水泥或水，掺量可根据坍落度相差的大小确定；当坍落度过大、黏聚性和保水性较差时，可保持砂率一定，适当增加砂和石子的用量。如果仅仅保水性较差，可适当增大砂率，即其他材料不变，适当增加砂的用量。

12.3.7 混凝土拌合物密度试验

1. 主要仪器设备

容量筒（当集料最大粒径不大于 40mm 时，容积为 5L；当集料最大粒径大于 40mm 时，容量筒内径与高度均应大于集料最大粒径的 4 倍），台秤（称量 50kg，感量 50g），振动台［频率（3000±200）次/min，空载振幅为（0.5±0.1）mm］。

2. 试验步骤

1）润湿容量筒，称其质量 m_1（kg），精确至 50g。

2）将配制好的混凝土拌合物装入容量筒并使其密实。当拌合物坍落度不大于 70mm 时，可用振实台振实，大于 70mm 时用捣棒振实。

3）用振动台振实时，将拌合物一次装满，振动时随时准备添料，振至表面出现水泥浆，没有气泡向上冒为止。用捣棒捣实时，混凝土分两层装入，每层插捣 25 次（对 5L 容量筒），每一层插捣完后可把捣棒垫在筒底，用双手扶筒左右交替颠击 15 次，使拌合物布满插孔。

4）用刮尺齐筒口将多余的混凝土拌合物刮去，表面如有凹陷应予填平。将容量筒外壁擦净，称出拌合物与筒的总质量 m_2（kg）。

3. 结果评定

混凝土拌合物的体积密度 ρ_{c0} 按下式计算（kg/m^3，精确至 $10kg/m^3$）

$$\rho_{c0}=\frac{m_2-m_1}{V_0}\times 1000 \tag{12-15}$$

式中 m_1——容量筒的质量（kg）；

m_2——拌合物与筒的总质量（kg）；

V_0——容量筒的体积（L）。

12.3.8 混凝土抗压强度试验

1. 主要仪器设备

压力试验机（精度不低于±2%，试验时有试件最大荷载选择压力机量程，使试件破坏时的荷载位于全量程的20%～80%范围内），振动台［频率（50±3）Hz，空载振幅约为0.5mm］，搅拌机，试模，捣棒，抹刀等。

2. 试件制作与养护

1）混凝土立方体抗压强度测定，以3个试件为一组。每组试件所用拌合物的取样或拌制方法按12.3.5小节的方法进行。

2）混凝土试件的尺寸按集料最大粒径选定，见表12-3。

3）制作试件前，应先将试模擦干净并在试模内表面涂一层脱模剂，再将混凝土拌合物装入试模成型。

表12-3 混凝土试件的尺寸

粗集料最大粒径/mm	试件尺寸/(mm×mm×mm)	结果乘以换算系数
31.5	100×100×100	0.95
40	150×150×150	1.00
60	200×200×200	1.05

4）对于坍落度不大于70mm的混凝土拌合物，将其一次装入试模并高出试模表面，将试件移至振动台上，开启振动台振至混凝土表面出现水泥浆并无气泡向上冒时为止。振动时应防止试模在振动台上跳动。刮去多余的混凝土，用抹刀抹平，记录振动时间。

对于坍落度大于70mm的混凝土拌合物，将其分两层装入试模，每层厚度大约相等。用捣棒按螺旋方向从边缘向中心均匀插捣，次数一般每100cm^{2}应不少于12次。用抹刀沿试模内壁插入数次，最后刮去多余混凝土并抹平。

5）养护。按照试验目的的不同，试件可采用标准养护或与构件同条件养护。首先采用标准养护的试件成型后表面应覆盖，以防止水分蒸发，并在（20±5）℃的条件下静置1～2个昼夜，然后编号拆模。拆模后的试件立即放入温度为（20±2）℃、湿度为95%以上的标准养护室进行养护，直至试验龄期28d。在标准养护室内试件应放在架上，彼此间隔为10～20mm，避免用水直接冲淋试件。当无标准养护室时，混凝土试件可在温度为（20±2）℃的不流动的$Ca(OH)_2$饱和溶液中养护。

3. 试验步骤

1）试件从养护室取出后尽快试验。将试件擦拭干净，测量其尺寸（精确至1mm），据此计算出试件的受压面积。如实测尺寸与公称尺寸之差不超过1mm，则按公称尺寸计算。

2）将试件安放在试验机的下压板上，试件的承压面与成型面垂直。开动试验机，当上压板与试件接近时，调整球座，使其接触均匀。

3）加荷时应连续而均匀，加荷速度为：当混凝土强度等级低于C30时，取0.3～0.5MPa/s；高于或等于C30时，取0.5～0.8MPa/s。当试件接近破坏而开始迅速变形时，停止调整试验机油门，直至试件破坏，记录破坏荷载 P（N）。

4. 结果评定

1）混凝土立方体试件的抗压强度 f_{cu} 按下式计算，精确至 0.01MPa

$$f_{cu}=\frac{P}{A} \tag{12-16}$$

式中 f_{cu}——混凝土立方体试件的抗压强度（MPa）；

P——破坏荷载（N）；

A——试件的受压面积（mm^2）。

2）以标准试件 150mm×150mm×150mm 的抗压强度值为标准，对于 100mm×100mm×100mm 和 200mm×200mm×200mm 的非标准试件，将计算结果乘以相应的换算系数换算为标准强度，换算系数见表 12-3。

3）以 3 个试件强度值的算术平均值作为该组试件的抗压强度代表值（精确至 0.1MPa），如 3 个测值中的最大值或最小值与中间值之差超过中间值的 15%时，取中间值作为该组试件的抗压强度代表值；如最大值和最小值与中间值之差均超过中间值的 15%时，则该组试件的试验结果无效。

12.4 砂浆试验

12.4.1 砂浆流动性试验

1. 试验仪器

1）砂浆稠度测定仪：如图 12-12 所示，由试锥、盛装容器和活动支座三部分组成。试锥由钢材或铜材制成，试锥高度为 145mm，锥底直径为 75mm，试锥连同滑杆的质量应为（300±2）g；盛装容器由钢板制成，筒高为 180mm，锥底内径为 150mm；支座分底座、支架及刻度显示三个部分，由铸铁、钢及其他金属制成。

2）钢制捣棒：直径 10mm，长 350mm，端部磨圆。

3）秒表等。

2. 试验步骤

1）先用少量润滑油轻擦滑杆，再将滑杆上多余的油用吸油纸擦净，使滑杆能自由滑动。

2）用湿布擦净盛装容器和试锥表面，将砂浆拌合物一次装入容器，使砂浆表面低于容器口约 10mm 左右。先用捣棒自容器中心向边缘均匀地插捣 25 次，再轻轻地将容器摇动或敲击 5~6 下，使砂浆表面平整，最后将容器置于砂浆稠度测定仪的底座上。

3）拧松制动螺钉，向下移动滑杆，当试锥尖端与砂浆表面刚接触时，拧紧制动螺钉，使齿条测杆下端刚接触滑杆上端，读出刻度盘上的读数（精确至1mm）。

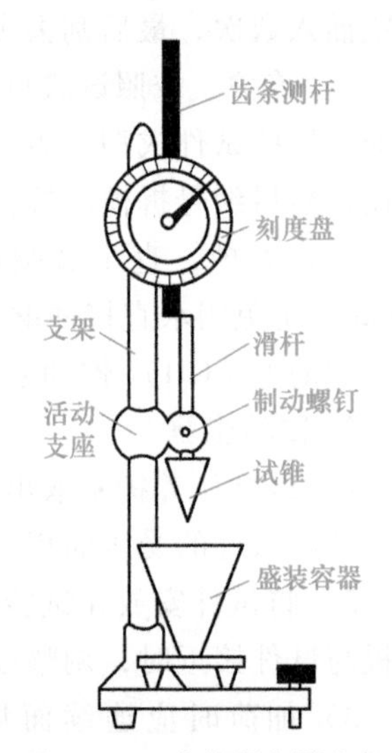

图 12-12 砂浆稠度测定仪

4）拧松制动螺钉，同时计时，10s 时立即拧紧制动螺钉，将齿条测杆下端接触滑杆上端，从刻度盘上读出下沉深度（精确至 1mm），二次读数的差值即为砂浆的稠度值。

5）盛装容器内的砂浆，只允许测定一次稠度，重复测定时，应重新取样测定。

3. 试验结果

稠度试验结果应按下列要求确定：

1）取两次试验结果的算术平均值，精确至 1mm。

2）如两次试验值之差大于 10mm，应重新取样测定。

12.4.2　稳定性检测

砂浆的稳定性是指砂浆拌合物在运输及停放过程中内部各组分保持均匀、不离析的性质。砂浆的稳定性用分层度表示，一般分层度以 10~20mm 为宜，不得大于 30mm；分层度小于 10mm，容易发生干缩裂缝；分层度大于 30mm，容易产生离析。

1. 试验仪器

分层度试验所用仪器应符合下列规定。

1）砂浆分层度筒（见图 12-13）：内径为 150mm，上节高度为 200mm，下节带底净高为 100mm，用金属板制成，上、下层连接处需加宽到 3~5mm，并设有橡胶热圈。

2）振动台：振幅（0.5±0.05）mm，频率（50±3）Hz。

3）稠度仪、木槌等。

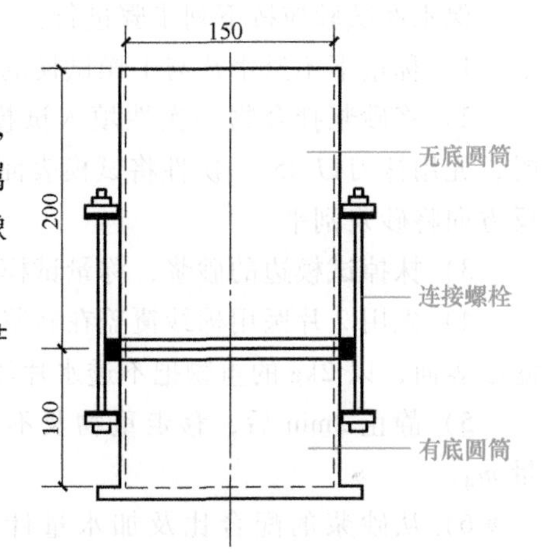

图 12-13　砂浆分层度筒

2. 试验步骤

分层度试验应按下列步骤进行：

1）将砂浆拌合物按稠度试验方法测定稠度。

2）将砂浆拌合物一次装入分层度筒内，待装满后，用木槌在容器周围距离大致相等的四个不同部位轻轻敲击 1~2 下，如砂浆沉落到低于筒口，则应随时添加，然后刮去多余的砂浆并用抹刀抹平。

3）静置 30min 后，去掉上节 200mm 砂浆，剩余的 100mm 砂浆倒出，先放在拌和锅内拌 2min，再按稠度试验方法测其稠度。前后两次测得的稠度之差即为该砂浆的分层度值。

也可采用快速法测定分层度，其步骤如下：

1）按稠度试验方法测定稠度。

2）将分层度筒预先固定在振动台上，砂浆一次装入分层度筒内，振动 20s。

3）去掉上节 200mm 砂浆，剩余 100mm 砂浆倒出，放在拌和锅内拌 2min。

4）按稠度试验方法测其稠度，前后测得的稠度之差即为该砂浆的分层度值。但如有争议时，以标准法为准。

3. 试验结果

分层度试验结果应按下列要求确定：

1）取两次试验结果的算术平均值作为该砂浆的分层度值。

2）两次分层度试验值之差如果大于 10mm，应重新取样测定。

12.4.3 保水性检测

新拌砂浆保持水分的能力称为保水性，只有保水性良好的砂浆才能形成均匀密实的灰缝，保证砌筑质量。保水性用保水率表示，可用保水性试验测定。

1. 试验仪器

保水性试验所用仪器应符合下列规定。

金属或硬塑料圆环试模，内径 100mm、内部高度 25mm；可密封的取样容器，应清洁、干燥；2kg 的重物；医用棉纱，尺寸为 110mm×110mm，宜选用纱线稀疏，厚度较薄的棉纱；超白滤纸，符合《化学分析滤纸》（GB/T 1914—2017）中速定性滤纸，直径 110mm，200g/m^2；2 片金属或玻璃的方形或圆形不透水片，边长或直径大于 110mm；天平，量程 200g、感量 0.1g，量程 2000g、感量 1g；烘箱。

2. 试验步骤

保水性试验应按下列步骤进行：

1）称量下不透水片与干燥试模的质量 m_1，8 片中速定性滤纸的质量 m_2。

2）将砂浆拌合物一次性填入试模，并用抹刀插捣数次。当填充砂浆略高于试模边缘时，先用抹刀以 45°一次性将试模表面多余的砂浆刮去，再用抹刀以较平的角度在试模表面反方向将砂浆刮平。

3）抹掉试模边的砂浆，称量试模、下不透水片与砂浆总质量 m_3。

4）先用 2 片医用棉纱覆盖在砂浆表面，再在棉纱表面放上 8 片滤纸，用不透水片盖在滤纸表面，以 2kg 的重物把不透水片压着。

5）静止 2min 后，移走重物及不透水片，取出滤纸（不包括棉纱），迅速称量滤纸质量 m_4。

6）从砂浆的配合比及加水量计算砂浆的含水率，如无法计算，可按规范附录试验操作。

3. 试验结果

砂浆保水率为

$$W=\left[1-\frac{m_4-m_2}{\alpha(m_3-m_1)}\right]\times100\% \tag{12-17}$$

式中 W——保水率（%）；

m_1——下不透水片与干燥试模的质量（g），精确至 1g；

m_2——8 片滤纸吸水前的质量（g），精确至 0.1g；

m_3——试模、下不透水片与砂浆的总质量（g），精确至 1g；

m_4——8 片滤纸吸水后的质量（g），精确至 0.1g；

α——砂浆的含水率（%）。

取两次试验结果的平均值作为结果，如两个测定值中有 1 个超出平均值的 5%，则此组试验结果无效。砌筑砂浆保水率应符合表 12-4 的要求。

12.4.4 砂浆强度试验

砂浆强度试验适用于测定砂浆立方体的抗压强度。

表 12-4　砌筑砂浆的保水率

砂浆种类	保水率(%)
水泥砂浆	≥80
水泥混合砂浆	≥84
预拌砂浆	≥88

1. 试验仪器

砂浆立方体抗压强度试验所用的仪器设备应符合下列规定：

1）试模。尺寸为 70.7mm×70.7mm×70.7mm 的带底试模，每组试件 3 个。材质规定参照规范，应具有足够的刚度并拆装方便。试模的内表面应机械加工，其不平度应为每 100mm 不超过 0.05mm，组装后各相邻面的不垂直度不应超过±0.5°。

2）钢制捣棒。直径为 10mm，长为 350mm，端部应磨圆。

3）压力试验机。精度为 1%，试件破坏荷载应不小于压力机量程的 20%，且不大于全量程的 80%。

4）垫板。试验机上、下压板及试件之间可垫以钢垫板，垫板的尺寸应大于试件的承压面，其不平度应为每 100mm 不超过 0.02mm。

5）振动台。空载中台面的垂直振幅应为（0.5±0.05）mm，空载频率应为（50±3）Hz，空载台面振幅均匀度不大于 10%，一次试验至少能固定（或用磁力吸盘）3 个试模。

2. 试验步骤

（1）试件制作　先用黄油等密封材料涂抹试模的外接缝，试模内涂刷薄层机油或脱模剂，将拌制好的砂浆一次性装满砂浆试模，成型方法根据稠度而定。当稠度≥50mm 时，采用人工振捣成型；当稠度<50mm 时，采用振动台振实成型。

1）人工振捣。用捣棒均匀地由边缘向中心按螺旋方式插捣 25 次，插捣过程中如砂浆沉落低于试模口，应随时添加砂浆，可用油灰刀插捣数次，并用手将试模一边抬高 5~10mm 各振动 5 次，使砂浆高出试模顶面 6~8mm。

2）机械振动。将砂浆一次装满试模，放置到振动台上，振动时试模不得跳动，振动 5~10s 或持续到表面出浆为止，不得过振。

待表面水分稍干后，将高出试模部分的砂浆沿试模顶面刮去并抹平。

（2）试件养护　试件制作后应在室温为（20±5）℃的环境下静置（24±2）h，当气温较低时，可适当延长时间，但不应超过两昼夜，然后对试件进行编号、拆模。试件拆模后应立即放入温度为（20±2）℃、相对湿度为 90%以上的标准养护室中养护。养护期间，试件彼此间隔不小于 10mm，混合砂浆试件上面应覆盖，以防有水滴在试件上。

（3）试件检测　试件从养护地点取出后应及时进行试验。试验前将试件表面擦拭干净，测量尺寸，并检查其外观。并据此计算试件的承压面积，如实测尺寸与公称尺寸之差不超过 1mm，可按公称尺寸进行计算。

将试件安放在试验机的下压板（或下垫板）上，试件的承压面应与成型时的顶面垂直，试件中心应与试验机下压板（或下垫板）中心对准。开动试验机，当上压板与试件（或上垫板）接近时，调整球座，使接触面均衡受压。承压试验应连续而均匀地加荷，加荷速度应为每秒钟 0.25~1.5kN（砂浆强度不大于 5MPa 时，宜取下限；砂浆强度大于 5MPa 时，宜取上限)，当试件接近破坏而开始迅速变形时，停止调整试验机油门，直至试件破坏，然后记录一组 3 个破坏荷载。

3. 试验结果

砂浆立方体试件的抗压强度为

$$f_{m,cu}=K\frac{N_u}{A} \tag{12-18}$$

式中 $f_{m,cu}$——砂浆立方体试件的抗压强度（MPa）；

N_u——试件的破坏荷载（N）；

A——试件的承压面积（mm^2）；

K——换算系数，取 1.3。

砂浆立方体试件的抗压强度应精确至 0.1MPa。

应以 3 个测值的算术平均值作为该组试件的代表值。当 3 个测值的最大值或最小值中如有一个与中间值的差值超过中间值的 15%时，则把最大值及最小值一并舍除，取中间值作为该组试件的抗压强度值；当有两个测值与中间值的差值均超过中间值的 15%时，则该组试件的试验结果无效。

12.5 砌筑砖试验

1. 试样制备

1）将砖样切断或锯成两个半截砖，断开的半截砖长不得小于 100mm，如图 12-14 所示，如果不足 100mm，应另取备用试样补足。

2）在试样制备平台上，将已断开的半截砖放入室温的净水中浸 10~20min 后取出，并以断口相反方向叠放，两者中间用厚度不超过 5mm 的水泥净浆黏结。水泥净浆采用强度等级为 32.5MPa 的普通硅酸盐水泥调制，要求稠度适宜。上下两面用厚度不超过 3mm 的同种水泥净浆抹平。制成的试件上下两面须互相平行，并垂直于侧面，如图 12-15 所示。

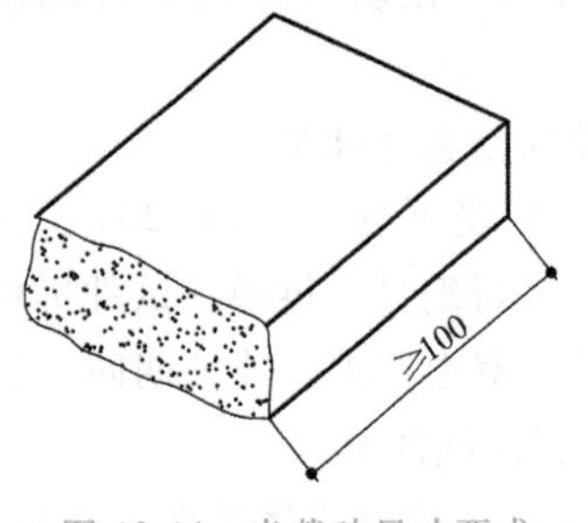

图 12-14 半截砖尺寸要求

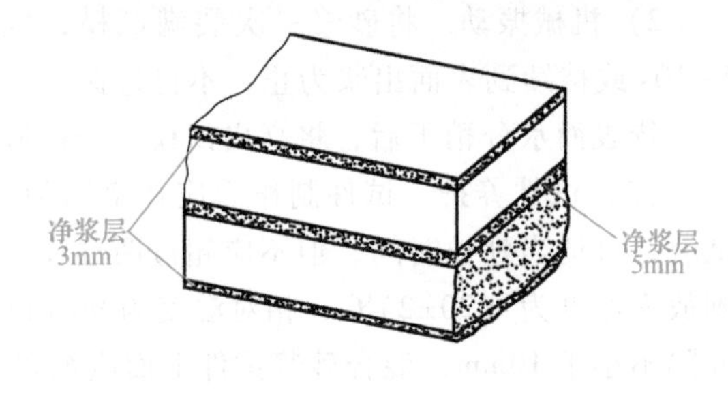

图 12-15 砖抗压试件示意图

2. 主要仪器设备

（1）材料试验机 试验机的示值误差不大于±1%，其下加压板应为球铰支座，预期最大破坏荷载应在量程的 20%~80%。

（2）抗压试件制备平台 试件制备平台必须平整水平，可用金属或其他材料制作。

（3）水平尺 规格为 250~300mm。

（4）钢直尺　分度值为 1mm。

3. 试验步骤

1）测量每个试件连接面或受压面的长、宽尺寸各两个，分别取其平均值，精确至 1mm。

2）分别将 10 块试件平放在加压板的中央，垂直于受压面加荷，应均匀平稳，不得发生冲击或振动。加荷速度为（5±0.5）kN/s，直至试件破坏为止，分别记录最大破坏荷载 F（N）。

4. 试验结果评定

1）按照下式分别计算 10 块砖的抗压强度值，精确至 0.1MPa

$$f_{mc}=\frac{F}{LB} \tag{12-19}$$

式中　f_{mc}——抗压强度（MPa）；

F——最大破坏荷载（N）；

L——受压面（连接面）的长度（mm）；

B——受压面（连接面）的宽度（mm）。

2）按式（12-20）~式（12-22）计算 10 块砖的强度变异系数、抗压强度的平均值和标准值。

$$\delta=\frac{s}{\bar{f}_{mc}} \tag{12-20}$$

$$\bar{f}_{mc}=\sum_{i=1}^{10}f_{mc,i} \tag{12-21}$$

$$s=\sqrt{\frac{1}{9}\sum_{i=1}^{10}(f_{mc,i}-\bar{f}_{mc})^2} \tag{12-22}$$

式中　δ——10 块砖的强度变异系数，精确至 0.01MPa；

$\bar{f}_{mc}$——10 块砖抗压强度的平均值，精确至 0.1MPa；

s——10 块砖抗压强度的标准值，精确至 0.01MPa；

$f_{mc,i}$——10 块砖的抗压强度值（$i=1\sim10$），精确至 0.1MPa。

5. 强度等级评定

（1）平均值-标准值方法评定　当变异系数 $\delta\leqslant0.21$ 时，按实际测定的砖抗压强度平均值和强度标准值，根据标准中强度等级规定的指标（见表 6-1），评定砖的强度等级。

样本量 $n=10$ 时的强度标准值为

$$f_k=\bar{f}_{mc}-1.8s \tag{12-23}$$

式中　f_k——10 块砖抗压强度的标准值，精确至 0.1MPa。

（2）平均值-最小值方法评定　当变异系数 $\delta>0.21$ 时，按抗压强度平均值、单块最小值评定砖的强度等级（见表 12-5），单块抗压强度最小值精确至 0.1MPa。

表 12-5 烧结普通砖的强度等级 （单位：MPa）

强度等级	抗压强度平均值 $\bar{f}$	变异系数 δ≤0.21	变异系数 δ>0.21
		抗压强度标准值 f_k	单块抗压强度最小值 f_{min}
MU30	≥30.0	≥22.0	≥25.0
MU25	≥25.0	≥18.0	≥22.0
MU20	≥20.0	≥14.0	≥16.0
MU15	≥15.0	≥10.0	≥12.0
MU10	≥10.0	≥6.5	≥7.5

12.6 钢筋试验

12.6.1 建筑钢材拉伸性能检测

1. 试验目的

测定钢筋的屈服强度、抗拉强度和伸长率，评定钢筋的强度等级。

2. 主要仪器设备

1）万能材料试验机。示值误差不大于1%。量程的选择：试验时达到最大荷载时，指针最好在第三象限（180°~270°）内，或数显破坏荷载在量程的50%~75%。

2）钢筋打点机或划线机、游标卡尺（精度为0.1mm）等。

3. 试样制备

拉伸试验用钢筋试件不得进行车削加工，可以用两个或一系列等分小冲点或细划线标出试件原始标距，测量标距长度 L_0，精确至0.1mm，如图12-16所示。计算钢筋强度用横截面面积采用表12-6所列公称横截面面积。

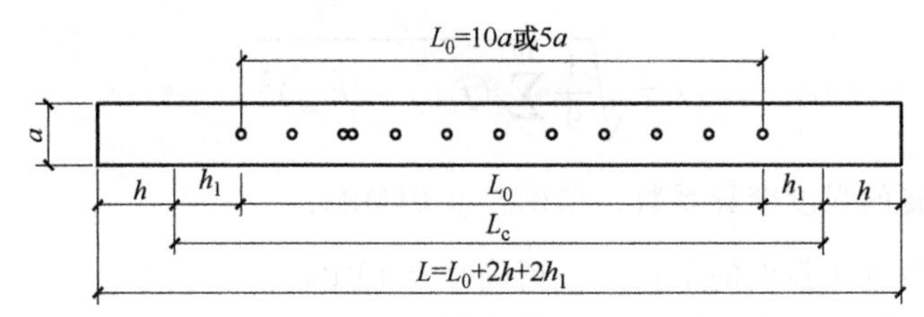

图 12-16 钢筋拉伸试验试件

a—试样的原始直径 L_0—标距长度 h_1—取（0.5~1）a h—夹具长度 L_c—平行长度

表 12-6 钢筋的公称横截面面积

公称直径/mm	公称横截面面积/mm^2	公称直径/mm	公称横截面面积/mm^2
8	50.27	22	380.1
10	78.54	25	490.9
12	113.1	28	615.8
14	153.9	32	804.2
16	201.1	36	1018
18	254.5	40	1257
20	314.2	50	1964

4. 试验步骤

1）先将试件上端固定在试验机上夹具内，调整试验机零点，装好描绘器、纸、笔等，再用下夹具固定试件下端。

2）开动试验机进行拉伸，拉伸速度：屈服前，应力增加速度参照表 12-7 规定，并保持试验机控制器固定于这一速率位置上，直至该性能测出为止；屈服后试验机活动夹头在荷载下移动速度不大于 $0.5L_c$/min，直至试件拉断。

表 12-7 屈服前的加荷速率

金属材料的弹性模量/MPa	应力速率/[N/(mm²·s)]	
	最小	最大
<150000	2	20
≥150000	6	60

3）拉伸过程中，测力度盘指针停止转动时的恒定荷载，或第一次回转时的最小荷载，即为屈服荷载 F_s（N）。向试件继续加荷直至试件拉断，读出最大荷载 F_b（N）。

4）测量试件拉断后的标距长度 L_1。将已拉断的试件两端在断裂处对齐，尽量使其轴线位于同一条直线上。

如拉断处距离邻近标距端点大于 $L_0/3$ 时，可用游标卡尺直接量出 L_1。如拉断处距离邻近标距端点小于或等于 $L_0/3$ 时，可按下述移位法确定 L_1：在长段上自断点起，先取等于短段格数得 B 点，再取等于长段所余格数（偶数见图 12-17a）的一半得 C 点，或取所余格数（奇数见图 12-17b）减 1 或加 1 的一半得 C 与 C_1 点。则移位后的 L_1 分别为 $AB+2BC$ 或 $AB+BC+BC_1$。

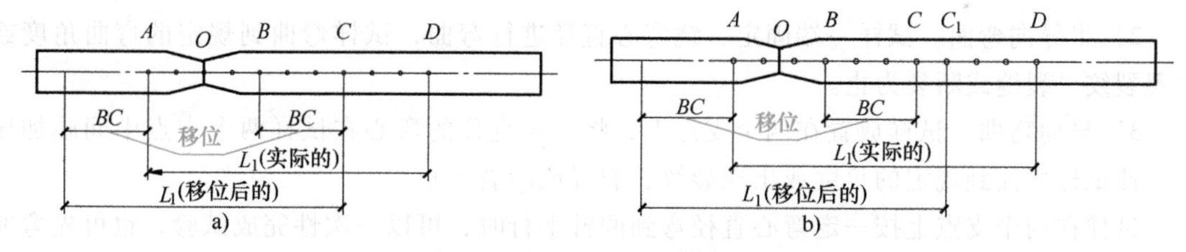

图 12-17 用移位法计算标距

如果直接测量所求得的伸长率能达到技术条件要求的规定值，则可不采用移位法。

5. 结果评定

1）钢筋的屈服强度 σ_s 和抗拉强度 σ_b 按式（12-24）和式（12-25）计算。

$$\sigma_s=\frac{F_s}{A} \tag{12-24}$$

$$\sigma_b=\frac{F_b}{A} \tag{12-25}$$

式中 σ_s、σ_b——钢筋的屈服强度和抗拉强度（MPa）（当 $\sigma_s>1000$MPa 时，应计算至 10MPa；当 σ_s 为 200~1000MPa 时，应计算至 5MPa；当 $\sigma_s<200$MPa 时，

应计算至 1MPa。σ_b 的精度要求同 σ_s)；

F_s、F_b——钢筋的屈服荷载和最大荷载（N）；

A——试件的公称横截面面积（mm^2）。

2）钢筋的伸长率 δ_5 或 δ_{10} 按下式计算

$$\delta_5(\text{或 }\delta_{10})=\frac{L_1-L_0}{L_0}\times100\% \tag{12-26}$$

式中 δ_5、δ_{10}——$L_0=5a$ 或 $L_0=10a$ 时的伸长率（精确至 1%）；

L_0——原标距长度 $5a$ 或 $10a$（mm）；

L_1——试件拉断后直接量出或按移位法的标距长度（mm），精确至 0.1mm。

如试件在标距端点上或标距处断裂，则试验结果无效，应重做试验。

12.6.2 钢材的冷弯试验

1. 试验目的

通过冷弯试验，对钢筋塑性进行严格检验，也间接测定钢筋内部的缺陷及焊接性。

2. 主要仪器设备

万能材料试验机、具有一定弯心直径的冷弯冲头等。

3. 试验注意事项

1）钢筋冷弯试件不得进行车削加工，试样长度（mm）通常按下式确定（a 为试件原始直径）

$$L\approx5a+150 \tag{12-27}$$

2）半导向弯曲。试样一端固定，绕弯心直径进行弯曲，试样弯曲到规定的弯曲角度或出现裂纹、裂缝或断裂为止。

3）导向弯曲。试样放置在两个支点上，将一定直径的弯心在试样两个支点中间施加压力，使试样弯曲到规定的角度或出现裂纹、裂缝或断裂为止。

试样在两个支点上按一定弯心直径弯到两臂平行时，可以一次性完成试验，也可先弯曲 45°，然后放置在试验机平板之间继续施加压力，压至试样两臂平行。此时可以加与弯心直径相同尺寸的衬垫进行试验。

当试样需要弯曲至两臂接触时，首先将试样弯曲到两臂平行，然后放置在两平板间继续施加压力，直至两臂接触。

4）试验应在平稳压力作用下，缓慢施加试验压力。两支辊间距离为 $(d+2.5a)\pm0.5a$，并且在试验过程中不允许有变化。当出现争议时，试验速率为 (1 ± 0.2)mm/s。

5）试验应在 10~35℃或控制在（23±5）℃下进行。

4. 结果评定

1）应按照相关产品标准的要求评定弯曲试验结果。如未规定具体要求，弯曲试验后不使用放大仪器观察，试样弯曲外表面无可见裂纹应评定为合格。

2）以相关产品标准规定的弯曲角度作为最小值，或规定弯曲压头直径，以规定的弯曲压头直径作为最大值。

12.7　石油沥青

12.7.1　针入度测定

1. 检测依据

试验方法依据《沥青针入度测定法》（GB/T 4509—2010）。

2. 主要仪器设备

（1）针入度仪　针连杆质量为（47.5±0.05）g，针和针连杆组合件的总质量为（50±0.05）g。

（2）标准针　由硬化回火的不锈钢制成，洛氏硬度 54～60HRC，尺寸要求如图 12-18 所示。

（3）试样皿　试样皿为金属圆柱形平底容器：针入度小于 200 时，内径为 55mm，内部深度 35mm；针入度在 200～350 时，内径为 70mm，内部深度为 45mm。

（4）恒温水浴　容量不小于 10L，能保持温度在试验温度的±0.1℃范围内。水中应备有一个带孔的支架，位于水面下不少于 100mm，距浴底不少于 50mm 处。

（5）其他仪器设备　平底玻璃皿、秒表、温度计、金属皿或瓷柄皿、筛、砂浴或可控制温度的密闭电炉等。

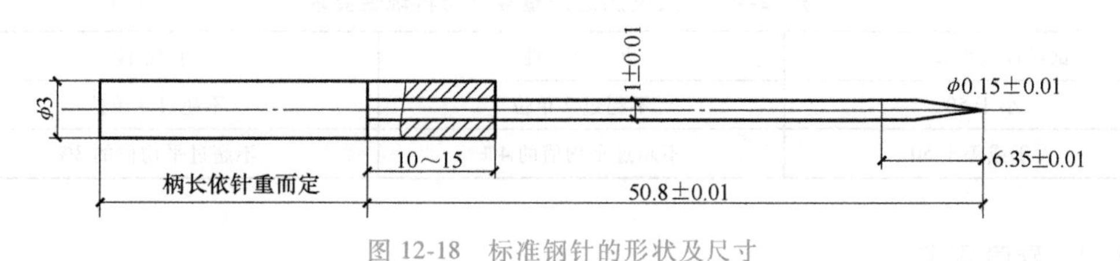

图 12-18　标准钢针的形状及尺寸

3. 试样制备

1）将预先除去水分的沥青试样在砂浴或密闭电炉上小心加热，不断搅拌以防止局部过热，加热温度不得超过试样估计软化点 100℃。加热时间不得超过 30min，用筛过滤除去杂质，加热搅拌过程中避免试样中混入空气。

2）将试样倒入预先选好的试样皿中，试样深度应大于预计穿入深度 10mm。

3）试样皿在 15～30℃的空气中冷却 1～1.5h（小试样皿）或 1.5～2h（大试样皿），防止灰尘落入试样皿。软化将试样皿移入保持规定试验温度的恒温水浴中，小试验皿恒温 1～1.5h，大试验皿恒温 1.5～2h。

4. 试验步骤

1）调节针入度仪的水平，检查针连杆和导轨，以确认无水和其他外来物，无明显摩擦。用甲苯或其他合适的溶剂清洗针，用干净布将其擦干，把针插入针连杆中固定。按试验条件放好砝码。

2）从恒温水浴中取出试验皿，放入水温控制在试验温度的平底玻璃皿中的三脚支架上，试样表面以上的水层高度应不小于 10mm，将平底玻璃皿置于针入度仪的平台上。

3）慢慢放下针连杆，使针尖刚好与试样接触。必要时用放置在合适位置的光源反射来观察。拉下活杆，使其与针杆顶端接触，调节针入度仪读数为零。

4）用手紧压按钮，同时启动秒表，使标准针自由下落穿入沥青试样，到规定时间停压按钮，使针停止移动。

5）拉下活杆与针连杆顶端接触，此时的读数即为试样的针入度。

6）同一试样至少重复测定 3 次，测定点之间及测定点与试样皿之间距离不应小于 10mm。每次测定前应将平底玻璃皿放入恒温水浴。每次测定换一根干净的针或取下针用甲苯或其他溶剂擦干净，再用干净布擦干。

7）测定针入度大于 200 的沥青试样时，至少用 3 根针，每次测定后将针留在试样中，直至 3 次测定完成后，才能把针从试样中取出。

5. 结果评定

1）取 3 次测定针入度的平均值，取至整数作为试验结果。3 次测定的针入度值相差不应大于表 12-8 中规定的数值，否则试验应重做。

表 12-8 针入度测定允许最大差值

针入度	0~49	50~149	150~249	250~350
最大差值	2	4	6	20

2）重复性和再现性的要求见表 12-9。

表 12-9 针入度测定的重复性与再现性要求

试样针入度,25℃	重 复 性	再 现 性
小于 50	不超过 2 单位	不超过 4 单位
大于或等于 50	不超过平均值的 4%	不超过平均值的 8%

12.7.2 延度测定

1. 检测依据

试验方法依据《沥青延度测定法》（GB/T 4508—2010）。

2. 主要仪器设备

1）延度仪，如图 12-19 所示。

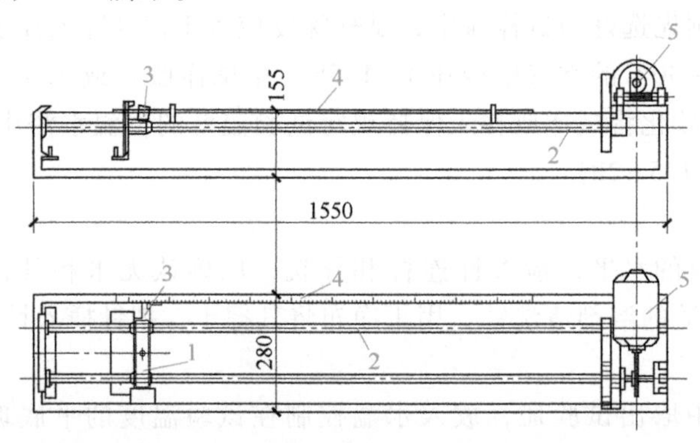

图 12-19 沥青延度仪

1—滑动器 2—螺旋杆 3—指针 4—标尺 5—电动机

2）试件模具，由两个端模和两个侧模组成，形状及尺寸如图 12-20 所示。

3）恒温水浴，容量不小于 10L，能保持温度在试验温度的±0.1℃范围内。水中应备有一个带孔的支架，位于水面下不少于 100mm，距浴底不少于 50mm 处。

4）温度计（0~50℃，分度 0.1℃和 0.5℃各一支）、金属皿或瓷皿、筛、砂浴或可控制温度的密闭电炉等。

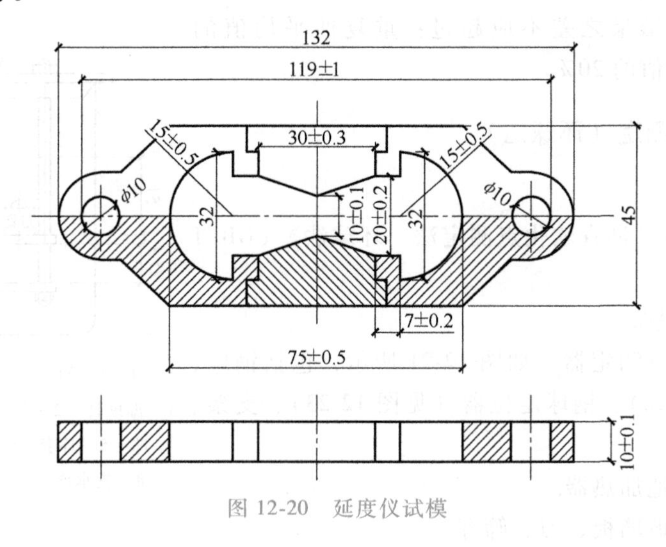

图 12-20 延度仪试模

3. 试样制备

1）将甘油滑石粉隔离剂（甘油：滑石粉=2：1，以质量计）拌和均匀，涂于磨光的金属板上。

2）首先将除去水分的试样在砂浴上小心加热，防止局部过热，加热温度不得超过试样估计软化点 100℃。用筛过滤后充分搅拌，避免试样中混入空气。然后将呈细流状的试样，自模的一端至另一端往返倒入，使试样略高于模具。

3）试样首先在 15~30℃的空气中冷却 30min，然后放入（25±0.1）℃的水浴中，保持 30min 后取出，用热刀将高出模具的沥青刮去，使沥青面与模具面平齐。沥青的刮法应自模的中间向两边，表面应十分光滑。将试件连同金属板再浸入（25±0.1）℃的水浴中恒温 1~1.5h。

4. 试验步骤

1）首先检查延度仪的拉伸速度是否符合要求，然后移动滑板使其指针正对标尺的零点，保持水槽中水温为（25±0.5）℃。

2）首先将试件移至延伸仪的水槽中，模具两端的孔分别套在滑板及槽端的金属柱上，水面距试件表面应不小于 25mm，然后去掉侧模。

3）确认延度仪水槽中水温为（25±0.5）℃时，开动延度仪，此时仪器不得有振动。观察沥青的拉伸情况。在测定时，如发现沥青细丝浮于水面或沉入槽底时，则应在水中加入食盐水调整水的密度，至与试样的密度相近后，再进行测定。

4）试件拉断时指针所指标尺上的读数，即为试样的延度，以 cm 表示。在正常情况下，应将试样拉伸成锥尖状，在断裂时实际横断面为零。如不能得到上述结果，则应报告在此条件下无测定结果。

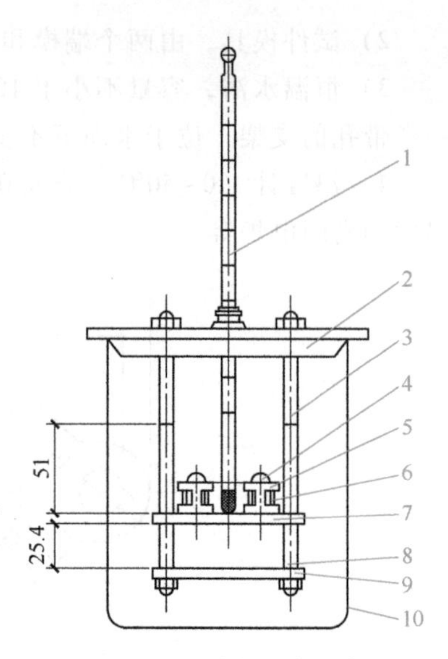

图 12-21 沥青软化点测定器

1—温度计 2—上承板 3—枢轴 4—钢球 5—环套 6—环 7—中承板 8—支承座 9—下承板 10—烧杯

5. 结果评定

1）取平行测定 3 个结果的算术平均值作为测定结果。若 3 次测定值不在平均值的 5%以内，但其中两个较高值在平均值的 5%以内，则舍去最低测定值，取两个较高值的平均值作为测定结果。

2）两次测定结果之差不应超过：重复性平均值的 10%，再现性平均值的 20%。

12.7.3 软化点测定（环球法）

1. 检测依据

试验方法依据《沥青软化点测定法 环球法》（GB/T 4507—2014）。

2. 主要仪器设备

1）沥青软化点测定器。如图 12-21 所示，包括钢球、试样环（见图 12-22）、钢球定位器（见图 12-23）、支架、温度计等。

2）电炉及其他加热器。

3）金属板或玻璃板、刀、筛等。

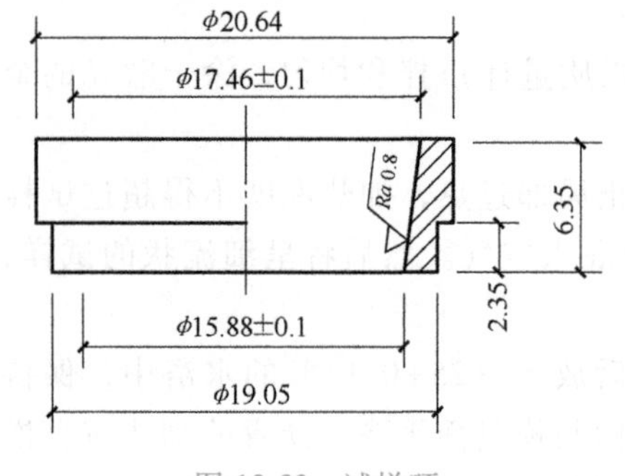

图 12-22 试样环

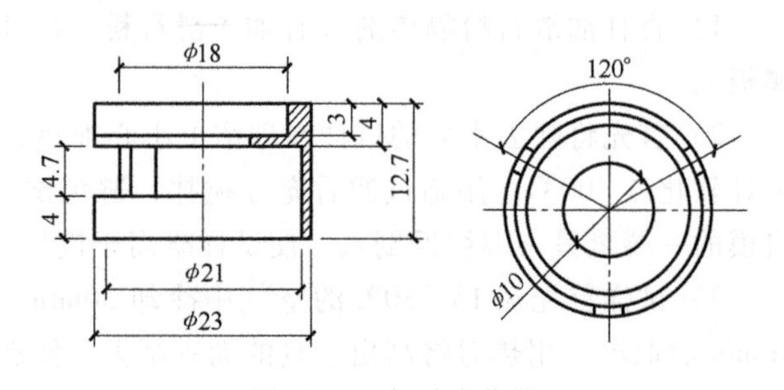

图 12-23 钢球定位器

3. 试样制备

1）将黄铜环置于涂有甘油滑石粉质量比为 2∶1 的隔离剂的金属板或玻璃板上。

2）将预先脱水试样加热熔化，不断搅拌，以防止局部过热，加热温度不得高于试样估计软化点 100℃，加热时间不超过 30min，用筛过滤。将试样注入黄铜环内至略高出环面为止。若估计软化点在 120℃以上时，应将黄铜环和金属板预热至 80~100℃。

3）试样在 15~30℃的空气中冷却 30min 后，用热刀刮去高出环面的试样，使沥青与环面平齐。

4）对于估计软化点高于 80℃的试样，将盛有试样的黄铜环及板置于盛有水的保温槽内，水温保持在（5±0.5）℃，恒温 15min。对于估计软化点高于 80℃的试样，将盛有试样的黄铜环及板置于盛有甘油的保温槽内，甘油温度保持在（32±1）℃，恒温 15min，或将盛试样的环水平地安放在环架中承板的孔内，然后放在盛有水或甘油的烧杯中，恒温 15min，温度要求同保温槽。

5）烧杯内注入新煮沸并冷却至 5℃ 的蒸馏水（估计软化点不高于 80℃ 的试样），或注入预先加热至约 32℃ 的甘油（估计软化点高于 80℃ 的试样），使水平面或甘油面略低于环架连杆上的深度标记。

4. 试验步骤

1）从水或甘油中取出盛有试样的黄铜环放置在环架中承板的圆孔中，套上钢球定位器，把整个环架放入烧杯内，调整水面或甘油液面至深度标记，环架上任何部分不得有气泡。将温度计由上层板中心孔垂直插入，使水银球底部与铜环下面平齐。

2）首先将烧杯移至有石棉网的三脚架上或电炉上，然后将钢球放在试样上（各环的平面在全部加热时间内处于水平状态），立即加热，使烧杯内水或甘油温度在 3min 保持每分钟上升（5±0.5）℃，在整个测定过程中如温度的上升速度超出此范围时，则应重做试验。

3）试验受热软化下坠至与下承板面接触时的温度，即为试样的软化点。

5. 结果评定

1）取平行测定两个结果的算术平均值作为测定结果。

2）精密度：重复测定两个结果间的温度差不得超过表 12-10 的规定；同一试样由两个实验室各自提供的试验结果之差不应超过 5.5℃。

表 12-10　软化点测定的重复性要求

软化点(℃)	<80	80~100	100~140
允许差数(℃)	1	2	3

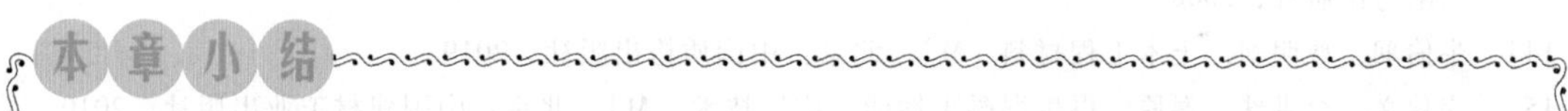

本章小结

本章介绍了土木工程材料基本性质、水泥、混凝土、砂浆、钢材、砖、石油沥青材料的性能的测试方法。

参考文献

［1］ 王立久．建筑材料学［M］．3版．北京：中国电力出版社，2008.
［2］ 王立久，曹明莉．建筑材料新技术［M］．北京：中国建材工业出版社，2007.
［3］ 汪澜．水泥混凝土：组成·性能·应用［M］．北京：中国建材工业出版社，2005.
［4］ 陈建奎．混凝土外加剂原理与应用［M］．2版．北京：中国计划出版社，2004.
［5］ 王立久．建筑材料学［M］．4版．北京：中国水利水电出版社，2020.
［6］ 滕素珍．数理统计［M］．3版．大连：大连理工大学出版社，2000.
［7］ 湖南大学，等．建筑材料［M］．3版．北京：中国建筑工业出版社，1989.
［8］ 宋少民，王林．混凝土学［M］．武汉：武汉理工大学出版社，2013.
［9］ 尤大晋．预拌砂浆实用技术［M］．北京：化学工业出版社，2011.
［10］ 姚燕，王玲，田培．高性能混凝土［M］．北京：化学工业出版社，2006.
［11］ COLLEPARDI M．混凝土新技术［M］．刘数华，冷发光，李丽华，译．北京：中国建材工业出版社，2008.
［12］ NEVILLE A．混凝土的性能［M］．刘数华，冷发光，李新宇，等译．4版．北京：中国建筑工业出版社，2011.
［13］ 梅塔，蒙特罗．混凝土：微观结构、性能和材料［M］．覃维祖，王栋民，丁建彤，译．北京：中国电力出版社，2008.
［14］ 牛伯羽，曹明莉．土木工程材料［M］．北京：中国质检出版社，2019.
［15］ 李秋义，全洪珠，秦原．再生混凝土性能与应用技术［M］．北京：中国建材工业出版社，2010.
［16］ 苏达根．土木工程材料［M］．4版．北京：高等教育出版社，2019.
［17］ 钱觉时．建筑材料学［M］．武汉：武汉理工大学出版社，2007.
［18］ 梁松，等．土木工程材料：上册［M］．广州：华南理工大学出版社，2007.
［19］ 吴科如，张雄．土木工程材料［M］．3版．上海：同济大学出版社，2013.
［20］ 严捍东．土木工程材料［M］．2版．上海：同济大学出版社，2014.
［21］ 张亚梅．土木工程材料［M］．6版．南京：东南大学出版社，2021.
［22］ 刘娟红，梁文泉．土木工程材料［M］．北京：机械工业出版社，2013.
［23］ 贾兴文．土木工程材料［M］．重庆：重庆大学出版社，2017.
［24］ 杨医博，等．土木工程材料［M］．2版．广州：华南理工大学出版社，2016.
［25］ 倪修全，殷和平，陈德鹏．土木工程材料［M］．武汉：武汉大学出版社，2014.
［26］ 李辉，李坤．土木工程材料［M］．成都：西南交通大学出版社，2017.
［27］ 王璐，王邵臻．土木工程材料［M］．杭州：浙江大学出版社，2013.
［28］ 符芳．土木工程材料［M］．3版．南京：东南大学出版社，2006.
［29］ 董晓英，王栋栋．建筑材料［M］．北京：北京理工大学出版社，2016.
［30］ 程玉龙．建筑材料［M］．重庆：重庆大学出版社，2016.
［31］ 陈斌．建筑材料［M］．4版．重庆：重庆大学出版社，2021.
［32］ 杜红秀，周梅．土木工程材料［M］．2版．北京：机械工业出版社，2020.

[33] 汪振双，张聪. 建筑材料 [M]. 北京：中国建筑工业出版社，2021.
[34] 陈正. 土木工程材料 [M]. 北京：机械工业出版社，2020.
[35] 施惠生，郭晓潞. 土木工程材料 [M]. 4版. 重庆：重庆大学出版社，2021.
[36] 苏卿. 土木工程材料 [M]. 4版. 武汉：武汉理工大学出版社，2020.